药物开发
与合成的艺术

The Art of Process Chemistry

[美] 安田信义（Nobuyoshi Yasuda） 等著

胡信全 译

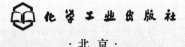

化学工业出版社

·北京·

WILEY

图书在版编目（CIP）数据

药物开发与合成的艺术/（美）安田信义等著；胡信全译．—北京：化学工业出版社，2020.9（2024.6 重印）
书名原文：The Art of Process Chemistry
ISBN 978-7-122-37148-5

Ⅰ.①药⋯　Ⅱ.①安⋯　②胡⋯　Ⅲ.①制药工业　Ⅳ.①TQ46

中国版本图书馆 CIP 数据核字（2020）第 092908 号

The Art of Process Chemistry/by Nobuyoshi Yasuda
ISBN 97835273224705
Copyright © 2011 by Wiley-VCH Verlag & Co. KGaA. All rights reserved.
Authorized translation from the English language edition published by Wiley-VCH Verlag & Co. KGaA

本书中文简体字版由 John Wiley & Sons Limited 授权化学工业出版社独家出版发行。

责任编辑：任睿婷　杜进祥　　　　　　　装帧设计：关　飞
责任校对：赵懿桐

出版发行：化学工业出版社（北京市东城区青年湖南街 13 号　邮政编码 100011）
印　　装：北京虎彩文化传播有限公司
710mm×1000mm　1/16　印张 17½　字数 337 千字　2024 年 6 月北京第 1 版第 3 次印刷

购书咨询：010-64518888　　　　　　　售后服务：010-64518899
网　　址：http://www.cip.com.cn
凡购买本书，如有缺损质量问题，本社销售中心负责调换。

定　价：128.00 元　　　　　　　　　　　　　　　版权所有　违者必究

编写人员

陈诚义（*Cheng-Yi Chen*）
Guy R. Humphrey
Artis Klapers
Jeffrey T. Kuethe
宋志国（*Zhiguo Jake Song*）
谭鲁石（*Lushi Tan*）
Debra Wallace
安田信义（*Nobuyoshi Yasuda*）
钟永利（*Yong-Li Zhong*）
Merck Research Laboratories
Process Research
P. O. Box 2000
Rahway，NJ 07065
USA

Michael J. Williams
Merck Research Laboratories
Process Research
770 Sumneytown Pike
P. O. Box 4
West Point，PA 19468
USA

中文版序言

在这个知识获取方式趋于碎片化的时代，能够系统地读完一本书需要很大的耐心，但也有很大的必要。非常感谢胡信全教授将这本书翻译成中文的一片苦心和不懈努力。

这本书的作者都曾是美国默克（本书译者将美国 Merck 公司译为默克，读者应将其与德国默克公司加以区分）制药工艺化学部的资深科学家，就自己领导的新药工艺开发项目各执一章，尽述心得。白驹过隙，从出版到现在已近十年，但其中内容基本都经得了时间的考验。默克具有注重基础研究的公司传统，很多新药项目会组织几支庞大的团队平行推动几条路线的开发，并且鼓励化学家发表文章与业界同行分享成果，助力科学。本书在布局上虽然不是作为教科书来写的，但对有兴趣了解新药研发过程的教师，及有志于从事工艺化学研究的学生，都是一本很好的读物。这对医药工业特别是新药研发飞速发展的中国大有裨益。

不知应感谢哪位前辈，没有机械地将 Process Chemistry 翻译为"过程化学"，而是非常得体地翻译为工艺化学，从而引进了工程和艺术这两个英文原文中没有涵括的概念。本书编者为着重体现新药制造流程设计中的创造性而加入"艺术"二字并再三强调。业界同行在看到一个流畅的工艺设计时通常会感叹其美，但没有一个通用的公式。什么是好的工艺？跟经典的艺术品一样，就是经得起时间考验的东西。与艺术品不同，改善到极致的工艺最终却常常如我们的手指一般朴实无华，自然和谐。

胡信全教授有着非常扎实的化学功底和工业化生产的经验。他在翻译这本书的过程中，力求做到信达雅，在遇到纠结的问题时，也进行多方求证，相信他翻译的这本书能够为读者带来新的启发。

2020 年 3 月于上海

张彦涛　泰励生物科技有限公司

译者的话

本书作者之一陈诚义博士（Dr. Cheng-Yi Chen）曾应邀到浙江工业大学做学术报告。他在报告中讲述了依法韦仑（本书第一章）的工艺开发故事，吸引了译者的兴趣。译者本身从事工艺开发研究，也主讲工艺相关的课程。因此，找到了原著"The Art of Process Chemistry"并产生了翻译的想法。

本书介绍了默克公司上市的九个新药的工艺开发故事，涉及药物化学和工艺开发过程中的安全、环境、路线设计、反应步骤及顺序、保护基团取舍、后处理、原材料的市场供应、成本控制以及工艺开发的时机等方方面面。相信能给相关专业的研究人员带来启发。考虑到本书不仅涉及药物工艺的开发，也包括了有机合成中设计分子的工艺优化，中文版书名确定为《药物开发与合成的艺术》。

本书的翻译和校对断断续续延续了将近三年时间。在翻译过程中，得到了靳立群、孙楠、沈振陆、胡宝祥、许丹倩、夏爱宝等同事以及浙江工业大学化学工程学院的支持和帮助。感谢绿色化学与技术学科以及国家自然科学基金（21473160、21972125）给予的经费支持。感谢化学工业出版社对翻译工作的鼓励和支持，感谢对本书名中文翻译提出的建议。特别感谢礼来制药公司（Eli Lilly and Company）从事工艺开发工作的张彦涛博士（Dr. Tony Y. Zhang，现上海泰励生物科技有限公司）的鼓励，并为中文翻译本撰写了序言。

应说明的是，本书英文版出版于 2010 年，正文中提及的"目前""近年"等均为 2010 年的情形。

尽管译者努力争取正确翻译每一个细节，但水平有限，难免有疏漏和不妥之处，敬请读者批评指正。

胡信全
2020 年 3 月于杭州

前 言

"艺术"是什么？根据维基百科，"艺术是指引起人的情感或情绪的，经过精心整合的过程或作品"。

音乐是伟大的艺术形式之一，能给听众带来强大的共鸣。从质朴到高尚，从物质到精神，全方位地改变了人类的情感。这一原则也适合人类的许多活动。当某一物体在感官或情感上对人的吸引力超过一定限度时，人们就会从中发现美感，从而上升到"艺术"。比如奥运会的百米比赛，运动员们强健的体魄和矫健的身姿，给观众带来了运动的美和激情，这也是"艺术"。

当然，该原则也适用于科技。例如，流线型的汽车更容易吸引眼球、唤起人们的情感，它既适合提速，也使人们从中甚至内部装饰上发现美。

在进行创造和创新的科学前沿更容易发现"艺术"。对于有机合成来说，合成化学家们感受到高度创新性、创造性和时效性带来的美感。这一刻，有机合成化学也上升到了"艺术"。

药物研发是有机合成化学的前沿领域之一。在药物研发实验室中，有机合成化学在药物化学和工艺化学两个方面都起了重要作用。

药物化学的目标是确定潜在新药的化学结构。这些新药最终上市，解决新的医疗需求，改善全人类的生活质量。新药的销售是医药产业持续发展的命脉。药物化学在药物发现过程中影响广泛，也是有机合成化学家的首要工作之一。

药物化学家合成目标化合物需要有机合成化学的专业知识和技能，但是病理学、药理学和生理学的知识对于进一步开发与否的评估、决策也必不可少。药物化学家通常制备少量新化合物用于生理测试和 ADME（吸收、分布、代谢和排泄）研究，通过定量构效关系等指标确定候选药物。随着计算生物化学的发展，可以想象，药物化学家只需要在网络上测试想象、虚拟的化学结构，不再需要体内和/或体外的研究实物。总之，有机合成化学只是药物化学家们工作的一部分。

药物化学确定新药后，工艺化学家的目标是及时开发清洁、经济、高效的生产工艺。保证工艺的重现性以及产品质量符合标准（如 ICH 规范）是工艺化学家的最低目标。

为确保新药按时上市，工艺化学家既要确保候选药物的供应速度，也要尽可能降低药物的制造成本。只有这样，新药开发才能良性循环。

如何降低制造成本？制造成本由运行成本和原料成本两部分组成。

运行成本包括设备折旧、人工成本、管理费、供应商利润等。在工艺中减少合成步骤能直接降低运行成本。汇聚式合成路线通常比线性合成路线效率更高。反应时间和后处理时间（即总运行时间）是影响运行成本的主要因素。排放物处理是影响运行成本的另一个重要因素。生产过程中所有排放物都必须妥善处理。为保护生态环境，有关排放物处理的法规越来越严格。随着时间推移，处理排放物的成本逐年增加。因此，"绿色化学"的概念对有机合成及化学工艺至关重要。降低排放物处理成本最直接的方式是减少生产过程的排放量。e-因子或 PMI（工艺流程重量指数）用来衡量排放量与产品量的对应关系。工艺化学家应该在日常开发中把握好这些指标。另外，涉毒涉爆试剂不仅增加应用成本，也对产品质量满足 ICH 规范要求增加分析压力，随即也增加运行成本。

原料成本与反应总收率直接挂钩。总收率越高，原料总需求量越少，从而原料成本越低。此外，为降低原料成本，工艺化学家必须与采购部门合作。如果能用大宗化学品进行简单加工获得原料，从长远看，原料成本将只取决于原料需求量。如果需求量大，原料价格会急剧降低。叔丁基二甲基氯硅烷（TBDMSCl）的市场价格就是一个极好的例子。因为好几种碳青霉烯抗生素共用关键原料4AA，需求量大增，该试剂价格随之大幅度降低。TBDMSCl 现已成为常用试剂，非常廉价。

另一方面，不同的制造工艺改变了原料采购成本。开发原料成本更合理的合成新路线极为必要。工艺化学家们应该综合最先进的有机化学知识，设计新的官能团转换，挑战新的问题，开发出更具成本优势的工艺。

工艺化学家如何提升新药研发的速度？从大的方面看，该目标与成本之间也可能密切相关。为支持临床前和临床研究，包括一期到三期的临床试验，工艺化学家必须根据 GMP 指南制备新药的原料药。原料药交付时间对研发时间表至关重要。愈早交付原料药，新药上市时间就愈可能提前，患者和公司都从中受益。新药专利期限是以药物化学专利申请日计算的。原料药交付愈早，临床研究完成得愈快，上市后的新药受专利保护的期限愈长。如果因为其他原因提前终止研发，制药公司就可更早避免额外的开发成本。因此，原料药交付越快，项目成本效益越高。

就原料药交付而言，"更快"意味着什么？工艺化学家如何才能更快地提供原料药？即使合成路线长而且成本高，原有的药物化学路线是否适合放大，还是只能进行少量制备？答案因人和具体情况而异。工艺化学家必须具有敏锐的化学洞察力，清楚优化哪条路线，了解哪条路线可能是潜在的生产路线。如果把时间和精力花在优化不合适的路线上，除了浪费资源外毫无实际意义。为了节约资源，应该在较短的时间内做出相应的判断，平衡短期目标和长期目标。显然，判断的关键取决于工艺化学家的素养。

由此可见，药物研发过程对工艺化学家与药物化学家的要求区别很大。在充分理解成本效益的基础上，工艺化学家以最先进的方法设计出新药的最佳全合成路线。有机合成化学是工艺化学家最重要的基础，它影响研发工作的各个部分，并指导工艺化学家的所有决策。实际上，产业界的工艺化学家与学术界的有机合成化学家并没有多少区别。在科学层面，他们追求的目标是相同的。因此，工艺化学家也必须是创新的有机合成化学家，努力追求新颖的、高效的化学。

本书共有九个章节，每一章都描述了一个临床新药的合成化学。其中一些药物已经成功上市。每一章都由两部分组成，构建高效的工艺过程与发现新的化学过程，反映了工艺化学的两个基本作用。每一章第一节的"项目开发过程"，作者将先讨论工艺化学研发的第一个阶段。每一章都分析了药物化学合成目标化合物的路线。为了克服药物化学合成路线的潜在问题，或考虑优化原有路线，或考虑设计新的路线，或开发新的化学转化方法，在开发过程中，工艺路线的研发状态会根据临床研究的不同阶段进行相应的调整。有些章节还叙述了已上市药物的生产工艺的改进。为了实现药物研发的终极目标，可能需要重新设计工艺。通过优化，工艺创新将合成化学提升到"艺术"的高度。

上面描述的只是工艺化学家工作的一部分。如每章第二节"化学研究"部分，着重介绍在工艺开发中发现的有机合成化学新进展。为了满足科学好奇心，推动有机合成化学的发展，工艺化学家们对这些反应的适用范围以及局限性进行进一步优化研究。为确保反应稳健可靠，他们以更科学的方式进行反应优化，并进一步阐明反应机理。机理研究对提高有机合成化学技巧非常有帮助，也将这些反应提高到一个更高层次，也就是"艺术"。

近年来，制药工业发展速度大大加快。一方面专利到期，另一方面新药研发成功率降低，降低了行业收入的增幅，使得制药行业把效率提升到重中之重。表面上看，预算紧缩似乎限制了研发的发展，但重压之下也是改进研发、提高效率的机会，促进创新提升到更高水平，把研究转变为一门"艺术"。

本书每章都独特地阐述了工艺化学的上述两个方面。请仔细阅读本书叙述的工艺开发项目，笔者相信这些案例达到了"艺术"的水准。

2010 年 5 月

安田信义

目　录

第四章
利扎曲坦（Maxalt）：5-HT$_{1D}$受体激动剂 / 110

第五章
SERM：选择性雌激素受体调节剂 / 134

第六章
HIV 整合酶抑制剂：雷特格韦 / 156

第一章

开发非核苷逆转录酶抑制剂依法韦仑及相关的候选药物

安田信义和谭鲁石

人类免疫缺陷病毒（HIV）繁殖需要一些关键的酶，逆转录酶就是其中一种。HIV 是 DNA 病毒中的一族。起初默克公司开发的用于治疗 HIV 感染的依法韦仑（1）[1]，是一种经口的非核苷逆转录酶抑制剂（NNRTI）。该药物先转让给了杜邦默克公司，后来又转让给了百时美施贵宝❶。一个成年病人的典型剂量是每天 600mg，图 1.1 所示的化合物（1）是鸡尾酒疗法药物立普妥（Atripla）三个关键成分中的一个。

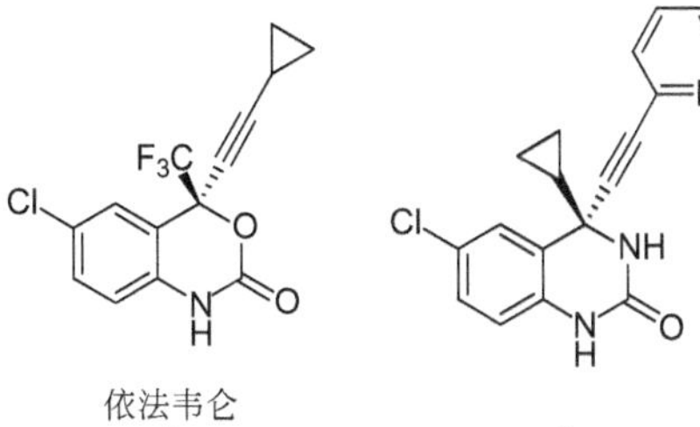

依法韦仑
1

2

图 1.1　非核苷逆转录酶抑制剂候选药物

依法韦仑（1）是默克公司开发的第二个 NNRTI 候选药物。在依法韦仑（1）之前，研发团队研究了第一个 NNRTI 候选药物（2）[2]。在候选药物（2）的合成工艺开发过程中，发现并优化了未见文献报道的炔烃对 C═N 双键的不对称加成反应。该不对称加成反应新方法也成为开发依法韦仑（1）合成工艺的基础。本章首先分两部分讨论大规模制备化合物（2）的合成工艺开发以及新的化学研究。然后展开依法韦仑的合成工艺开发及相关的化学研究。

---

❶ 目前（指 2010 年，译者注），百时美施贵宝上市的依法韦仑商品名是萨斯迪瓦（Sustiva）；而默克的商品名是施多宁（Stocrin）。

1.1　第一个候选药物（2）

1.1.1　项目发展状况

1.1.1.1　药物化学的合成路线

1992年，默克公司开发了第一个NNRTI候选药物（**2**）。该化合物显示了很强的抗病毒活性，$IC_{50} = 12nmol/L$（使用rC-dG模板/引物抑制HIV-1 RT）。图式1.1图解了药物化学的初始合成路线[2]。

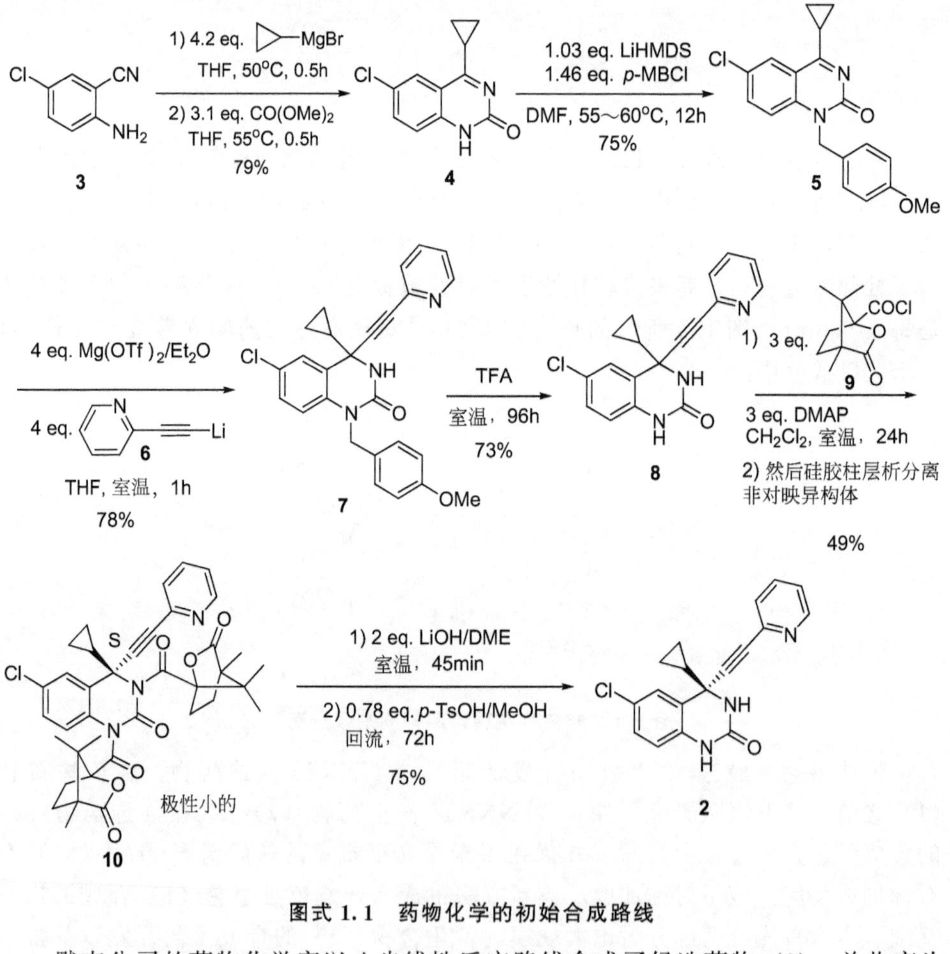

图式1.1　药物化学的初始合成路线

默克公司的药物化学家以八步线性反应路线合成了候选药物（**2**），总收率为12%。以邻氰基对氯苯胺❶（**3**）为起始原料，未经保护直接与4.2eq.[以化合物

---

❶ 原文中3-氰基-4-氯苯胺有误，译者注。

（3）的量为基准〕环丙基格氏试剂反应。在 55～60℃ THF 中，生成的酰亚胺中间体原位用碳酸二甲酯捕获，得到喹唑啉-2(1*H*)-酮（4），收率为 79％。酮中间体（4）在 55～60℃ DMF 中先用 LiN(TMS)$_2$(LiHMDS) 处理，然后与 *p*-MBCl 反应 12h，进行游离氮原子的保护，对甲氧基苄基（*p*-MB）中间体（5）的收率为 75％。在 4eq. Mg(OTf)$_2$ 存在下，4eq. 2-吡啶乙炔锂（6）对中间体（5）的 C＝N 双键进行 1,2-加成反应，得到了消旋的加成产物（7），收率为 78％。接着用 TFA 处理加成产物（7），得到消旋的目标分子（8），分离收率为 73％。消旋产物（8）与 3eq. 樟脑酰氯（9）及 DMAP 一起反应，生成了双樟脑酰基酰亚胺（10）以及非对映异构体。异构体可以通过硅胶柱层析分离。极性小的异构体（10）符合所需的立体化学，水解后得到产物（2）。通过单晶 X-衍射分析极性大的异构体（10），确定了产物（2）的绝对构型为 *S*。

药物化学合成路线存在的问题　项目刚开始的时候，就发现了原合成方法中存在一些局限性：

1）项目刚启动的时候，无法大量采购到起始原料（3）（现在大量采购仍需约 1000 美元/kg）。

2）需要大量过量的环丙基格氏试剂。

3）要用硅胶柱层析手性分离消旋的双樟脑酰基衍生物。

4）而且，樟脑酰氯相当昂贵（Aldrich 试剂目录中 113.5 美元/5g）；大规模合成的最后一步进行消旋体拆分，工艺效率差。

1.1.1.2　工艺开发

尽管药物化学合成路线存在如上所述的一些缺点，但是该路线直观明了。只要对药物化学合成路线做如下优化就能交付第一批原料药。

1）因为起始原料（3）的货源有限，必须更换原料。新设计的路线，起始原料易得并能转化成中间体（4），然后回归到图式 1.1 所示的合成路线。

2）中间体（4）氮原子的上保护基的反应，面临常见的 *N*-烷基化与 *O*-烷基化的选择性问题。希望通过改变溶剂解决该问题。在新开发的不对称加成反应中，考虑用 9-蒽甲基（ANM）替代原先的 *p*-MB 保护基，期望酮亚胺的加成产物能获得更好的 *ee* 值（对映体过量）。

3）为了避免使用昂贵的樟脑酰氯进行衍生化以及低效率的硅胶柱层析分离对映体，应该尽快开发烃炔不对称加成反应。

4）必须调整最后的脱保护基方法使其适用于新保护基（ANM），并开发具有适宜晶体结构（2）的分离方法。

（1）选择起始原料

因为难以大量采购到药物化学合成路线的起始原料——邻氰基对氯苯胺（3），新路线打算以价廉易得的对氯苯胺（11）作为起始原料[3]。Sugasawa 等人早在 1978 年就报道了氨基导向的游离苯胺邻位 Friedel-Crafts 酰基化反应[4]。如图式 1.2 所示，设想通过该方法在对氯苯胺的氨基邻位引入酮羰基官能团。本章化学研究部分将详细讨论这一反应的机理。在理解机理的基础上，优化后的 Sugasawa 反应如下：2eq. 对氯苯胺（**11**）、1.3eq. BCl$_3$、1.3eq. GaCl$_3$ 与 4-氯丁腈（**12**）在 100℃下反应 20h，得到所需的邻位酰基化产物（**13**），分离收率为 82%。生成的氯代酮（**13**）用 t-BuOK 进行环合得到相应的环丙基酮（**14**），收率为 95%。在醋酸水溶液中，环丙基酮（**14**）与 2.5eq. 氰酸钾反应，顺利回归到原路线的同一中间体（**4**），收率为 93%。如图式 1.2 所示，在反应过程中以环丙基酮（**14**）的盐酸盐代替游离苯胺对反应很重要。因为在相同的环化反应条件下游离苯胺会生成含量为 10% 左右的 N-乙酰化杂质（**15**）。

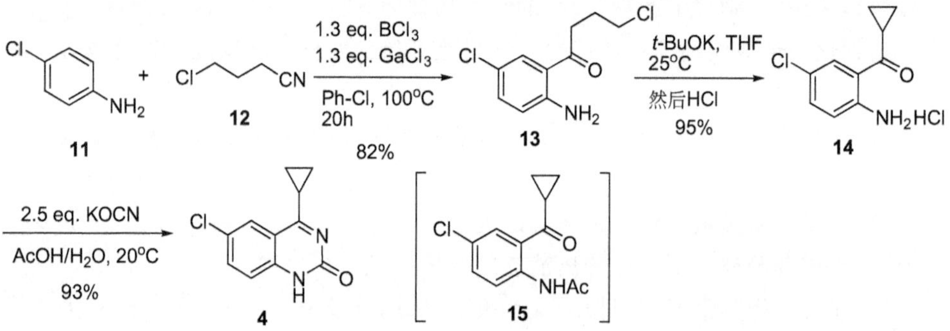

图式 1.2　选择起始原料

(2) 中间体（4）氮原子的保护

项目刚启动时，像药物化学合成路线那样，也考察过把 p-MB 作为中间体（**4**）氮原子的保护基。但是反应存在常见的 O-烷基化与 N-烷基化的区域选择性问题。药物化学合成路线中，以 DMF 作溶剂进行上保护基的反应，N-烷基化产物（**5**）虽然是主产物，但同时也生成了 10%～12% 的 O-烷基化副产物（**16**）。反应完成后，将混合物滴加到乙醚中分离 N-烷基化产物（**5**），收率只有 75%。非极性溶剂理论上对 N-烷基化比 O-烷基化有利。与预想的一致，以 THF 替代 DMF 作为反应溶剂，确实把 O-烷基化副产物（**16**）的含量抑制到 2% 左右，但反应速度非常慢。在 THF 中加入 8%～10%（体积分数）的 DMF，混合溶剂体系的反应速度与纯 DMF 体系相当，而副产物（**16**）的含量则抑制到约 3%。用甲醇洗涤粗产物可以有效除去 O-烷基化副产物，得到了高收率高纯度的 N-烷基化产物（**5**）。经过上述改进，N-烷基化产物（**5**）的分离收率从 75% 提高到了 90%，如图式 1.3 所示。

后来进行炔负离子对酮亚胺的不对称加成反应的研究发现，中间体（**4**）氮原子的保护基团对产物的 ee 值有显著影响。经过筛选，发现 ANM 是最合适的保护基团，在后续不对称加成反应中获得高达 97% 的 ee 值。对上 p-MB 保护基

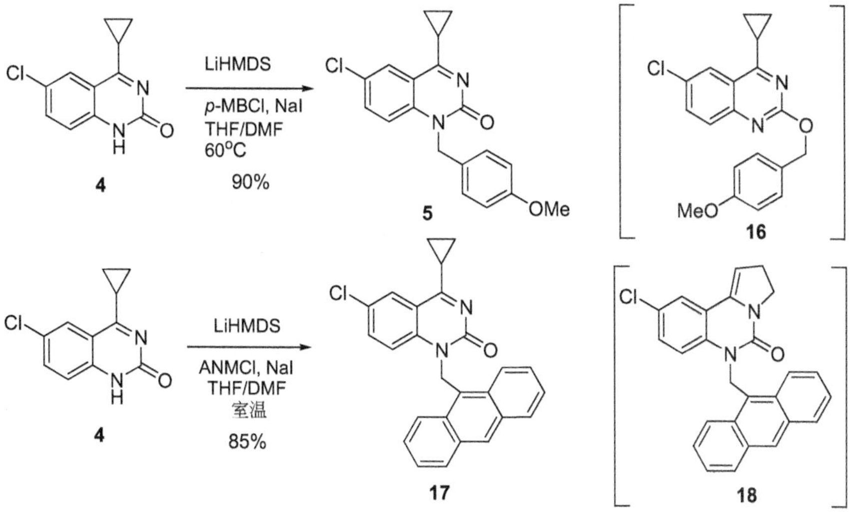

图式 1.3　氮原子的保护基团

团的反应条件进行一些微调，就适合上 ANM 保护基团。反应温度从 60℃ 降到室温就可以避免杂质生成。粗产物依次用氯丁烷和甲醇洗涤，得到了结晶性的 ANM 衍生物（**17**），收率为 85%。需要指出的是，ANM 衍生物（**17**）的热稳定性不太好，在甲苯中加热会重排生成副产物（**18**）。

（3）炔烃加成反应以及早期开发的最终产品分离工艺

消旋的炔负离子加成反应　刚开始研究的时候，向室温的中间体（**5**）与 4eq. $Mg(OTf)_2$ 的乙醚混合物中，加入 4eq. 2-吡啶乙炔锂（**6**）的 THF/己烷溶液。据报道，$Mg(OTf)_2$ 先与中间体（**5**）配位，对抑制中间体（**5**）C＝N 双键的还原起到至关重要的作用[2]。但是后续研究表明，该反应中预配位过程并不是必需的。如图式 1.4 所示，不加 $Mg(OTf)_2$，在 −15℃ 的 THF 中与 1.3eq. 锂试剂（**6**）反应得到了消旋加成产物（**7**），分离收率为 86%。

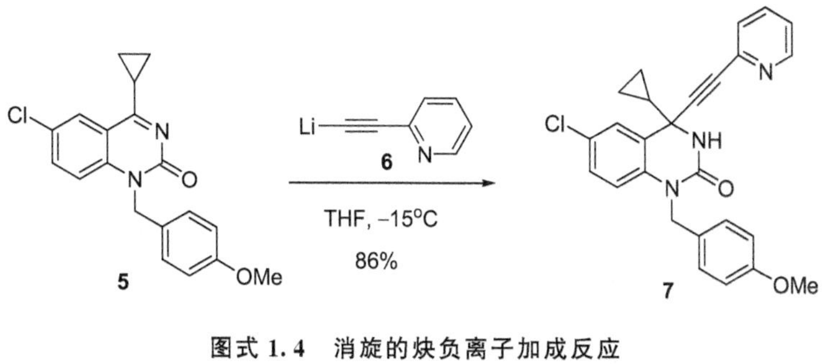

图式 1.4　消旋的炔负离子加成反应

经典的樟脑磺酸手性拆分，再脱 *p*-MB 保护基团　在项目时间很紧张时，如果有几种有效的备选方案，将会从容得多。虽然炔负离子的不对称加成肯定是项目最理想的解决方案，但是时间不允许。在项目初期，开发一个"快速组装"方案，也就是经典的手性拆分方法，对项目进度更有利[5]，如图式 1.5 所示。

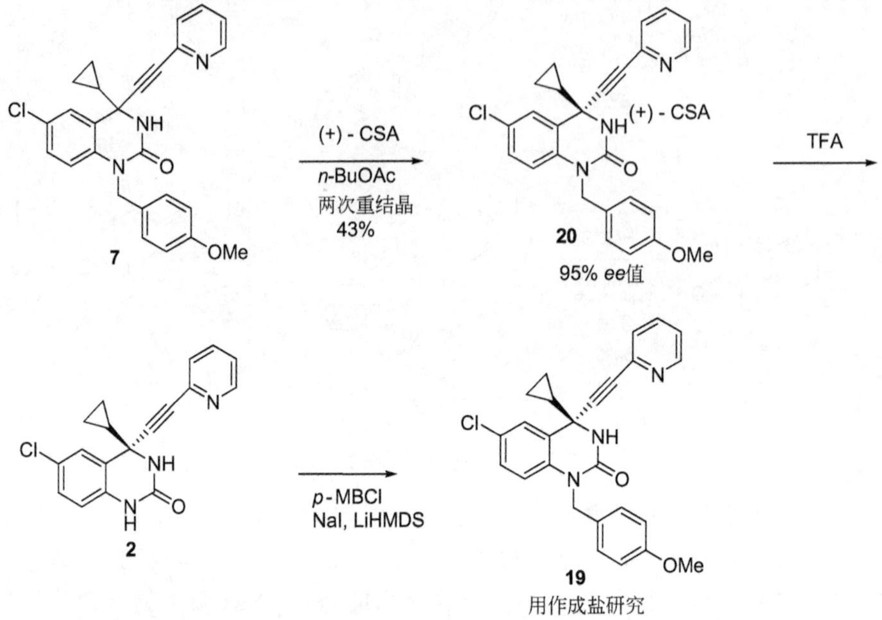

图式 1.5 炔烃加成反应、樟脑磺酸手性拆分

研发团队非常系统地研究了手性拆分。不是用消旋体（**7**）随机筛选不同的手性酸进行拆分研究。而是把药物化学提供的候选药物产品（**2**）先制备成光学纯的 N-pMB 产物（**19**），然后使光学纯的产物（**19**）与几种不同手性酸的两个对映体都成盐，再评价它们在不同溶剂体系中的结晶行为以及溶解度。这样一个较为系统的研究方式能获得有效的拆分方法。首先，对映体（**19**）与（+）-樟脑磺酸形成的非对映异构体盐很快从 EtOAc 中结晶，而对映体（**19**）与（-）-樟脑磺酸形成的盐一个月后才结晶析出。对这两组非对映异构体盐经过更细致的研究，确定以 n-BuOAc 作溶剂，（+）-樟脑磺酸能很好地拆分消旋体（**7**）。实际上，在 n-BuOAc 中，消旋体（**7**）与 1.3eq.（+）-樟脑磺酸一起回流 30min，然后缓慢地冷却到室温，得到了 59% ee 值的第一批粗产物非对映异构体盐（**20**）。用 n-BuOAc 重结晶后提升得到 95% ee 值，分离收率为 43%（再重结晶一次可以得到几乎 100% ee 值的非对映异构体盐（**20**），重结晶总收率为 41%）。樟脑磺酸的手性拆分比双樟脑酰胺方法更高效、更经济。

用 TFA 处理，很平稳地脱去了非对映异构体盐（**20**）的 p-MB 保护基团，得到候选药物（**2**）。在随后不对称加成反应中，要改变酮（**4**）氮原子的保护基团，因此后面讨论候选药物（**2**）结晶以及分离条件的优化。

2-吡啶基乙炔负离子对酮亚胺（5）及（17）的不对称加成 尽管手性拆分

的效率比层析分离好得多，但是对于大规模制备候选药物（**2**），很显然，拆分方法并不是最有效的。然而，拆分方法为后续研究炔负离子不对称加成反应提供了意想不到的保障作用。即使加成产物（**7**）的 *ee* 值较低，可以通过与（＋）-樟脑磺酸一起结晶提升 *ee* 值。

有很多文献报道 C＝N 双键的不对称加成反应[6]。然而，大部分报道中的反应都是由底物控制的或者取决于亚胺结构中的手性助剂，而且几乎所有报道都是用醛亚胺作底物[7]。

关于试剂控制的不对称加成反应，有三篇醛亚胺底物的报道。据了解，在本项目研究之前，未见文献报道酮亚胺底物的不对称加成反应，参见下文。

以 Tomioka 的开创性研究[8]作为参考，在研究 2-吡啶乙炔锂（**6**）对 *p*-MB-酮亚胺（**5**）的不对称亲核加成反应中，筛选了一些 β-氨基醇作手性诱导助剂[9]。在−40～−20℃之间，1.07eq. 奎宁和 1.07eq. 2-乙炔基吡啶与 2.13eq. *n*-BuLi 作用生成的混合物，再与酮亚胺（**5**）反应，得到了设想的加成产物（**19**），收率为 84%，最高 *ee* 值达到 64%。并且氮原子的保护基团显著影响不对称加成产物的 *ee* 值。用 ANM 作为保护基团的酮亚胺（**17**）可以获得最好结果（97% *ee* 值，收率高）。一个放大实验的案例中，2.63mol 酮亚胺（**17**）与 1.4eq. 2-乙炔基吡啶、1.5eq. 奎宁以及 2.98eq. *n*-BuLi 在−25℃的 THF 中反应 14h。用水淬灭反应后，有机相中产物的分析收率为 87%，*ee* 值＞97%。以（＋）-樟脑磺酸盐的形式分离产物（**21**），收率为 84%，*ee* 值＞99%（220nm 波长下 HPLC 面积含量 99%），如图式 1.6 所示[10]。

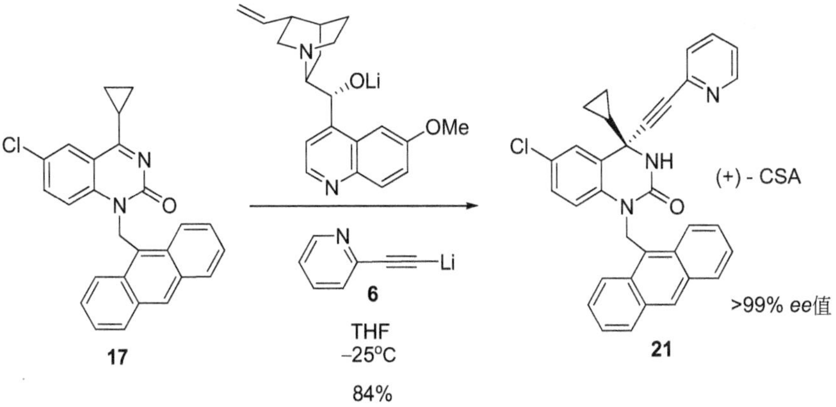

图式 1.6 2-吡啶基乙炔负离子的不对称加成反应

（4）脱保护基及分离候选药物（2）

脱去非对映异构体盐（**21**）的 ANM 保护基与脱 *p*-MB 保护基的反应条件相似。因为蒽甲基正离子比 *p*-MB 正离子稳定，因而反应速度更快。然而，产生的蒽甲基正离子会进一步与产物（**2**）作用，因此在反应体系中必须加入正离子捕获试剂。苯甲醚或苯甲硫醚都可以用作正离子捕获试剂，效果相同。因为处理更容易并且气味不太难闻，最终选择了苯甲醚作为正离子捕获试剂。（＋)-樟脑磺酸盐（**21**）在 1 体积苯甲醚和 1.5 体积 TFA 中，室温下反应过夜，顺利完成脱保护基，几乎得到定量的分析收率。不过，后处理过程比想象的更复杂。虽然苯甲醚能成功捕获蒽甲基正离子转化成主要副产物（**22**），但是，有部分副产物（**22**）在反应条件下会与苯甲醚进一步反应生成蒽（**23**）以及双茴香醚基甲烷（**24**），如图式 1.7 所示。因为产物（**2**）与蒽（**23**）很容易一起共结晶，因此，通过直接重结晶不能分离纯化产物（**2**）。

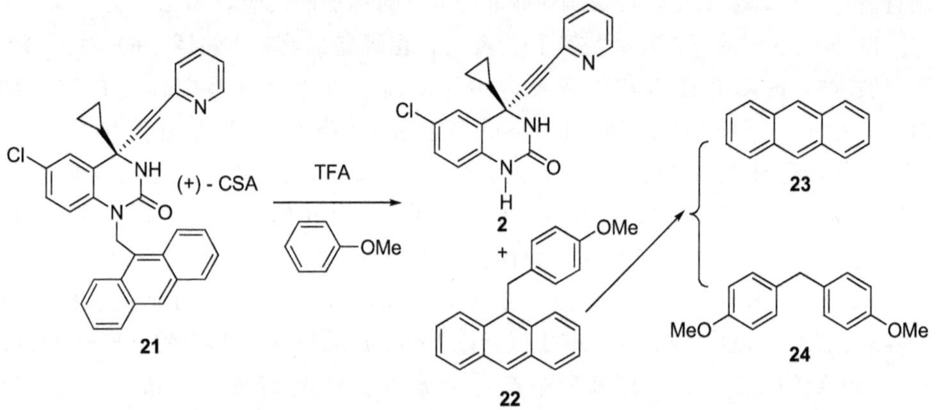

图式 1.7 脱去非对映异构体（**21**）的 ANM 保护基

放大制备规模后，进一步对后处理工艺进行了优化。反应混合物先减压浓缩，再用 EtOAc 溶解残余物，然后用 NaOH 水溶液洗涤，调节 pH 值至 8.5。浓缩溶剂后，把 EtOAc 切换成 MeOH。向甲醇溶液中加入一定量水，调节体系中水含量为 2%。过滤除去从溶液中析出的主要副产物（**22**）。然后将母液通过 SP206 树脂（聚苯乙烯树脂），按产物（**2**）的分析收率折百量计，树脂的用量约为 30 倍体积，以 98% 甲醇洗脱，蒽（**23**）保留在树脂中除去。富集后的馏分通常约为树脂体积的 1.5 倍，先浓缩再把溶剂切换成 EtOAc。产物（**2**）与溶剂 EtOAc 共结晶析出，母液中产物损失约占总量的 13%。以溶剂共结晶的形式分离产物可以确保完全除去痕量的苯甲醚。将 EtOAc 共结晶产物（**2**）悬浮在水中，与水共沸除去 EtOAc，分离得到产物（**2**）的一水合物，分析纯度为 99.9%，*ee* 值为 100%，总分离收率为 78%。需要指出的是，产物（**2**）的 EtOAc 共结晶与一水合物的 X-衍射模式几乎完全一样。也就是说，在晶格中 EtOAc 与水的位置完全相同。如果候选药物（**2**）持续进行后期开发，优化分离过程应该可以去掉 EtOAc 共结晶的操作步骤，因而分离收率还能提高一些。

(5) 合成总流程

改进后的工艺路线如图式 1.8 所示，工艺改进的要点总结如下：

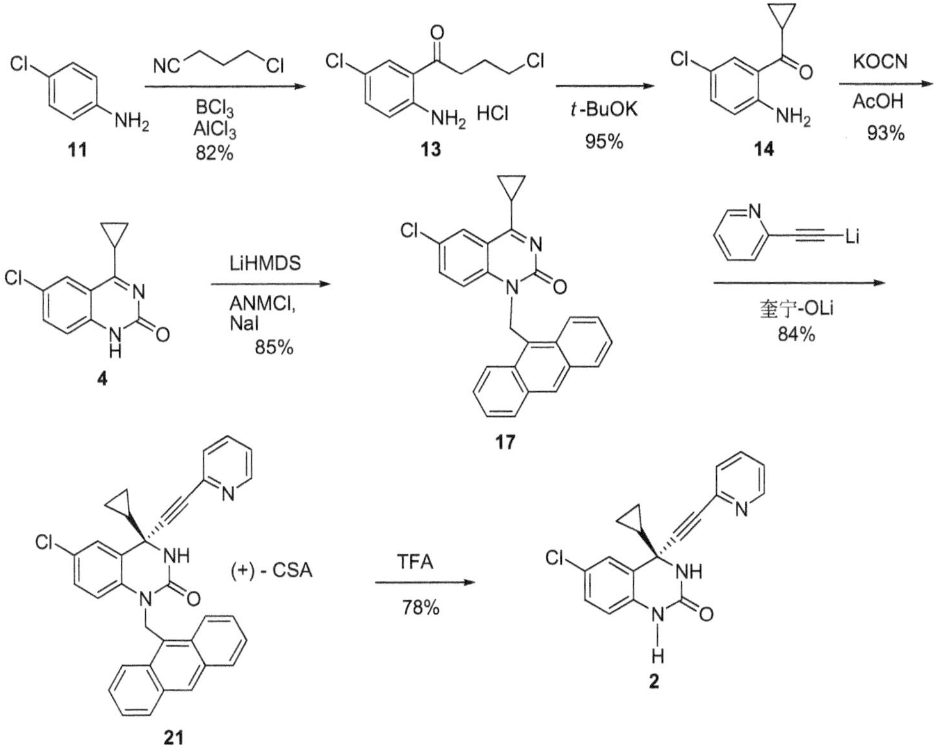

图式 1.8 候选药物 (2) 优化后的制备工艺

1）在较短时间内交付了足量的原料药，保障了候选药物（**2**）的临床研究。

2）经过六步反应，合成了目标化合物（**2**），总收率为 41%。

3）以价廉易得原料对氯苯胺（**11**）替代难以大宗采购的邻氰基对氯苯胺（**3**）。

4）在合成过程中，使用 $BCl_3/GaCl_3$ 组合并优化了 Sugasawa 反应（苯胺邻位选择性 Friedel-Crafts 酰基化反应）。

5）优化了 N-保护基团的合成工艺，抑制了 O-苄基化副反应。

6）研究炔锂与酮亚胺（**5**）之间的不对称加成反应前，建立了经典的拆分方法。

7）发现并优化了酮亚胺不对称亲核加成的新反应。

8）以 ANM 作为氮原子保护基团，不对称亲核加成新反应的产物获得了最佳的对映选择性。

9）优化了脱保护基工艺，利用树脂除去意外生成的杂质蒽。

1.1.2 化学研究

理解反应机理和反应参数是放大工艺达到实验室优化结果的唯一途径。在研究 Sugasawa 反应（苯胺邻位选择性 Friedel-Crafts 酰基化反应）和酮亚胺不对称加成反应基础上，成功实现了大规模制备候选药物（**2**）。下面详细讨论这两个反应。

1.1.2.1 Sugasawa 反应

20 世纪 90 年代初，研发团队在开发抗 MRSA 碳青霉烯项目时，初次接触了 Sugasawa 反应，本项目工艺又一次应用了这一反应。研发团队对这一独特的反应产生了浓厚的兴趣，进而产生研究该反应机理的想法。众所周知，尽管苯胺本身是一个富电子的芳环，却不能进行 Friedel-Crafts 反应。Friedel-Crafts 反应需要 Lewis 酸活化亲电试剂后才能进行。然而，苯胺氮原子与 Lewis 酸的配位速度远快于与亲电试剂的反应，苯胺与 Lewis 酸配位成盐使苯环严重缺电子，从而反应不再进行[11]。因此，要使苯胺实现 Friedel-Crafts 反应，只有先保护苯胺氮原子一个途径。例如，Kobayashi 等人曾报道，用 Ga(OTf)$_3$ 作催化剂进行乙酰苯胺对位的选择性 Friedel-Crafts 酰基化反应[12]。

1978 年，盐野义（Shionogi）制药公司的 Sugasawa 等人报道了用脂肪腈进行游离苯胺邻位选择性 Friedel-Crafts 酰基化反应[4]。据 Sugasawa 报道，该反应需要两个不同的 Lewis 酸催化剂（BCl$_3$ 和 AlCl$_3$），而且 N,N-双烷基化苯胺不反应。报道中指出硼在氰基和苯胺之间的桥梁作用是邻位酰基化（唯一选择性）的内因，但并没有提出明确的机理。该报道既未解释为什么需要两个不同Lewis 酸催化剂，也没有解释 N,N-双烷基化苯胺不反应的原因。因此，启动了该反应机理的研究。

（1）NMR 技术研究 Sugasawa 反应机理

为了阐明 Sugasawa 反应，研发团队和公司 NMR 组负责人 Alan Douglas 博士一起开展了机理研究[13]。相关研究结果总结在图式 1.9 中。

向含有对氯苯胺（**11**）的 NMR 管中加入 BCl$_3$，通过下述方式确定形成了硼配合物（**25**）：^{13}C NMR 图谱中，苯胺的 α-和 γ-碳移向高场，而 β-和 δ-碳移向低场，如图式 1.9 所示。向混合物中进一步加入 4-氯丁腈（**12**），观察到配合物（**25**）与 4-氯丁腈的硼配合物（**26**）之间存在平衡混合物。根据 ^{13}C NMR 化学位移类似的变化情况确定了配合物（**26**）的结构。然后，向含有对氯苯胺、三氯化硼以及 4-氯丁腈的混合物体系中加入 AlCl$_3$，可以观察到尖锐的 Al 单峰。因为Al 倾向形成二聚的（或多聚的）配合物，在 NMR 图谱中 Al 通常呈现宽峰。观察到 Al 的尖峰表明 Al 原子处于高度对称的环境，而且，化学位移 102.5 的 ^{27}Al 峰是 AlCl$_4^-$ 的特征信号。这些证据表明，在反应体系中 Al 原子以四氯化铝负离子形式存在。这样，根据 ^{13}C NMR 和 ^{11}B NMR 给出的数据，可以用"超级配合物"（**27**）的结构进行解释。在超级配合物（**27**）中，苯胺氮原子和氰基氮原子都与硼原子配位，同时三氯化硼掉下一个氯原子配位到 AlCl$_3$ 分子上。室温下并

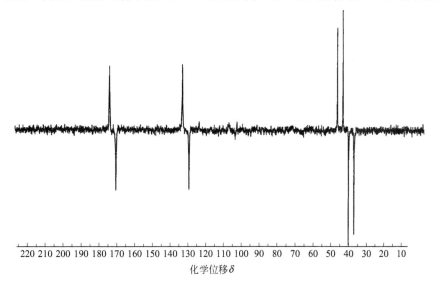

图式 1.9　NMR 技术研究 Sugasawa 反应

未观察到超级配合物（**27**）的环化反应。加热后，^{13}C NMR 和^{11}B NMR 确认形成了一个新的六元环配合物（**28**）。如图 1.2 所示，六元环配合物（**28**）的^{15}N NMR 证实有两个质子（9.32 和 10.59），清楚地表明它们分别归属于配合物（**28**）的两个不同的 N 原子（两个双峰：135 和 174），也为阐明配合物（**28**）的结构提供了佐证。反应混合物的^{15}N NMR 图谱显示，在反应体系中只存在配合物（**28**）与质子化的对氯苯胺（**11**）（四重峰；约 50）。配合物（**28**）淬灭后得

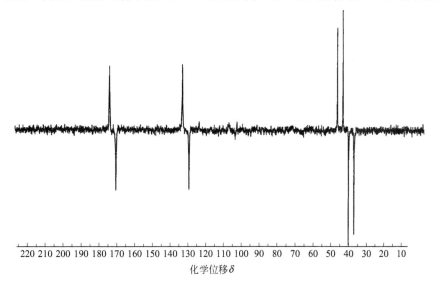

220 210 200 190 180 170 160 150 140 130 120 110 100 90 80 70 60 50 40 30 20 10
化学位移 δ

图 1.2　配合物（28）的^{15}N NMR 图谱（INEPT）。51 左右的四重峰是质子化的对氯苯胺

到了设想的邻位酰基化苯胺（**13**），因此形成六元环配合物是 Sugasawa 反应邻位选择性的内因。

然而，超级配合物（**27**）是真正的中间体吗？前面指出，Sugasawa 报道 N,N-双烷基化苯胺不发生反应。那么，N,N-双烷基化苯胺能否形成类似的超级配合物？以游离芳香胺、N-甲基芳香胺以及 N,N-二甲基芳香胺三种不同类型的底物进行考察，如图 1.3 所示。按照 Sugasawa 反应条件，经 NMR 分析，室温下确认对甲基苯胺、N-甲基苯胺以及 N,N-二甲基对甲苯胺都形成了相应的超级配合物（**29、30** 和 **31**）。

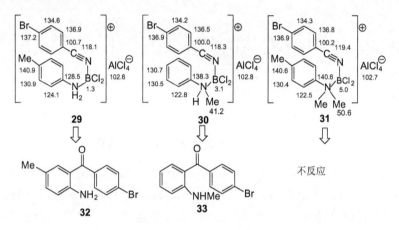

图 1.3　三种芳香胺衍生的"超级配合物"

反应体系加热后进行水解淬灭后处理，超级配合物（**29** 和 **30**）生成了高产率的邻位酰基化苯胺（**32** 和 **33**）。而由 N,N-二甲基对甲苯胺衍生的超级配合物（**31**）加热后未发生环化，只回收了原料，与 Sugasawa 报道的结果一致。这些实验结果说明，在 N,N-双烷基化苯胺作底物时，超级配合物并非真正的中间体。因为超级配合物（**27**）和六元环配合物（**28**）具有共同的结构特点，真正的中间体应该也有类似的结构。

因为超级配合物中整个阳离子部分缺电子，苯胺片段的电荷密度当然也很低，因此，酰基化反应的亲电试剂不可能进攻缺电子芳环，这一推断是合理的。如果在形成六元环配合物之前超级配合物消除一个质子，形成的中性化合物可能是酰基化反应的真正中间体（**34**），如图式 1.10 所示。和报道的现象一致，不难理解 N,N-双烷基化苯胺不发生 Sugasawa 反应，因为 N,N-双烷基化苯胺衍生的超级配合物没有可以消除的质子。

(2) 基于反应机理进一步优化 Sugasawa 反应

理解反应机理后，第二个 Lewis 酸的作用就非常清楚了，它与 BCl_3 分子的一个氯进行键合，而硼原子与苯胺以及腈的两个氮原子共同配位形成了超级配合物。据报道，最亲氯的 Lewis 酸是金属镓[14]。实际上，对多种 Lewis 酸作为第

图式 1.10　真正的中间体是什么

二种 Lewis 酸的性能进行了实验，每次实验都能形成超级配合物。在测试的多种 Lewis 酸中，GaCl$_3$ 的结果最好，如表 1.1 所示。

表 1.1　第二种 Lewis 酸对 Sugasawa 反应的影响

Lewis 酸	GaCl$_3$	InCl$_3$	AlCl$_3$	FeCl$_3$	SbCl$_5$	AgOTf
反应条件	c,26h,80℃	c,4h,132℃	c,4h,132℃	t,17h,78℃	t,5h,78℃	c,7h,100℃
收率/%	72	63	45	44	26	24

注：c=氯苯，t=甲苯。

以 GaCl$_3$ 作为第二种 Lewis 酸进行 Sugasawa 反应，反应条件比用 AlCl$_3$ 更温和。以环丙基腈作酰基化试剂、GaCl$_3$ 作第二种 Lewis 酸的反应，产物分离收率达到 74%，含有约 4% 的开环副产物。而 AlCl$_3$ 进行同样的反应，产物收率只有 30%～40%，开环副产物高达 15%～20%。由此看来，GaCl$_3$ 明显更有效，尤其对缺电子苯胺底物。当然，BCl$_3$ 是反应必需的，AlCl$_3$ 和 GaCl$_3$ 组合不发生 Sugasawa 反应。这个现象很有意思，因为 B、Al、Ga、Tl 都是元素周期表ⅢA 族的。

反应产生 1eq. HAlCl$_4$，而 HAlCl$_4$ 与苯胺质子化后成盐。质子化的苯胺不再与 BCl$_3$ 配位，从而反应不再进行。因此，又研究了体系中加入缚酸剂的作用，筛选了一些胺类有机碱甚至金属镓❶。然而，用 2eq. 苯胺的结果最好。

1.1.2.2　2-吡啶基乙炔负离子与酮亚胺（5 及 17）的不对称加成反应

1992 年，刚开始研究这一不对称加成反应的时候，几乎没有可供参考的例子。即使到了 2008 年，试剂控制的酮亚胺的不对称加成反应也鲜见文献报道。1990 年，Tomioka 等人首次报道了相关的不对称加成反应，在手性 β-氨基醚作用下进行烷基锂试剂与 N-p-甲氧基苯基保护的醛亚胺之间的反应，产物的 ee 值

---

❶ 据认为金属镓和 HCl 反应生成 GaCl$_3$ 并释放出 1.5eq. H$_2$。

为 $40\%\sim64\%$[8]，如图式 1.11 所示。1992 年，Katritzky 报道，以手性 β-氨基醇作为诱导试剂，Et_2Zn 与原位制备的 N-酰亚胺之间的不对称加成反应，获得了 $21\%\sim70\%$ ee 值的产物[15]，如图式 1.12 所示。同年，Soai 等人也报道，以手性 β-氨基醇作为诱导试剂，二烷基锌与二苯基膦酰亚胺之间的不对称加成反应，产物的 ee 值为 $85\%\sim87\%$[16]，如图式 1.13 所示。在启动酮亚胺（**5**）的不对称加成反应时，上述三个例子是仅有的参考文献。

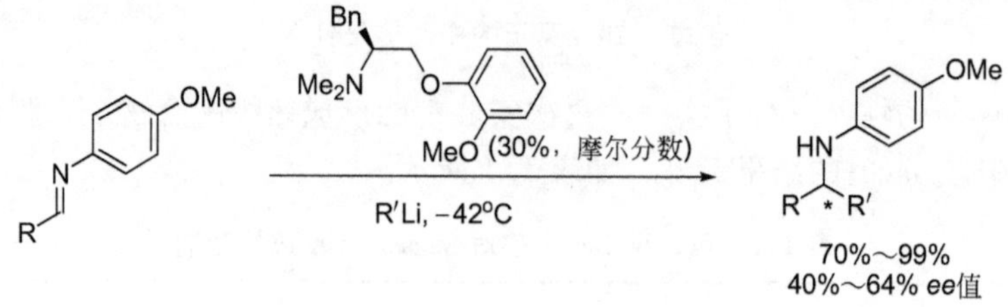

图式 1.11　1990 年 Tomioka 的报道

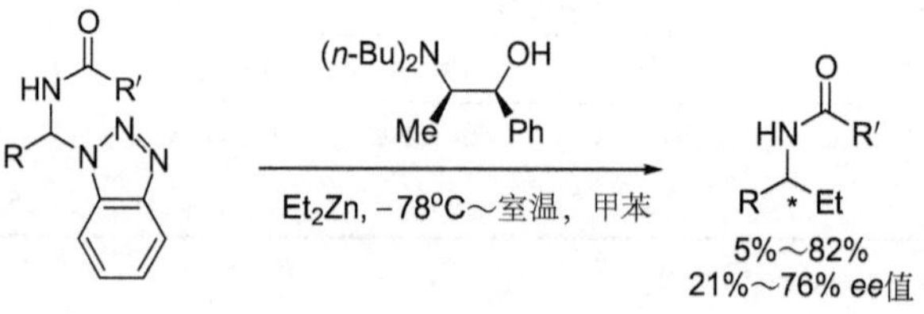

图式 1.12　1992 年 Katritzky 的报道

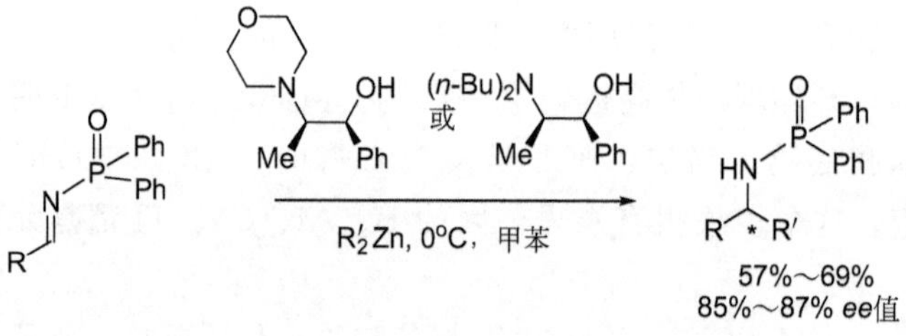

图式 1.13　1992 年 Soai 的报道

　　参考上述文献，开始研究炔负离子与 p-MB 保护的酮亚胺（**5**）之间的不对称加成反应。主要考察手性 β-氨基醇作诱导试剂的反应现象，同时也筛选了许多其他类型的手性化合物，例如手性二胺、手性二醚。很快发现，在体系中加入 β-氨基烷氧化物能有效诱导加成产物的对映选择性。考虑到至少化学计量的手性氨基醇才能获得较好结果，因此重点考察那些易得的手性 β-氨基醇，研究结果总结在表 1.2 中。

　　麻黄碱衍生物的选择性很低，而金鸡纳碱衍生物提供了最好的结果。以 n-BuLi或 LiHMDS 同时脱去炔烃和手性氨基醇中的活泼质子，生成了烷氧基锂

表 1.2　2-吡啶基乙炔负离子与 *p*-MB 保护的酮亚胺（5）之间不对称加成反应

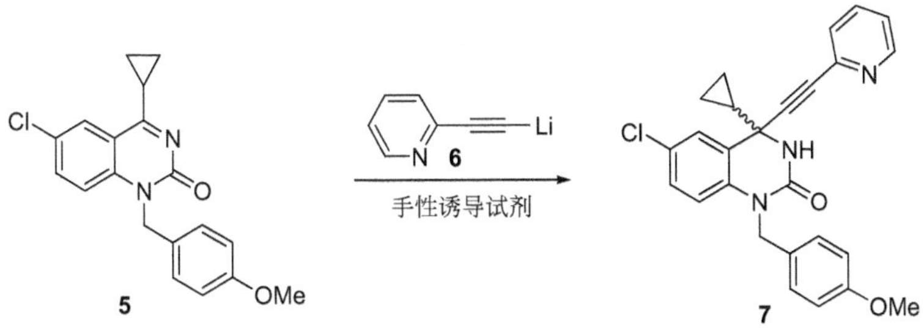

β-氨基醇	*ee* 值/%	构型	β-氨基醇	*ee* 值/%	构型
(1*R*,2*S*)-麻黄碱	1	*S*	二氢奎宁	64	*S*
(1*R*,2*S*)-*N*-甲基麻黄碱	10	*R*	辛可尼丁	26	*S*
(*S*)-1-甲基四氢吡咯-2-甲醇	0		奎宁丁	55	*R*
(*S*)-α,α-二苯基四氢吡咯-2-甲醇	0		二氢奎宁丁	39	*R*
奎宁	59	*S*	9-表奎宁	28	*S*

盐和炔锂，锂盐的不对称加成反应结果比相应的钠盐或镁盐好一些。均相的 THF 作溶剂获得的产物 *ee* 值比多相的甲苯或乙醚高一些。

　　金鸡纳碱类化合物奎宁和二氢奎宁作手性诱导试剂都生成（*S*）构型的加成产物。可能天然产物的光学纯度略有差异造成了加成产物 *ee* 值的少许差异。需要指出的是，奎宁的假对映体奎宁丁生成了（*R*）构型产物，*ee* 值为 55%。由于奎宁比二氢奎宁价廉易得，后续研究以奎宁作为手性诱导试剂进一步优化不对称加成反应。

　　氮原子的保护基团对加成产物 *ee* 值的影响如表 1.3 所示。对表中每个底物的反应条件分别进行了优化。

表 1.3　酮亚胺氮原子保护基的优化

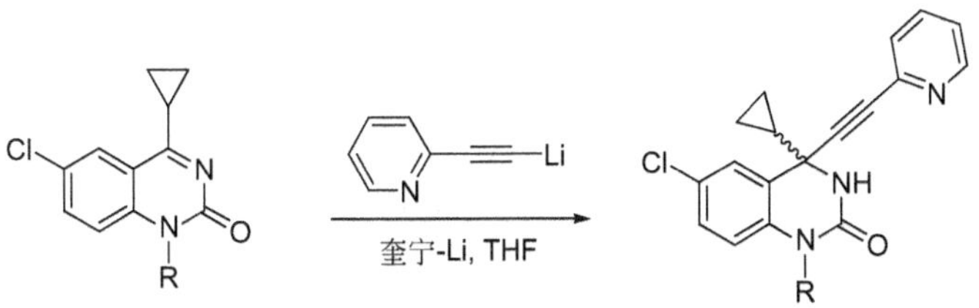

R	*ee* 值/%	R	*ee* 值/%
对甲氧基苄基(*p*-MB)	64	2,4,6-三甲基苄基(TMB)	74
苄基	56	2,6-二氯苄基	80
对氯苄基	37	9-蒽甲基(ANM)	97
甲基	70		

含有吸电子官能团的保护基团降低了加成产物的对映选择性，这一结果表明了底物较强的电子效应。有意思的是，分子远端官能团的大小对手性诱导作用也有较大的影响。位阻最大的 ANM 保护基获得了高达 97% ee 值的产物，并且分离收率也很高。

值得注意的是，反应体系对温度非常敏感。也就是说，温度对加成产物的 ee 值影响很大。最佳的反应温度取决于保护基团，如图 1.4 所示。N-ANM、N-TMB（三甲基苄基）以及 N-p-MB 的底物分别在 −25℃、−20℃ 和 −30℃ 下各自取得最好收率。升高或降低温度都会使 ee 值变差。上述现象暗示阴离子物种聚集阶段的热力学变化对加成产物的对映选择性起了重要作用。这一推论最终在依法韦仑的工艺开发过程中得到了证实。

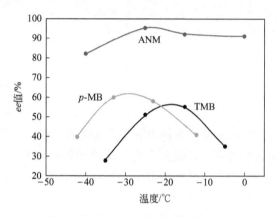

图 1.4　不对称加成反应的温度效应

接着，简单研究了不对称加成反应的底物适用范围和局限性。遗憾的是，这一反应的适用范围较窄，如表 1.4 所示。也许炔锂聚集状态的差异限制了反应的普适性。当把 2-吡啶基换成 3-吡啶基，产物的 ee 值下降到 36%，而 4-吡啶基则进一步下降到 13%。然而，以 TMS 乙炔进行的不对称加成反应，出乎意料地获得了 82% ee 值的加成产物。因为 Sonogashira 反应能承受炔烃底物的任何基团，尽管增加了反应步骤，TMS 乙炔应用于加成反应有可能成为一个通用方法。

表 1.4　炔烃底物的适用范围

续表

R	反应温度/℃	产物 *ee* 值/%	R	反应温度/℃	产物 *ee* 值/%
2-吡啶基	−25	94	对甲氧基苯基	−25	86
2-吡啶基	−15	92	苯基	−15	65
3-吡啶基	−25	22	对氯苯基	−15	58
3-吡啶基	−15	36	丁基	−25	77
4-吡啶基	−25	6	三甲基硅基(TMS)	−25	82
4-吡啶基	−15	13			

至此，研发团队成功实现了首例炔负离子与酮亚胺之间的不对称亲核加成反应。现阶段，该反应的机理还未能完全理解，但是初步认为炔锂物种的聚集状态可能起了重要作用。

1.2　依法韦仑

1.2.1　项目发展状况

1.2.1.1　药物化学的合成路线

1993 年，公司放弃了化合物（**2**）的开发，同时选择抗病毒活性和耐药性更好的依法韦仑（**1**）作为候选药物[1,17]进一步开发。1998 年 9 月 21 日，作为第一个 HIV 非核苷逆转录酶抑制剂，FDA 批准了依法韦仑上市。药物化学最初制备依法韦仑的合成路线如图式 1.14 所示。

以对氯苯胺（**11**）作为起始原料，直观明了的经过七步反应合成了依法韦仑（**1**），总收率为 12%。对氯苯胺（**11**）通过邻位三氟乙酰化转化成三氟苯乙酮（**36**）[18]，三步经典反应的总收率为 60%。首先以特戊酰基保护苯胺氮原子定量得到特戊酰胺（**35**）。加入 *n*-BuLi，锂化后得到酰胺（**35**）的双负离子，随后与三氟乙酸乙酯反应生成了邻位酰化的中间体。酸解脱去特戊酰基得到三氟苯乙酮（**36**）。

炔负离子对三氟苯乙酮（**36**）加成的反应速度很慢，即使加热到 40℃ 反应仍需要 5eq. 环丙基乙炔格氏试剂。可能是游离苯胺（**36**）去质子化后削弱了羰基的亲电性导致反应速度很慢。然而，直接重结晶就能得到消旋叔醇（**38**），分离收率为 73%。项目刚启动时，环丙基乙炔（**37**）是一个大问题，不仅价格昂贵而且供不应求，加上合成本身需要大大过量的环丙基乙炔（**37**）。如今，环丙基乙炔（**37**）是一个常见原料[19]。由于依法韦仑项目需要，工艺研发和生产部门都为环丙基乙炔（**37**）做了大量努力。消旋叔醇（**38**）与羰基双咪唑（CDI）反应得到了消旋的环氨基甲酸酯（**39**），分离收率为 99%。以三乙胺作碱，

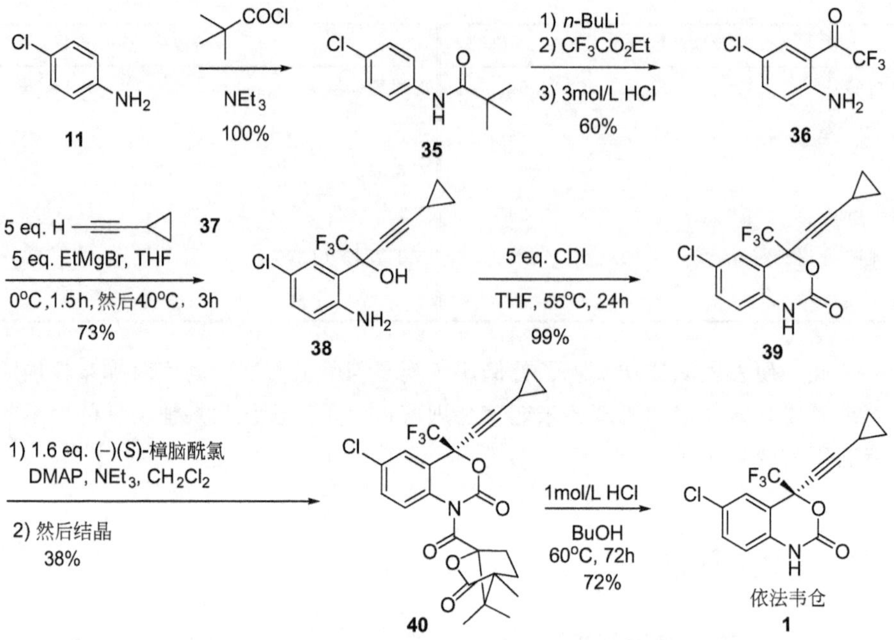

图式 1.14 药物化学制备依法韦仑（1）的初始合成路线

N,N-二甲胺基吡啶（DMAP）作催化剂，环氨基甲酸酯（**39**）与 1.6eq. 的（一）-(S)-樟脑酰氯反应，简单结晶，分离得到所需的非对映异构体（**40**），收率为 38%。另一个非对映异构体是油状物，过滤时与母液一起除去。非对映异构体（**40**）酸解后生成结晶性的依法韦仑（**1**），收率为 72%。

药物化学合成路线存在的问题 虽然最初的药物化学合成路线直观明了，但从工艺化学的角度看[20]，项目启动时就存在一些问题。其中几个问题与开发候选药物（**2**）过程中遇到的问题非常相似：

1）需要大量过量的环丙基乙炔（**37**）。不仅价格昂贵而且供不应求。

2）生成的消旋产物必须先形成（一）-樟脑酰亚胺的非对映异构体混合物，再用传统的手性拆分方法才能获得光学纯的依法韦仑（**1**）。

3）需要 1.6eq. 昂贵且货源有限的（一）-(S)-樟脑酰氯转化成非对映异构体。

1.2.1.2 工艺开发

药物化学合成路线所存在的三个问题都源于环丙基乙炔（**37**）负离子对酮苯胺（**36**）的加成反应。该路线中其他反应步骤都适合大规模制备。因此，工艺开发的重点是，研究开发接近 1eq. 环丙基乙炔（**37**）与酮苯胺（**36**）之间的不对称加成反应[21]。

首先，很自然想到把图式 1.6 所示的炔负离子与酮亚胺（**5**）之间的不对称加成新反应的思路应用到依法韦仑（**1**）的改进工艺之中。其次，澄清图式 1.14

所示的酮苯胺（**36**）的结构带来的误导。因为酮苯胺（**36**）结构中有一个苯胺氢原子会与酮羰基的氧原子形成强烈的氢键，如图 1.5 所示。因此，酮羰基与苯胺以氢键为纽带形成了一个六元环，因而，三氟甲基位于环外。这样，酮苯胺（**36**）的另一个苯胺氢原子需要保护，目的是，在与亲核试剂反应时，避免发生去质子化形成 N-负离子，从而钝化酮羰基的活性。保护后形成的单 N-p-MB 的酮苯胺（**41**），结构环境与酮亚胺（**5**）非常相似。设想在金鸡纳碱的烷氧基锂作用下，炔锂与酮苯胺（**41**）之间的不对称加成反应与酮亚胺（**5**）进行的反应类似。这是研究依法韦仑新工艺的出发点。

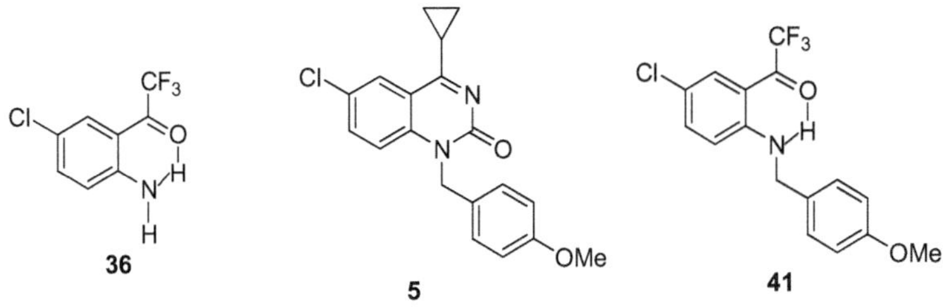

图 1.5　酮苯胺（36）和酮亚胺（5）的结构相似性

在依法韦仑小节的前半部分，按以下主题讨论第一代生产工艺以及当前生产工艺的开发过程。

1）选择性酮苯胺（**36**）的单 N-保护。

2）环丙基乙炔锂与酮苯胺（**41**）之间的第一代不对称加成反应。

-背景介绍

-制备手性诱导试剂

-制备环丙基乙炔

-炔负离子与酮苯胺之间的不对称加成反应

3）依法韦仑的制备和分离（第一代生产工艺）。

4）环丙基乙炔锌与 N-p-MB 保护的酮苯胺（**41**）之间的第二代不对称加成反应（目前生产工艺的一部分）。

本小节的后半部分，将讨论不对称炔锂加成的反应机理，这是第一代生产工艺的奠基石。基于不对称炔锂加成的反应机理，研发团队将研究重心转到新型高效的锌试剂的加成反应。这是机理研究给予工艺开发丰厚回报的一个极佳案例。

（1）制备单 N-p-甲氧基苄基酮苯胺（41）

刚开始制备单 N-p-甲氧基苄基酮苯胺（**41**）并不容易，看起来甚至比关键的炔负离子不对称加成反应还要困难一些。在多种标准条件下，p-MBCl（**42**）与酮苯胺（**36**）进行 N-单烷基化反应，没有想象的那样顺利。但是当在 TLC 板上一起点样酮苯胺（**36**）与 p-MBCl（**42**）时，却生成了所需的酮苯胺（**41**）。因此，研发团队研究了酸性条件下酮苯胺（**36**）与 p-MBCl（**42**）的反应。实验结果表明，在甲苯中，硅胶、分子筛和碱性氧化铝都能促进这一反应，其中碱性氧化铝的效果最好。优化后，将酮苯胺（**36**）及碱性氧化铝悬浮在甲苯中，然后加入 *p*-MBCl（**42**），室温下搅拌反应 3h，分析收率为 85%。滤去氧化铝，结晶分离保护的酮苯胺产物（**41**）收率为 78%，如图式 1.15 所示。

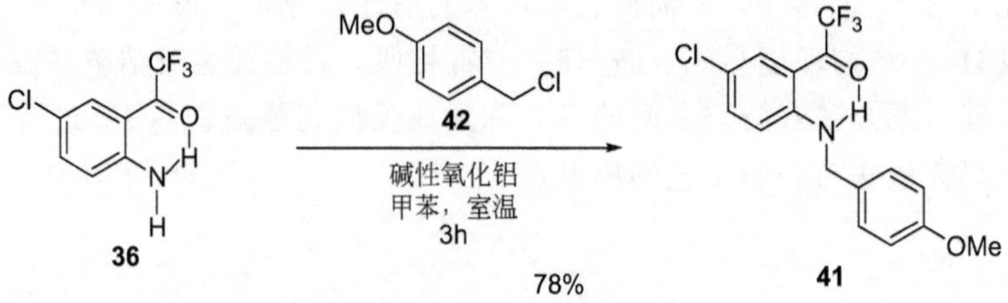

图式 1.15　酮苯胺（36）的 *p*-MB 保护

作为保护基试剂，*p*-MBCl（**42**）的热稳定性存在问题并且价格也相对昂贵（Aldrich 价格：69.90 美元/25 克，最大包装）❶；而相比之下，对甲氧基苄醇（*p*-MBOH，**43**）既稳定又相对价廉（Aldrich 价格：84.90 美元/500 克，最大包装）。因此，又考察了以 *p*-MBOH（**43**）作为保护基试剂的反应。在催化量的对甲苯磺酸（*p*-TsOH）作用下，在 70℃ 的乙腈中缓慢加入 *p*-MBOH（**43**）（加料时间超过 3h），与酮苯胺（**36**）的单 *N*-烷基化反应顺利进行，如图式 1.16 所示。缓慢加入 *p*-MBOH（**43**）能尽量降低 *p*-MBOH（**43**）自身缩合生成对称醚（**44**），尽管对称醚（**44**）也是一个等效的烷基化试剂。向完成反应的体系中加入适量水，直接结晶析出单 *N*-保护的酮苯胺产物（**41**），收率为 90%，纯度＞99%。尽管不分离的产物（**41**）甲苯溶液也可以直接用于下一步反应，但分离纯化后更能保证不对称加成反应产物的 *ee* 值。一般来说，反应越复杂，原料

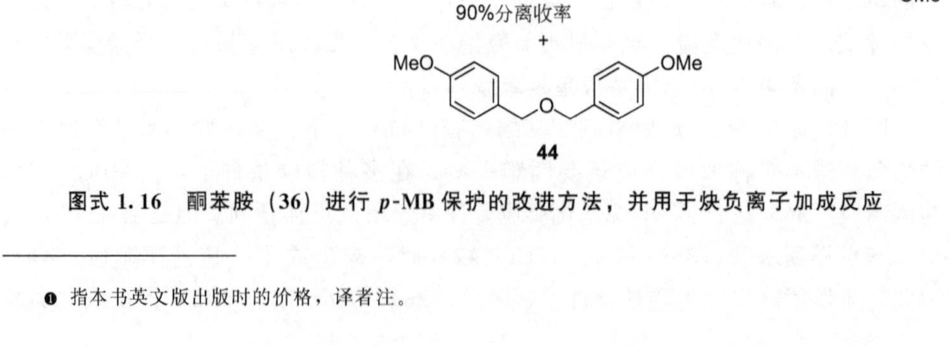

90%分离收率

图式 1.16　酮苯胺（36）进行 *p*-MB 保护的改进方法，并用于炔负离子加成反应

---

❶ 指本书英文版出版时的价格，译者注。

越纯越有利。

（2）第一代环丙基乙炔锂与酮苯胺（41）之间的不对称加成反应

背景介绍　在候选药物（2）的工艺研发过程中，成功实现了炔锂与酮亚胺（5）之间的不对称加成新反应。因此，在开始研究依法韦仑新工艺时，就不曾考虑手性拆分的方法。直接以酮苯胺（41）作底物尝试之前新开发的不对称加成反应。与预期的一样，在金鸡纳碱的烷氧基锂作用下，反应确实生成了手性产物醇（45），但是 ee 值只有 50%～60%。筛选了多种易得的手性氨基醇，麻黄碱衍生物（1R,2S)-1-苯基-2-(1-四氢吡咯基)丙烷-1-醇（46）得到了最高 ee 值的产物（45）（高达 98%），并且收率也很高，参看下文。由此初步建立了不对称加成反应体系。但是进一步优化反应细节前，需要先制备两个试剂：手性诱导试剂（46）和环丙基乙炔（37）。

制备手性诱导试剂(1R,2S)-1-苯基-2-(1-四氢吡咯基)丙烷-1-醇(46)　实际上，Mukaiyama[22]、Soai[23]以及最近 Bolm[24]都分别将手性诱导试剂（46）用于多个不对称反应。以 K_2CO_3 作碱，在乙醇或乙腈中加热，去甲麻黄碱（47）与1,4-二溴丁烷（48）反应就能制备手性诱导试剂（46）。文献报道中蒸馏分离的收率只有 33%[25]。优化实验发现更合适的碱是 $NaHCO_3$，如图式 1.17 所示。将去甲麻黄碱（47）、1.1eq.1,4-二溴丁烷（48）与2eq.$NaHCO_3$ 的甲苯悬浮液加热回流 18～22h。过滤除去固体，甲苯溶液经水洗、共沸脱水干燥后可直接用于不对称加成反应。如需分离游离碱，只要把溶剂换成庚烷并降温到 0℃ 以下，游离碱就可以结晶析出。更简便的方法是把甲苯换成异丙醇，然后通入 HCl 气体，可以获得分离收率为 90% 的游离碱盐酸盐[21,26]。中和盐酸盐即得游离碱。

图式 1.17　制备手性诱导试剂（46）

制备环丙基乙炔（37）　环丙基乙炔（37）是已知化合物。项目刚启动时，有人报道了以环丙基乙烯为原料经双溴化再脱溴化氢的合成方法[27]。但是，大规模制备环丙基乙炔（37）并不容易。事实上，在项目最紧张的时候，公司研发部门的许多化学家都参与了环丙基乙炔（37）这一简单化合物的工艺开发。

因为产品是原料药，毫无疑问对纯度要求很高。而且，产品中任何杂质都必须严格遵照 ICH 规范。环丙基乙炔（37）带来的相关杂质在工艺过程中难以除去[28]，因此，环丙基乙炔（37）的分离纯化和杂质组成都是极其重要的。

还有文献报道，以环丙基甲基酮为原料先氯化再进行碱处理，合成了环丙基乙炔（37）[29]。但该方法不能保证合格的杂质组成。研究发现，最方便、最合适的路线是以 5-氯-1-戊炔（**49**）为原料与 2eq. 碱作用的一步合成方法，如图式 1.18 所示[21,30]。为保证依法韦仑原料药的纯度，大规模制备环丙基乙炔（**37**）时，必须将残余的原料（**49**）以及脱氯的戊炔两个主要杂质含量控制到 0.2% 以下。经过标准后处理，蒸馏分离得到了质量合格的环丙基乙炔（**37**）。

图式 1.18　制备环丙基乙炔（37）

　　杜邦默克制药公司[31]的科学家改进了 Corey-Fuchs 合成方法，以环丙基甲醛为原料开发了制备环丙基乙炔（**37**）的新工艺。而环丙基甲醛则由丁二烯单环氧化物热重排制得。

　　炔负离子与酮苯胺之间的不对称加成反应　优化了两个关键试剂的制备工艺后，研发团队着手优化酮苯胺（**41**）的不对称加成反应。首先，在易得的 β-氨基醇中筛选手性诱导试剂，结果总结在表 1.5 中。

　　在手性诱导试剂中，确定以（1R,2S)-1-苯基-2-(1-四氢吡咯基)丙烷-1-醇（**46**）作为手性诱导试剂进一步优化不对称加成反应。有意思的是，进行酮亚胺（**5**）的不对称加成反应时，N-甲基麻黄碱并不是一个合适的手性诱导试剂（产物的 ee 值只有 10%，参看表 1.2)，但是在酮苯胺（**41**）的反应中，N-甲基麻黄碱也提供了 53% ee 值的产物，如表 1.5 所示。

表 1.5　手性氨基醇促进的酮苯胺（41）的不对称加成反应

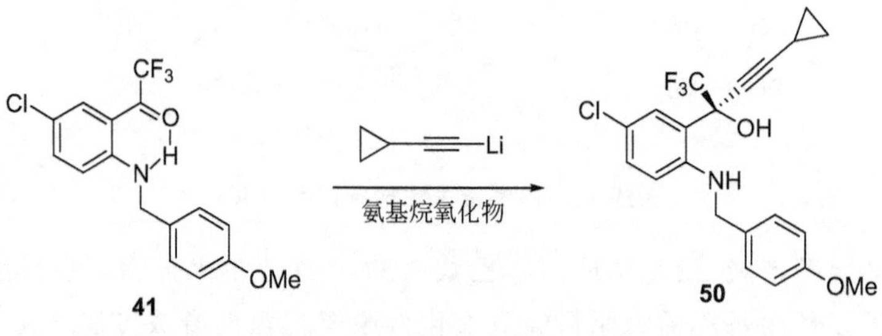

氨基醇	结构式	产物 ee 值/%
N-甲基麻黄碱	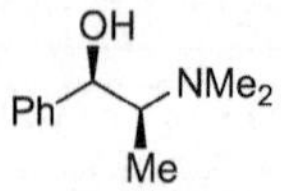	53
（1R,2S)-2-(N,N-二乙氨基)-1-苯丙烷-1-醇	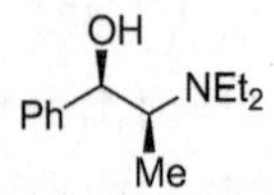	70

氨基醇	结构式	产物 ee 值/%
(1R,2S)-2-(N,N-二正丙氨基)-1-苯丙烷-1-醇	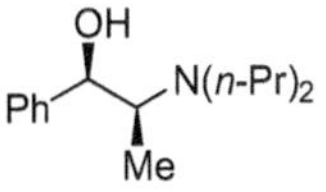 Ph $\overset{OH}{\diagup}$ N(n-Pr)$_2$ Me	59
(1R,2S)-2-(N,N-二正丁氨基)-1-苯丙烷-1-醇	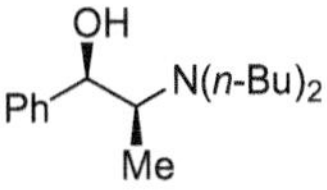 Ph $\overset{OH}{\diagup}$ N(n-Bu)$_2$ Me	60
(1R,2S)-1-苯基-2-(1-四氢吡咯基)丙烷-1-醇	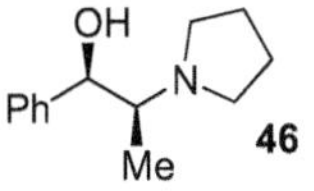 Ph $\overset{OH}{\diagup}$ N⟨⟩ Me　**46**	82
(1R,2S)-1-苯基-2-(1-哌啶基)丙烷-1-醇	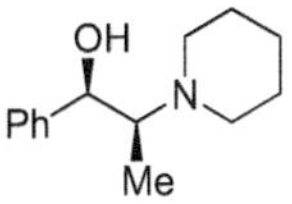 Ph $\overset{OH}{\diagup}$ N⟨⟩ Me	72
(1R,2S)-2-(1-四氢吡咯基)-1,2-二苯基乙醇	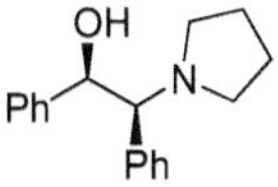 Ph $\overset{OH}{\diagup}$ N⟨⟩ Ph	61
N-甲基伪麻黄碱	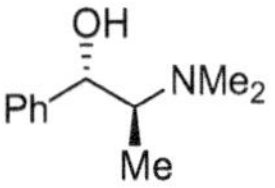 Ph $\overset{OH}{\diagup}$ NMe$_2$ Me	35

优化不对称加成反应过程中，确认了几个重要的反应因素。首先，使用 2eq. 炔锂和 2eq. 手性诱导试剂的反应才能获得高收率和高 ee 值的产物。其次，加入酮苯胺（**41**）之前，炔锂与手性诱导试剂混合物的温度至少升到 0℃，是保证反应稳定获得高选择性和高收率的关键。按照上述操作，产物的 ee 值能从 82% 提高到 96%～98%。第三，炔锂与手性诱导试剂（**46**）的混合物先升温，再加入酮苯胺（**41**），反应温度对产物的 ee 值和收率影响有限，温度实验结果总结在表 1.6 中。

表 1.6　温度对加成反应的影响

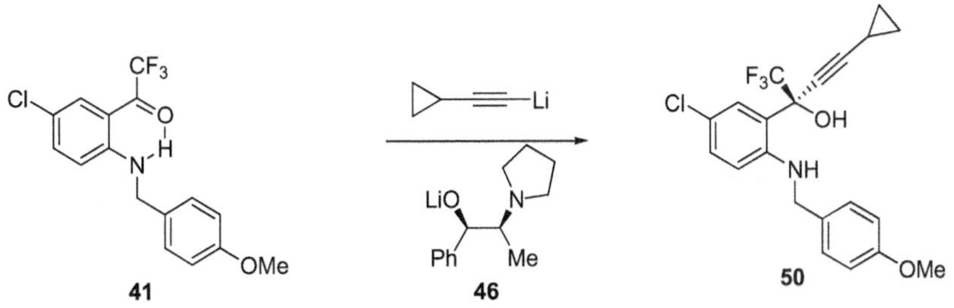

续表

反应温度/℃	ee 值/%	反应温度/℃	ee 值/%
−30	91	−60	99
−40	95	−70	99
−50	97～98		

接着，简单考察了酮苯胺（**36**）氮原子的保护基团对反应的影响，结果总结在表 1.7 中。*p*-MB 保护基获得了高选择性。值得指出的是，未保护的酮苯胺（**36**）作为反应底物，反应速度慢，产物的 *ee* 值也较低（72%）。

表 1.7 保护基对加成反应的影响

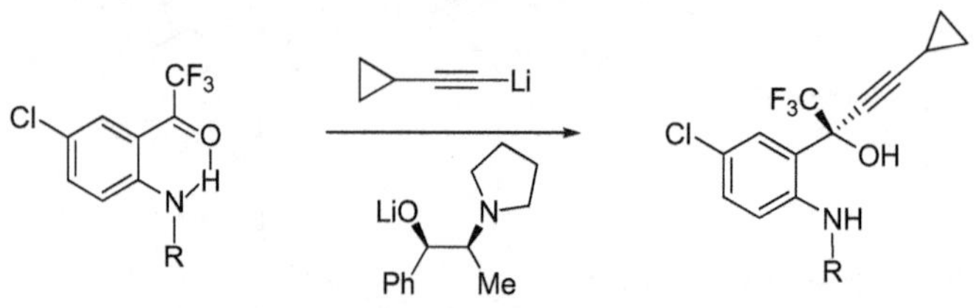

R	ee 值/%	R	ee 值/%
对甲氧基苄基(*p*-MB)	96～98	3,4-二甲氧基苄基	99
H	72	三苯甲基	90

优化后的实验过程如下：将手性诱导试剂（**46**）与环丙基乙炔（**37**）的 THF-甲苯-己烷混合体系降温到 −10～0℃ 之间，加入 *n*-BuLi（或 *n*-HexLi）进行锂化得到了手性锂亲核试剂。然后进一步将混合物冷却到 −50℃，加入酮苯胺（**41**）。搅拌反应约 60min，加入柠檬酸水溶液淬灭反应。分层，把有机相的溶剂体系换成甲苯，再加入庚烷结晶析出产物（**50**），分离收率为 91%～93%，*ee* 值>99.5%。水相用 NaOH 调到碱性再用甲苯萃取，即可方便地回收手性诱导试剂（**46**），纯度>99%，回收率为 98%。在不对称加成反应中使用了回收的手性诱导试剂（**46**），循环九次没有任何问题。

上述不对称加成反应，工艺过程稳健可靠，制备了高 *ee* 值、高收率的手性醇产物（**50**），成为第一代依法韦仑生产工艺的奠基石。

（3）制备依法韦仑（1）

很显然，有两种方法从 *p*-MB 保护的手性氨基醇（**50**）制备依法韦仑。（i）先环合形成苯并噁嗪酮然后脱去 *p*-MB 保护基；（ii）先脱去 *p*-MB 保护基然后环合形成苯并噁嗪酮。药物化学的合成路线已经展示了氨基醇与 CDI 反应制备苯并噁嗪酮的方法。

　　开始工艺开发时，在三乙胺存在下，手性氨基醇（**50**）与光气反应转化成苯并噁嗪酮（**51**），甲醇重结晶，分离收率为 95%。然后在乙腈水溶液中苯并噁嗪酮（**51**）用硝酸铈铵（CAN）氧化脱去 p-MB 保护基。粗产物用 EtOAc-庚烷（5/95）重结晶得到依法韦仑（**1**），分离收率为 76%，如图式 1.19 所示。先环合后脱保护基的方法存在两个问题。第一，氧化脱保护基反应产生了 1eq. 对甲氧基苯甲醛，在粗产物（**1**）重结晶纯化时不易完全除去，因而产品达不到 ICH 规范的质量要求。因此，粗产物（**1**）重结晶前，有机相需要用 $Na_2S_2O_5$ 水溶液洗涤两次，把对甲氧基苯甲醛转化成相应的亚硫酸氢盐加合物留在水层。第二，水层中残余的铈盐难以回收，会造成环境问题。两个问题都增加了工艺的 e-因子数。

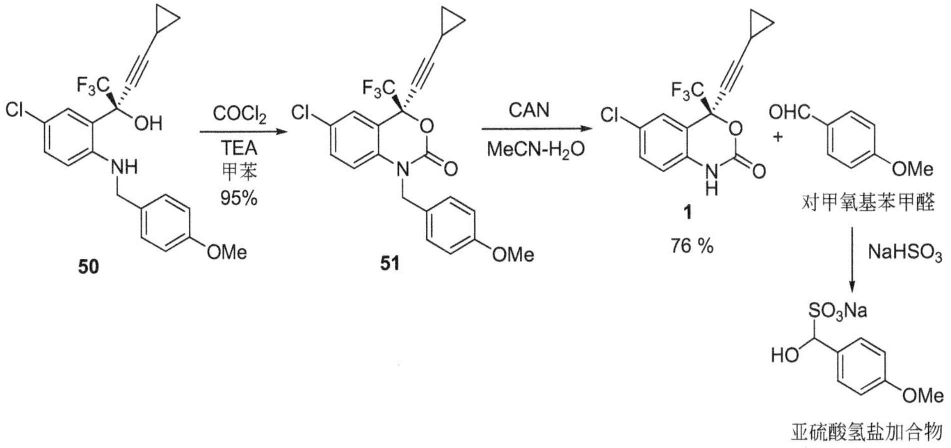

图式 1.19　先环合再脱保护基的方法合成依法韦仑（1）

　　为了克服上述两个问题，改变反应顺序，即先脱保护基再环合，如图式 1.20 所示。在 0～10℃的甲苯中，利用氨基醇（**50**）的羟基官能团，用 DDQ 氧化 p-MB，反应顺利进行，生成相应的环胺缩醛（**52**），α、β-异构体混合物的比例为 11.5∶1。同时，反应后 DDQ 转化成不溶于甲苯的 DDQH，过滤分离，DDQH 可以循环使用。DDQH 循环使用的工艺参看本书 86 页非那雄胺工艺[32]。如此改进后的工艺，氧化剂对环境的影响大幅度降低。接着，环胺缩醛（**52**）在 40℃的 NaOH/MeOH 进行溶剂解，再用 $NaBH_4$ 把产生的对甲氧基苯甲醛原位还原成对甲氧基苄醇（**43**），醋酸中和反应液，从反应体系中直接析出设想的氨基醇（**53**）。分离后的粗产物再用甲苯-庚烷重结晶，得到产物氨基醇（**53**），收率为 94%，ee 值＞99.9%。

　　氨基醇（**53**）与光气或光气等价物反应，快速环合生成依法韦仑（**1**）。在 0～25℃不含碱的 THF-庚烷中，光气与氨基醇（**53**）反应，看起来是最简便也是最经济的方法。反应完成后，经过水相后处理，从 THF-庚烷中结晶析出依法韦仑（**1**），收率高达 93%～95%，纯度＞99.5%，ee 值＞99.5%。

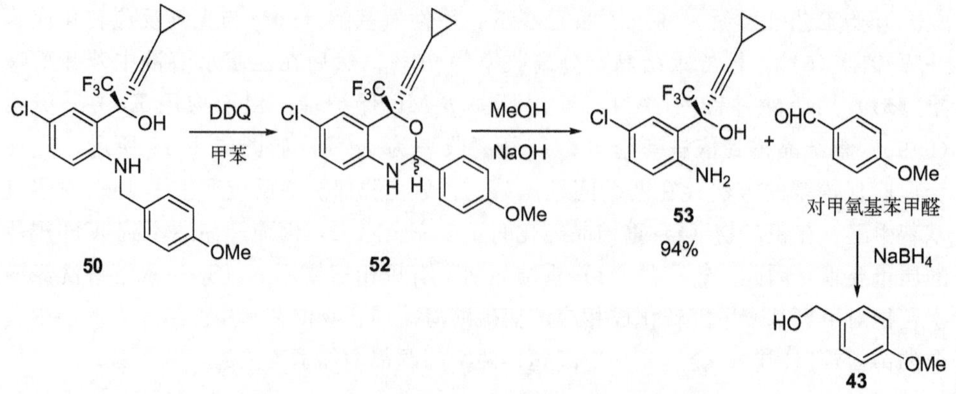

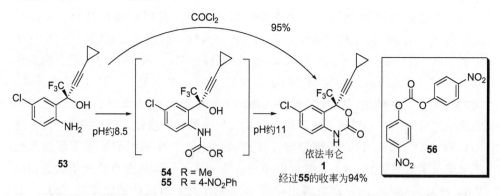

图式 1.20　氨基醇（50）脱去 *p*-MB 保护基

与此同时，还研究了氯甲酸甲酯和氯甲酸对硝基苯酯两个光气等价物的环合反应。氯甲酸甲酯与氨基醇（53）反应顺利生成了 *N*-氨基甲酸酯（54），但随后环合生成苯并噁嗪酮（1）的反应却很慢。而且，几乎不可能从依法韦仑（1）产品中除去未环合的中间体氨基甲酸酯（54），因此，放弃了氯甲酸甲酯方法。另外，氨基醇（53）与氯甲酸对硝基苯酯在弱碱性条件下（KHCO₃）反应，也先生成相应的对硝基苯酯的氨基甲酸酯（55）。然后用 KOH 调节 pH 值，氨基甲酸酯（55）可以顺利环合生成产物依法韦仑（1），分离收率为 94%。进一步研究表明，如果一开始在强碱性（pH＞11）条件下向氨基醇（53）中加入氯甲酸对硝基苯酯，缩合生成的氨基甲酸酯进一步环合，游离的对硝基苯酚会与氯甲酸对硝基苯酯反应生成对称碳酸酯（56）。因此，分步调节 pH 值是该反应成功的关键，如图式 1.21 所示。

图式 1.21　依法韦仑（1）合成工艺的优化

（4）环丙基乙炔锌与酮苯胺（36）的第二代不对称加成反应（目前生产工艺的一部分）

如前所述，从酮苯胺（36）合成依法韦仑（1）的工艺总流程只需要四步反应，总收率达到 72%，产品纯度很高。虽然该工艺为依法韦仑上市前期提供了技术支撑，但工艺过程仍存在一些不足。首先，炔负离子不对称加成反应仍需要 2eq. 昂贵的环丙基乙炔（**37**）。其次，总共四步的反应工艺中，两步分别是上保护基团和脱保护基团的操作，显现工艺效率存在问题。

如果未保护的酮苯胺（**36**）能直接进行不对称加成反应，如果环丙基乙炔（**37**）的用量接近 1eq.，那么几乎就是理想工艺。然而，对于未保护的酮苯胺（**36**），炔锂碱性太强，会与酮苯胺（**36**）分子中的苯胺质子发生作用，因此，与游离酮苯胺（**36**）直接不对称加成的唯一可能是降低亲核试剂的碱性。

与此同时，研发团队逐渐理解了炔锂加成反应的机理。本章后面会详细讨论环丙基乙炔锂和手性诱导试剂的烷氧基锂一起形成了 1∶1 配合物❶的立方二聚体，是获得高 *ee* 值产物的内因。然而，正是稳定又刚性的二聚体配合物，需要 2eq. 炔锂和 2eq. 手性诱导试剂的锂盐。因此，要想降低环丙基乙炔的用量，改变后的亲核试剂的金属阳离子须满足以下条件：（ⅰ）合适的亲核性；（ⅱ）较弱的碱性能兼容游离苯胺；（ⅲ）单体和二聚体之间存在平衡。

Kitamura 和 Noyori 曾报道二烷基锌与芳香醛加成反应的机理研究，在 (－)-3-*exo*-(二甲胺基)异崁醇(DAIB) 作用下获得高的非对映选择性[33]。他们指出，作为手性 *β*-氨基醇的 DAIB 与二烷基锌形成了二聚体配合物（**57**）。

该二聚体配合物与醛不反应，但是从二聚体配合物（**57**）平衡过来的单体配合物（**58**）却可以与醛反应。经过双金属配合物（**59**），先形成加合物（**60**），然后与二烷基锌或醛反应转化为四聚体（**61**），并再生活性中间体。由于配合物（**59**）明显的立体差异有利于面选择性取向，从而实现了高 *ee* 值，如图式 1.22 所示。

上述案例与工艺拟解决问题的需求极其契合。而且，烷基锌碱性较弱是已知

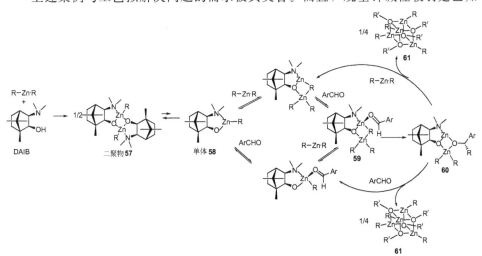

图式 1.22　Kitamura 和 Noyori 提出的二烷基锌与芳香醛不对称加成反应的机理

❶ 默克公司发表的许多文章报道了炔锂和手性诱导试剂烷氧基锂 1∶1 配合物作为单体以及 1∶1 配合物二聚体作为四聚体。

的，烷基锌试剂不足以对酮苯胺（**36**）的游离氨基去质子化。然而，仔细研究上述反应机理，降低环丙基乙炔（**37**）用量仍然存在一个问题：锌试剂需要两个烷基，而产物最终停留到四聚体（**61**），其中锌原子仍带有一个烷基。

按照这一思路，使用已知的手性诱导试剂开展进一步研究，如图式 1.23 所示[34]。二甲基锌与手性诱导试剂（**46**）反应生成甲基锌配合物（**62**），然后加入 1eq. 甲醇，形成手性烷氧基锌配合物（**63**），同时释放 2eq. 甲烷。向配合物（**63**）中加入炔锂将生成一个配阴离子配合物（**64**）。配阴离子配合物（**64**）与单体锌酸盐（**65**）和二聚体（**66**）之间存在平衡。这样，就期望配阴离子配合物（**64**）单体以及锌酸盐配合物（**65**）单体可以与未保护的酮苯胺（**36**）反应，生成未保护的氨基醇（**53**）。因为淬灭反应前，在反应体系中产物（**53**）将会以 MeO-Zn-O-产物（**67**）多聚体配合物的形式存在，因而有希望用 1eq. 环丙基乙炔实现上述反应。

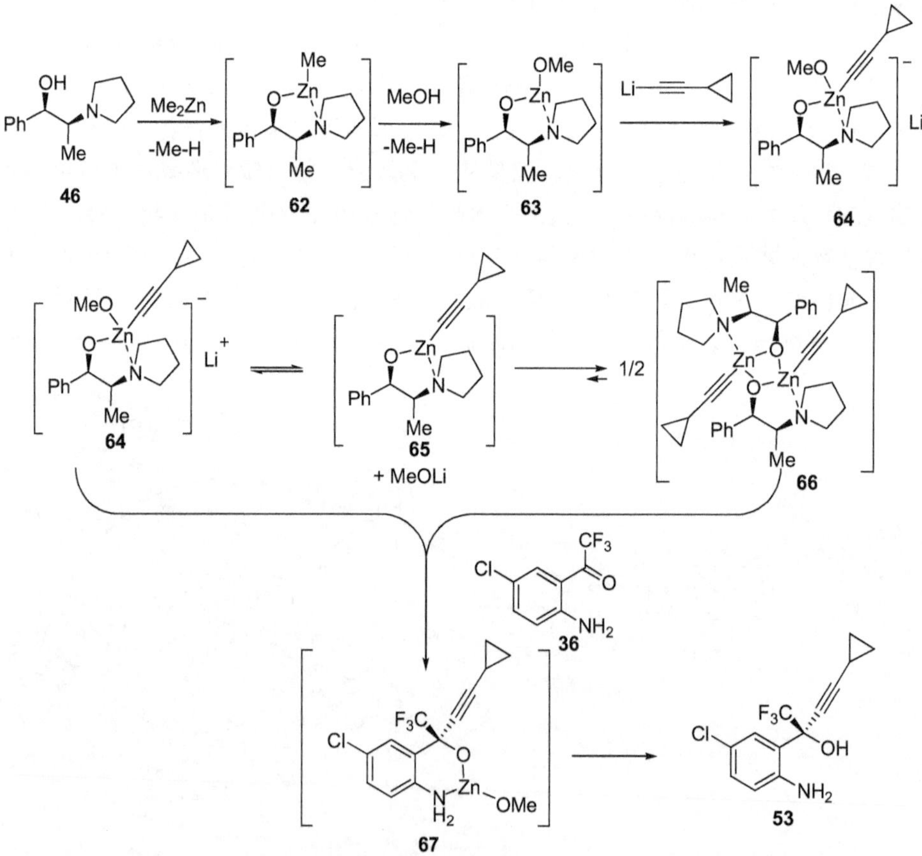

图式 1.23　有机锌试剂与游离酮苯胺（**36**）之间反应的初步构想

首先筛选了手性诱导试剂对锌试剂的影响。在酮苯胺（**36**）的案例中，金鸡纳碱类生物碱、联萘二酚以及酒石酸衍生物仍然表现出较差的手性诱导能力，而麻黄碱衍生物的选择性较好，结果总结在表 1.8 中。

表 1.8 手性诱导试剂对锌试剂加成反应的影响

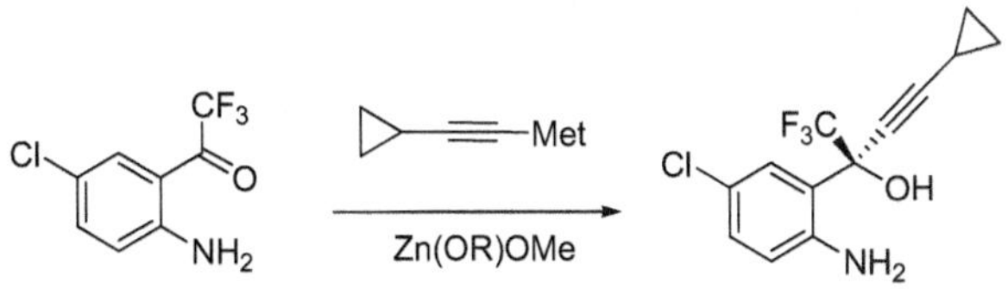

金属	麻黄碱衍生物	结构式	产物(53)的 ee 值/%
Li	麻黄碱	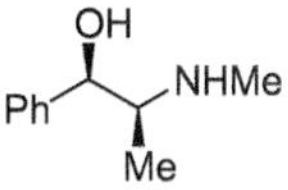 Ph—(OH)—NHMe, Me	28
Li	去甲麻黄碱	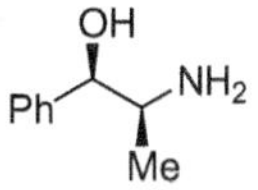 Ph—(OH)—NH$_2$, Me	42
Li	N-甲基麻黄碱	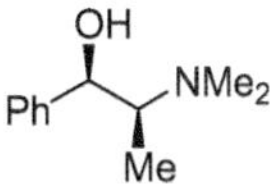 Ph—(OH)—NMe$_2$, Me	81
Li	(1R,2S)-1-苯基-2-(1-四氢吡咯基)丙烷-1-醇	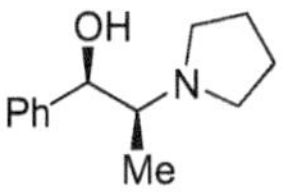 Ph—(OH)—N(吡咯烷), Me **46**	83
MgCl	(1R,2S)-1-苯基-2-(1-四氢吡咯基)丙烷-1-醇	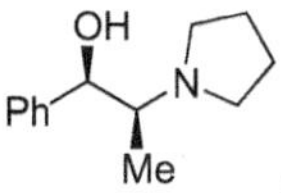 Ph—(OH)—N(吡咯烷), Me **46**	87
MgBr	(1R,2S)-1-苯基-2-(1-四氢吡咯基)丙烷-1-醇	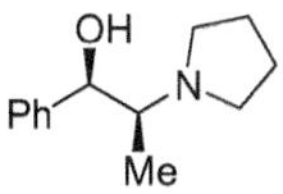 Ph—(OH)—N(吡咯烷), Me **46**	54
MgI	(1R,2S)-1-苯基-2-(1-四氢吡咯基)丙烷-1-醇	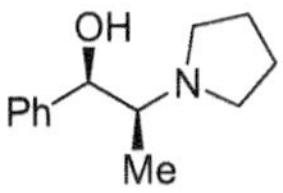 Ph—(OH)—N(吡咯烷), Me **46**	51

候选药物（**2**）的不对称锂试剂加成反应的同一个手性诱导试剂在锌试剂加成反应中也获得了最好结果，产物的 ee 值高达 83%。有意思的是，反应体系的抗衡离子对反应产物的 ee 值有明显影响。环丙基乙炔氯化镁生成的产物（**53**）获得了 87% 的 ee 值，而环丙基乙炔溴化镁、碘化镁分别只得到了 50% 左右的 ee 值。

进一步研究显示，如图式 1.23 所示，改变形成烷氧基锌配合物的手性助剂（**63**）对加成反应产物的 ee 值产生显著影响，结果如表 1.9 所示。

表 1.9　非手性醇对有机锌试剂加成反应的影响

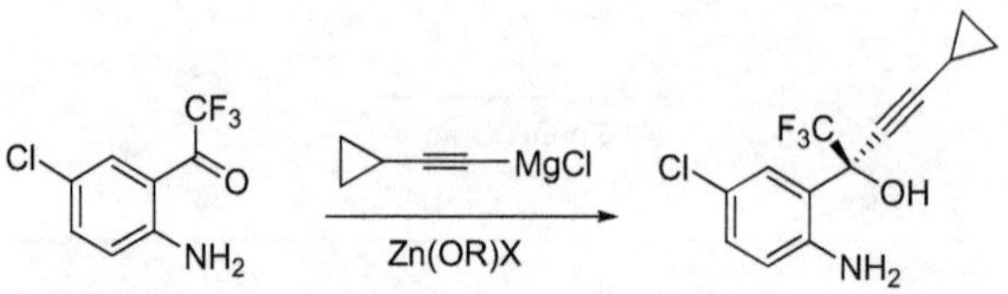

所有的反应都是在 25℃的 THF/甲苯中进行，使用各 1eq. 手性诱导试剂、非手性醇、二甲基锌以及环丙基乙炔，0.83eq. 酮苯胺（**36**）。

非手性醇	产物（**53**）的 ee 值/%	非手性醇	产物（**53**）的 ee 值/%
MeOH	87	CF$_3$CH$_2$OH(TFE)	96
EtOH	55	CF$_3$CO$_2$H	89
(CH$_3$)$_3$CCH$_2$OH	96	(CH$_3$)$_3$CCO$_2$H	72
CH$_2$=CHCH$_2$OH	90	4-NO$_2$-PhOH	89
PhCH$_2$OH	89		

使用乙醇作为非手性助剂产物（**53**）的 ee 值只有 55%，而新戊醇和甲醇分别达到 96% 和 87%。上述结果说明非手性醇的空间位阻可能影响产物的对映选择性。然而，当 2,2,2-三氟乙醇（TFE）替代乙醇作为非手性醇助剂时，产物的 ee 值从 55% 提高到 96%。这一结果说明非手性醇也可能存在诱导效应。羧酸或苯酚作为非手性助剂也能获得具有较好对映选择性的加成产物。

考虑到 TFE 作非手性助剂的反应速度比新戊醇快得多，又以 TFE 作为非手性助剂进一步优化反应。研究还发现，二甲基锌与二乙基锌的效果相当，而且手性诱导试剂、非手性醇以及二烷基锌试剂制备手性锌试剂时，以任何顺序混合都不影响反应的转化率与选择性。而手性诱导试剂与非手性助剂的比例明显影响反应的对映选择性。手性诱导试剂低于 1eq. 会降低产物 ee 值。使用 0.8eq. 手性诱导试剂（**46**），产物（**53**）的 ee 值只有 58.8%；而使用 1eq. 手性诱导试剂（**46**），产物的 ee 值升高到 95.6%。反应温度对产物 ee 值有一定影响。手性诱导试剂（**46**）与 TFE 衍生的烷氧基锌试剂 0℃反应获得 99.2% ee 值的产物，而 40℃反应时 ee 值只有 94.0%。

反应操作过程　经过优化，反应操作过程如下：向含有 0.9eq. TFE 以及 1.5eq. 手性诱导试剂（**46**）的 THF 溶液中（维持 30℃以下），缓慢滴加 1.2eq. 二乙基锌的甲苯溶液。然后向该溶液中滴加 1.2eq. 由正丁基氯化镁与环丙基乙炔制得的环丙基乙炔氯化镁的 THF 溶液。滴加完成后，混合物溶液降温到 0℃，再滴加 1eq. 酮苯胺（**36**）的 THF 溶液。反应体系自然升到室温，并在室温维持反应 15h。向反应液中滴加 K₂CO₃ 水溶液淬灭反应。过滤除去产生的无机盐，用柠檬酸水溶液洗涤。合并滤液和洗涤滤饼的溶剂。调节水层 pH 值到 11，然后用甲苯萃取回收手性诱导试剂（**46**）。甲苯萃取液转换成庚烷，降低温度后析出手性诱导试剂（**46**），回收率为 95%。有机相用水洗，溶剂换成庚烷，降温到 0℃ 后析出结晶，分离得到目标产物（**53**），收率为 95.3%，*ee* 值为 99.2%。

上述新颖的锌试剂的不对称加成反应，完全省略了上保护基和去保护基的过程，昂贵的环丙基乙炔的用量也从 2.2eq. 降到了 1.2eq.，而且反应过程不需要超低温。最后，反应总收率从四步反应的 72% 提高到两步反应的 87%。图式 1.24 展示了依法韦仑（**1**）的全流程合成工艺。

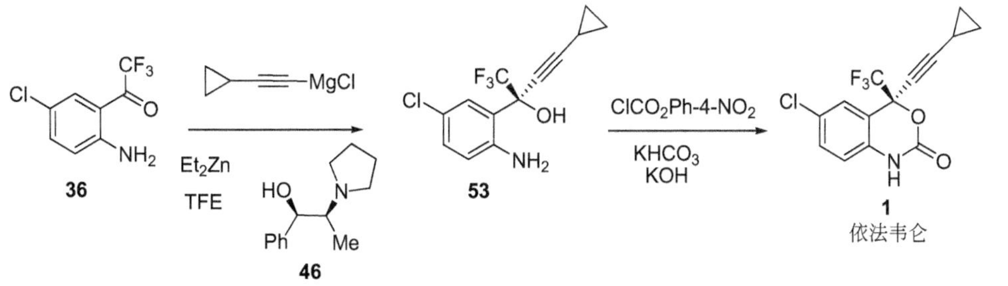

图式 1.24　全流程合成依法韦仑（1）

1.2.2　化学研究

在研究酮亚胺（**5**）的不对称加成反应时，研发团队还未完全理解该反应的机理。在放大规模制备候选药物（**2**）的最后一步反应的几星期之前，正好 Ed Grabowski 博士来公司访问。当时 Ed Grabowski 博士并未关注合成流程，而是询问了相关的反应机理，尤其是动力学。遗憾的是，当时对酮亚胺（**5**）不对称加成反应动力学的研究进展不大，主要原因是在低温下反应体系不完全处于均相状态。因为观察到非常独特的温度效应，唯一能确认的是，锂物种的聚集状态或许对 *ee* 值影响很大，参看图 1.4。

然而，在麻黄碱衍生物（**46**）作用的情况下，炔锂不对称加成反应是一个均相体系，有利于揭示反应机理的细节。

接下来本书将先讨论炔锂与 *p*-MB 保护的酮苯胺（**41**）之间的不对称加成反应的机理，然后再讨论全新的炔锌试剂不对称加成的一些想法。

1.2.2.1　炔锂与 *p*-MB 保护的酮苯胺（41）的不对称加成反应的机理

（1）反应机理的旁证

在描述机理研究的细节之前，首先总结到目前为止从反应中获得的相关信息：

1）需要 2eq. 环丙基乙炔（**37**）和 2eq. 手性诱导试剂（**46**）才能获得高转化率和高 *ee* 值。

2）炔锂与手性诱导试剂（**46**）的烷氧基锂混合物在较高温度（－10～0℃）下老化一段时间，再加入酮苯胺（**41**）才能获得稳定的高 *ee* 值。

在酮亚胺（**5**）的反应中，加成产物的 *ee* 值取决于反应温度，每个底物都有一个最佳温度，低于或高于此温度都会降低产物的 *ee* 值。由此推测，温度会明显改变 2-乙炔基吡啶与奎宁形成的锂配合物的团聚行为。然而在酮苯胺（**41**）的反应中，在较高温度下形成的包含环丙基乙炔（**37**）和手性诱导试剂（**46**）的团聚体似乎很稳定。因而，预制的团聚体在较低温度下获得了高 *ee* 值的加成产物。

由此产生了几个问题。团聚体的结构是什么？为什么各需要 2eq. 试剂？是否因为酮苯胺（**41**）结构中的酸性质子（N—H）？在探讨反应机理的细节之前，需要收集更多相关的间接证据。

首先，加成产物的 *ee* 值显示了较强的非线性效应，如图 1.6 所示。非线性效应强烈表明体系中存在包括二聚体在内的聚合物种，而且参与了反应的速控步。

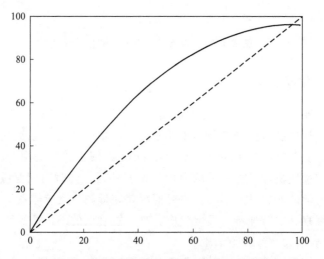

图 1.6　炔负离子不对称加成反应的非线性效应

使用 1.2eq. 炔锂和 1.5eq. 手性诱导试剂（**46**）的反应，得到了高 *ee* 值的加成产物（**50**），但分离收率只有 59%。如果炔锂很容易对酮苯胺（**41**）的 N—H 键去质子化，那么在 1.2eq. 炔锂和 1.5eq. 手性诱导试剂（**46**）的情况下，加成产物（**50**）的分离收率应该是 20%。而实验结果说明酮苯胺（**41**）的 N—H 键并未发生去质子化，有一半炔锂试剂与酮苯胺（**41**）进行了反应。D 代酮苯胺（**41**）（N—D）并未改变反应进程。NMR 和 ReactIR 研究的初步结果最终证实在反应条件下酮苯胺（**41**）未发生去质子化，参见下文。

因此，证据链上又增加了三个旁证。

1）手性诱导试剂（**46**）的 *ee* 值与加成产物（**50**）的 *ee* 值之间有一个很强的非线性效应。

2）只利用了 0.5eq. 的炔锂试剂。

3）反应过程中酮苯胺（**41**）的 N—H 键未发生去质子化。

（2）NMR 技术研究反应中间体和产物的结构信息

与 Collum 教授合作，开展了 ^{6}Li NMR 实验以及锂团聚体研究，还包括 ^{13}C 标记的环丙基乙炔（**37**）和 ^{15}N 标记的手性诱导试剂（**46**）实验。希望研究结果能帮助理解影响对映选择性的一些相关因素[35]。

所有同位素标记的化合物都是自制的，包括从 ^{6}Li 的锂锭制备 *n*-Bu^{6}Li。在 −125℃ 下，当 *n*-Bu^{6}Li 加入到 1∶1 的环丙基乙炔（**37**）与手性诱导试剂（**46**）的 THF-戊烷溶液中，得到了如图 1.7 所示的 ^{6}Li NMR 图谱 A。可以确认几组团聚的峰，完整的归属参看文献［35a］。

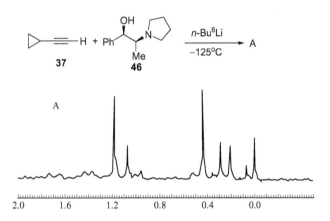

图 1.7　−125℃ 下团聚体原始状态的 ^{6}Li NMR 图谱

把上述溶液先升温到 0℃，然后再降温到 −125℃ 得到了图谱 B，如图 1.8 所示。此时，^{6}Li NMR 图谱 B 比图谱 A 要简单得多。图谱 B 有两组一大一小相同强度的锂物种。一旦形成后，该混合物在不同温度下都很稳定。加成反应前将锂配合物升温确保高 *ee* 值，生成的稳定团聚体与研发团队的实验数据呈现密切的相关性。小的一组物种归属为 1∶3 的环丙基乙炔（**37**）与手性诱导试剂（**46**）的立方团聚体。

通过标记实验确认了大的一组团聚体的结构。因为大的一组团聚体有两个强度相等的 ^{6}Li 信号，归属于 1∶1 的炔锂与烷氧基锂配合物（**68**）或 1∶1 配合物的二聚体（**69**），如图 1.9 所示。两种结构都有两类不同的锂物种。为了搞清楚锂团聚体的结构，制备了 ^{13}C 标记的环丙基乙炔（**37**）的端炔碳原子，相信对确认配合物（**68**）或者配合物（**69**）的结构有帮助。如果该物种是配合物（**68**），

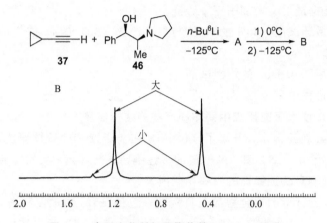

图 1.8　高温老化后锂团聚体的⁶Li NMR 图谱

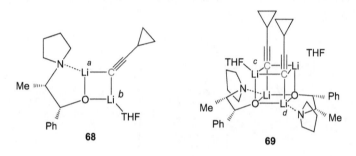

图 1.9　1∶1 配合物（68）和 1∶1 配合物的二聚体（69）的假设结构

因为 Li-a 和 Li-b 各与一个¹³C 相连，两个锂信号都应该是双峰。反之，如果是配合物（69），因为与一个¹³C 相连，Li-d 显示一组双峰；而 Li-c 与两个等价的¹³C 相连，则应该显示一组三重峰。

　　¹³C 标记的环丙基乙炔（37）锂团聚体的⁶Li NMR 图谱如图 1.10 所示。该图谱提供了确凿证据证明团聚体不是 1∶1 配合物（68）。这一结论与产物 ee 值

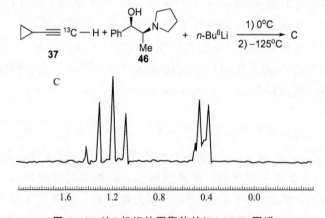

图 1.10　¹³C 标记的团聚体的⁶Li NMR 图谱

的非线性效应的实验现象相匹配。根据偶合现象，1.2 处的三重峰归属于 Li-*c*，而 0.42 处的双峰是 Li-*d*。

　　实际上，1∶1 配合物（**68**）的二聚体存在两种可能结构，即二聚体（**69**）和二聚体（**70**），如图 1.11 所示。两种配合物（**68**）的二聚体似乎都符合[6]Li NMR 图谱的归属结果。为了区分这两种结构，又对手性诱导试剂（**46**）的氮原子进行了[15]N 标记。如果是二聚体（**69**），则约 0.42 处的 Li-*d* 会是双峰。反之，如果是二聚体（**70**），则约 1.2 处的 Li-*c* 会是双峰。^{15}N 标记的手性诱导试剂（**46**）的[6]Li NMR 图谱如图 1.12 所示。因此，不对称加成反应中，最终确认真正的锂团聚体物种为 1∶1 配合物的二聚体（**70**）。

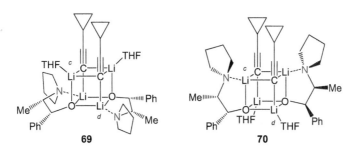

图 1.11　1∶1 配合物（**68**）两种可能的二聚体锂团聚体

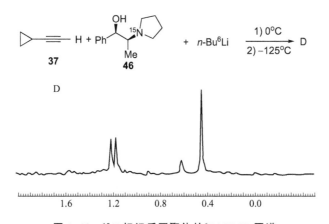

图 1.12　^{15}N 标记后团聚体的[6]Li NMR 图谱

　　接着，将 0.5eq. 酮苯胺（**41**）加入到二聚体（**70**）中，通过 NMR 技术研究了产物的结构，如图 1.13 所示。在－90℃下，酮苯胺（**41**）与二聚体（**70**）之间的不对称加成反应几乎瞬间完成。NMR 未能观察到环丙基乙炔。随后在相同的温度条件下，用 ReactIR 跟踪反应，向二聚体（**70**）中加入 0.5eq. 酮苯胺（**41**）的过程中，也未能观察到 1660cm^{-1} 的—C＝O 吸收峰。而继续向体系中加入超过 0.5eq. 酮苯胺（**41**），就观察到了酮苯胺（**41**）的吸收峰。这一现象与之前实验结果得出的结论一致，即在反应中酮苯胺（**41**）的 N—H 键不发生去

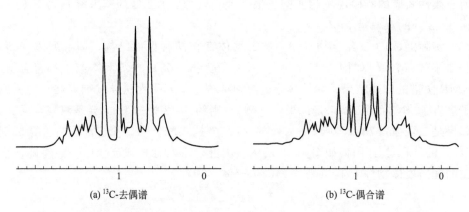

(a) ¹³C-去偶谱   (b) ¹³C-偶合谱

图 1.13 ¹³C 标记的环丙基乙炔与 **0.5eq.** 酮苯胺（**41**）反应产物的⁶Li NMR 图谱

质子化。

当用 0.5eq. ^{13}C 标记的环丙基乙炔锂进行 Li NMR 研究时，主要得到一组等高的四个单峰，分别是 Li-a，b，c，d，归属结果参看图 1.14。^{13}C-去偶图谱如图 1.13(a) 所示，而^{13}C-偶合图谱如图 1.13(b) 所示。去偶图谱中的四个单峰中只有一个在偶合图谱中仍显示单峰，另外三个都变成了双峰。因此，产物中只有 Li-d 不与^{13}C 相连，而其他三个 Li-a，b，c 原子仍各与一个^{13}C 原子相连。这与假设的立方团聚体（**71**）的结构一致，由两分子手性诱导试剂（**46**）的烷氧基、一分子环丙基乙炔负离子以及一分子产物组成，如图 1.14 所示。

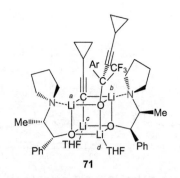

71

图 1.14 推测的产物结构

加成产物的团聚体（**71**）低温下对酮苯胺（**41**）没有反应活性，因而反应通常需要在低温下进行。可能是锂原子的 Lewis 酸性降低造成了团聚体（**71**）失活。

假设羰基氧原子与锂原子像团聚体（**70**）的 d 方式配位，就容易预测反应产物的立体化学结构。体积大的芳基官能团将位于空间位阻小的一边，即团聚体（**70**）的左侧，生成了符合设想的对映选择性的产物。MENO 半经验计算方法的结果也支持这一结论。

1.2.2.2　炔锌试剂与酮苯胺（36）不对称加成反应的机理

有机锌试剂的不对称加成反应中也观察到了非线性效应。50% *ee* 值的手性诱导试剂（**46**）生成了高达 80% *ee* 值的加成产物（**53**）。产物 *ee* 值与反应浓度有很大的关系。在 0.1～0.5mol/L 的浓度下产物的 *ee* 值＞98%，但在 0.005mol/L 时只有 74%。Kitamura 和 Noyori 的研究结果表明，异二聚体（**72**）的热稳定性可能优于同二聚体（**66**），因此才观察到不对称反应的放大效应。然而，热力学平衡也很难解释一些现象：（ⅰ）炔负离子的抗衡阳离子对反应的影响；（ⅱ）非手性醇助剂在反应中所起的作用；（ⅲ）反应浓度对产物 *ee* 值的影响。遗憾的是，锌试剂的加成反应实在太复杂，NMR 和 IR 技术并不能解决这些问题。但是，图式 1.23 中所示的中间体（**64**）也可能以混合双金属物种的形式存在，就像配合物（**73**）的结构，类似于 Kitamura 和 Noyori 报道的活性中间体（**59**）。图 1.15 中双金属物质中间体（**73**）的结构或许能提供一些线索，但是关键中间体的结构依然未知。

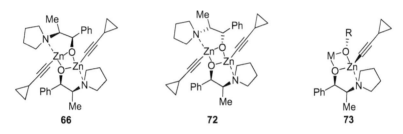

图 1.15　其他有机锌物种

1.3　结论

本项目设计并实现了高效生产非核苷逆转录酶抑制剂依法韦仑的方法。基于开发前一个候选药物合成工艺过程中积累的化学知识，即首例炔负离子对酮亚胺的不对称加成反应，通过部门之间以及学术界同行的合作，最终清晰地理解了依法韦仑工艺过程中炔锂与酮苯胺之间的不对称加成反应的机理，从而确定了最终生产工艺。而且也充分认识到，化学知识的积累不仅对于本项目非常重要，对其他项目也一样。Sugasawa 反应就是一个很好的例子，最初在碳青霉烯项目中接触了这一反应，然后成功地应用到第一个非核苷逆转录酶抑制剂项目。

致谢

作者感谢参与非逆转录酶抑制剂项目的所有同事，名单汇总在参考文献部分。作者也感谢 James McNamara 博士细致的校对以及有益的建议。

参 考 文 献

[1]　(a) Young, S. D. (1993) *Perspect. Drug Discov. Design*, **1**, 181-192. (b) Young, S. D., Britcher, S. F., Tran, L. O., Payne, L. S., Lumma, W. C., Lyle, T. A., Huff, J. R., Anderson, P. S., Olsen, D. B., Carroll, S. S., Pettibone, D. J., O'Brien, J. A., Ball, R. G., Balani, S. K., Lin, J. H., Chen, I.-W., Schleif, W. A., Sardana, V. V., Long, W. J., Byrnes, V. W., and Emini, E. A. (1995) *Antimicrob. Agents Chemother.*, **39**, 2602-2605.

[2]　Tucker, T. J., Lyle, T. A., Wiscount, C. M., Britcher, S. F., Young, S. D., Sanders, W. M., Lumma, W. C., Goldman, M. E., O'Brien, J. A., Ball, R. G., Homnick, C. F., Schleif, W. A., Emini, E. A., Huff, J. R., and Anderson, P. S. (1994) *J. Med. Chem.*, **37**, 2437-2444.

[3]　Houpis, I. N., Molina, A., Douglas, A. W., Xavier, L., Lynch, J., Volante, R. P., and Reider, P. J. (1994) *Tetrahedron Lett.*, **35**, 6811-6814.

[4]　 Sugasawa, T., Toyoda, T., Adachi, M., and Sasakura, K. (1978) *J. Am. Chem. Soc.*, **100**, 4842-4852.

[5]　Yasuda, N., DeCamp, A. E., and Grabowski, E. J. J. (1995) US Patent 5, 457, 201.

[6]　Recent reviews: (a) Riant, O., and Hannedouche, J. (2007) *Org. Biomol. Chem.*, **5**, 873-888. (b) Friestad, G. K., and Mathies, A. K. (2007) *Tetrahedron*, **63**, 2541-2569. (c) Wu, G., and Huang, M. (2006) *Chem. Rev.*, **106**, 2596-2616. (d) Enders, D., and Reinhold, U. (1997) *Tetrahedron Asymmetry*, **8**, 1895-1946.

[7]　Recently asymmetric Strecker reaction with ketone is reported: (a) Vachal, P., and Jacobsen, E. N. (2002) *J. Am. Chem. Soc.*, **124**, 10012-10014. (b) Masumoto, S., Usuda, H., Suzuki, M., Kanai, M., and Shibasaki, M. (2003) *J. Am. Chem. Soc.*, **125**, 5634-5635.

[8]　Tomioka, K., Inoue, I., Shindo, M., and Koga, K. (1991) *Tetrahedron Lett.*, **32**, 3095-3098.

[9]　Denmark reported asymmetric addition to C=N in the presence of Box ligands or sparteine; Denmark, S. E., Nakajima, N., and Nicaise, O. J.-C. (1994) *J. Am. Chem. Soc.*, **116**, 8797-8798.

[10]　Huffman, M. A., Yasuda, N., DeCamp, A. E., and Grabowski, E. J. J. (1995) *J. Org. Chem.*, **60**, 1590-1594.

[11]　March, J. (1985) *Advanced Organic Chemistry*, 3rd edn, John Wiley & Sons, Inc., p. 485.

[12]　Kobayashi, S., Komoto, I., and Matsuo, J.-I. (2001) *Adv. Synth. Catal.*, **343**, 71-74.

[13]　Douglas, A. W., Abramson, N. L., Houpis, I. N., Molina, A., Xavier, L. C., and Yasuda, N. (1994) *Tetrahedron Lett.*, **35**, 6807-6810.

[14]　Baaz, M., and Gutman, V. (1963) Lewis acid catalysts in non-aqueous solutions, in *Friedel-Crafts and Related Reactions*, vol. **1** (ed. G. A. Olah), Interscience, New York, Ch. 5, pp. 367-397.

[15]　Katritzky, A. R., and Harris, P. A. (1992) *Tetrahedron Asym.*, **3**, 437-442.

[16]　Soai, K., Hatanaka, T., and Miyazawa, T. (1992) *J. Chem. Soc., Chem. Commun.*, 1097-1098.

[17] Yong, S., Tran, L. O., Britcher, S. F., Lumma, W. C., Jr., and Payne, L. S. (1994) EP 0582455.

[18] Another synthetic method was reported as follows; Jiang, B., Wang, Q. -F., Yang, C. -G., and Xu, M. (2001) *Tetrahedron Lett.*, **42**, 4083-4085.

[19] There are many contributions for the preparation of cyclopropylacetylene. At one time, development for a method of manufacture for cyclopropylacetylene demanded the biggest manpower in the Merck Process Research. For example; Corley, E. G., Thompson, A. S., and Huntington, M. (2000) *Org. Synth.*, **77**, 231-235.

[20] Some optimization of the original Medicinal route was reported from the DuPont Merck Pharmaceutical Company; Radesca, L. A., Lo, Y. S., Moore, J. R., and Pierce, M. E. (1997) *Synth. Commun.*, **27**, 4373-4384.

[21] (a) Thompson, A. S., Corley, E. G., Huntington, M. F., and Grabowski, E. J. J. (1995) *Tetrahedron Lett.*, **36**, 8937-8940. (b) Pierce, M. E., Parsons, R. L., Jr., Radesca, L. A., Lo, Y. S., Silverman, S., Moore, J. R., Islam, Q., Choudhury, A., Fortunak, J. M. D., Nguyen, D., Luo, C., Morgan, S. J., Davis, W. P., Confalone, P. N., Chen, C. -y., Tillyer, R. D., Frey, L., Tan, L., Xu, F., Zhao, D., Thompson, A. S., Corley, E. G., Grabowski, E. J. J., Reamer, R., and Reider, P. J. (1998) *J. Org. Chem.*, **63**, 8536-8543.

[22] (a) Mukaiyama, T., Suzuki, K., Soai, K., and Sato, T. (1979) *Chem. Lett.*, 447-448. (b) Mukaiyama, T., and Suzuki, K. (1980) *Chem. Lett.*, 255-256.

[23] Niwa, S., and Soai, K. (1990) *J. Chem. Soc., Perkin Trans. I*, 937-943.

[24] Zani, L., Eichhorn, T., and Bolm, C. (2007) *Chem. Eur. J.*, **13**, 2587-2600.

[25] Soai, K., Yokoyama, S., and Hayasaka, T. (1991) *J. Org. Chem.*, **56**, 4264-4268.

[26] Zhao, D., Chen, C. -y., Xu, F., Tan, L., Tillyer, R., Pierce, M. E., and Moore, J. R. (2000) *Org. Synth.*, **77**, 556-560.

[27] Slobodin, Y. M., and Egenburg, I. Z. (1969) *Zh. Org. Khim.*, **5**, 1315.

[28] Tillyer, R. D., and Grabowski, E. J. J. (1998) *Curr. Opin. Drug Discov. Devel.*, **1**, 349-357.

[29] A new improved process has been reported but the isolated yield is mediocre. Schmidt, S. E., Salvatore, R. N., Jung, K. W., and Kwon, T. (1999) *Synlett*, 1948-1950.

[30] Application of magnesium amide instead of alkyl lithium for the cyclopropanation formation from 5-chloropentyne was reported in the patent application; Stickley, K. R., and Wiley, D. B. (1999) US 5,952,537.

[31] (a) Wang, Z., Yin, J., Campagna, S., Pesti, J. A., and Fortunak, J. M. (1999) *J. Org. Chem.*, **64**, 6918-6920. (b) Wang, Z., Campagna, S., Yang, K., Xu, G., Pierce, M. E., Fortunak, J. M., and Confalone, P. N. (2000) *J. Org. Chem.*, **65**, 1889-1891. (c) Wang, Z., Campagna, S., Xu, G., Pierce, M. F., Fortunak, J. M., and Confalone, P. N. (2000) *Tetrahedron Lett.*, **41**, 4007-4009.

[32] Bhattacharya, A., DiMichele, L. M., Dolling, U. -H., Douglas, A. W., and Grabowski, E. J. J. (1988) *J. Am. Chem. Soc.*, **110**, 3318-3319.

[33] Kitamura, M., Okada, S., Suga, S., and Noyori, R. (1989) *J. Am. Chem. Soc.*, **111**, 4028-4036.

[34] (a) Tan, L., Chen, C. -y., Tillyer, R. D., Grabowski, E. J. J., and Reider, P. J. (1999) *Angew. Chem. Int. Ed.*, **38**, 711-713. (b) Chen, C. -y., and Tan, L. (1999) *Enantiomer*, **4**, 599-608.

[35] (a) Thompson, A., Corley, E. G., Huntington, M. F., Grabowski, E. J. J., Remenar, J. F., and Collum, D. B. (1998) *J. Am. Chem. Soc.*, **120**, 2028-2038. (b) Xu, F., Reamer, R. A., Tillyer, R., Cummins, J. M., Grabowski, E. J. J., Reider, P. J., Collum, D. A., and Huffman, J. C. (2000) *J. Am. Chem. Soc.*, **122**, 11212-11218.

第二章

CCR5 受体拮抗剂

安田信义

位于新泽西州罗韦市的默克研究实验室发现了图 2.1 所示的 CCR5 拮抗剂候选药物（**1**），并用于治疗 HIV 感染[1]。在 HIV 进入 T-细胞过程中，CCR5 受体起到关键作用，因而，有希望通过 CCR5 受体拮抗剂预防 HIV 感染。2005 年 10 月，默克公司把这一候选药物作为杀菌剂免费转让给非盈利组织（IPM）——国际杀菌剂合作组织，许可了开发、生产以及向部分国家销售。IPM 在开发过程中，将 CCR5 拮抗剂候选药物（**1**）定义为 CMPD 167[2]。

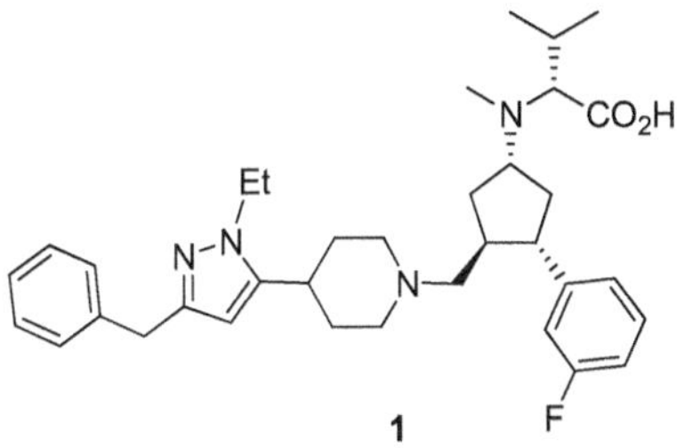

图 2.1　CCR5 拮抗剂候选药物（1）的结构式

2.1　项目发展状况

2.1.1　药物化学的合成路线

药物合成化学家按照反合成分析的切断思路，最初从环戊酮片段（**2**）、吡唑片段（**3**）及市售的 D-缬氨酸三个关键组分合成候选药物（**1**），如图式 2.1 所示[1]。这是一条切实可行的、汇聚式的合成路线，也为开发高效并放大制备候选药物（**1**）的生产工艺提供了策略。

因为吡唑（**3**）的合成过程直观明了（参看下文），而 D-缬氨酸叔丁酯是市售产品，因此，开发重点是具有挑战性的环戊酮片段（**2**）[3]。图式 2.2 图解了

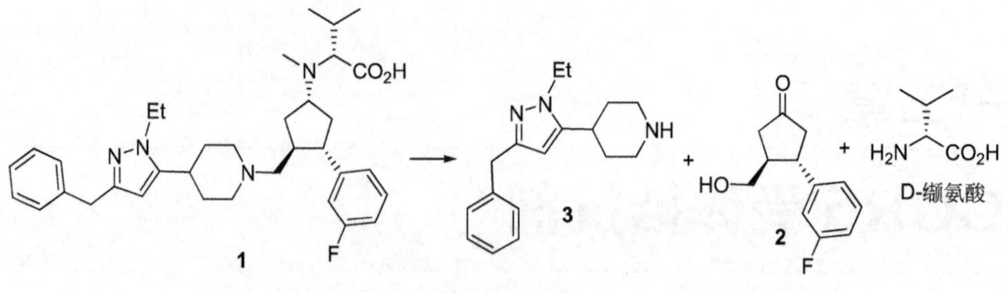

图式 2.1　药物合成化学家三组分缩合策略合成候选药物（1）

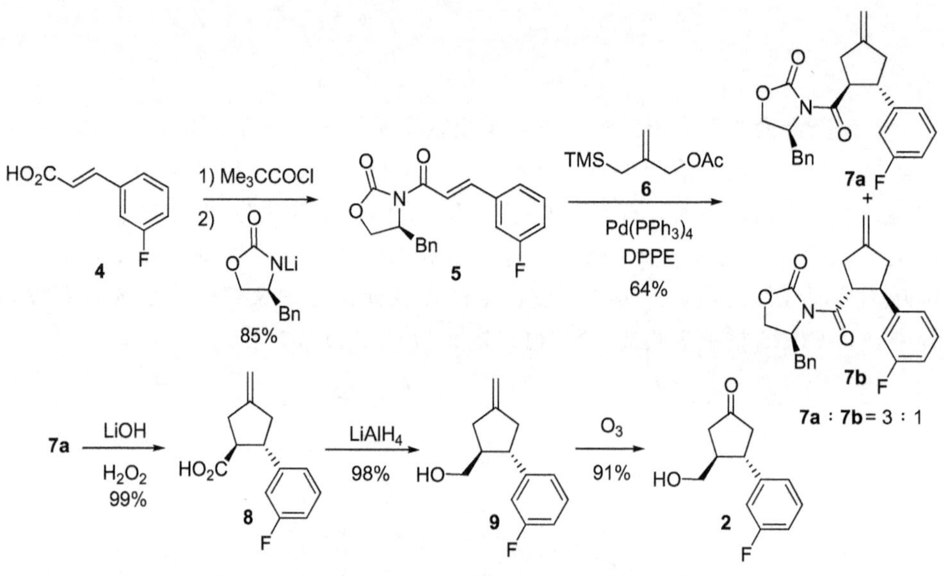

图式 2.2　药物化学最初制备环戊酮（2）的合成方法

药物化学家最初合成环戊酮（2）的过程。

应用 Trost 钯催化技术，三亚甲基甲烷（TMM，6）与 Evans 型手性修饰[4b]的肉桂酸衍生物（5）之间进行不对称 [3+2] 环加成反应，得到了环戊烷环的非对映异构体混合物（7a 和 7b）[4]，最好结果为 3∶1。正相条件下，异构体（7a）的极性比异构体（7b）小，仔细进行硅胶柱层析可以分离异构体。分离纯化后的异构体（7a），经过溶剂解离离手性辅剂、还原羧酸、臭氧化环外亚甲基等几个连续转化得到了设想的环戊酮（2）。考虑到合成路线的反应步骤多，反应总收率还算可以。但是，由于该路线存在几个比较严重的问题，工艺放大的难度很大。

经过初步评价，确认药物化学制备环戊酮（2）过程中存在以下几个问题：

1）放大制备规模时，手性辅剂的方法不经济，因为多出保护和去保护两个额外反应步骤，原子经济性差。

2）三亚甲基甲烷（**6**）与 Evans 型手性修饰的肉桂酸衍生物（**5**）之间不对称 ［3+2］环加成的化学过程重现性差，存在不确定因素，放大反应规模的风险更大。

3）三亚甲基甲烷（**6**）不是市售产品，如自己制备又增加了合成步骤。

4）［3+2］环加成反应的非对映异构体的选择性不理想，要进行细心的层析才能分离异构体混合物。

5）研发实验室没有大规模的臭氧发生器（也许其他公司不存在这个问题）。

综上所述，决定放弃环戊酮（**2**）的原合成路线。

2.1.2　工艺开发

大规模制备候选药物（**1**）的主要问题是合成环戊酮（**2**）。除此之外，只要进行一些标准的工艺优化，原药物化学合成路线便可用于大规模制备。因此，这一节讨论的内容如下：

1）选择环戊酮（**2**）的合成路线。

-初始路线为 Diels-Alder/Dieckmann 反应。

-最终路线为钼配合物催化的不对称 π-烯丙基亲核取代反应。

2）环戊酮（**2**）合成路线的工艺优化。

3）吡唑（**3**）合成路线的工艺优化。

4）组装环戊酮（**2**）、吡唑（**3**）以及 D-缬氨酸，最后完成合成候选药物（**1**）的工艺优化。

下面对每个专题进行讨论。然后本书将非常详细地讨论关键的钼配合物催化的不对称 π-烯丙基亲核取代反应。

2.1.2.1　选择环戊酮（**2**）的合成路线

尽管环戊酮（**2**）看起来是一个结构简单的小分子，但是 3,4-反式取代的环戊酮环的结构相当复杂。研发人员设计了两条可能的合成路线制备环戊酮（**2**）。

(1) Diels-Alder/Dieckmann 反应的合成路线

如图式 2.3 所示的第一条合成环戊酮（**2**）的路线，经过非对映选择性的 Diels-Alder 环加成、臭氧化以及 Dieckmann 缩合等多步反应[5]。早在 20 世纪 80 年代，Boeckman 就报道了类似的合成路线[6]。手性修饰的肉桂酸衍生物（**5**）与丁二烯进行 Diels-Alder 环加成反应，得到了具有很高非对映选择性的环己烯衍生物（**10**），但分离收率只有 52%。丁二烯的低反应活性造成了收率低。用 LiOOH 除去环己烯衍生物（**10**）的手性辅剂得到了羧酸，用 LiAlH₄ 还原生成相应的醇（**11**），收率为 76%。在 AcOH 水溶液中进行醇（**11**）的臭氧化，然后在甲醇中酸处理臭氧化产物得到内酯（**12**），收率只有 32%。内酯（**12**）进行 Dieckmann 缩合反应，很顺利地生成了环戊酮（**13**），收率为 64%。环戊酮

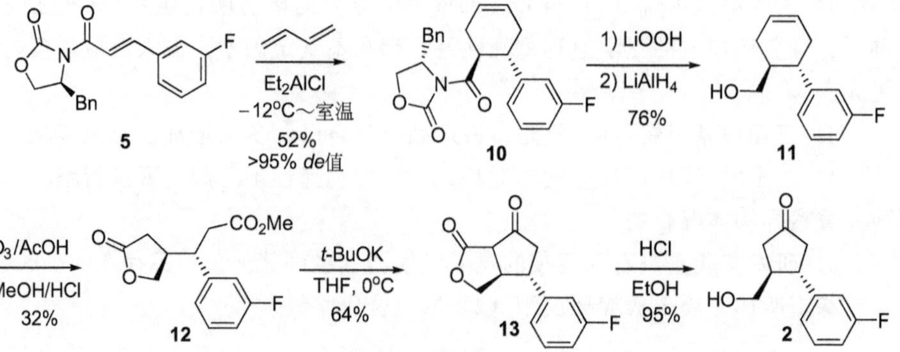

图式 2.3 环戊酮 (2) 的第一条合成路线：Diels-Alder/臭氧化/Dieckmann 缩合反应

（13）经酸催化溶剂解得到目标产物环戊酮（2），收率为 95%。尽管上述合成流程确实能制备环戊酮（2），但是总收率太低。手性辅剂的原子经济性差，并且研发实验室暂时也没有适合放大的臭氧化设备。综合考虑后，认为 Diels-Alder/臭氧化/Dieckmann 缩合的合成路线不适合大规模制备。

（2）钼配合物催化的不对称 π-烯丙基亲核加成反应路线

以手性 β-酮基酯（14）作为合成环戊酮（2）的起始原料，设计了第二条合成路线[7]。这个合成思路类似于如图式 2.4 所示的碳青霉烯的化学工艺[8]，应用 Masamune 扩链反应[9]延长碳链、重氮转化反应以及过渡金属催化的卡宾插入反应[10]等关键步骤。

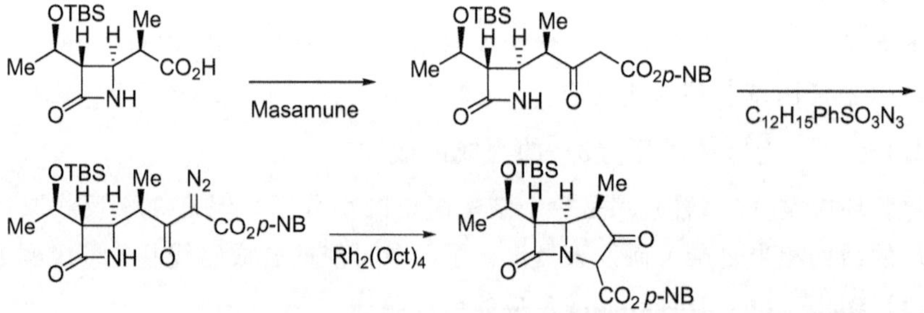

图式 2.4 碳青霉烯项目

如图式 2.5 所示，首先制备手性 β-酮基酯（14）。参考 Trost 等人报道[11]的钼配合物催化的不对称 π-烯丙基亲核取代方法，不论直链碳酸酯❶（15）还是支链碳酸酯（16），与丙二酸酯负离子反应均生成支链的手性丙二酸衍生物（17），并确立手性中心。丙二酸衍生物（17）脱羧后得到一元酸（18），经过 Masamune 扩链反应得到了手性 β-酮基酯（14）。从相应的肉桂酸可以直接衍生得到直链碳酸酯（15），而由相应的醛一锅法可以制备支链碳酸酯（16）。

---

❶ 原文 carbamate 是氨基甲酸酯，不符合上下文的意思，译者注。

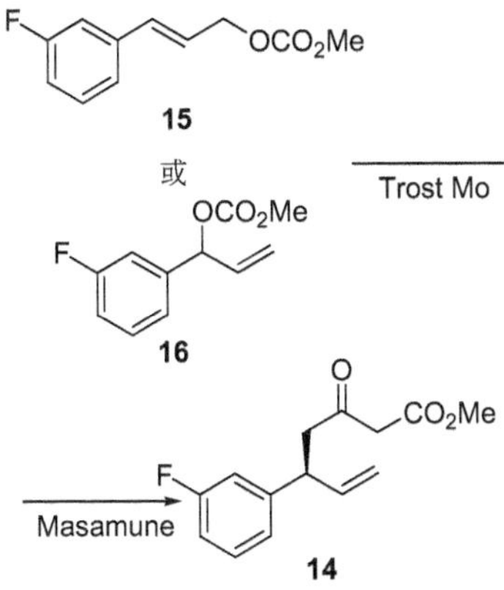

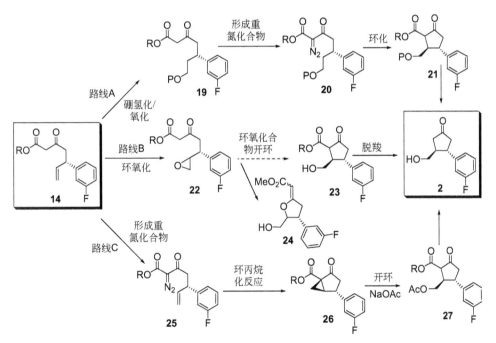

图式 2.5　第二条路线：手性 β-酮基酯（14）的反合成分析

如图式 2.6 所示，从手性 β-酮基酯（**14**）制备环戊酮（**2**）有三条可能的合成路线，对它们分别进行了评价。路线 A 是最初的方案。先对手性 β-酮基酯（**14**）的 C═C 双键进行硼氢化反应，然后氧化得到伯醇（**19**）（P ═H）。羟基保护后，β-酮基羧酸酯（**19**）进一步转化成重氮化合物（**20**）。

图式 2.6　从手性 β-酮基酯（14）制备环戊酮（2）的三条可能合成路线

前两步反应很顺利，研发人员重点研究了过渡金属催化重氮化合物（**20**）的环化反应。用铑催化游离的重氮醇（**20**）（P ═H）进行环化反应，只观察到生成的七元环醚[12]。而铑催化 TBDMS 保护的重氮化合物（**20**）的环化反应，得到了设想的五元环化合物（21）与六元环杂质的混合物。可能是氧原子稳定了 α-碳正离子导致不常见的区域选择性[13]。因此，放弃对路线 A 进一步优化开发。

接着，考察了路线 B。用 m-CPBA 氧化手性 β-酮基酯（14）的 C═C 双键，顺利得到了环氧化合物（22）。然而，环氧化合物（22）分子内进行烯醇与环氧的环化并未生成设想的五元环产物（23）。分离得到的唯一反应产物是四氢呋喃衍生物（24），也就是说，进行环化反应的是烯醇的 O 而不是设想的烯醇 C 进攻环氧。因此，路线 B 的开发也终止了。

最后，在请教斯坦福大学的 Barry M. Trost 教授后，提出了路线 C。Trost 教授建议利用相应的重氮化合物（25）通过卡宾插入形成双环［3.1.0］化合物（26）。双环化合物（26）的三元环是立体张力环，容易受到 NaOAc 类氧亲核试剂的进攻开环。因为双环化合物（26）的同一个桥头碳上连有两个吸电子基团，开环反应将生成环戊酮（27）[14]。环戊酮（27）结构中的乙酸酯和甲酯水解后自发脱羧从而形成目标中间体环戊酮（2）。路线 C 进展顺利，也成为大规模制备环戊酮（2）的工艺路线。

2.1.2.2 环戊酮（2）合成路线的工艺优化

(1) 合成烯丙基碳酸酯（15 或 16）的工艺优化

如图式 2.7 所示的两个烯丙基碳酸酯（15 和 16），都可用作 Trost 发展的钼配合物催化的不对称 π-烯丙基亲核取代反应的起始原料。以市售产品间氟肉桂酸（4）为原料合成直链烯丙基碳酸酯（15）。然而，间氟肉桂酸（4）的还原并不容易，筛选了很多还原剂，结果最好时中间体烯丙醇（28）的收率只是中等。另一种是间氟苯甲醛（29）为原料合成支链烯丙基碳酸酯（16）。乙烯基格氏试剂对间氟苯甲醛（29）的羰基加成后，以氯甲酸甲酯原位捕获烯丙氧基氯化镁即得所需的支链碳酸酯（16），一锅法的收率很好。根据 Trost 报道，直链或支链的碳酸酯都可以得到类似结果，因此选择支链碳酸酯（16）作为不对称 π-烯丙基取代反应的底物。

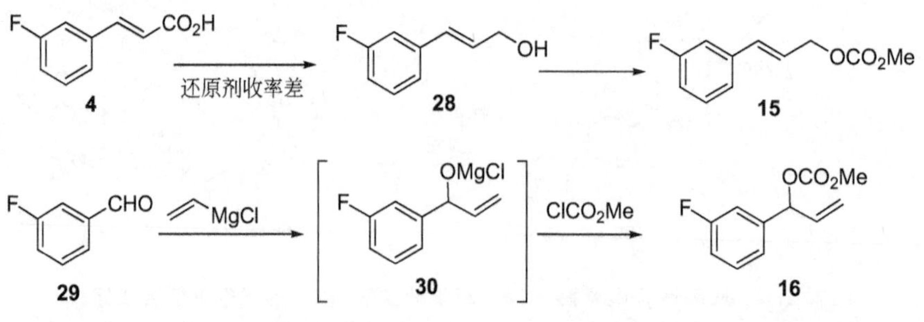

图式 2.7 合成钼配合物催化的不对称 π-烯丙基亲核取代反应的起始原料

(2) 钼配合物催化的不对称 π-烯丙基亲核取代反应的应用和优化

初步实验 以支链碳酸酯（16）为原料，初步探索钼配合物催化的不对称

π-烯丙基亲核取代反应。反应中使用市售结晶性的 $(C_7H_8)Mo(CO)_3$❶代替油状的 $(EtCN)_3Mo(CO)_3$ 作为钼催化剂前体，后者是文献中报道但需要自制的化合物[10]。初步探索的实验结果总结在表 2.1 中。与文献报道一样，以 THF 作溶剂，使用 10%($C_7H_8)Mo(CO)_3$（摩尔分数）和 15% 手性配体（**31**）（摩尔分数），在 65℃ 下反应顺利生成了高区域选择性的支链产物（**17**），ee 值为 90%。而且，有可能把初始条件下 10%（摩尔分数）催化剂前体和 15%（摩尔分数）手性配体（**31**）的用量降下来。

表 2.1　初步探索研究钼配合物催化的不对称 π-烯丙基亲核取代反应

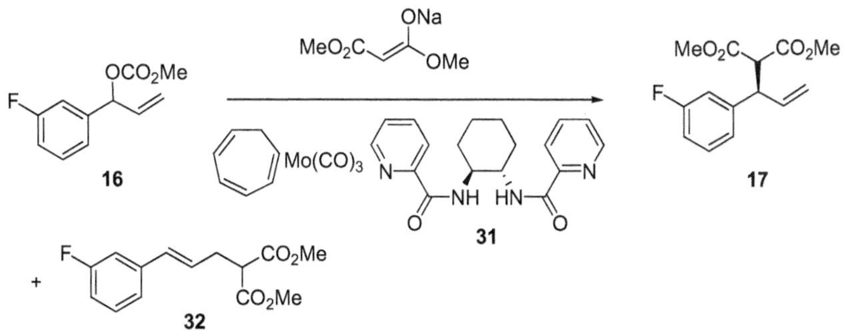

序号	$(C_7H_8)Mo(CO)_3$ 用量(摩尔分数)/%	配体(**31**)用量 (摩尔分数)/%	溶剂	温度 /℃	ee 值 /%	区域选择性 (**17**∶**32**)	转化率/% (分离收率)/%
1	0.067	0.081	THF	室温	89	11∶1	62
2	0.076	0.095	THF	40	87	9∶1	85
3	0.11	0.12	THF	65	88	8∶1	>98
4	0.10	0.15	THF	65	90	7∶1	>98(75)
5	0.10	0.15	DMF	65	24	6∶1	>98
6	0.10	0.15	甲苯	65	—	10∶1	6

综上所述，钼配合物催化的不对称 π-烯丙基亲核取代反应是可行的。但是在反应放大之前，还要解决一些问题，即手性配体（**31**）以及钼催化剂前体的合成。

合成手性配体（31）　起初按照 Barnes 等人 1978 年报道合成消旋体的方法，用 (1R,2R)-1,2-环己二胺（**33**）合成了手性配体（**31**）[15]。该方法以 $P(OPh)_3$ 活化皮考啉酸（**34**），然后与反式 1,2-环己二胺缩合。但是消旋体的合成反应收率只有 47%。如图式 2.8 所示，对该制备方法进行了优化[16]。在 THF 中用 CDI 活化皮考啉酸（**34**）。活化完成后，向溶液中加入手性二胺（**33**）。反应结束

---

❶ 因为能小批量买到，Trost 教授推荐使用这个催化剂。

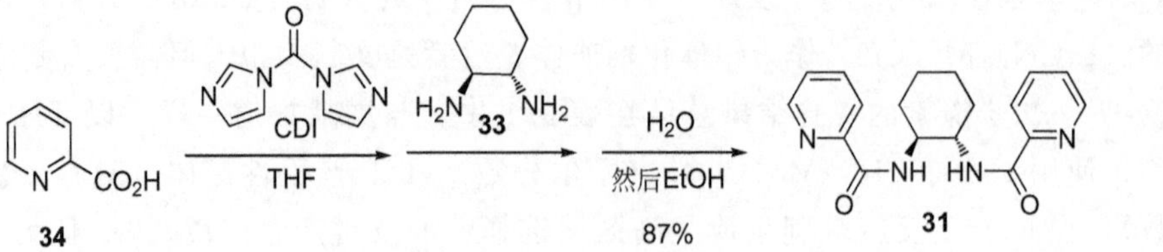

图式 2.8 合成手性配体（31）

后，向体系中加入少量水淬灭过量的 CDI。再将反应溶剂 THF 换成 EtOH，配体（31）直接结晶析出。简单过滤得到了高纯度的配体（31），分离收率为87%。用 22L 反应瓶，单个批次能制备得到 1.25kg 手性配体（31）。

钼催化剂前体 因为早期文献报道中使用的（EtCN)₃Mo(CO)₃ 不是市售试剂，而项目初期研究采用的（C₇H₈)Mo(CO)₃ 试剂供应量有限，因此迫切需要一个货源稳定的钼催化剂前体。参照文献报道制备这两个钼配合物[17]，Mo(CO)₆ 与过量丙腈或环庚三烯在甲苯中几乎回流反应一整天，直接浓缩分离得到空气敏感的（EtCN)₃Mo(CO)₃，而空气稳定的（C₇H₈)Mo(CO)₃ 则通过升华方法进一步纯化。因为项目研发时间紧张，研发人员努力寻找大规模升华装置，准备放大制备（C₇H₈)Mo(CO)₃。

因为非手性钼配合物与手性配体（31）一起作用，反应获得了高对映选择性，那么有理由推断真实的活性钼催化剂是与手性配体（31）配位后的物种。在手性配体（31）进行配体交换时，丙腈或环庚三烯等弱配体有一些促进作用。而在（EtCN)₃Mo(CO)₃ 和（C₇H₈)Mo(CO)₃ 的制备过程中，很显然这些弱配体也是与 Mo(CO)₆ 交换了三个配位能力更弱的 CO 的结果。因此，有理由相信，以空气稳定且价廉的 Mo(CO)₆ 代替其他复杂的 Mo 配合物，经过适当活化可直接与手性配体（31）进行配位。于是，尝试把 Mo(CO)₆ 与手性配体（31）一起加热一段时间，然后加入支链烯丙基碳酸酯（16）和丙二酸二甲酯的 Na 盐[18]，结果总结在表 2.2 中。

表 2.2 活化 Mo(CO)₆

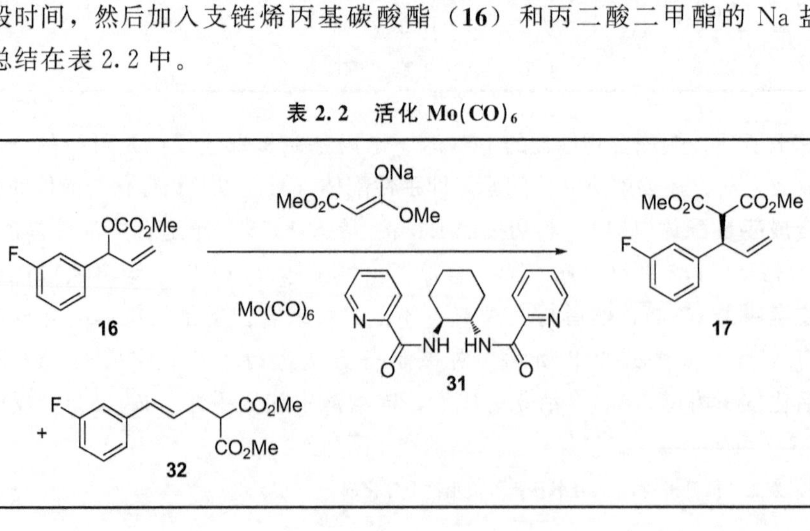

续表

序号	溶剂	A,时间/h	A,温度/℃	ee 值/%	区域选择性 17：32	分析收率 /%
1	甲苯	0.75	85	95	95：5	77
2	甲苯	4	85	97	95：5	91(84)
3	甲苯	15	85	89	92：8	91
4	THF	2	65	92	92：8	86
5	THF	4	65	92	89：11	83
6	THF	4	65～室温	96	84：16	33
7	DMF	4	85	87	86：14	55
8	DME	4	80	95	85：15	90
9	DCE	4	80	98	96：4	36

与手性配体（**31**）一起预加热 2~4h，活化了 $Mo(CO)_6$。取代反应在甲苯、THF、DMF、DME 以及 DCE 中都很顺利。因此，不再考虑制备钼配合物前体。如果 $Mo(CO)_6$ 与手性配体（**31**）长时间加热（15h），部分活化催化剂可能分解，导致选择性较低（序号 3）。降低反应温度虽然能获得更高的 ee 值，但是反应速度慢，而支链/直链的选择性并未改善（序号 5 和 6）。溶剂对比实验结果表明 THF、DMF 以及 DCE 都不如甲苯。需要指出的是，在 65℃ 这样略低温度的甲苯中，反应非常慢（序号 2 与表 2.1 序号 6 比较）。

有了优化条件后，尝试了 100L 规模的反应，几个批次都获得了成功。尽管有如图 2.3 所示的监测催化剂形成过程的 ReactIR 数据，但是这些数据并不能提供活化催化剂的更多信息。为了确保大反应顺利进行，使用新制备催化剂之前，分出少许进行小规模试验，然后再投入大反应。反应结束后，反应混合物先通过一层薄硅胶助滤除去钼盐，滤液不需要进一步纯化直接用于下一步反应。

脱羧、Masamune 反应及重氮转化 如图式 2.9 所示，进行了重氮化合物（**25**）的制备条件优化。酸性或碱性条件都可以进行丙二酸酯脱羧。酸性条件下脱羧，化合物（**17**）经历相应的一元酸（**18**），自发地转化成内酯（**35**），如图 2.2 所示；碱性条件下脱羧，化合物（**17**）顺利进行了皂化。但在酸化后处理时，却得到产物（**18**）以及甲酯（**36**）的混合物。如果酸化前减压除去体系中的甲醇，就能避免甲酯产生。羧酸（**18**）与（＋）-苯乙胺成盐结晶分离。尽管结晶分离并不能提升 ee 值，但是成盐分离产物的方法非常方便。

按照文献的标准条件，羧酸（**18**）进行 Masamune 反应很顺利，与预期一样得到了高产率的 β-酮基酯（**14**）。之前介绍过，在碳青霉烯项目中曾成功应用十二烷基苯磺酰叠氮（**37**）作为安全的重氮转化试剂。反应产物重氮化合物结晶析出，而副产物十二烷基苯磺酰胺（**38**）是油状物，简单过滤就可以除去副产

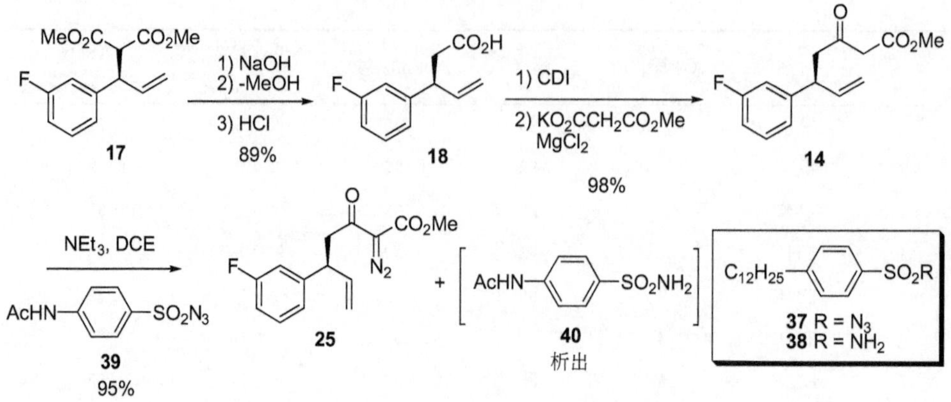

图式 2.9 制备重氮化合物 (25)

图 2.2 酸解过程产生的杂质

物。但是本项目的重氮化合物（25）不是固体，因此不容易除去油状副产物（38）。因为缺乏重氮化合物（25）的安全数据❶，只能暂时把它留在溶液中，尽量减少操作。从纯化的角度看，十二烷基苯磺酰叠氮（37）并非本项目最合适的重氮转化试剂。评估后，选择了 Davies[19] 开发的 4-乙酰胺基苯磺酰叠氮（39）作为重氮转化试剂，因为在 1,2-二氯乙烷反应体系中，副产物 4-乙酰胺基苯磺酰胺（40）会结晶析出。简单过滤除去副产物（40），滤液用弱酸洗涤除去三乙胺。因为三乙胺会毒化下一步反应的催化剂，必须完全除去。重氮化合物（25）的 1,2-二氯乙烷溶液直接用于下一步反应。选择 1,2-二氯乙烷作为反应溶剂，是因为下一步环丙烷化反应能获得更好的顺反比，同时也可以避免重氮中间体的溶剂切换以及浓缩等操作。因此，处理重氮化合物（25）时，不再进行浓度调节及溶剂切换等操作。

　　环丙烷化反应　刚启动项目时，通过分子模型解析，假定由于间氟苯基与产物三元环之间的空间排斥作用，环丙烷化反应会得到高反式选择性。第一次进行环丙烷化反应，采用亚胺培南环合工艺的辛酸铑作为催化剂。令人惊奇的是，反应生成了两个化合物的混合物。更令人惊奇的是，通过 NMR 分析确定，主产物是顺式异构体（41）。铑催化剂筛选实验结果显示，所有铑催化的环丙烷化反应

---

❶ 初步评价结果显示，重氮化合物（25）存在一定撞击敏感性，但是在溶液中操作是安全的。

生成的主产物都是不想要的顺式异构体（**41**）。这样，又转回考察铜催化剂。研究结果总结在表2.3中。

表 2.3 环丙烷化反应

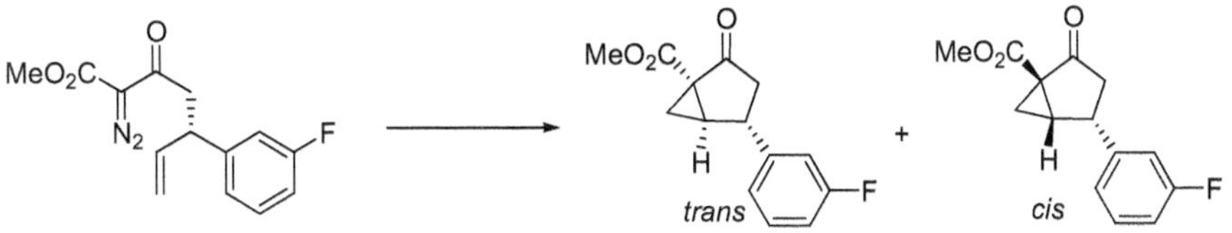

序号	催化剂	溶剂	温度/℃	转化率/%	反式(**26**)/顺式(**41**)
1	Rh₂(OAc)₄	CD₂Cl₂	室温	100(90)	43:57
2	Rh₂(Oct)₄	CD₂Cl₂	室温	100(57)	33:67
3	Rh₂(cap)₄	CD₂Cl₂	室温	95	33:67
4	CuCl	1,2-DCE	75	99	50:50
5	CuCl/AgOTf	1,2-DCE	75	100(89)	85:15
6	Cu(OTf)₂	1,2-DCE	75	100(92)	77:23
7	CuSCN	1,2-DCE	75	10	70:30
8	CuOAc	1,2-DCE	75	88	46:54
9	Cu(acac)₂	1,2-DCE	75	37	54:46
10	[Cu(MeCN)₄]PF₆	1,2-DCE	75	100(98)	83:17

一般来说，铜催化的环丙烷化反应生成反式主产物（**26**）。由 CuCl 和 AgOTf 原位制备的 CuOTf 作催化剂，反应获得了 85:15 的最高非对映选择性。以 [Cu(MeCN)₄]PF₆ 作催化剂得到了相当的结果，选择性为 83:17，收率高。第一次进行大规模环丙烷化反应的时候，分别使用了 CuCl/AgOTf 和 [Cu(MeCN)₄]PF₆ 两种催化剂。两个反应体系的产物收率和选择性几乎完全一样。需要指出的是，把有潜在热敏性的重氮化合物（**25**）溶液缓慢加入到催化剂溶液中，最大程度地降低了反应过程中重氮化合物（**25**）的浓度。

因为原料重氮化合物（**25**）本身已经有一个手性中心，研发团队期望通过手性配体调节非对映异构体的匹配关系。在筛选了一些手性配体并同时考察了铑和铜催化剂体系后发现改变配体或配体的立体构型对顺反选择性几乎没有影响。也许反应位点太拥挤，导致卡宾中间体不接纳配体，从而观察不到手性配体的作用。由此可见，环丙烷化反应的对映选择性是底物控制而不是催化剂控制的。

后来，有人报道了两个类似例子。都是铜催化的环丙烷化反应，都得到中等顺反比的反应产物，如图式 2.10 和图式 2.11 所示。

开环反应以及分离环戊酮（2） 图式 2.12 总结了高度张力环双环 [3.1.0] 辛烷（**26**）的开环研究结果。在 NaOAc/AcOH、9:1 的顺反混合物（**26** 和 **41**）

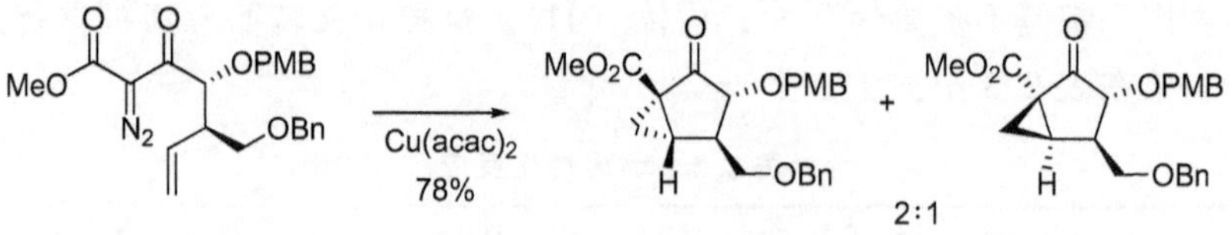

图式 2.10　Marquez 报道的环丙烷化反应例子[20]

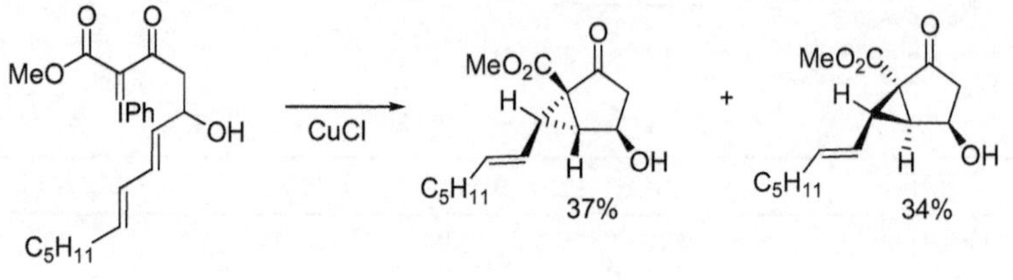

图式 2.11　Moriarty 报道的环丙烷化反应例子[21]

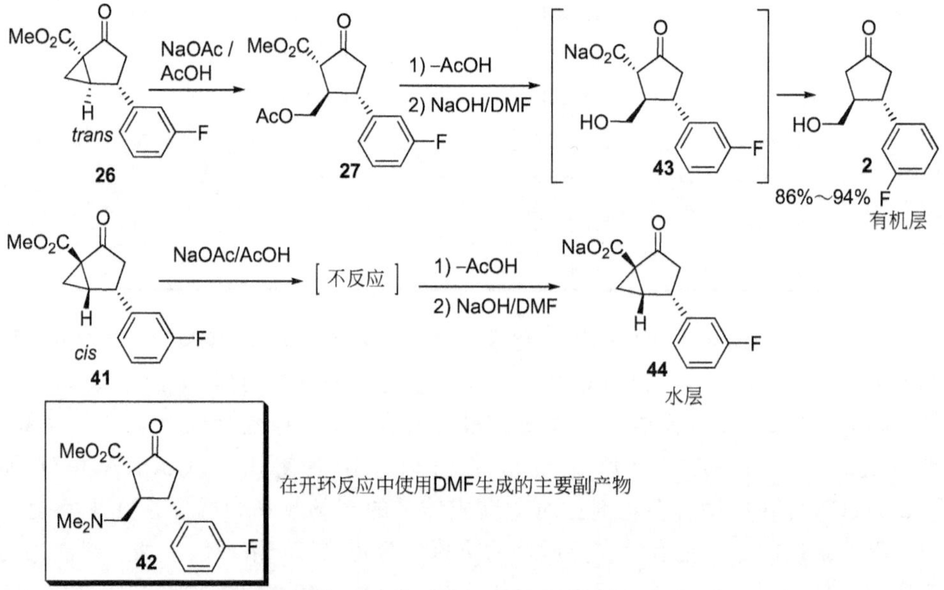

在开环反应中使用DMF生成的主要副产物

图式 2.12　开环反应和分离目标中间体（2）

体系中，加入适量 DMF 的目的是为了改善双环 ［3.1.0］辛烷（**26**）的溶解度。混合物加热后，经过中间体醋酸酯（**27**）然后再转化成目标中间体（**2**），总收率为 28%。主要副产物是 DMF 分解产生的二甲胺亲核加成的开环化合物（**42**）。为了避免出现副产物（**42**），只能考虑用 AcOH 单一溶剂体系代替 AcOH/DMF 混合溶剂，增加 AcOH 体积维持反应混合物的溶解度。在 NaOAc/AcOH 体系的开环反应，主要产物是开环中间体醋酸酯（**27**）。反应完成后，尽可能蒸馏除去 AcOH。向残余物中加入 DMF 和 NaOH，进行醋酸酯（**27**）的皂化。生成的羧酸钠盐（**43**）经过六元环过渡态自发脱羧得到了高收率的目标中间体（**2**）。有意思的是，在 NaOAc/AcOH 体系中，空间位阻导致顺式异构体（**41**）的开环反应速度特别慢。反式异构体（**26**）完成开环反应时，绝大部分顺式异构体（**41**）几乎没有发生反应。皂化后，未反应的顺式异构体（**41**）转化成相应的双环 [3.1.0] 羧酸钠盐（**44**）。同样因为不能形成六元环过渡态，双环 [3.1.0] 羧酸钠盐（**44**）也不发生脱羧反应。顺式异构体以双环 [3.1.0] 羧酸钠盐（**44**）的形式溶于水相。而反式异构体（**26**）转化成目标中间体（**2**），留在有机相中，从而顺利分离了目标中间体环戊酮（**2**）。以环丙烷化反应粗产物混合物计算，总收率达到 86%～94%。

2.1.2.3　吡唑（3）合成路线的工艺优化

药物化学以 N-Boc-4-哌啶羧酸（**45**）作为起始原料制备吡唑（**3**），合成路线直观明了。研发团队在工艺开发中采用了这个合成路线，但是进行了一些优化，结果总结在表 2.4 中。

表 2.4　合成吡唑（3）

序号	溶剂	温度	49∶50	序号	溶剂	温度	49∶50
1	43% H₂O/MeCN	室温	4.0∶1	9	MeOH	室温	3.4∶1
2	38% H₂O/MeCN	室温	6.1∶1	10	MeOH+(CO₂H)₂	室温	3.0∶1
3	33% H₂O/MeCN	室温	6.0∶1	11	CH₂Cl₂	室温	1.7∶1
4	33% H₂O/MeCN	45℃	4.0∶1	12	己烷	室温	1.6∶1
5	32% H₂O/MeCN	3℃	4.6∶1	13	MTBE	室温	1.5∶1
6	13% H₂O/MeOH	室温	3.8∶1	14	THF	室温	1.4∶1
7	9% H₂O/MeOH	室温	3.6∶1	15	甲苯	室温	1.3∶1
8	5% H₂O/MeOH	室温	3.6∶1				

从 N-Boc-4-哌啶羧酸（**45**）制备关键中间体 1,3-二酮（**48**），化学上没有问题。但是在药物化学合成过程中，甲基酮中间体（**47**）与苯乙酸甲酯之间的 Claisen 缩合反应有放热现象。经过优化，室温下把 1.1eq. 苯乙酸甲酯缓慢滴加到甲基酮中间体（**47**）、0.2eq. MeOH、2.5eq. NaH 及 THF 的混合物中，解决

放热问题的同时大幅度降低了苯乙酸甲酯的自身缩合，而且中间体 1,3-二酮
（**48**）直接从反应混合物中结晶析出。制备吡唑（**3**）的难点是控制 1,3-二酮
（**48**）与 N-乙基肼之间反应的区域选择性，因为反应必然生成目标中间体（**49**）
和异构体副产物（**50**）。药物化学家用 N-乙基肼草酸盐在甲醇中制备吡唑[1]。
由于大宗的 N-乙基肼产品是 34% 的水溶液，因此仔细研究了溶剂对区域选择性
的影响，主要考察了含水体系，反应结果总结在表 2.4 中。参照原先序号 10 的
反应条件，得到了 3.0∶1 的中等选择性，而小极性溶剂中区域选择性更差。质
子溶剂的选择性好一些。乙腈是最好的溶剂，但乙腈含水量明显影响区域选择
性。实验结果表明，含 33%～38% 水的乙腈溶剂体系给出了最好的区域选择性。
温度考察结果显示，室温最合适。粗产物（**49**）重结晶就能除去区域异构体杂质
（**50**）。然而，市售的 N-乙基肼水溶液中残余的游离肼，与 1,3-二酮（**48**）反应
生成了 N 上没有取代基的杂质（**51**）。除去杂质（**51**）相当困难，而杂质（**51**）
在后续合成终产品的过程中衍生的各种杂质更难除去。两次重结晶吡唑中间体
（**49**）才能降低杂质（**51**）的含量，但是两次重结晶损失了吡唑中间体（**49**）的
分离收率。

　　最后，在 HCl 水溶液中脱去吡唑中间体（**49**）的 Boc 基团。NaOH 中和后
再加固体 NaCl 成饱和水溶液，然后用乙腈萃取，游离哌啶基吡唑（**3**）在室温
下静置结晶析出，如图式 2.13 所示。通常情况下 CH_2Cl_2 的萃取效果更好，而
且 CH_2Cl_2 是下一步反应的溶剂，但是仍不考虑用 CH_2Cl_2 作萃取溶剂，因为哌
啶基吡唑（**3**）在 CH_2Cl_2 中静置较长时间会反应生成二聚体（**52**）[22]，同时形
成哌啶基吡唑（**3**）的盐酸盐。

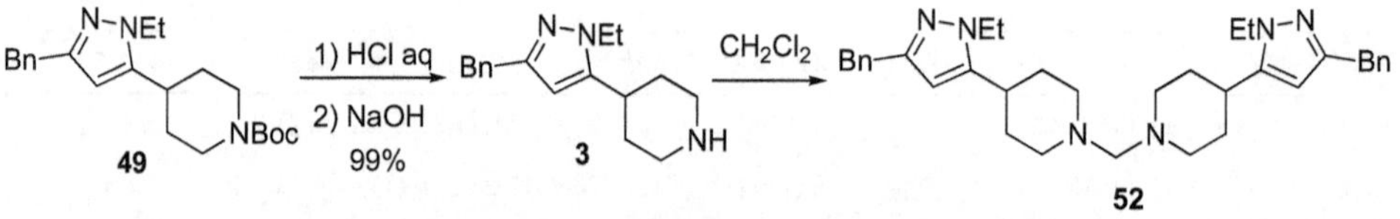

图式 2.13　制备游离哌啶基吡唑（**3**）

2.1.2.4　合成候选药物（1）的工艺优化（最后阶段）

　　把环戊酮（**2**）、吡唑（**3**）与 D-缬氨酸三个片段组装到一起，完成候选药物
（**1**）的制备。首先，环戊酮（**2**）与 1.2eq. D-缬氨酸叔丁酯进行还原胺化反应，
生成了多一个手性中心的环戊烷环。在室温的 CH_2Cl_2 中，以 $NaBH(OAc)_3$ 作还
原剂，初步的产物异构体（**53**，**54**）混合物的选择性为 1.9∶1。筛选结果表明
乙腈是较合适的反应溶剂，得到了 4.7∶1 的选择性。反应温度提高到 50℃ 能进
一步改善选择性，达到 7.4∶1。有意思的是，在 50℃ 下改用空间位阻更大的还
原试剂——$NaBH(OCOC_2H_5)_3$，选择性能进一步提高到 8.2∶1。继续升高温度
到 70℃，选择性最终优化到 10∶1。用过量甲醛与 $NaBH(OAc)_3$ 处理反应混合

物，一锅法得到了 N-甲基化的非对映异构体（**55** 和 **56**）的混合物，如图式 2.14 所示。优化结果表明，较高温度下大位阻还原剂及过量 D-缬氨酸叔丁酯能获得更好的选择性。随后进行了第一批次放大规模的制备反应，硅胶柱层析分离纯化得到设想的 N-甲基中间体（**55**）。后来，从反应混合物中以盐酸盐形式直接结晶分离 N-甲基中间体（**55**），总收率为 68%，纯度极好。

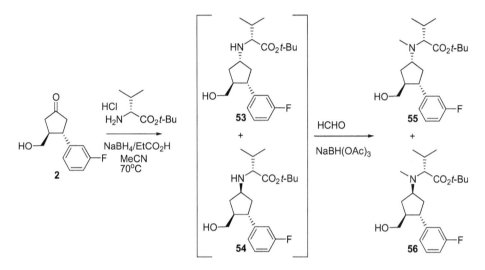

图式 2.14　还原胺化反应

Evans 等人曾经报道，在还原胺化反应中，羟甲基的螯合作用能控制氢化物的传递，从而提高非对映选择性[23]。在上述反应中，使用 1.7eq. 缬氨酸叔丁酯，反应初始阶段的选择性非常高，与 Evans 报道的一致。

转化率刚达到 50% 时，选择性仍高达 100∶1。然而，随着反应继续进行，选择性迅速跌落到 25∶1。为什么随着反应的进行，图式 2.15 所示的螯合控制会失去作用，原因尚不清楚。很可能产物硼酸酯（**59**）与原料环戊酮（**2**）和/或亚胺（**57**）之间发生频繁的硼酸酯交换，生成的硼酸酯（**60**）和/或（**61**）将不再提供游离羟甲基的螯合作用。这是一种可能的解释。

以环戊烷衍生物（**55**）与吡唑衍生物（**3**）为原料制备目标化合物（**1**）。先将环戊烷衍生物（**55**）的伯羟基转化成甲磺酸酯，然后与吡唑衍生物（**3**）的仲胺缩合生成目标化合物（**1**）。但是，反应明显会生成双烷基化杂质。因此，工艺开发又转到还原胺化的方法，结果总结在图式 2.16 中。用 DMSO、草酰氯和三乙胺的 Swern 氧化方法，顺利地把环戊烷衍生物（**55**）的羟甲基氧化成醛。不论环戊烷衍生物（**55**）以游离碱还是盐酸盐形式存在，几乎都能定量得到结晶性的醛（**62**）。将氧化反应液加到水中淬灭时，醛的 α-位会发生差向异构，杂质含量为 2%～4%。而将反应液加到磷酸缓冲液中淬灭时，完全抑制了差向异构。尝试在乙腈中用 NaBH(OAc)₃ 进行还原胺化反应，发现产物（**1**）会从反应体系

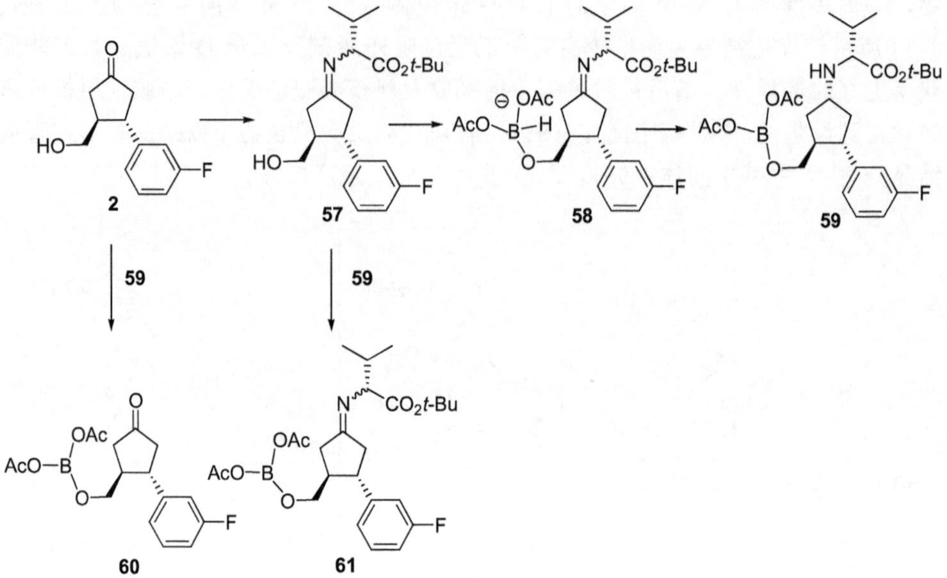

图式 2.15　螯合控制

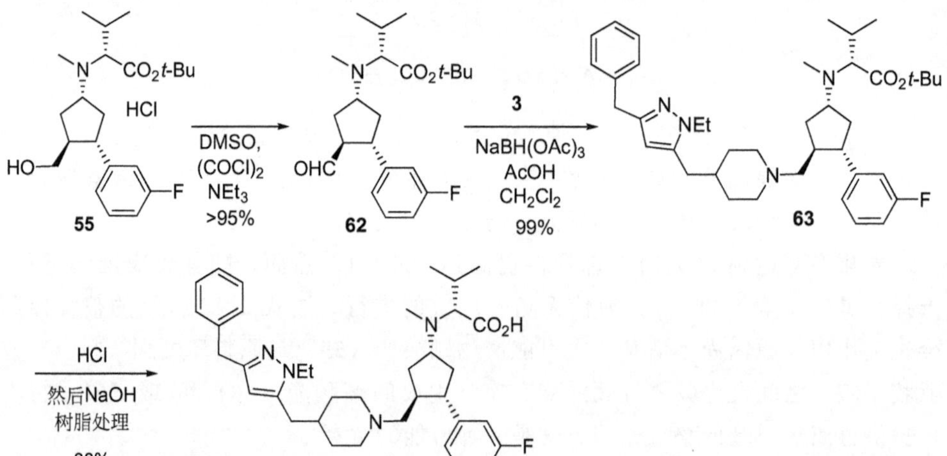

图式 2.16　合成目标化合物（1）的最后阶段

中析出。因此，把反应溶剂改成 CH_2Cl_2。如前所述，吡唑化合物（**3**）与 CH_2 Cl_2 之间发生反应，参看图式 2.13。通过对照实验，确定还原胺化的反应速度比吡唑化合物（**3**）与 CH_2Cl_2 形成二聚体要快得多。实际上，在二氯甲烷中顺利进行了还原胺化反应。倒数第二步产物（**63**）与乙腈形成溶剂化物，分离收率为 99%。在 50℃ 3mol/L HCl 中反应 3.5h，倒数第二步产物（**63**）的叔丁酯水解完全。中和后分离得目标化合物（**1**）。但是体系中含有大量氯化钠，目标化合物（**1**）很难结晶，需先用聚苯乙烯树脂 Amberchrome 161c 除盐。考虑到目标化合物（**1**）在较高温度下形成结晶，因此将粗产品（**1**）的水溶液加热到 60℃，加入少量晶种诱导结晶。诱导结晶成功后，把体系温度缓慢降至室温。结晶完全后，过滤、干燥，得到目标化合物（**1**），分离收率为 88%。

2.1.2.5　合成总流程

经过优化，实现了全新的工艺过程。工艺改进的成果总结如下：

1）在较短时间内交付了项目所需的候选药物（**1**）。

2）优化后合成候选药物（**1**）的总收率提高到 10%。全合成流程共十六步化学反应，其中最长的线性步骤为十步反应。

3）新开发的钼配合物催化丙二酸酯的不对称 π-烯丙基亲核取代反应，是当前工艺获得成功的基石。

-优化了制备手性配体的方法。

-直接使用既经济又稳定的 $Mo(CO)_6$。

4）铜催化的环丙烷化反应具有更好的非对映选择性。

5）具有非对映选择性的双环化合物开环反应实现了关键中间体环戊烷酮的简单分离。

6）优化了吡唑中间体的合成工艺，大幅度提高了区域选择性。

7）优化了最后阶段的合成工艺，其中大位阻还原试剂在较高反应温度下进行的还原胺化反应提高了反应的非对映选择性。

2.2　化学研究

虽然以钼配合物催化丙二酸酯的不对称 π-烯丙基亲核取代反应交付了第一批产品，但是当时并没有清晰理解该反应的化学本质。有一点可以确定，钼配合物催化丙二酸酯的不对称 π-烯丙基亲核取代反应首次实现大规模应用。对于钼配合物催化反应来说，本项目的贡献至少有两个：（i）经过适当预活化，稳定且价廉的 $Mo(CO)_6$ 可以代替尚未量产的 $(EtCN)_3Mo(CO)_3$ 或 $(C_7H_8)Mo(CO)_3$；（ii）优化了手性配体的制备工艺。因此，即使完成项目之后，研发团队仍然对钼配合物催化反应的机理充满了浓厚的兴趣。

前面讨论过，在放大反应规模时，曾担心活化后的催化剂体系不能催化反应顺利进行，而监测催化剂活化过程只有如图 2.3 所示的 ReactIR 数据。从催化剂溶液中观察到 $Mo(CO)_6$ 单一的 CO 振动吸收峰（约 $1980cm^{-1}$）变成了五个 CO 的振动吸收峰。虽然这些红外数据在一定程度上降低了放大反应规模的风险，但并未提供任何催化剂的真实结构信息。

首先考察比较了从 $Mo(CO)_6$ 制备得到的活化催化剂，与从 $(EtCN)_3Mo(CO)_3$

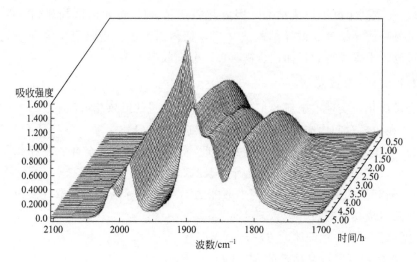

图 2.3 活化 Mo(CO)₆ 过程的 ReactIR 数据

或（C₇H₈）Mo(CO)₃ 制备得到的催化剂是否相同。在两种不同溶剂体系中对比了三组不同来源的钼催化剂，研究结果见表 2.5。

表 2.5 三种不同来源的钼催化剂的对比实验

序号	钼催化剂	溶剂	A,时间/h	A,温度/℃	ee 值/%	区域选择性 17∶32	A,收率/%
1	(EtCN)₃Mo(CO)₃	甲苯	0.5	85	95	93∶7	84
2	(C₇H₈)Mo(CO)₃	甲苯	0.5	85	96	96∶4	97
3	Mo(CO)₆	甲苯	4	85	97	95∶5	91
4	(EtCN)₃Mo(CO)₃	THF	0.5	65	91	90∶10	88
5	(C₇H₈)Mo(CO)₃	THF	0.5	65	88	88∶12	81
6	Mo(CO)₆	THF	4	65	91	89∶11	83

三种不同来源的钼催化剂，在甲苯中的实验序号为 1～3，在 THF 中的序号

为 4～6。以 Mo(CO)$_6$ 为钼源，制备催化剂的活化时间长一些。实验结果表明，对反应起决定性作用的是反应溶剂而不是催化剂来源。因此 Mo(CO)$_6$ 和手性配体产生的活性催化剂与 Trost 报道的一致。

接着，又尝试了将 Mo(CO)$_6$ 衍生的活性催化剂应用于其他底物的 π-烯丙基取代反应，结果总结在表 2.6 中。

表 2.6　Mo(CO)$_6$ 衍生的活性催化剂在其他底物中的应用

序号	底物结构	*ee* 值/%	支链∶直链	分离收率/%
1	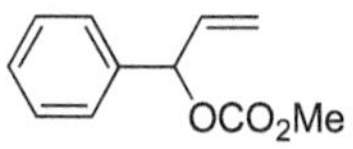	96	93∶7	76
2	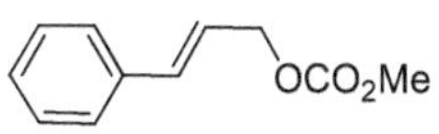	99	95∶5	80
3	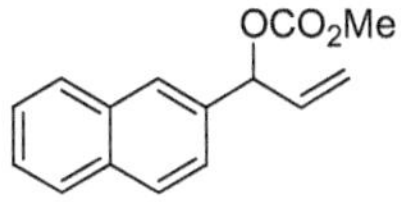	96	98∶2	80
4	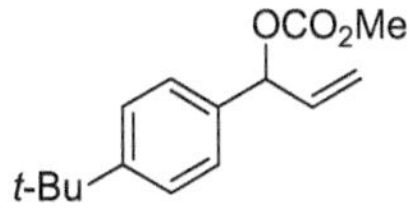	94	94∶6	76

Mo(CO)$_6$ 作为催化剂前体获得的反应结果与 Trost 报道的结果相当。以 *S*,*S*-配体（**31**）进行的反应，主要得到 *S*-构型的产物。有意思的是，如果使用相同钼配合物，序号 1 的反应和序号 2 应该得到相同的结果。然而，序号 1 的支链碳酸酯得到的 96% *ee* 值稍低于序号 2 的直链底物的 99% *ee* 值，同时产物的支链/直链比也略低（93∶7 对比 95∶5）。仔细研读原始文献后，发现 Trost 报道的结果中也存在类似的细微差异。综上所述，研发团队认为该反应不完全按照 Curtain-Hammett 方式进行，这也是为什么要进一步探索钼配合物催化 π-烯丙基取代反应机理的原因。

2.2.1　动力学拆分

Curtain-Hammett 假设，反应经过 π-烯丙基钼配合物中间体（A 和 B），直链碳酸酯（L-C）和支链碳酸酯（B-C）应该得到完全相同的结果，前提是 π-烯丙基 Mo 配合物中间体（A 和 B）之间的平衡速度比丙二酸酯钠盐对 π-烯丙基钼配合物中间体（A 或 B）的亲核进攻速度要快得多，如图式 2.17 所示。

前面指出，反应结果与 Curtain-Hammett 假设并不完全吻合。以直链碳酸酯（L-C）为起始原料，手性钼配合物 A 或 B 均可以选择合适的进攻面。然而，以支链碳酸酯（B-C）为起始原料形成 π-配合物手性钼配合物（A 或 B），则是

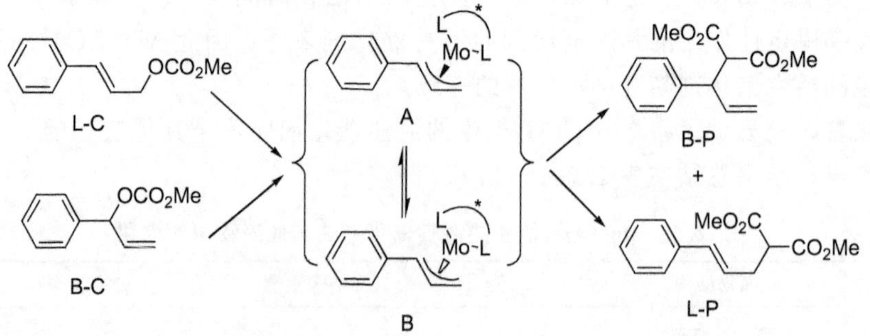

图式 2.17　Curtain-Hammett 图解

由碳酸酯本身而不是钼配合物实现手性导向的。与此同时，期望手性钼配合物在形成 π-配合物过程中显示进攻面的倾向性。因为支链碳酸酯（B-C）是消旋体（B-C-S 和 B-C-R），其中肯定有一个构型与手性钼配合物匹配，而另一个不匹配。这样，就有可能进行消旋支链碳酸酯（C，B-C）的动力学拆分，如图式 2.18 所示。

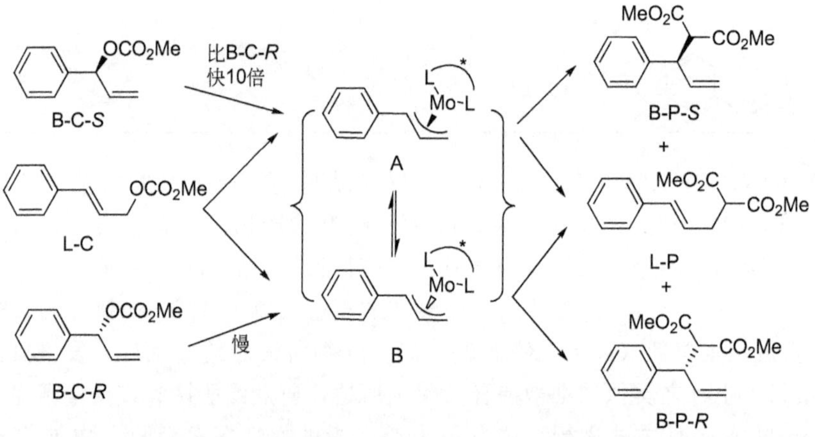

图式 2.18　手性配体（31）钼配合物进行的动力学拆分

　　以 S,S-配体（31）继续进行反应，发现 S-支链碳酸酯（B-C-S）先反应并得到非常高 S-选择性的设想产物（B-P）。而 R-支链碳酸酯（B-C-R）的反应速度比相应的 S-构型慢 10 倍。在约 60% 转化率时把 S,S-配体（31）作用的反应淬灭，从反应体系中分离到未反应的 R-支链碳酸酯（B-C-R），ee 值＞99%[24]。

　　考虑到构型匹配的情况便于讨论，假设在钼催化反应中，先形成了保留构型的 π-烯丙基配合物，随后丙二酸酯钠盐亲核进攻也保留构型，钼催化反应的总包结果是生成了保留构型的产物。后面将证实该反应是"保留-保留"机理，而不是类似钯催化反应的"翻转-翻转"机理。按照这一假设，匹配的支链碳酸酯（B-C-S）与 S,S-配体（31）先形成了保留构型的 π-烯丙基钼配合物（A），然后

π-烯丙基钼配合物（A）与丙二酸二甲酯钠盐反应，主要生成构型保留的产物（B-P-S），伴有极少量的线性副产物（L-P）。另一方面，不匹配的支链 R-碳酸酯（B-C-R）与 S,S-配体（**31**）作用得到 π-烯丙基钼配合物（B），π-烯丙基钼配合物（B）会转化成 π-烯丙基钼配合物（A），而且转化速度比丙二酸二甲酯钠盐与π-烯丙基钼配合物（B）亲核反应速度更快。然而，有部分 π-烯丙基钼配合物（B）发生了亲核取代反应生成副产物（B-P-R），并且生成了比 π-烯丙基钼配合物（A）反应更多的线性副产物（L-P）。而以直链碳酸酯（L-C）为原料的情况下，S,S-配体（**31**）会选择有利于生成 π-烯丙基钼配合物（A）的一面进行。

　　按照上述平衡的说法，如果在 π-烯丙基钼配合物（A）转化成 π-烯丙基钼配合物（B）前，加快亲核取代速度将使匹配的 S-碳酸酯（B-C-S）反应生成更高的支直链比和 ee 值，参看表 2.7。例如，在丙二酸酯初始浓度为约 0.6mol/L 的高浓度而不是常用的约 0.07mol/L 下进行反应，产物的 ee 值从 92% 提高到 97%。

表 2.7　实验验证

预测结果	实验结果
对于"匹配"的碳酸酯(B-C-S) -提高丙二酸酯浓度将提高产物 ee 值	-丙二酸酯初始浓度约为 0.07mol/L：92% ee 值 -丙二酸酯初始浓度约为 0.6mol/L：97% ee 值
对于"不匹配"的碳酸酯(B-C-R) -降低丙二酸酯浓度将提高产物 ee 值	-所有丙二酸酯一次性加入：70% ee 值 -6h 滴加丙二酸酯：92% ee 值 -甲苯比 THF 体系的 ee 值高，因为丙二酸酯的钠盐在甲苯中的溶解度更小

　　相反，不匹配的 R-碳酸酯（B-C-R）在更慢的亲核取代反应中才能获得更好的选择性，因为在取代前需要时间使开始生成的不匹配的 π-烯丙基钼配合物（B）转化成 π-烯丙基钼配合物（A）。如果一开始把所有丙二酸酯钠盐与不匹配的 R-碳酸酯（B-C-R）底物加入反应体系中，产物的 ee 值只有 70%。而如果在 6h 内将丙二酸酯钠盐缓慢加入到反应体系中，产物的 ee 值显著提高到 92%。之前有过报道，以支链碳酸酯为起始原料，在甲苯体系中进行的亲核取代反应比 THF 体系能获得更高的选择性。手性 HPLC 分析了甲苯体系与 THF 体系的反应进程，结果总结在图 2.4 中。

　　图 2.4 中，x 轴为反应转化率，y 轴为产物的 ee 值。不论在甲苯还是 THF 中，反应前一半的结果几乎相当。当转化率超过 60% 后，甲苯体系产物的 ee 值仍保持较高的结果，而 THF 体系的结果则明显变差。如前所述，匹配的碳酸酯（B-C-S）的反应速度比不匹配的碳酸酯（B-C-R）快十倍。当匹配的碳酸酯进行反应时，甲苯体系和 THF 体系相当。当转化率超过 60% 后，体系中剩下的几乎都是不匹配的碳酸酯（B-C-R）。THF 体系的选择性不如甲苯体系好的原因在于丙二酸二甲酯钠盐的溶解度。它极易溶于 THF，而在甲苯中溶解度极小，因此

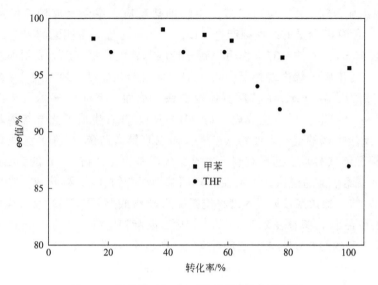

图 2.4　甲苯体系与 THF 体系的反应进程对比

在甲苯中进行的反应可以看作类似于高度稀释的体系的反应。

　　反应平衡问题已经清楚了，但是反应机理以及真正的催化物种仍不清楚。刚开始研发团队希望通过测定反应动力学数据解决这些问题，但是这些努力并未给出清晰的结论。

2.2.2　配体修饰

　　配体（**31**）有两个 C-2 对称的皮考啉酰胺。初始动力学数据显示，对于配体（**31**）来说，反应为 0.5 级。动力学数据表明活性物种具有二聚体特性。因此，对配体进行了系统修饰研究，结果总结在图 2.5 中[25]。

　　作为参照物，THF 体系中，手性配体（**31**）的钼配合物催化的亲核取代反应生成了 87% *ee* 值的产物，支直链比为 20。如果手性配体（**31**）中一个皮考啉氮用碳替代（配体 **64**），反应生成了更高 *ee* 值、更高支直链比的产物，但反应活性降低了一半。如果两个皮考啉氮都用碳替代（配体 **65**），反应活性几乎被完全抑制，只有标准配体条件下 2% 的活性，但是产物的 *ee* 值仍有 24%。而如果一个皮考啉酰胺以特戊酰胺替代（配体 **66**），产物的 *ee* 值和支直链比保持不变，但反应活性明显降低了。

　　上述结果强烈暗示，配体结构中至少要有两个酰胺以及一个皮考啉氮原子。然而，真正的活性钼催化剂仍不清楚。

2.2.3　NMR 研究揭示反应机理

　　为了获得反应的内在本质，应用 NMR 技术进行了详细研究。加热核磁管中

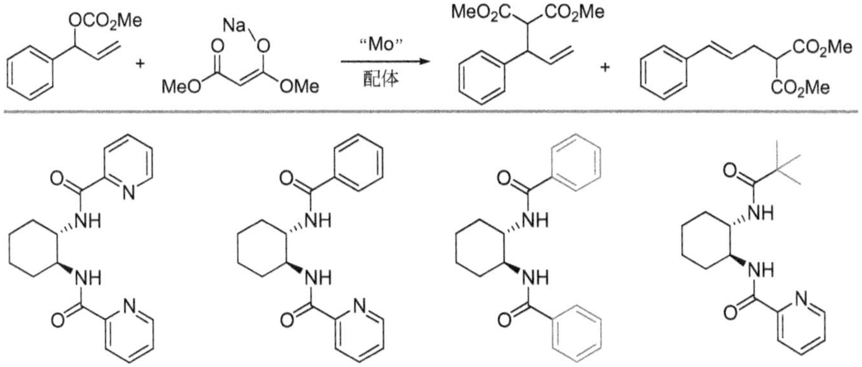

31	64	65	66
*ee*值 87%	*ee*值 92%	*ee*值 24%	*ee*值 87%
B/L = 20	B/L = 35	B/L = 1	B/L = 20
反应活性 = 1	反应活性 = 0.5	反应活性 = 0.02	反应活性 = 0.25

图 2.5 配体修饰

$(C_7H_8)Mo(CO)_3$与配体（**31**）的混合物。图谱很复杂，但是根据一组特征的^{13}C信号确定反应自发形成了$Mo(CO)_6$。在配体存在下，Mo 配合物和一氧化碳之间非常容易发生歧化。NOE 研究表明，钼配合物与配体（**31**）吡啶酰胺的一个吡啶氮以及一个酰胺氧配位。钼原子上还配位了三个或四个一氧化碳分子，如图式 2.19 所示的钼配合物（**67**）。更复杂的情况是，还可能存在单钼配合物（**67**）与双钼配合物（**68**）的平衡。NMR 研究结果实在太复杂，难以解释清楚，因此，就没有用配体（**31**）进一步开展真实催化剂的研究。

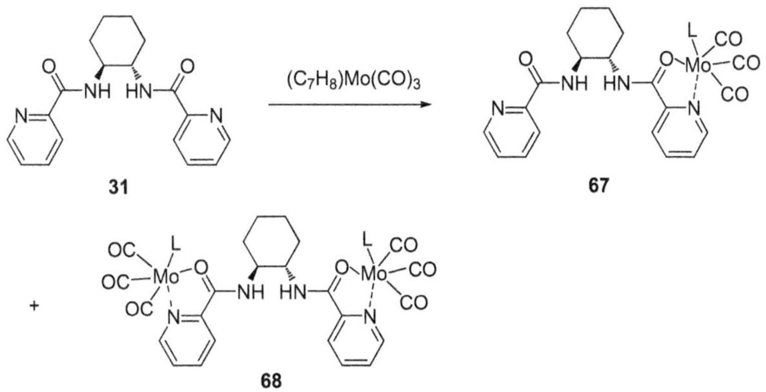

31 67 68

图式 2.19 以配体（31）开展的 NMR 初步研究

在配体研究过程中，观察到单皮考啉单苯甲酰胺配体（**64**）在反应中表现出比原型配体（**31**）更好的催化性能，因此也希望用配体（**64**）得到更简洁的 NMR 图谱。如图式 2.20 所示，$(C_7H_8)Mo(CO)_3$与配体（**64**）作用形成钼配合

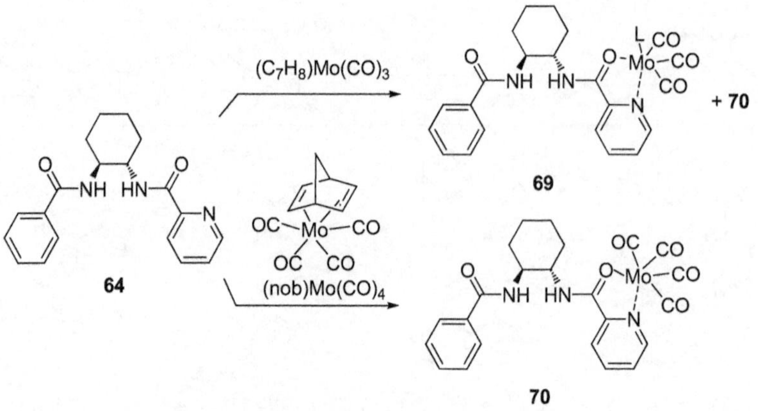

图式 2.20　简化配体（64）的 NMR 研究

物（69 和 70）的混合物，其中钼原子与配体（64）[❶] 中皮考啉酰胺的吡啶氮和酰胺氧配位，同时还配有三个或四个 CO 分子。进一步研究表明，三个或四个一氧化碳分子与钼配合物平衡混合物（69 和 70）的 NMR 图谱仍然难以解析。因此，用（nob）Mo(CO)$_4$ 与配体（64）制备了四个一氧化碳分子配位的钼配合物（70）。

接下来，在核磁管中研究了钼配合物（70）与线性碳酸酯（L-C）的反应[26]。研究结果很有意思，总结在图式 2.21 中。

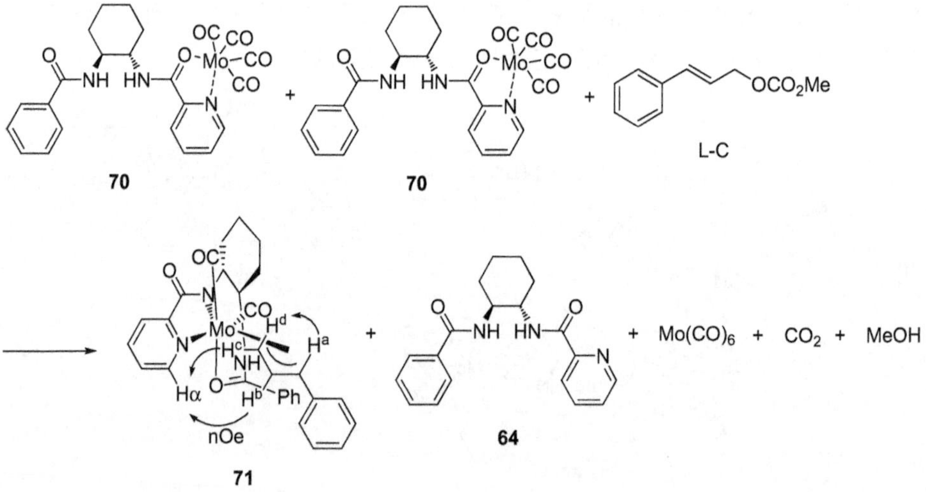

图式 2.21　形成 π-烯丙基钼配合物

两分子钼配合物（70）与一分子碳酸酯（L-C）反应生成一分子 π-烯丙基钼

---

❶ 根据上下文以及图式 2.20，原文中配体（66）有误，译者注。

配合物（**71**）、一分子游离配体（**64**）、一分子 Mo(CO)$_6$、一分子 CO$_2$ 以及一分子甲醇。NMR 的 NOE 实验初步解析得到了 π-烯丙基钼配合物（**71**）的结构，该结构最终由单晶 X-衍射确认，如图式 2.21 所示。在配合物（**71**）中，钼与 π-烯丙基、两分子一氧化碳［另一分子配合物（**70**）解离］、吡啶氮、皮考啉酰胺氮负离子（在碳酸酯 π-烯丙基化过程中产生的甲氧基负离子去质子化）以及苯甲酰胺的氧配位。两分子钼配合物（**70**）与一分子支链碳酸酯（S-或R-碳酸酯或消旋 B-C 均可）反应也能生成同样的配合物（**71**）。特别需要指出的是，从钼配合物（**71**）结构中钼原子完全开放的一侧进行亲核进攻得到 R-产物，而不是实验观察到的 S-产物！

　　更有意思的是，分离出来的 π-烯丙基钼配合物（**71**）与丙二酸二甲酯钠盐根本不反应。这一结果令人意外，但同时也说明配合物（**71**）是亲核取代反应中一个低活性中间体，因为从该钼配合物位阻小的一侧进攻得到了错误的立体选择性，参见上文。Trost 教授指出，因为活性物种反应活性高，难以分离，大多数分离到的稳定配合物中间体并非真正的活性物种。随后发现，一氧化碳或 Mo(CO)$_6$ 是配合物（**71**）成功实现亲核取代反应所必需的。如果体系中存在一氧化碳或 Mo(CO)$_6$，反应就能顺利进行，如图式 2.22 所示。反应生成了高收率的设想产物（B-P-S），ee 值高达 98%，同时生成了能分离到的稳定固体钼配阴离子钠盐（**72**）。值得指出的是，钠盐（**72**）的钼原子配有四分子一氧化碳，也就是说，从配合物（**71**）到钠盐（**72**）的过程中需要额外两分子的一氧化碳。因为钠盐（**72**）在亲核取代反应中生成了 S-异构体产物，因此，取代反应发生在钼原子的同一侧，即"保留"过程。

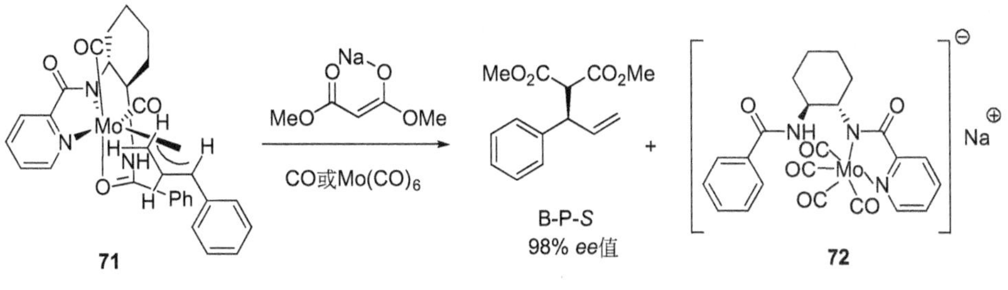

图式 2.22　CO 或 Mo(CO)$_6$ 存在下的亲核取代反应

　　分离得到的钠盐（**72**）与碳酸酯（L-C）之间反应，重新生成了 π-烯丙基钼配合物（**71**），同时释放一分子二氧化碳、一分子甲醇钠以及两分子一氧化碳，如图式 2.23 所示。然后，在两分子一氧化碳存在下，丙二酸二甲酯钠盐与再生的 π-烯丙基钼配合物（**71**）反应，建立了催化循环。

　　总包催化循环如图式 2.24 所示。催化循环中，两分子一氧化碳推动配合物（**71**）到配合物钠盐（**72**）；而从配合物钠盐（**72**）回到配合物（**71**）又游离出两分子一氧化碳。因此，一氧化碳是实现催化循环的驱动力。

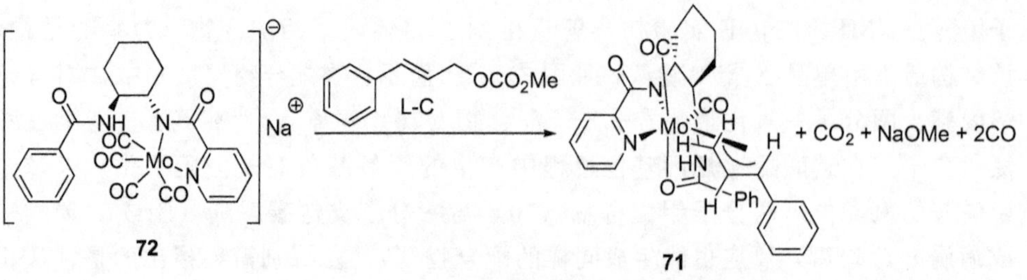

图式 2.23 π-烯丙基钼配合物的再生

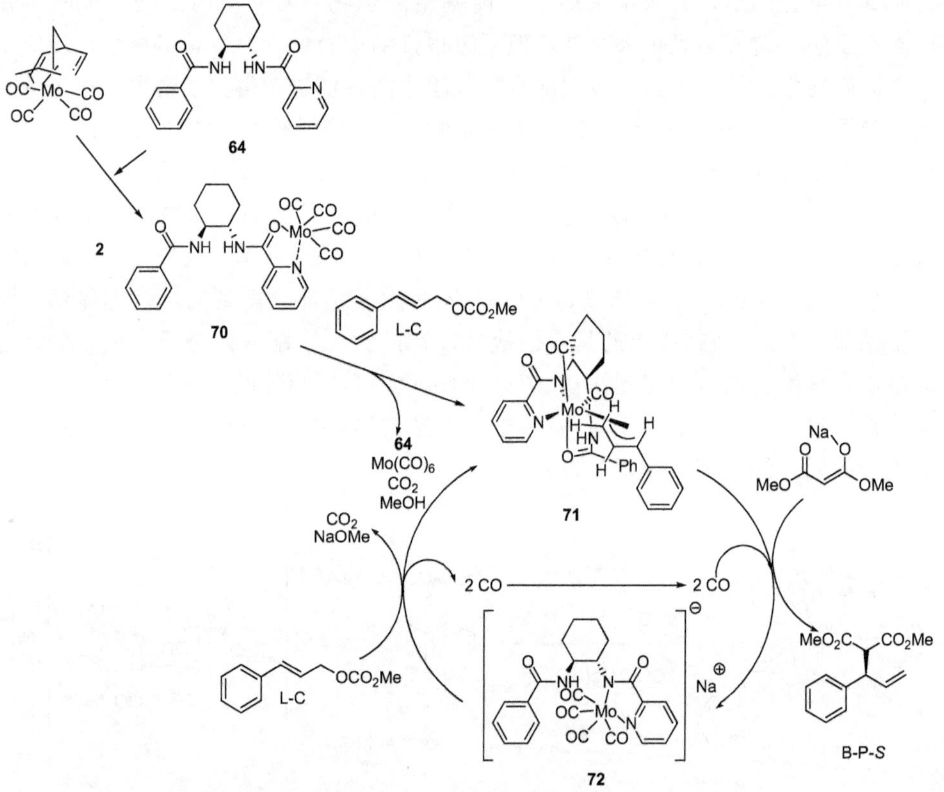

图式 2.24 钼配合物催化 π-烯丙基亲核取代反应的总包催化循环

2.2.4 确认"保留-保留"机理的进一步研究

如前所述，根据产物立体化学以及钼配合物（**71**）的结构特点，基本上可以推断钼配合物（**71**）催化的亲核取代反应按照构型保留的方式进行。如图式 2.25 所示，通过与 Lloyd-Jones 教授合作，以同位素标记实验证实了"保留-保留"机理[27]。

图式 2.25　D-同位素标记研究

在不含亲核试剂的情况下，S,S-配体（**64**）与 Z-位置匹配的 D 代 S-碳酸酯（**73**）[❶] 进行化学计量反应，只生成单一钼配合物（**74**），未观察到标记原子的变化（NMR 图谱中无其他异构体）。NMR 研究确定了钼配合物（**74**）的结构，同时与原型配合物（**71**）的 NMR 结果以及 X-衍射结构进行了比较。丙二酸酯钠盐对钼配合物（**74**）的亲核进攻得到 S-产物（**75**），产物中 D 原子仍保留在 Z-位置。另一方面，按照 NMR 研究结果，在没有亲核试剂的情况下，Z-位置不匹配的 D 代 R-碳酸酯（**76**）也生成单一钼配合物（**80**）。NMR 研究阐明了配合物（**80**）的结构。在配合物（**80**）结构中，钼原子的位置与配合物（**74**）同面，但是 D 原子却从 Z 位置转换到 E 位置。该转位过程可以解释如下：一开始，一定按"保留"方式形成了未观察到的 π-烯丙基钼配合物（**77**），而配合物（**77**）平衡得到更稳定的钼配合物（**80**），配合物（**80**）中 D 原子就转换到 E 位置，推测该转换过程通过 σ-烯丙基钼配合物（**78** 与 **79**），此过程中与钼原子相连的碳原子中心构型必须旋转 180°。丙二酸酯钠盐对钼配合物（**80**）的亲核取代得到 D 原子在 E-位置的 S-产物（**81**）。而且，根据 NMR 研究数据，将光学纯 D 标记的（R）线性碳酸酯（**82**）加入到没有亲核试剂的反应体系中，只生成钼配合物（**80**）。丙二酸酯钠盐的亲核进攻生成了 D 原子处于 E-位置的 S-产物（**81**）。在线性碳酸酯作底物的反应中，从构型有利的一侧（碳酸酯官能团处于面上）进行钼原子进攻，这样碳酸酯官能团从钼原子进攻的一侧离去。由此，所有钼配合物（**74** 和 **80**）对 π-烯丙基的亲核取代反应都按"保留"的方式进行。

关于"保留-保留"机理，还有一些不确定的地方。如果未观察到的 π-烯丙

---

❶　实际上，所有 D 标记的底物都是高 ee 值但不是 100％光学纯。但是在本章讨论中，为了简化处理，假设它们都是 100％光学纯的。如果需要更精确的讨论，参看原始文献[27]。

基钼配合物（**77**）（或图式 2.18 中的配合物 B）与丙二酸酯钠盐反应比实验观察到的 π-烯丙基钼配合物（**71**，**74** 或 **80**）更活泼，那么反应应该按照"翻转"的方式进行，因为两个 π-烯丙基钼配合物通过 σ-烯丙基配合物存在平衡。如果假设成立，把分离得到的钼配合物（**71**）加入到不含亲核试剂的反应体系中，配合物（**71**）一定会通过 σ-烯丙基配合物平衡得到配合物（**71**）的对映体。因此，与不匹配的支链碳酸酯相比，以钼配合物（**71**）反应应该生成立体选择性更差的产物。上述假设的验证实验，如图式 2.26 所示。

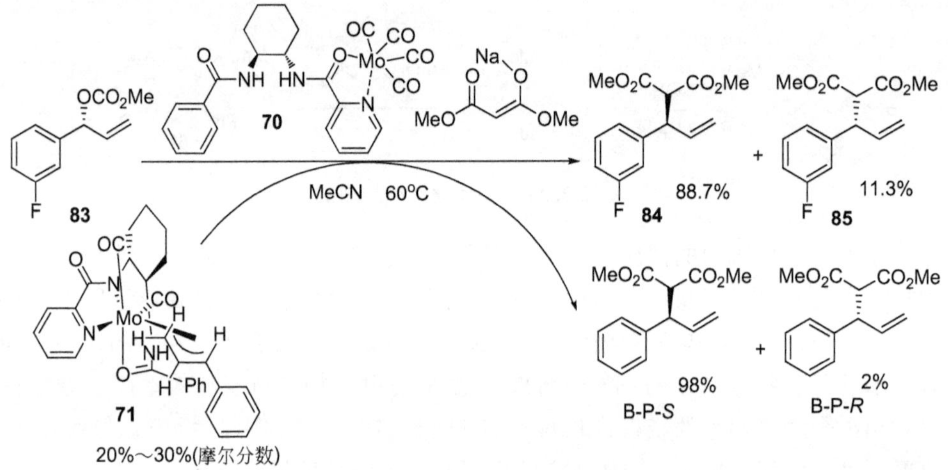

图式 2.26 "保留-保留"机理的证据

在 60℃的乙腈中，不匹配的间氟取代的 R-碳酸酯（**83**）和催化量从 S,S-配体（**64**）衍生的配合物（**70**）与丙二酸酯钠盐反应，得到比例为 88.7∶11.3 的 S-产物（**84**）及 R-产物（**85**）。反应平稳进行一个阶段（转化率介于 15％～45％）时，加入 20％～30％（摩尔分数）配合物（**71**）到 R-碳酸酯（**83**）、配合物（**70**）及丙二酸酯钠盐的反应混合物中。结果与前面假设的情况完全相反，从配合物（**71**）得到了高达 96％ ee 值的产物，而此前配合物（**83**）只生成 77％ ee 值的产物。因此，这证实了 π-烯丙基钼配合物的亲核取代反应按照"保留-保留"的机理进行。

Trost 最初报道的亲核取代反应，需要 10％（摩尔分数）钼催化剂前体以及 15％（摩尔分数）手性配体（**31**）。因为反应会游离出各一分子 Mo(CO)6 和配体（**31**），在活化条件下，Mo(CO)6 与配体（**31**）又生成了活化催化剂配合物（**71**），因而在回流甲苯中，能用较低用量的催化剂完成反应。

2.3 结论

研发团队成功地制备了一种 CCR5 拮抗剂候选药物，该药物已经授权给国际杀菌剂合作组织。研发团队在较短时间内完成了大规模制备工艺的开发，从而支撑了相应的药物开发。在优化 Trost 的钼配合物催化的不对称 π-烯丙基亲核取代反应的过程中，发现该反应按照高效的动力学拆分过程进行，进而更清晰地理解了反应机理。从机理角度考虑，催化剂用量从 10%（摩尔分数）降到 1%（摩尔分数）。最后，在深入理解机理的基础上，研发团队在优化工艺过程和支撑项目开发两个方面都做出了贡献。

致谢

感谢所有参与项目的同事，名单在参考文献部分。也感谢 James McNamara 博士和 Michael Palucki 博士，感谢他们细致的校对和有益的建议。

参 考 文 献

[1] (a) Finke, P. E., Hilfiker, K. A., Maccoss, M., Chapman, K. T., Loebach, J. L., Mills, S. G., Guthikonda, R. N., Shah, S. K., Kim, D., Shen, D. -M., and Oates, B. (2000) WO 2000076972 A1 20001221. (b) Kumar, S., Kwei, G. Y., Poon, G. K., Iliff, S. A., Wang, Y., Chen, Q., Franklin, R. B., Didolkar, V., Wang, R. W., Yamazaki, M., Chiu, S. -H. L., Lin, J. H., Pearson, P. G., and Baillie, T. A. (2003) *J. Pharmacol. Exp. Ther.*, **304**, 1161-1171.

[2] IPM (2005) Annual report, http://www.ipm - microbicides.org/

[3] An interesting route for 2 was reported: Zhang, W., Matla, A. S., and Romo, D. (2007) *Org. Lett.*, **9**, 2111-2114.

[4] (a) Trost, B. M., and Chan, D. M. T. (1983) *J. Am. Chem. Soc.*, **105**, 2315-2325. (b) Trost, B. M., Yang, B., and Miller, M. L. (1989) *J. Am. Chem. Soc.*, **111**, 6482-6484. For some reviews, see: (c) Trost, B. M. (1986) *Angew. Chem. Int. Ed. Engl.*, **25**, 1-20. (d) Lautens, M., Klute, W., and Tam, W. (1996) *Chem. Rev.*, **96**, 49-92. (e) Romero, J. M. L., Sapmaz, S., Fensterbank, L., and Malacria, M. (2001) *Eur. J. Org. Chem.*, 767-773. (f) Yamago, S., and Nakamura, E. (2002) *Org. React. (New York)*, **61**, 1-217.

[5] Conlon, D. A., Jensen, M. S., Palucki, M., Yasuda, N., Um, J. M., Yang, C., Hartner, F. W., Tsay, F. -R., Hisao, Y., Pye, P., Rivera, N. R., and Hughes, D. L. (2005) *Chirality*, **17**, S149-S158.

[6] (a) Boeckman, R. K., Jr., Naegely, P. C., and Arthur, S. D. (1980) *J. Org. Chem.*, **45**, 752-754. (b) Boeckman, R. K., Jr., Napier, J. J., Thomas, E. W., and Sato, R. I. (1983) *J. Org. Chem.*, **48**, 4152-4154.

[7] Palucki, M., Um, J. M., Yasuda, N., Conlon, D. A., Tsay, F. -R., Hartner, F. W., Hisao, Y., Marcune, B., Karady, S., Hughes, D. L., Dormer, P. G., and Reider, P. J. (2002) *J. Org. Chem.*, **67**, 5508-5516.

[8] Wildonger,K. J.,Leanza,W. J.,Ratcliffe,R. W.,and Springer,J. P. (1995)*Heterocycles*,**41**,1891-1900.

[9] Brooks,D. W.,Lu,L. D. -L.,and Masamune,S. (1979)*Angew. Chem. Int. Ed. Engl.*,**18**,72-74.

[10] (a)Ratcliffe,R. W.,Salzmann,T. N.,and Christensen,B. G. (1980)*Tetrahedron Lett.*,**21**,31-34. (b)The first example of a carbene insertion to a beta-lactam nitrogen atom; Cama,L. D.,and Christensen,B. G. (1978)*Tetrahedron Lett.*,**19**,4233-4236.

[11] Trost,B. M.,and Hachiya,I. (1998)*J. Am. Chem. Soc*,**120**,1104-1105.

[12] Heslin,J. C.,Moody,C. J.,Slawin,A. M. Z.,and Williams,D. J. (1986)*Tetrahedron Lett.*,**27**,1403-1406.

[13] White,J. D.,and Hrnciar,P. (1999)*J. Org. Chem.*,**64**,7271-7273.

[14] (a)Danishefsky,S. (1979)*Acc. Chem. Res.*,**12**,66-72. (b)A similar transformation was reported; Tanimori, S., Tsubota, M., He, M., and Nakayama, M. (1995) *Biosci. Biotech. Biochem.*,**59**,2091-2093.

[15] Barnes,D. J .,Chapman,R. I.,Vagg,R. S.,and Walton,E. C. (1978)*J. Chem. Eng. Data*,**23**,549-550.

[16] Conlon,D. A.,and Yasuda,N. (2001)*Adv. Synth. Catal.*,**343**,137-138.

[17] For(EtCN)$_3$Mo(CO)$_3$；(a)Kubas,G. J.,and Van der Sluys,L. S. (1990)*Inorg. Synth.*,**28**,29-33. (b)for(C$_7$H$_8$)Mo(CO)$_3$；Cotton,F. A.,McCleverty,J. A.,and White,J. E. (1990)*Inorg. Synth.*,**28**,45-47.

[18] Palucki,M.,Um,J. M.,Conlon,D. A.,Yasuda,N.,Hughes,D. L.,Mao,B.,Wang,J.,and Reider,P. J. (2001)*Adv. Synth. Catal.*,**343**,46-50.

[19] Baum,J. S.,Shook,D. A.,Davies,H. M. L.,and Smith,H. D. (1987)*Synthetic Commun.*,**17**,1709-1716.

[20] Shin, K. J., Moon, H. R., George, C., and Marquez, V. E. (2000) *J. Org. Chem.*, **65**,2172-2178.

[21] Moriarty, R. M., May, E. J., Guo, L., and Prakash, O. (1998) *Tetrahedron Lett.*, **39**,765-766.

[22] A similar dimerization was reported; Mills, J. E., Maryanoff, C. A., McComsey, D. F., Stanzione,R. C.,and Scott,L. (1987)*J. Org. Chem.*,**52**,1857-1859.

[23] Evans, D. A., Chapman, K. T., and Carreira, E. M. (1988) *J. Am. Chem. Soc.*, **110**,3560-3578.

[24] Hughes, D. L., Palucki, M., Yasuda, N., Reamer, R. A., and Reider, P. J. (2002) *J. Org. Chem.*, **67**,2762-2768.

[25] Trost,B. M.,Dogra,K.,Hachiya,I.,Emura,T.,Hughes,D. L.,Krska,S.,Reamer,R. A.,Palucki,M.,Yasuda,N.,and Reider,P. J. (2002)*Angew. Chem. Int. Ed.*,**41**,1929-1932.

[26] (a)Krska,S. W.,Hughes,D. L.,Reamer,R. A.,Mathre,D. J.,Sun,Y.,and Trost,B. M.

(2002) *J. Am. Chem. Soc.*，**124**，12656-12657. (b) Krska，S. W.，Hughes，D. L.，Reamer，R. A.，Mathre，D. J.，Palucki，M.，Yasuda，N.，Sun，Y.，and Trost，B. M.（2004）*Pure Appl. Chem.*，**76**，625-633.

[27]　（a）Llyod-Jones，G. C.，Krska，S. W.，Hughes，D. L.，Gouriou，L.，Bonnet，V. D.，Jack，K.，Sun，Y.，and Reamer，R. A.（2004）*J. Am. Chem. Soc.*，**126**，702-703.（b）Hughes，D. L.，Lloyd-Jones，G. C.，Krska，S. W.，Gouriou，L.，Bonnet，V. D.，Jack，K.，Sun，Y.，Mathre，D. J.，and Reamer，R. A.（2004）*PNAS*，**101**，5378-5384.

第三章

5α-还原酶抑制剂——非那雄胺的
研发故事

J. Michael Williams

图 3.1 所示的 5α-还原酶将男性体内的睾酮转化成双氢睾酮。研究指出，5α-还原酶的选择性抑制调节过程能安全有效的治疗雄性激素依赖的相关疾病，包括良性前列腺肥大、男性型脱发等，这些症状都是双氢睾酮超标引起的[1]。基于这个大前提，默克公司启动了 5α-还原酶抑制剂项目，期望开发出高疗效的、选择性的药物。研发方向是 Δ^1-3-酮基-4-氮杂甾体化合物。据了解这类化合物已经作为非还原性的模拟酶用于酶催化的天然物还原反应[2]。有证据表明，酶不易识别氮杂甾体的 C17 侧链，而 C17 侧链对生物药物的药效和安全性都非常重要。

图 3.1　生物体内合成双氢睾酮的过程

本项目的开发序列中，从几个候选化合物中最终确定 C17 侧链为 t-Bu 酰胺，随后命名为非那雄胺（finasteride），也是药物保列治（PROSCAR）和保法止（PROPECIA）的有效成分，如图 3.2 所示。本章 3.1 节讲述非那雄胺生产工艺的开发过程。默克公司在大部分研发项目中，习惯性选择几个性能优于先导化合物的化合物作为候选药物，同时进行细致的安全性评价甚至临床研究。3.1 节后半部分，将着重讨论公斤级合成备选的候选药物（**2**～**4**）的工艺开发过程。

在开发氮杂甾体的过程中，研发人员发现 2,3-二氯-5,6-二氰基苯醌（DDQ）可以高效的将内酰胺氧化成相应的 α,β-不饱和内酰胺，并阐明了这一氧化反应的机理。对反应机理的理解反过来指导了工艺优化。尽管备选的候选药物（**2**～**4**）最终并未成为默克公司的上市药物，但是开发每个化合物的合成工艺都充满

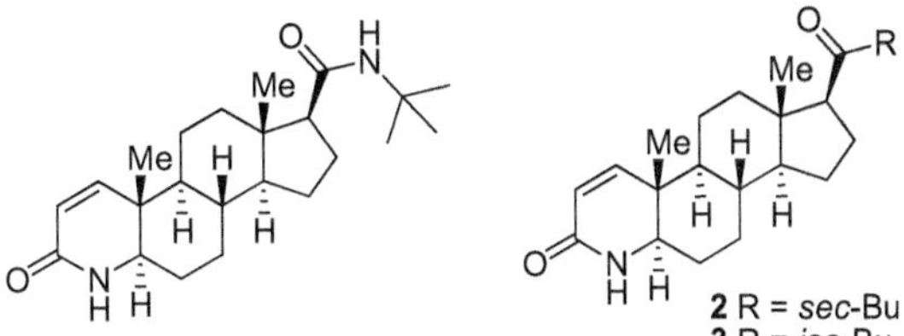

非那雄胺
1

2 R = *sec*-Bu
3 R = *iso*-Bu
4 R = Ph

图 3.2 非那雄胺与相关的备选化合物

了各种挑战，解决问题的方法在除氮杂甾体之外的其他合成化学领域也体现了价值。这些方法将在 3.2 节中讨论，并特别介绍一个以酯为原料制备 Weinreb 酰胺的新合成方法，该方法已经得到了广泛应用[3]。

3.1 项目发展状况

3.1.1 非那雄胺

3.1.1.1 药物化学的合成路线

如图式 3.1 所示，药物化学设计了 Δ^1-3-酮基-4-氮杂甾体的合成过程，开放性的合成策略体现在 C17 位可以引入不同的侧链[2]。这一开放性策略对建立这个系列化合物的构效关系至关重要。3-酮基-4-氮杂甾体-17*β*-羧酸（**8**）的硫代吡啶酯衍生物（**9**）是整个开放性合成策略中的关键中间体。曾经尝试过把羧酸（**8**）转化成酰氯、苯并三唑酯、酰基咪唑等活化方法，但是适用性都不如硫代吡啶酯（**9**）。羧酸转化成相应的官能团后，再用 $(PhSeO)_2O$ 引入 Δ^1 双键。也有人曾尝试在更早的合成步骤中用同样的方法引入双键，但未能成功。

药物化学以克级试剂 4-雄甾烯-3-酮-17*β*-羧酸（**5**）为原料合成非那雄胺（**1**）。$KMnO_4$ 催化 $NaIO_4$ 氧化反应除去 C4 位碳原子，生成了酮基二酸（**6**）。在 180℃乙二醇中与氨反应得到 Δ^5-氮杂-内酰胺（**7**），然后在 PtO_2 催化氢化反应后完成 C5 位的立体化学反应。

以 Ph_3P 和 2,2′-二吡啶联硫（2,2′-DPDS）活化羧酸（**8**），层析除去反应生成的杂质，得到纯的硫代吡啶酯（**9**）。硫代吡啶酯（**9**）与 *t*-$BuNH_2$ 反应生成酰胺（**10**）。酰胺（**10**）在氯苯中与 $(PhSeO)_2O$ 一起回流引入双键，层析纯化，除去含硒杂质。总共六步反应合成了非那雄胺（**1**），总收率为 22%。上述路线可以用来制备一些 Δ^1-3-酮基-4-氮杂甾体衍生物（**2～4**）。它们都曾作为 5α-还原酶抑制剂进行了药物开发。然而，如果制备公斤级候选药物，上述路线还面临不少问题。

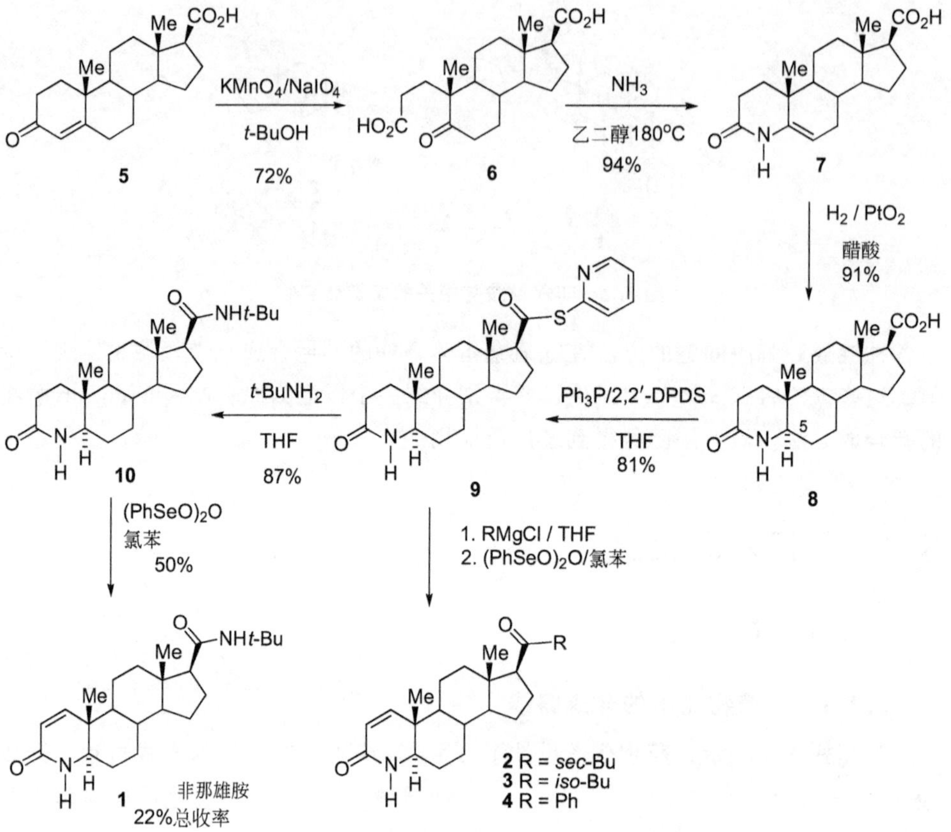

图式 3.1 药物化学合成 Δ^1-3-酮基-4-氮杂甾体化合物

药物化学合成路线存在的问题 随着候选药物的选定，对药物化学合成路线进行评估，确认了一些工艺开发的关键问题。

1) 以（PhSeO）$_2$O 引入双键的方法，产生有毒含硒废弃物以及难以除去的含硒杂质。

2) 溶解度极差的氮杂甾体中间体，造成了体积效率低下。

3) 高锰酸盐催化的氧化反应过程中产生大量沉淀物，也限制了反应效率。产生的废弃物处置困难。反应收率不稳定，随反应规模变化。

4) 有两步反应产物须层析纯化。

5) 有一步高温反应。

6) 氢化反应的铂催化剂价格昂贵，而且反应选择性不稳定。

7) 有一步反应使用卤代烃溶剂。

8) 起始原料的质和量都不能保证。

除了上述挑战外，还有一些甾体化合物特有的问题。通常在合成过程中，产生的甾体类杂质的结构与目标产物相似。在大多数情况下，杂质与产物共结晶是一个相当棘手的问题。因此，如何控制与避免在反应过程中生成甾体类杂质是该合成路线的关键。而且，相似结构的杂质与产物也给分析方法的建立及杂质确认带来难度。最后，甾体化合物在常用溶剂中溶解度较差，很难在工艺开发中获得一个适宜的体积效率。

3.1.1.2 工艺开发

在工艺开发前期，药理研究对药物的需求造成开发进程顾此失彼。为了尽快交付候选药物，只能对药物化学合成路线进行微调然后进行工艺放大；大多数情况下，已有合成路线并不适合放大，需要开发全新的工艺。工艺化学家应该在开发早期对药物化学合成路线有限的数据进行评估并作出相应的判断。本节中，将展示非那雄胺项目从早期开发到工业化生产的工艺研究策略、决定以及关键发现。讨论内容概述如下。

1）对药物化学合成路线进行了初步工艺开发和改进，交付了首批次公斤级的非那雄胺药物。

-策略——在合成过程尽早引入酰胺。

2）改变策略——羧酸作为后期中间体。

-关键发现，引入 Δ^1 双键的实用方法。

3）生产工艺——把酯定位为后期中间体。

（1）交付首批次公斤级非那雄胺（1）

应对前面指出的部分问题，在初步评估药物化学合成路线之后，研发团队决定在放大反应过程中进行相应的改进。但是考虑到暂时缺乏引入双键的有效方法，第一批次公斤级放大仍使用（PhSeO）$_2$O。

选择起始原料 非那雄胺的合成工艺开发与放大研究可以追溯到 1985 年。当时，未能采购到满足放大需求且质量合格的原料羧酸（**5**），后来，研发团队意识到孕烯醇酮（**11**）也许可以作为起始原料，而且有公斤规模的供应量。如图式 3.2 所示为从孕烯醇酮（**11**）转化成羧酸（**5**）的详细过程。通过碘仿反应很顺利地将 17 位甲基酮转化为羧酸甲酯（**12**）。羧酸甲酯（**12**）的仲羟基经 Oppenauer 氧化转化成羧酸甲酯的烯酮（**13**），然后皂化得到羧酸（**5**）。以孕烯醇酮（**11**）计总收率为 56%。后来，可以直接采购到羧酸（**5**）用于工艺开发。

交付第一批次非那雄胺的策略——酰胺路线 在这个开发节点，一个策略性的决定是改变原合成路线中的反应顺序，即在合成过程中先引入 t-BuNH$_2$。这样可以直接把羧酸活化成酰氯，不仅略去了硫代酰胺，也不需要层析纯化。而且，在此阶段引入了酰胺官能团，中间体的溶解性得到了改善，从而提高了体积效率。用草酰氯活化羧酸（**5**），得到的酰氯与 t-BuNH$_2$ 反应得到酰胺（**14**）。氧化 C4 位断键得到酮基羧酸（**15**），然后在 140℃乙二醇中与氨缩合反应得到 Δ^5 的烯酰胺（**16**），收率为 89%。烯酰胺（**16**）由 PtO$_2$ 催化氢化完成 C5 位的构

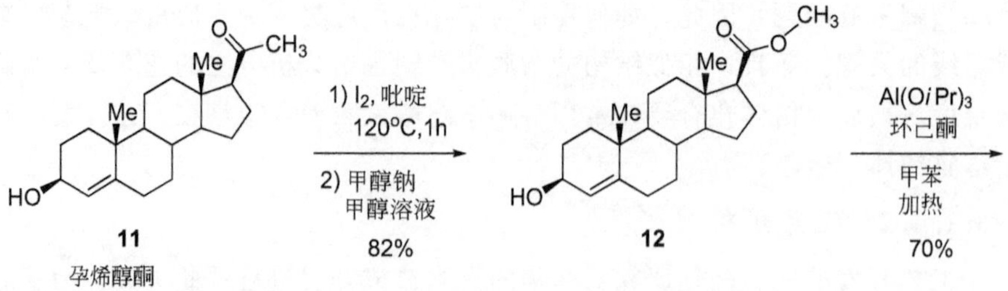

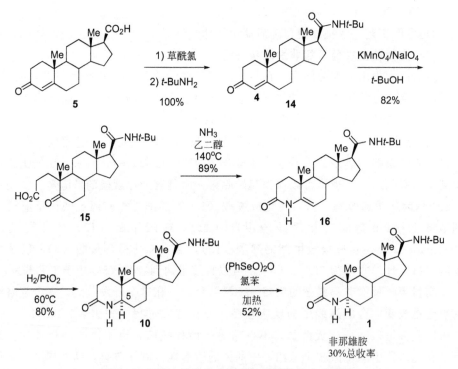

图式 3.2　市售的起始原料

型，然后再用（PhSeO）$_2$O 氧化完成第一批产物的合成，总收率为 30%，如图式 3.3 所示。

图式 3.3　第一批次放大制备非那雄胺的合成路线

（2）改变策略——羧酸作为后阶段的中间体

即将交付第一批次公斤级非那雄胺时，公司成立了第二个项目组。组织开发与非那雄胺的 C17 位不同的三个酮化合物，作为备选的第二代候选药物，分别是 *s*-Bu、*i*-Pr 以及 *i*-Bu 酮，图式 3.4 中的化合物（**2**、**19** 和 **3**）。

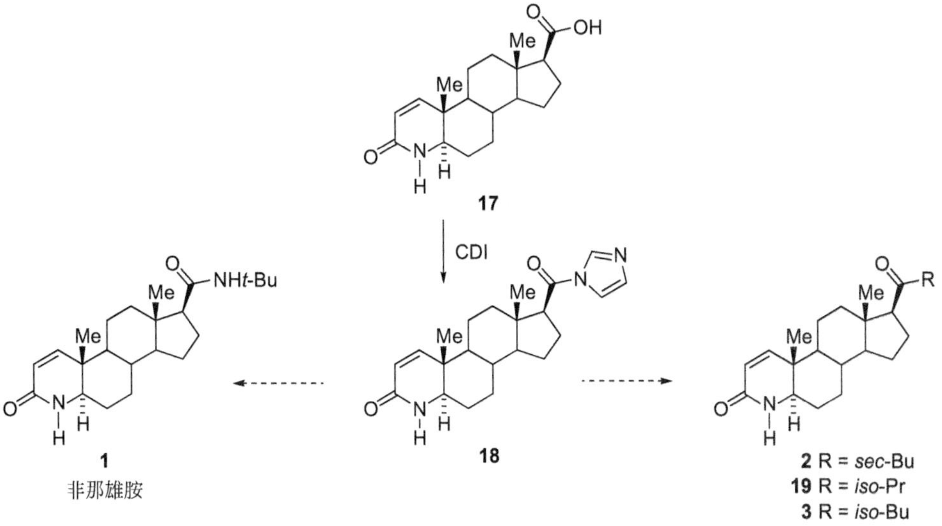

图式 3.4　开放式的合成策略

理想状况是，新工艺在合成后期能同时衍生非那雄胺以及三个待开发的备选酮化合物。这样，开发思路又回到药物化学合成路线，即在合成后期活化 C17 位羧酸。在 A-环内酰胺存在的情况下，使用羰基双咪唑（CDI）可以活化羧酸生成酰基咪唑。

因此，在衍生 C17 位官能团之前必须先引入 Δ¹ 双键。药物化学合成路线已经证实，(PhSeO)₂O 不能实现这个策略。而且，除了交付第一批产品外，公司将不再准许大量使用 (PhSeO)₂O。因此，首先需要找到引入 Δ¹ 双键的实用方法。从 Δ¹-4-氮杂羧酸（**17**）衍生的酰基咪唑（**18**）是制备非那雄胺以及备选酮的共用中间体，如图式 3.4 所示。因为氮杂甾体羧酸在大多数有机溶剂中的溶解度问题，共用中间体的方法首先面临的是体积效率的挑战。

制备羧酸中间体（8）　此时，可以采购到原料雄甾-4-烯-3-酮-17β-羧酸（**5**）。与此同时，如图式 3.5～图式 3.7 所示，羧酸（**5**）转化成 3-酮基-4-氮杂-17β-羧酸（**8**）完成了一些关键改进。以催化量的 RuO₂[4]，用次氯酸钠水溶液作氧化剂[5]在水体系中有效地进行了羧酸（**5**）的烯酮氧化断键，从而解决了 KMnO₄/NaIO₄ 氧化断键反应产生大量排放物的问题，如图式 3.5 所示。在小规模实验中，反应的分析收率高达 92%。放大反应时，收率稍有降低。控制 pH 值是关键。当 pH 值高于 8.5 时，产物酮出现过度氧化问题。在较长的时间内缓慢加入碱性较强的次氯酸钠水溶液避免体系 pH 值超过 8。而随着反应进行，体系 pH 值会逐渐降低。当 pH 值低于 7.5 时，次氯酸钠不稳定。因此，在反应过

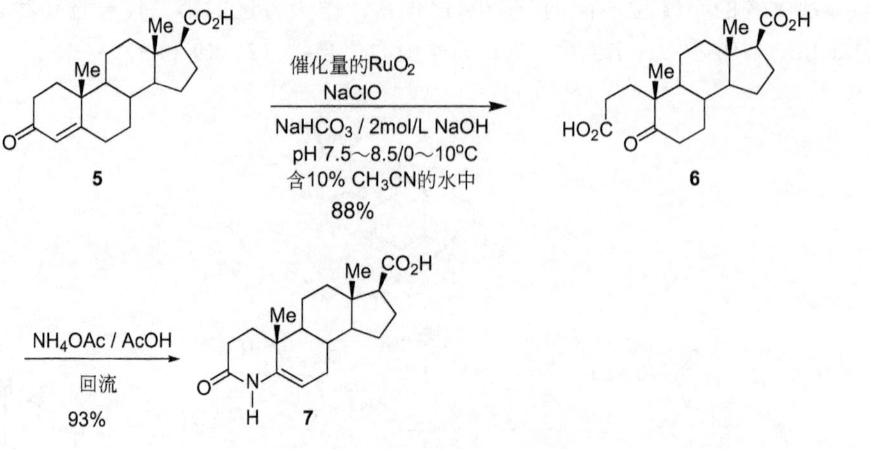

图式 3.5 氧化断键与生成烯-内酰胺

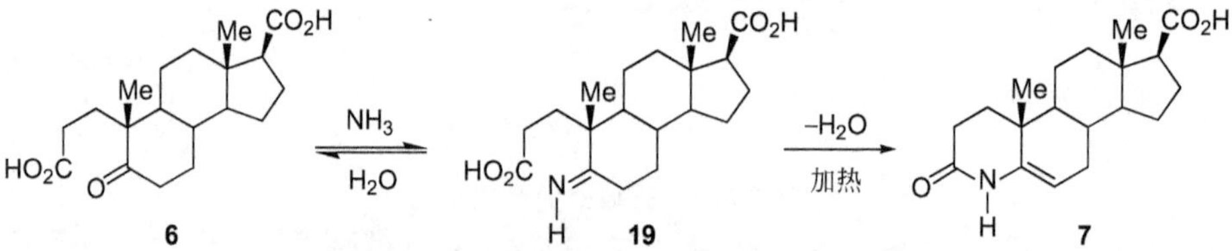

图式 3.6 形成烯-内酰胺的转化过程

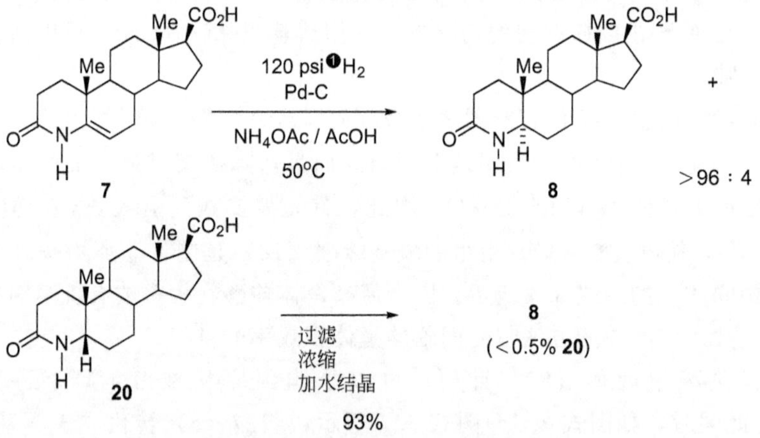

图式 3.7 烯-内酰胺的氢化

程中，根据 pH 计随时泵入 NaOH 水溶液维持体系 pH 值为 7.5～8.5。体系中加入 10%（体积分数）乙腈作为助溶剂，催化剂量可以降到 0.6%（摩尔分数）。催化循环中乙腈对低价 Ru 配位从而避免形成几乎不溶的羧酸盐[4]。反应结束后，用 HCl 调节体系 pH 值转化成产物（**6**）的游离二羧酸，并用 CH_2Cl_2 萃取。

---

❶ psi 为英制压力单位。1psi≈0.07kPa。或者，0.1MPa≈14.5psi，译者注。

产物不分离，在下一步反应前浓缩并将溶剂切换成 AcOH。中试规模反应，羧酸的分析收率稳定在 85%～89%，比改进前提高了 10%。

如图式 3.6 所示，最初的放大反应，在 180℃乙二醇中与氨环合合成内酰胺（**7**）。环合反应转化不完全，在放大反应规模时需要较长时间才能达到反应温度，可能造成氨的流失。在克级实验中，在乙二醇中加热到 140℃时就能完全转化；按照同样条件放大实验规模，反应结果有所改善。

尽管公斤级反应在 140℃也能完成，但并不是最佳的解决方案。随后研究发现可以在 AcOH 中用 NH_4OAc 作为氨源进行环合反应。而且，羧酸中间体在 AcOH 中有较好的溶解度，有利于提高反应的体积效率，完全避免了氨流失问题。以 AcOH 作溶剂，加热到 120℃，2h 内完成环合反应。AcOH 溶液浓缩后，向残余物中加水析出结晶性的产物（**7**），分离很方便。

药物化学合成路线以 PtO_2 作催化剂进行 C═C 双键的催化氢化，在 AcOH 中反应得到 C5 位合适的构型。然而，PtO_2 催化剂不仅昂贵而且反应选择性不稳定。工艺开发前期，曾用 Pt/C 代替 PtO_2 作催化剂，选择性也不稳定。AcOH 仍是最好的反应溶剂，因为原料和产物在 AcOH 中都有较好的溶解度。而且弱酸对反应有促进作用，而醇或酯溶剂体系反应不进行。强酸能加速反应但会降低选择性，在反应体系中加入微量 H_2SO_4 就会产生高达 25% 的异构体杂质（**20**）。

向氢化体系中加入 NH_4OAc 后，反应结果稳定可靠，异构体杂质含量都在 4% 以下。NH_4OAc 不仅起到缓冲作用，还抑制了烯-内酰胺（**7**）的水解，从而提升了反应收率。这样，反应可以使用更价廉的 Pd/C 催化剂。反应完成后，过滤除去催化剂，浓缩 AcOH 溶液，加水后结晶析出产物。如图式 3.7 所示的工艺能够稳定地提供中间体（**8**），收率为 93%，异构体杂质（**20**）不超过 0.5%。

引入 Δ^1 双键-羧酸作为底物 在开发工艺期间，有关内酰胺脱氢的文献报道非常有限，其中 $(PhSeO)_2O$ 是比较有效的方法。其他方法都是多步反应，不仅收率偏低[6]而且也不像实用的生产工艺。很显然，内酰胺脱氢是巨大的挑战，同时也是极大的机遇。为了解决这一问题，研究团队探索了许多想法但并未获得满意结果。

文献报道中有两种途径涉及酮类化合物脱氢反应，有可能提供更有效的思路。文献方法都先把酮活化为三甲基硅基（TMS）烯醇醚。其中一种方法用均相钯催化剂进行 TMS 烯醇醚的脱氢反应[7]；另一种用 DDQ 氧化脱氢得到烯酮[8]❶。然而，如图式 3.8 所示，把酮类化合物与内酰胺的脱氢反应进行比较存有疑虑，毕竟酮与内酰胺的性质差异很大。酮（**21**）的烯醇硅醚（**22**）脱氢反应后得到烯酮（**23**）。而内酰胺（**24**）硅烷化后得到亚胺硅醚（**25**），脱氢反应后生成的产物（**26**）并不是设想的结构。

---

❶ 在中性或酸性条件下，曾经广泛使用 DDQ 进行 3-酮基甾体化合物的脱氢反应，通常生成混合物，收率中等。

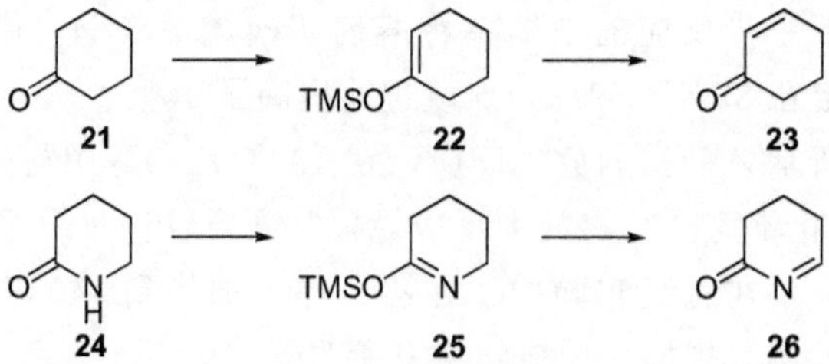

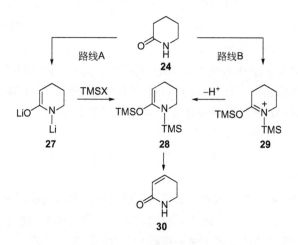

图式 3.8 酮/内酰胺的类比

　　为了解决这一挑战性问题，又探索了两个研究方案。总的来说，内酰胺（**24**）用强碱去质子化得到双负离子（**27**），与硅烷化试剂作用生成双硅烷化的内酰胺（**28**），脱氢后生成产物（**30**），双键位于预想的位置，如图式 3.9（路线 A）所示。然而将该反应条件应用到氮杂甾体却未能成功。另一种方法用强硅烷化试剂使内酰胺（**24**）发生双硅烷化反应，经过中间体（**29**）再转化到双硅烷化产物（**28**），如图式 3.9（路线 B）所示。

图式 3.9 内酰胺活化策略

　　双硅烷化中间体的脱氢反应，尝试了 Pd 以及其他催化剂都未成功，但是用 DDQ 作氧化剂的反应却获得了可喜的结果。羧酸（**8**）在六甲基二硅胺烷（HMDS）中用强硅烷化试剂——双三甲基硅基三氟乙酰胺（BSTFA）以及 DDQ 进行氧化反应，加热到 110℃反应 18h，生成了烯酮（**17**），分析收率出乎预料的高达 89%。这是所有人期待已久的结果。

　　在不加 BSTFA 的 HMDS 中重复氧化反应，分析收率为 78%。在其他溶剂中加 BSTFA 也能进行反应。溶剂筛选实验结果表明，1,4-二氧六环作溶剂获得了最高收率，同时反应也最干净。如图式 3.10 所示，酰胺（**10**）以及酮（**31**）都能成功进行氧化反应。侧链带有 *sec*-Bu 的酮（**31**）只进行内酰胺环的选择性脱氢反应。尽管 1,4-二氧六环并不适合作为生产溶剂，但是反应本身清楚表明，

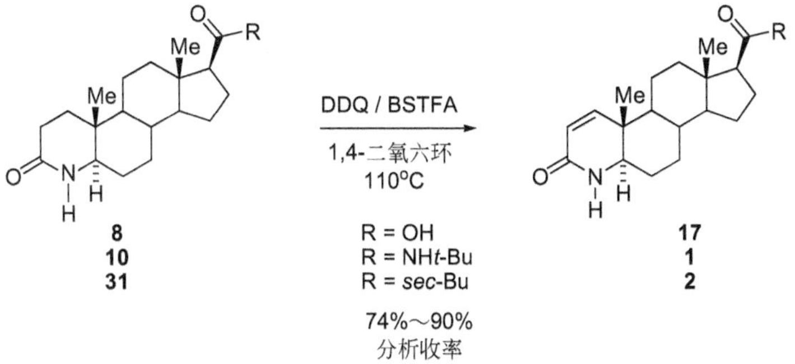

图式 3.10 硅烷促进的氮杂甾体的 DDQ 脱氢反应

这是现阶段解决 Δ^1 双键难题的有效方案。

最后进行非那雄胺合成时，在 THF（10mL/g）中，用 1.02eq. CDI 把羧酸中间体（**17**）活化生成酰基咪唑（**18**），如图式 3.11 所示。不分离酰基咪唑，在 THF 中直接与 4.6eq. t-BuNHMgBr 回流反应 18h，得到了产物非那雄胺（**1**），收率为 98%[9]。

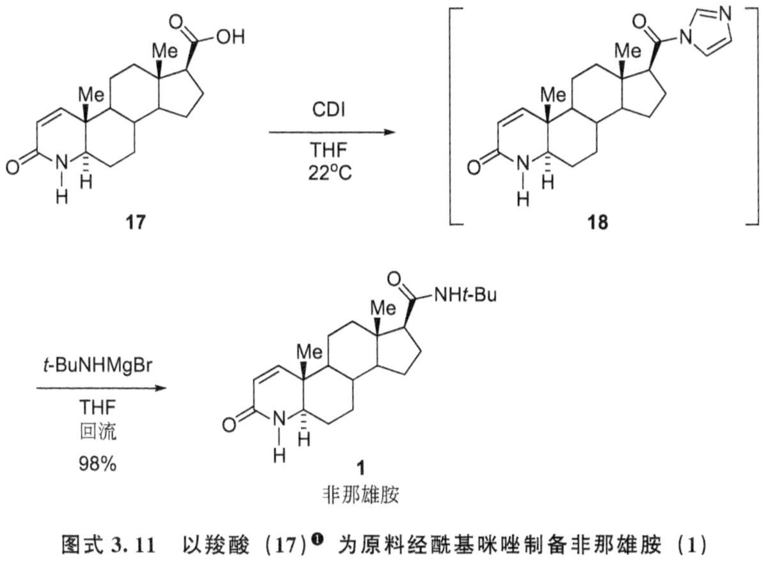

图式 3.11 以羧酸（17）❶ 为原料经酰基咪唑制备非那雄胺（1）

(3) 生产工艺——以酯作为后阶段中间体

尽管非那雄胺的实用性生产工艺研究取得了显著进展，但是仍希望通过进一步优化工艺解决羧酸中间体的溶解度问题以及 CDI 的价格因素。脱氢后萃取纯化羧酸（**17**）是较大的挑战，在上述工艺中，不能采用常规碱水洗涤的方式去除酸性氢醌副产物，因为羧酸也会进入碱水层从而造成产物损失。另外，羧酸中间

----

❶ 原文中羧酸 **16** 有误，译者注。

体溶解度极差，制约了生产效率。因此，在工艺早期对羧酸进行简单有效的官能团保护，使工艺后期能转化生成酰胺以及酮。如图式 3.12 所示，羧酸衍生为羧酸酯是最实用的保护方法，但尚未确定是否能保证将甲酯（**33**）干净、高效地转化成酰胺（**1**）和酮（**2**）。

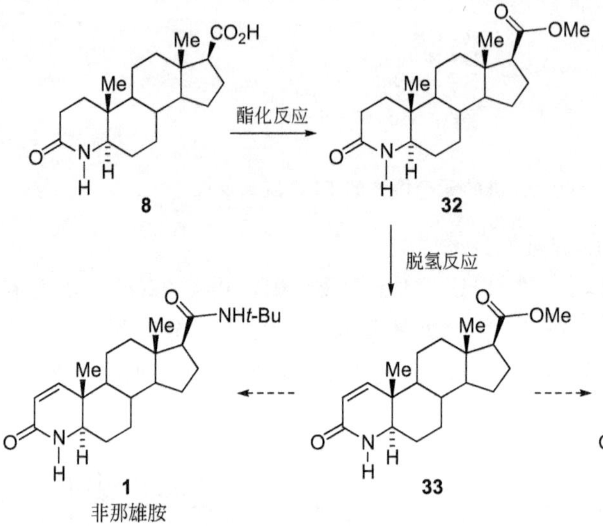

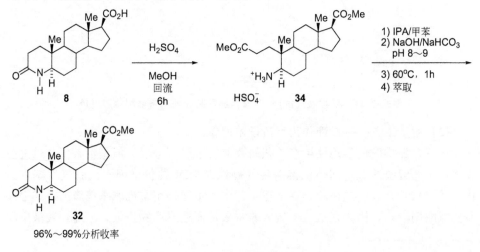

图式 3.12　改变关键中间体的新策略

制备甲酯中间体（32）　羧酸（**8**）与甲醇在催化量 H_2SO_4 作用下进行酯化反应，但转化不彻底。氮杂甾体 A 环会开环生成二甲酯的硫酸氢盐（**34**），如图式 3.13 所示。随后向体系中加入甲苯、异丙醇及水，先用 NaOH 中和调节体系 pH 值至 8～9，这样操作可以避免起泡，然后加 $NaHCO_3$ 稳定体系 pH 值为 8～9。约 1h 完成关环得到甲酯中间体（**32**）。

图式 3.13　酯化反应

优化脱氢反应过程的重要发现　氧化脱氢反应研究过程中，在一个实验中观察到的现象成为工艺开发的关键。起初的操作是，加入反应物后迅速加热到110℃进行反应。然后，在较低温度下用 HPLC 跟踪反应转化率，惊奇地发现原料羧酸（**8**）消失了，但未生成产物，升高温度后才生成产物（**17**），如图式3.14 所示。NMR 研究表明原料与 DDQ 形成了加合物。该现象对改变反应条件以及优化反应思路起到了重要作用。

^1H 以及 ^{13}C NMR 表征结果确定了两类加合物，C-C 加合物（**35**）以及 C-O 加合物（**36**）[10]。主要产物是 C-C 加合物（**35**）的一对非对映异构体。加热后非对映异构体转化成含双键的设想产物。似乎该反应涉及了过渡态（**38**）的周环消除，同时生成芳香性的氢醌（**37**），如图式 3.14 特别标示的那样。

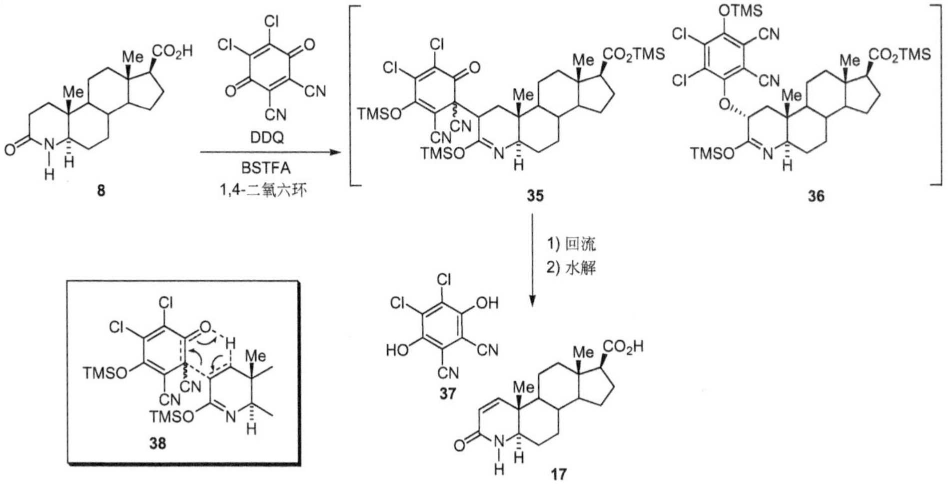
DDQ
BSTFA
1,4-二氧六环
1) 回流
2) 水解
8
35
36
37
38
17

图式 3.14　硅烷促进的氮杂甾体/DDQ 氧化脱氢过程中的加合物

反应生成了次要的 C-O 加合物（**36**），该加合物不能转化成相应的产物。如图 3.3 所示，偶合常数以及 NOE 实验结果都表明在角甲基的异面形成加合物。

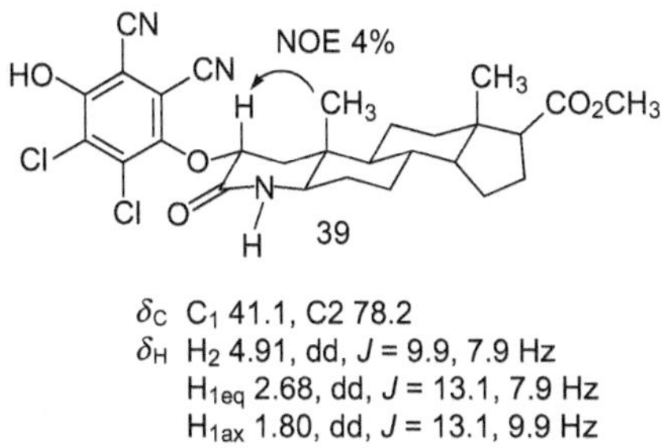
NOE 4%
39
δC C1 41.1, C2 78.2
δH H2 4.91, dd, J = 9.9, 7.9 Hz
H1eq 2.68, dd, J = 13.1, 7.9 Hz
H1ax 1.80, dd, J = 13.1, 9.9 Hz

图 3.3　NMR 表征 C-O 加合物

优化脱氢反应　脱氢反应离实际生产还有一定距离。1,4-二氧六环是最好的但不适合生产的反应溶剂。BSTFA 以及 DDQ 不仅昂贵，而且难以获得高纯度的试剂。因此，为了探索适合大规模制备的试剂/溶剂体系，研发团队又投入了大量精力进行工艺优化。

研发人员特别希望以甲苯作溶剂并确定新的反应条件。以甲苯作溶剂，共沸蒸馏除去体系中的水及醇，干燥后的羧酸（**8**）的甲苯溶液直接用于脱氢反应。而且，甲苯的沸点与热解温度相当。但是，在甲苯中的硅烷化反应的速度很慢。

进一步研究发现，三氟甲磺酸（TfOH）能催化硅烷化反应，从而实现了突破性进展。在 25℃的甲苯中，加催化量的 TfOH，几分钟内就完成了硅烷化反应。而其他强酸，如 FSO_3H 或 MsOH，催化硅烷化的反应收率都不高。

脱氢反应前，在 25℃进行的硅烷化反应阶段，DDQ 会与甲苯反应生成化合物（**40**），消耗了约总投料量 6% 的 DDQ。而在同样的温度条件下，纯 DDQ/甲苯溶液能稳定放置数天。只有 BSTFA 与 TfOH 同时存在的体系中才能观察到这个副反应。化合物（**40**）水解后生成化合物（**41**），碱性萃取即可除去，如图式 3.15 所示。

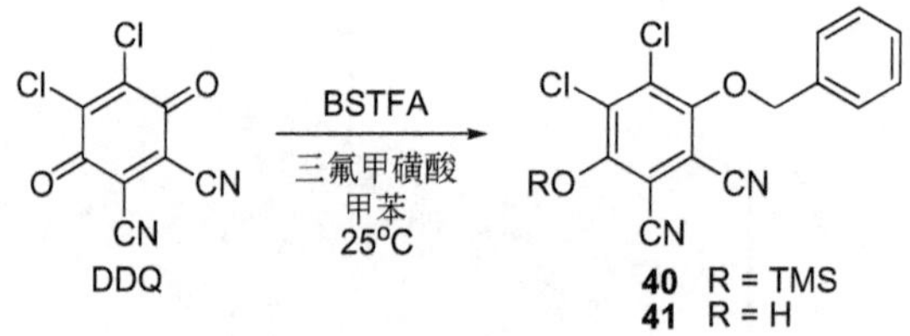

图式 3.15　DDQ 与甲苯的反应

与其他硅烷化试剂相比较，BSTFA 获得了最高收率的产物。双（三甲基硅基）乙酰胺（BSA）可以与 DDQ 一起反应。甲苯中 TMSOTf 与二甲基吡啶或三甲基吡啶也是好的组合，但产物收率比 BSTFA 低。

研发团队也对 DDQ 的替代物进行了研究。在其他苯醌类化合物的考察结果中，邻四氯苯醌的结果最好。而反应收率取决于溶剂、浓度以及 TfOH 的用量。在高浓度邻二氯苯或二氯乙烷中加 20%（摩尔分数）的 TfOH 获得了最好的反应结果。然而，深度优化后，邻四氯苯醌最高的分析收率（85%～90%）不如DDQ（94%）。

很显然，把原料完全转化成加合物非常重要。因为任何残余的原料（**32**）都将成为产物甲酯（**33**）中难以除去的杂质。过量 DDQ 可以将原料（**32**）转化完全，但是，过量的 DDQ 在随后热解反应中会发生过度氧化。如图 3.4 所示，已经确认了三个过度氧化副产物。B 环进一步脱氢生成杂质（**42 和 43**），甚至氧化脱去角甲基生成芳香性的杂质（**44**）。为了对这些杂质进行定量，特地制备了每个杂质的参考标样[11]。

如果在热解前淬灭过量的 DDQ，就可以使过度氧化杂质的含量低于 1%。

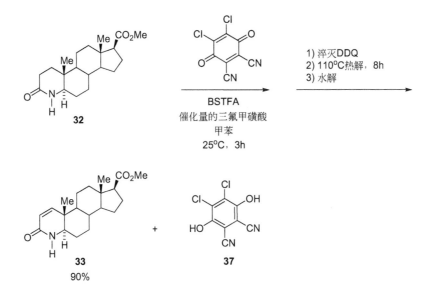

图 3.4　三个过度氧化副产物

热解前加入 1,3-环己二酮淬灭过量的 DDQ，从而大幅度提升热解后的产物纯度。在实验室规模的反应中，这一操作非常顺利。图式 3.16 显示了充分优化后的反应条件。第一批次中试规模的反应也得到了预期的结果。

1) 淬灭DDQ
2) 110℃热解，8h
3) 水解

BSTFA
催化量的三氟甲磺酸
甲苯
25℃，3h

33
90%

37

图式 3.16　深度优化的 DDQ 脱氢反应

然而，在中试工厂进行第二批次放大反应时出现了非常意外的状况。和预期一样，完成加合反应后，体系中原料（**32**）的残余量低于 0.1%。但是热解后工程师报告了一个新问题，分析结果显示反应产物中约含 1% 的原料（**32**），而不是之前的 0.1%。这是一个大问题，因为几乎不可能从产物中除去原料（**32**）。

研发人员的当务之急是找到问题的原因。首先，重新取样排除分析的问题。其次，检查设备方面的原因，比如，加料管线中是否可能残留原料，而在热解时进入反应体系。但是工程师保证不存在这种可能性。那么，是否化学上出了问题呢？

接着在实验室重做中试工厂的反应过程。所有原料都来自中试工厂，包括酯化反应后的原料溶液。实验室的反应同样观察到，DDQ 加合反应完全转化，但热解后又重新出现约 1% 的原料，与中试工厂的现象完全一样。为什么前一阶段的实验室合成过程从来没有观察到这一现象？在实验室重新将前一中试批次的羧酸（**8**）进行酯化然后热解脱氢，未出现异常情况。单纯从分析结果看，不同合成批次的原料羧酸酯之间并没有本质区别。但是仔细分析后，发现异常批次中，中试工厂制备的原料酯（**32**）含有约 10ppm 的残余钯。验证实验表明，在热解反应前，向不含钯的物料中加入钯会还原产物。很明显，在反应条件下 1,3-环己二酮（**46**）也发生了硅烷化反应生成烯醇硅醚（**47**），为中间体（**49**）钯催化还原成另一中间体（**50**）提供了氢源，如图式 3.17 所示。

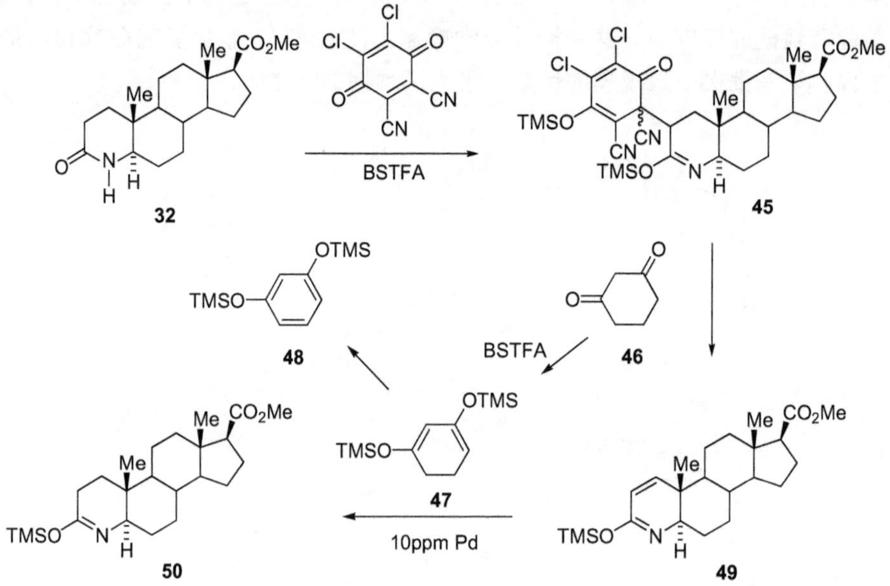

图式 3.17   环己二酮为氢转移反应提供氢源

用少量 DDQ 将含有约 1% 原料的产物重新进行脱氢反应，挽救了整个批次产品。这是默克研发部门的传奇故事，也将传承下去。研发人员后来发现用乙酰乙酸甲酯替代 1,3-环己二酮淬灭过量的 DDQ，从根源上消除了还原反应的可能性。

为了降低工艺成本并减少排放量，研发人员又开发了脱氢反应副产物氢醌的回收工艺，并将氢醌重新氧化成可以重复使用的 DDQ。如图式 3.18 所示，酸化萃取产物后的脱氢反应废水层，氢醌（**37**）回收率为 96%。氢醌在醋酸中用硝酸氧化得到高品质的 DDQ，纯度为 99%，收率为 75%。在脱氢反应中使用时，回收 DDQ 与市售 DDQ 的效果相当。

酰胺化反应—Bodroux 反应   最后，进行甲酯（**33**）的酰胺化才能完成整个合成工艺。Bodroux 在 1904 年首次报道了酯直接转化成酰胺的反应[12]。该反应用格氏试剂将胺活化成氨基镁，然后氨基镁与酯反应生成酰胺。

再一次强调，反应的高转化率非常重要。因为任何未转化的原料都将是产物

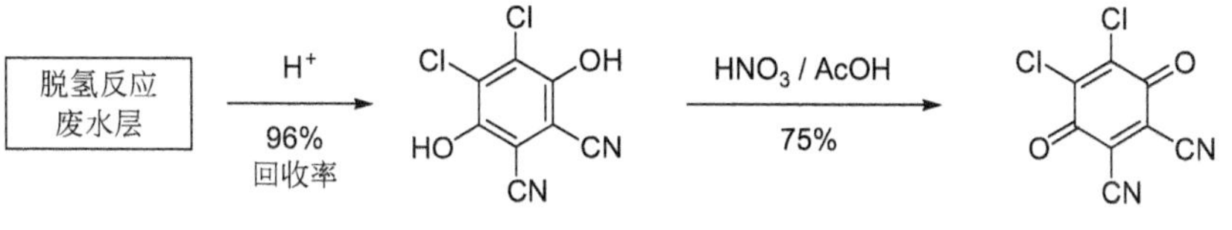

图式 3.18　DDQ 循环

中需要分离除去的杂质。实验发现去质子化的环内酰胺经常成盐析出，从而影响酯转化成酰胺反应的转化率。而且，t-BuNH$_2$ 去质子后的溶解度低，也会给反应转化带来困难。总之，都是溶解度造成的问题。只要把格氏试剂直接加入到 t-BuNH$_2$ 与甲酯（**33**）的 THF 悬浮液中即可解决，如图式 3.19 所示。EtMgBr 比 EtMgCl 效果好。尽管也可以预先制备氨基锂，但在这一反应中转化率并不高。可能也是甲酯（**33**）去质子化后的溶解度问题，甲酯（**33**）的镁盐溶于 THF，而锂盐不溶。

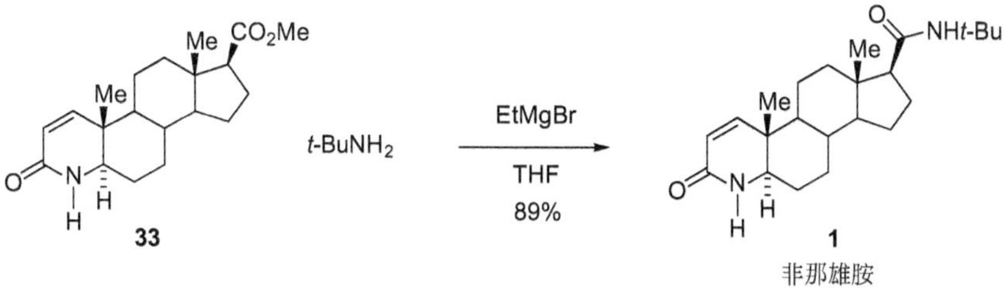

图式 3.19　Bodroux 反应

　　将 t-BuNH$_2$ 以及 EtMgBr 相继加入到 5℃的甲酯（**33**）/THF 悬浮液中。滴加过程保持体系温度不超过 10℃，避免生成副产物酮（**51**）以及醇（**52**），如图 3.5 所示。低温下反应不完全，升温回流才能将甲酯（**33**）的含量降到 0.1% 以下。理论上，反应需要 3eq. EtMgBr。实际上，至少需要 4eq. EtMgBr 才能使反应完全。t-BuNH$_2$ 的用量也很重要。t-BuNH$_2$ 过量太多会降低反应速度。用 3.6eq. EtMgBr 以及 6eq. t-BuNH$_2$，回流反应 6h 只有 10% 的转化率。而 3.6eq. EtMgBr 以及 8.2eq. t-BuNH$_2$，回流 6h 后的转化率不到 5%。

　　脱氢反应产生的三个过度氧化副产物（**42~44**），在酰胺化反应中也转化成相应的酰胺。这些杂质的旋光非常大。即使含有微量杂质，产品非那雄胺的旋光就超标。而在工艺的任何阶段，重结晶都不能除去这些杂质。用活性炭处理或者在弱酸性下利用 Δ^5 双键水合的特点，可以降低这些杂质的含量。

　　活性炭在除杂质的同时也进行了脱色。THF 是最合适的溶剂。大包装 THF 通常含有抗氧剂 2,6-二叔丁基对甲酚（**53**，BHT）。活性炭可以催化 BHT 发生氧化偶联生成黄色的二聚体（**54**），参看图式 3.20。尽管产物结晶过程中可以除

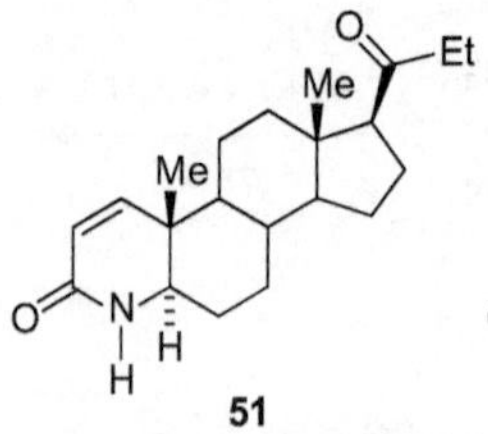

图 3.5 酰胺化反应生成的杂质

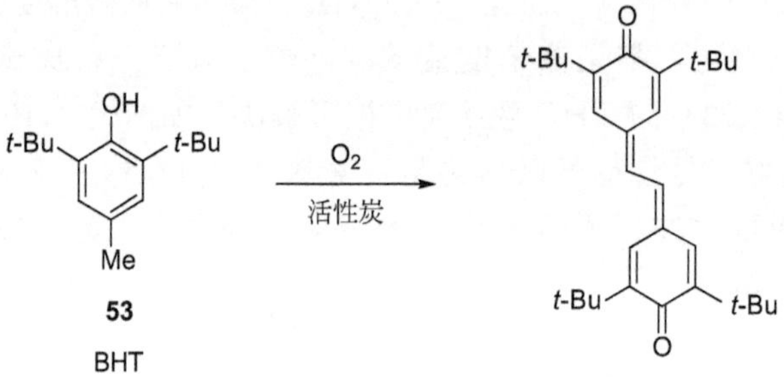

图式 3.20 BHT 的氧化偶联

去低含量的二聚体 (54)，但仍建议使用洗涤后的活性炭。用 THF 充分洗涤的活性炭不会催化反应生成二聚体。

关于非那雄胺的结晶，化工专业的同事开发了一个喷流结晶的方法巧妙地控制了结晶粒子的分布[13]。实施规模生产前的最后一次中试中，突然出现了结晶粒子分布紊乱的现象并导致收率降低。追溯原因发现在重结晶溶剂体系中形成了一种新的非那雄胺溶剂化物导致溶解度降低。所幸少许调整后就使工艺重新受控并避免了延宕。

(4) 规模生产

为了非那雄胺的生产，公司专门设计并建造了生产车间。规模生产的脱氢反应与中试的最好结果相当。但是在实验室里用试生产样品进行最后一步反应时，又出现了新问题，产品呈粉红色。很明显，大规模生产又出现了不曾遇到的问题。

对各种可能的原因进行了仔细分析。初步认为，烯酮甲酯 (33) 的结晶过程未能完全除去杂质导致了色泽问题。甲酯 (33) 结晶设备的设计似乎有些问题。试生产产品的结晶粒子比中试生产的细，导致过滤速度慢、母液的洗涤效果差。非那雄胺的色泽与不同批次的甲酯 (33) 中残余的 O-加合物杂质含量相关。在酰胺化反应条件下，分离得到的 O-加合物主要生成两个深色的异构体杂质 (76∶24)。如图式 3.21 所示，^{15}N NMR 确定主要杂质为异构体 (55)。即使这类杂质含量极其微量，也足以使大批次非那雄胺产品显现粉红色。研发团队稍稍调整工艺解决了色泽问题，随后规模生产也获得了成功。

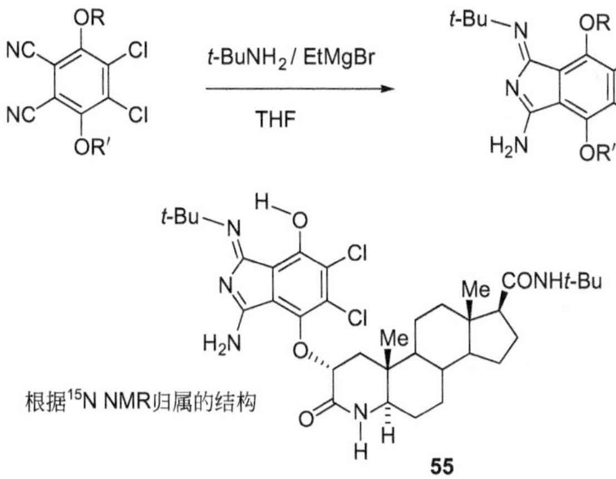

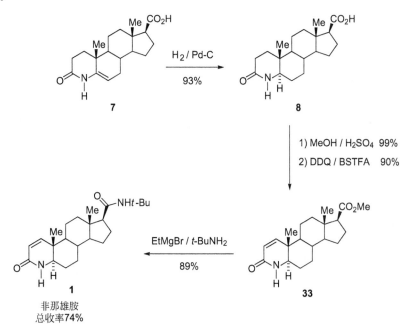

图式 3.21 深色杂质

如图式 3.22 所示，非那雄胺（**1**）的全流程生产工艺包含四步反应，分离其中两个中间体，反应总收率为 74%。同时，确定了原料烯-内酰胺（**7**）的供应商。

图式 3.22 非那雄胺生产工艺

3.1.2 第二代候选药物

3.1.2.1 药物化学的合成路线

前面曾经指出，开发非那雄胺（**1**）工艺的同时，与非那雄胺 C17 位不同的三个备选酮化合物也进入了研发人员的视线。合成每个酮化合物都面对不同的挑战。药物化学家以硫代吡啶酯中间体（**9**）作为共同原料，接着用（PhSeO）$_2$O脱氢（参看图式 3.1），最后合成这些酮化合物，收率较好，其中制备 s-Bu 酮（**2**）的收率达到 71％，如图式 3.23 所示[14]。然而，这些化合物的合成过程中必须用层析纯化相关中间体，因而并不适合放大。由于在非那雄胺合成工艺开发的同时，展开了这些备选化合物的开发，因而充分高效利用了非那雄胺成功的合成策略、原料及中间体，并在非那雄胺工艺的基础上进行了调整。总的说来，开发第二代候选药物的合成工艺既是挑战也是机遇。

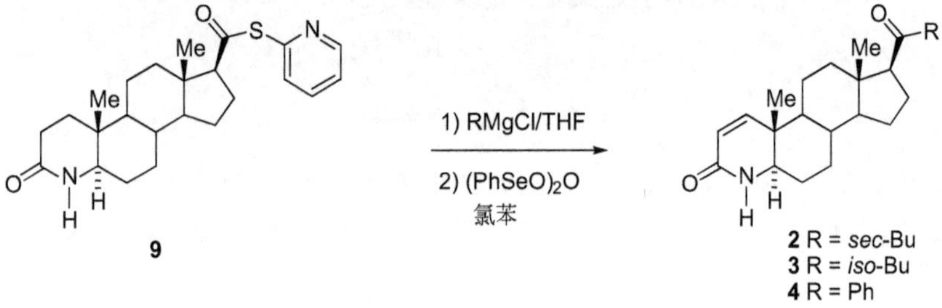

1) RMgCl/THF

2) (PhSeO)$_2$O
氯苯

2 R = sec-Bu
3 R = iso-Bu
4 R = Ph

图式 3.23　药物化学家合成 C17 位酮备选化合物

3.1.2.2　工艺开发

(1) 饱和酰基咪唑路线

利用非那雄胺工艺开发过程中引入双键的新方法，对第二代主要候选药物 s-Bu 酮（**2**），评估了两种可能的合成方法，如图式 3.24 所示。两种合成方法的共同点是都把酰基咪唑转化为酮[15]。在热 DMF 中将羧酸（**8**）转化成酰基咪唑，收率为 90％。至少需要 4eq. 试剂才能完成反应，产物中仲醇含量高达 40％～60％。仲醇含量与淬灭方式密切相关，如果把酸加到反应液中淬灭反应会生成更多的仲醇。

Marchese 最近报道，向反应体系中加入 3％（摩尔分数）Fe(acac)$_3$ 能有效抑制格氏试剂与酰氯反应生成仲醇的量[16]。在上述反应中，0℃下用 30％（摩尔分数）Fe(acac)$_3$ 成功地把仲醇的含量抑制到 1％，收率也提高到 80％。如果反应在 −35℃下进行，则可以把 Fe(acac)$_3$ 的用量降到 10％（摩尔分数）。然而反应需要 5eq. 格氏试剂，格氏试剂会先与乙酰丙酮作用，然后才与酰基咪唑（**56**）反应，从而又产生了约 2％的杂质。最后，DDQ 脱氢得到候选药物 s-Bu 酮（**2**），如图式 3.24 中的路线 A 所示。

(2) 不饱和酰基咪唑路线

路线 B 一开始就将原料羧酸（**8**）转化成不饱和羧酸中间体（**17**），然后与 CDI 作用生成酰基咪唑（**18**）。该转化在 THF 中顺利进行，不像路线 A 中羧酸中间体（**8**）需要在 DMF 中才能转化成酰基咪唑（**56**）。由于酰基咪唑（**18**）在

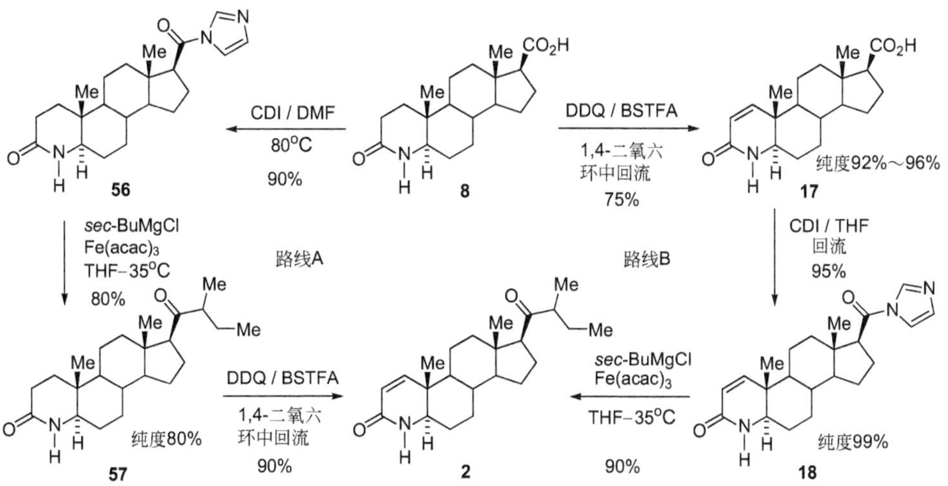

图式 3.24 两种 *s*-Bu 酮的合成路线比较

反应过程中结晶析出，体系呈现非均相，导致转化率不稳定。改用二氯甲烷作溶剂得到均相反应终点，顺利解决问题。反应结束后，将溶剂换回 THF，结晶析出酰基咪唑（**18**），收率高达 95%。体系中加入 Fe(acac)$_3$ 也可以改善最后一步酰基咪唑（**18**）与 *s*-BuMgCl 的反应，如图式 3.24 中的路线 B。

　　合成的 *s*-Bu 酮（**2**）是非对映异构体的混合物，而且不同异构体的活性及药理性质很相似，研发团队最后放弃了候选药物 *s*-Bu 酮（**2**）的开发。如前所述，第二代候选药物中有三个备选化合物，研发团队转而关注另外两个化合物，即，*i*-Bu 酮（**3**）和 *i*-Pr 酮（**58**），如图 3.6 所示，并且着手这两个备选化合物的工艺开发。

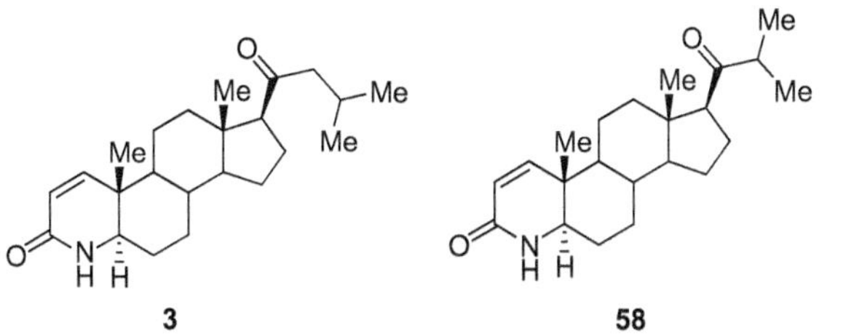

图 3.6 新的目标化合物

　　利用路线 B 开发合成的不饱和酰基咪唑（**18**）与相应的格氏试剂作用可以转化成目标产物酮（**3** 和 **58**）。但是进一步优化工艺前，有几个问题需要解决。首先，格氏试剂反应中，配体乙酰丙酮与酰基咪唑（**18**）发生加成反应，产生了含量超过 2% 的副产物。结构确认是杂质（**59**），如图 3.7 所示，并且实验证实该杂质难以除去。其次，反应消耗了远超理论量的格氏试剂，5eq. 格氏试剂才能使反应完全转化，而理论上只需要 2eq.。最后，−35℃ 的低温条件下反应才

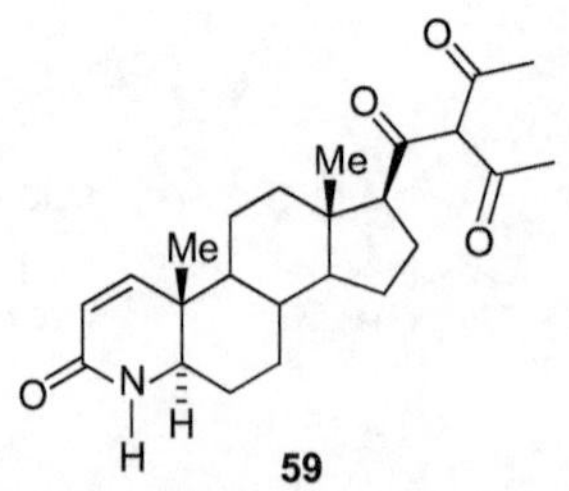

59

图 3.7 $Fe(acac)_3$参与反应生成的副产物

能获得最好结果。

为了解决上述问题，比较了一系列添加剂作为反应催化剂的效果，反应结果总结在表 3.1 中。对于异丁基酮（**3**）的合成，氯化铁作催化剂比 $Fe(acac)_3$显著提升了反应结果。而制备异丙基酮（**58**）的控制实验结果表明，使用催化剂的反应相比不使用催化剂的反应没有任何优势。

表 3.1 合成酮的催化剂

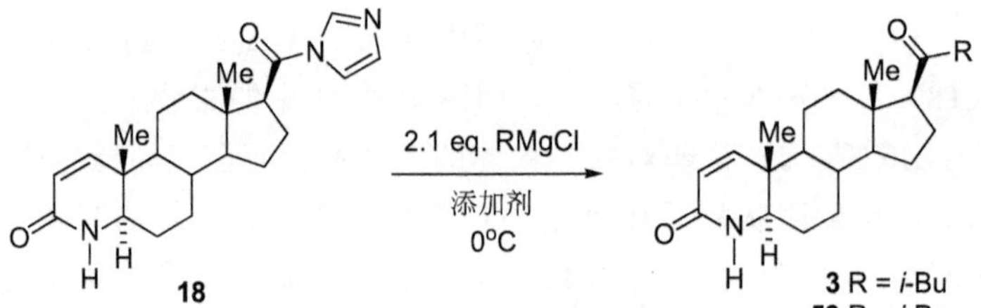

18

3 R = *i*-Bu
58 R = *i*-Pr

催化剂	收率(**3**)/%[a]	收率(**58**)/%[a]
不加催化剂	38(58)	79(84)
$Fe(acac)_3$	27(61)	58(77)
$FeCl_3$	77(88)	80(83)
CuCl	28(48)	70(86)

a）括号内为酰基咪唑（**18**）之外的面积含量，%。

此时，公司确定将异丁基酮（**3**）作为新的第二代候选药物并进行工艺开发。快速确定反应条件及后处理方法后，随即放大酰基咪唑的反应规模。在 0℃的 THF 中，以 10%（摩尔分数）$FeCl_3$ 作催化剂，3eq. *i*-BuMgCl 能使酰基咪唑（**18**）转化完全。主要副产物是醛（**60**），如图 3.8 所示[17]。醛（**60**）的含量介于 2%～6%，取决于酰基咪唑（**18**）的质量以及反应温度。令人意外的是，温度过低反而生成更多的醛。将反应液淬灭到稀盐酸中直接结晶析出产物，过滤分离。实验室规模的反应，分离收率为 86%。放大规模后收率略有降低，为 79%。但是为了得到 99.0%纯度的产品，需要多次重结晶，产品损失惨重，最后总收

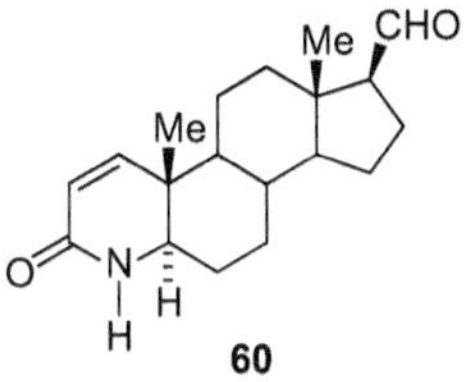

图 3.8 副产物醛

率只有 48%。

（3）甲酯作为开放性合成的关键中间体

烷基酮候选药物 随着非那雄胺生产工艺的确定，第二代候选药物的工艺又面临新的挑战。也许以非那雄胺合成工艺中倒数第二步中间体甲酯（**33**）作原料是合成第二代候选药物最有效的方法，如图式 3.25 所示。按照中试工厂安排制备异丁基酮（**3**）的计划，优先考虑了这一方案。但是文献未曾报道过将大位阻甾体化合物 C17 位的酯转化成酮的方法。

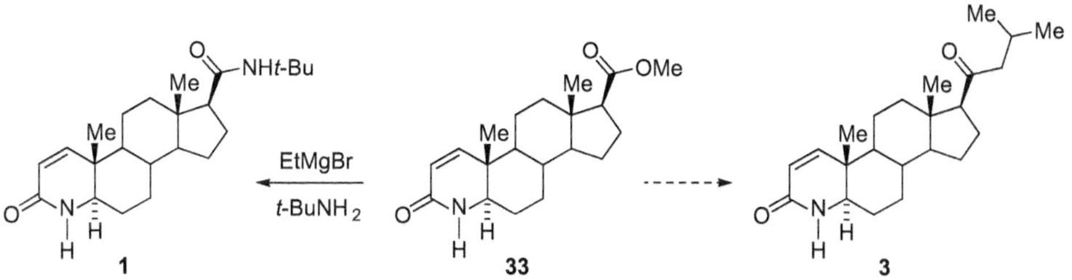

图式 3.25 开放性策略提高合成效率

初步探索中，分别用锂试剂或格氏试剂与甲酯（**33**）反应。低温下 *i*-BuLi 与甲酯（**33**）的反应主要生成叔醇（**61**），只有极少量设想的产物异丁基酮（**3**），如图 3.9 所示。在 20～25℃ 的 THF 中，*i*-BuMgCl 与甲酯（**33**）反应速度极慢，3 天才能反应完全。主要副反应也生成叔醇（**61**），含量约为 15%。重结晶产物酮时很容易除去叔醇杂质。反应也生成了微量非对映异构体仲醇（**62**），该杂质是 *i*-BuMgCl 和酰基咪唑（**18**）[1] 反应的主要副产物。这样，能方便地分离到高纯度的产物异丁基酮（**3**），只是生成杂质（**61**）的副反应影响了收率。考虑到中间体甲酯（**33**）在当前工艺阶段的价值，期望通过抑制杂质（**61**）含量提高反应收率。

进一步实验发现，甲酯（**33**）完全消耗后，延长反应时间或者向体系中加入更多 *i*-BuMgCl，异丁基酮（**3**）并不会继续转化成醇（**61**）。由此推断，在反应

---

[1] 原文 **17** 有误——译者注。

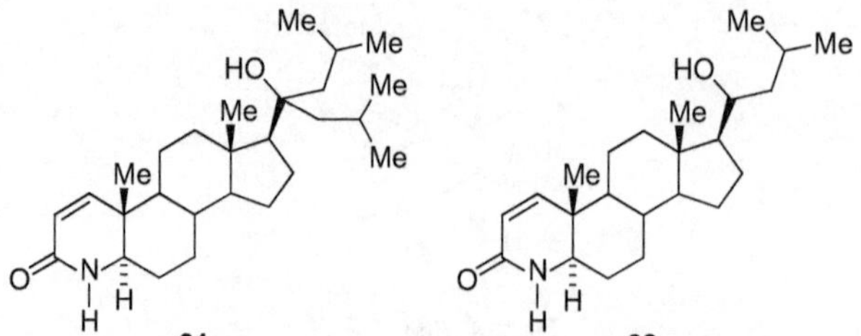

图 3.9 甲酯（33）与 i-BuMgCl 反应生成的副产物醇

体系中，反应淬灭前产物酮实际以烯醇镁盐（63）的形式存在，如图 3.10 所示。如果这一推断成立，那么去质子得到的烯醇与加成得到的叔醇之间存在竞争[18]。

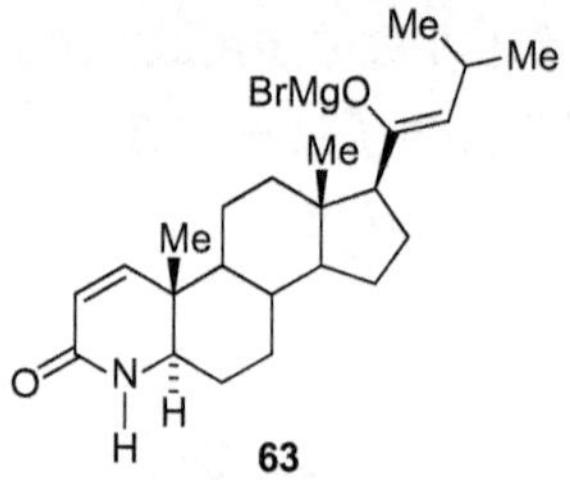

图 3.10 烯醇镁盐

在反应体系中加入能和镁螯合的配体，有可能改变去质子与加成反应的相对速度[19]。在之前的最佳反应条件下，向体系中加入 TMEDA 能改善反应的选择性，异丁基酮（3）与醇（61）的比例达到 92∶8。而 N,N'-二甲基咪唑啉酮不能有效抑制醇（61）的比例。在配位性溶剂 DME 中，即使加热到 50℃ 加成反应也不能进行。

研究人员在筛选氨基碱及烷氧基碱的过程中找到了答案[20]。❶ 当向反应体系中加入 t-BuOK 或六甲基二硅胺基钾（KHMDS）时，醇（61）的含量从 15% 下降到 2%。虽然 KHMDS 能提高反应转化率，但是放大反应规模后，采购量以及供货期都成问题。用六甲基二硅胺烷（HMDS）代替 KHMDS 也可以获得较好比例的异丁基酮（3）与醇（61）（94∶6），收率相当，杂质谱一致。当时，i-BuMgCl 试剂都是醚溶液，存在环境以及安全问题。如果按物质的量进行比较，i-BuCl 的价格几乎是 i-BuBr 的 3 倍。综合考虑上述因素后，决定自制 i-BuMgBr/THF 溶液。

以 i-BuMgBr 以及 HMDS 进一步优化反应条件，重点考察了加料速度与温度对反应的影响。升高温度加快了反应速度，醇（61）的含量却未增加。20℃ 反

---

❶ House 和 Traficante 指出，在格氏试剂反应中，烷氧基镁促进酮去质子化，从而生成副产物。参看文献 [18(a)]。

应需要几天时间，而回流反应只需 4h。尽管理论上需 5eq. *i*-BuMgBr，但在回流温度下完全转化仍需 8eq.。还需要 3eq. HMDS 才能把醇（61）的量抑制到最低，同时获得最高收率。

为了证实在淬灭反应前产物酮以烯醇盐形式存在，加和不加 HMDS 的两个反应都用 AcOH-d_4 淬灭。用 ^{13}C NMR 及 MS 分析各自得到的产物混合物，结果表明异丁基酮（3）的 C21 位确实是单氘代的，而 C17 位未发生氘代。虽然产物酮中可能衍生两个单氘代非对映异构体，但是实验结果中只观察到其中一个。

随着反应条件的优化，工艺开发重心逐渐转到产物异丁基酮（3）的分离。后处理过程非常复杂，因为 THF 溶解于水，而异丁基酮（3）在大部分有机溶剂中的溶解度都很低。用萃取方法除去残余镁盐严重影响体积效率。后来发现将反应液加到稀 HCl 中淬灭可以很方便地分离异丁基酮（3）。有机相浓缩后得到异丁基酮（3）粗品，用 AcOH/水重结晶除去残余 THF 及镁盐，整个后处理过程损失了不到 1% 的异丁基酮（3）。

如图式 3.26 所示，中试规模的反应收率为 83%，此前实验室的反应收率为 86%。与酰基咪唑路线比较，经过甲酯中间体（33），以羧酸（8）计的总收率从 40% 提高到 75%。

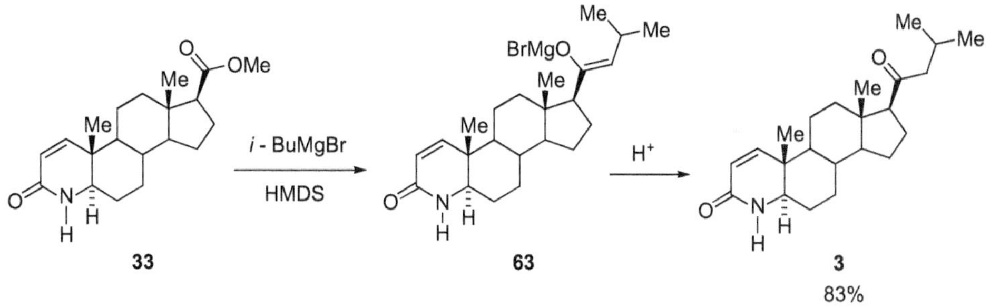

图式 3.26　甲酯经烯醇盐转化成异丁基酮

后来，公司研发部门另一个团队将此方法应用于大规模生产 LTD$_4$ 拮抗剂（64），如图 3.11 所示[21]。把苯甲酸甲酯转化为相应的苯乙酮，反应体系同样采取加 HMDS 的策略，有效地抑制了叔醇副反应，反应工艺相当理想。

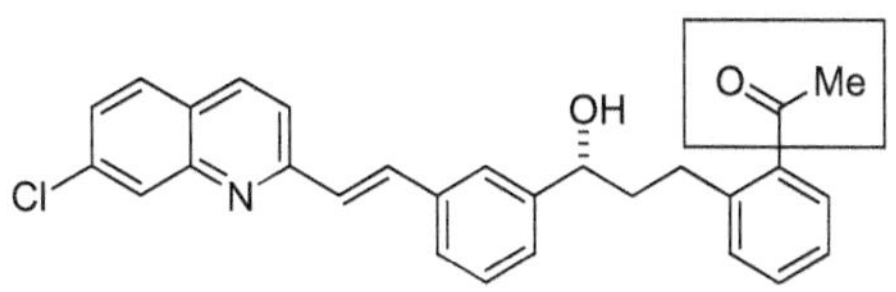

图 3.11　酯转化成甲基酮的方法应用于 LTD$_4$ 拮抗剂制备

苯基酮——新的第二代候选药物　通过反应设计把产物快速去质子化抑制了

格氏试剂对酮羰基的进一步加成，基本上完成了异丁基酮（**3**）合成工艺的优化。由于种种原因，公司放弃了异丁基酮（**3**）作为第二代候选药物的备选化合物，要求开发苯基酮（**4**）的合成工艺。如图式 3.27 所示，仍希望以甲酯（**33**）作原料，因而，工艺研发需要新的合成策略。

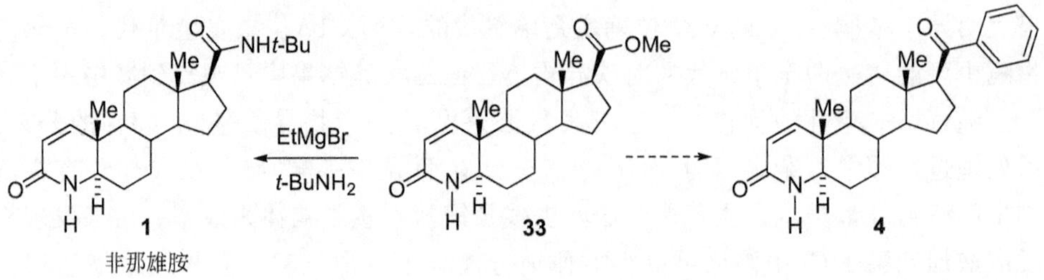

图式 3.27 开放性策略合成苯基酮

以 1eq. PhMgBr 与甲酯（**33**）进行反应，初步实验结果显示反应主产物是叔醇而不是苯基酮（**4**）。在文献报道中，抑制叔醇最有效的方法似乎涉及一个稳定的四面体中间体。Weinreb 和 Nahm 报道先把酯转化为 *N*-甲氧基-*N*-甲基酰胺[22]，就是众所周知的 Weinreb 酰胺，然后，Weinreb 酰胺与苯基格氏试剂反应生成苯基酮（**4**）。

假设稳定的四面体中间体能改善加成产物的选择性。从酯直接制备 Weinreb 酰胺的方法如下：AlMe3 先与 *N*-甲氧基-*N*-甲胺盐酸盐（Weinreb 胺）得到氨基铝，然后与酯反应。常规水相后处理后，分离 Weinreb 酰胺。研发人员试图在杂甾体化合物的合成中应用该方法，但未能得到设想的 Weinreb 酰胺（**65**），如图式 3.28 所示，也许是因为甲酯（**33**）的空间位阻太大，同时氨基铝的活性也不够。

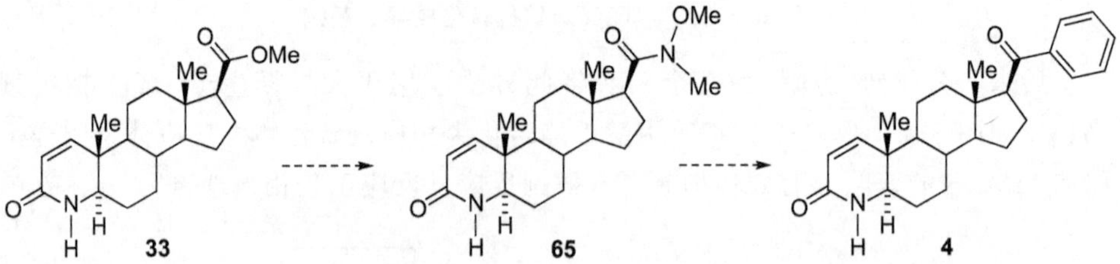

图式 3.28 Weinreb 酰胺策略

回顾 Bodroux 反应的实验过程，*t*-BuNH2 衍生的氨基镁可以与甲酯（**33**）顺利反应，为了避免制备过程中出现不溶的氨基镁，直接把 EtMgBr 加入到甲酯（**33**）与 *t*-BuNH2 混合物的 THF 溶液中。因为不能确定制备 Weinreb 酰胺是否存在溶解度问题，同时进行了两个实验。一个实验是预先制备氨基镁试剂，将 EtMgBr 加入到 Weinreb 胺的 THF 溶液中，随后加入甲酯（**33**），但未生成产物。另一个实验是，参照合成非那雄胺的酰胺化反应过程，将 EtMgBr 加入到 Weinreb 胺与甲酯（**33**）的 THF 悬浮液中，生成了高达 91% 收率的 Weinreb 酰胺（**65**）[3a]。

由此推断，从 Weinreb 胺衍生的氨基镁试剂（**66**）不稳定，会发生单分子分解，或与格氏试剂发生甲氧基的取代反应，如图式 3.29 所示[23]。如果当初知道这些情况，肯定错过了这些关键反应。总之，反应生成了氨基镁（**66**），但必须使它与酯反应的速度比其他反应更快。

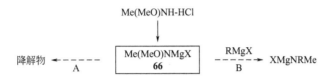

图式 3.29　预先制备氨基镁试剂造成低转化率的可能原因 ❶

实验表明，分离后的 Weinreb 酰胺（**65**）能高效地转化成苯基酮（**4**），叔醇含量低于 2%。研发人员本来希望开发从甲酯（**33**）直接转化为苯基酮（**4**）的工艺，尽管两步法工艺解决了问题，但解决方案与初衷不符。于是，研发人员设计了两个相对稳定的四面体中间体（**67** 及 **68**），期望不分离 Weinreb 酰胺（**65**），如图式 3.30 所示[24]。为了验证上述设想，将 PhMgCl 加入到甲酯（**33**）与 Weinreb 胺的混合物中，先在 5℃ 进行反应。HPLC 分析显示，几分钟后甲酯（**33**）完全生成了 Weinreb 酰胺（**65**）。然后把反应体系加热到 20℃，Weinreb

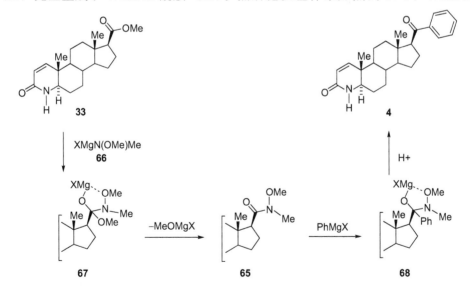

图式 3.30　甲酯直接转化为苯基酮

---

❶ 在与 PhMgCl 反应中观察到 PhNHMe。

酰胺（**65**）缓慢地转化为苯基酮（**4**）。大约 8h 转化完全，副产物叔醇的含量仍低于 2%。甾体类的主要副产物是醛（**60**）。有意思的是，使用分离后的 Weinreb 酰胺（**65**）与 PhMgCl 反应时并不产生醛，因而，推测反应过程中甲酯（**33**）被还原然后生成了副产物醛[25]。副产物醛的含量与过量的 Weinreb 胺盐酸盐有关。优化实验使副产物醛的最低含量＜2%，与此对应 Weinreb 胺盐酸盐的最佳用量是 1.25eq.。优化 Weinreb 胺盐酸盐与 PhMgCl 的投料量后，按照一步反应的工艺方式，苯基酮（**4**）的分离收率为 87%。该工艺在中试工厂得到了验证。

3.2　化学研究

3.2.1　机理研究——DDQ 氧化

很显然，A 环内酰胺的氧化脱氢是非那雄胺合成工艺中的关键步骤。虽然可以通过不断试验与纠错获得反应的优化条件，但是探索内在的反应机理、采用设计实验对快速获得最佳反应条件具有十分重要的意义。

讨论 DDQ 与烯醇硅醚脱氢反应时，Jung 和 Murai 提出了一个假设，DDQ 攫取一个氢负离子，形成了稳定化的正离子（**70**），然后失去 TMS+ 得到烯酮（**23**），如图式 3.31 所示[8]。

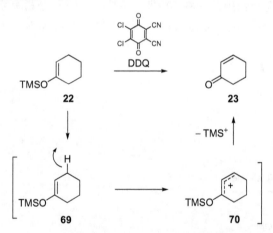

图式 3.31　Jung 和 Murai 提出的 DDQ 与烯醇硅醚反应的机理

为了解释杂甾体脱氢过程中形成的加合物，推测的机理涉及 DDQ-亚胺硅醚电荷转移配合物（**71**）的单电子转移（SET）过程，如图式 3.32 所示[10a]。生成的自由基阳离子（**72**）转移一个质子给 DDQ 的自由基负离子得到自由基对（**73**）。然后成键生成所谓的 C-C 或 C-O 加合物。该机理与 ^{1}H，^{13}C 和 ^{29}Si NMR 研究观察到快速形成亚胺硅醚的结果一致。先观察到 C-C 加合物内酰胺（**74**），接着硅烷化得到相应的亚胺硅醚（**45**）。

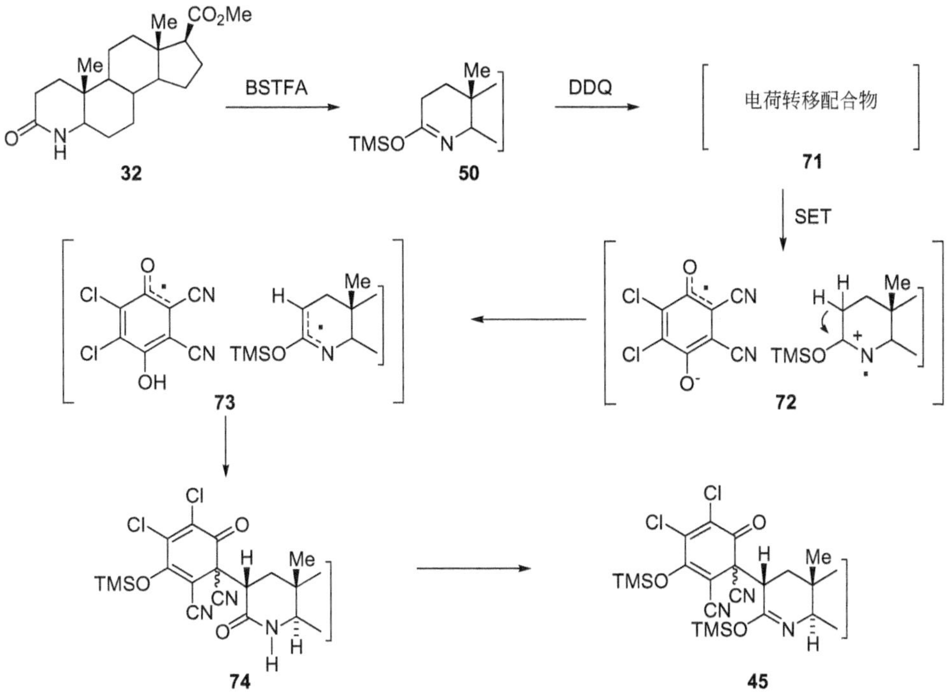

图式 3. 32 形成 DDQ 加合物的机理

重新考察了 DDQ 与环己烯酮烯醇硅醚（**22**）的反应，同样观察到了相应的加合物[26]。25℃下，形成了 C-C 加合物（**75**）与 C-O 加合物（**76**），同时伴有脱氢产物环己烯酮（**23**）以及过度脱氢副产物（**77**）。反应溶剂和温度明显影响加合物与脱氢产物的比例，如表 3.2 所示。Jung 和 Murai 报道了烯酮的 GC 收率。因为 GC 进样口的高温使 C-C 加合物的热解迅速发生，因而未观察到加合物中间体。

表 3. 2 溶剂和温度对 DDQ 与烯醇硅醚反应的影响

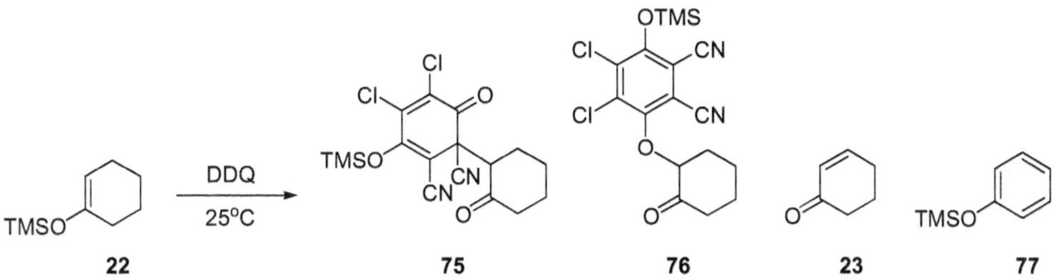

续表

溶剂	75	76	23	77
苯	34	38	23	5
1,4-二氧六环	55	30	9	6
DCM	51	43	6	—
THF	69	23	8	—
THF(−40℃)	95	5	—	—
CH₃NO₂	81	17	2	—
CH₃CN	91	7	2	—
CH₃CN(−20℃)	98	2	—	—

而在以哌啶酮（戊内酰胺，**24**）为原料的反应机理的研究过程中，得到了意外的结果。与 BSTFA 反应生成了 N-硅基内酰胺（**78**）而不是亚胺硅醚（**25**），如图式 3.33 所示。随后与 DDQ 反应生成了 C-N 加合物（**79**），重排后生成 C-C 加合物（**80**）以及 C-O 加合物（**81**）。C-C 加合物（**80**）热解生成了不饱和酰胺，但是热解反应不如氮杂甾体反应干净。看起来内酰胺氮的空间环境在反应中起到决定性作用。

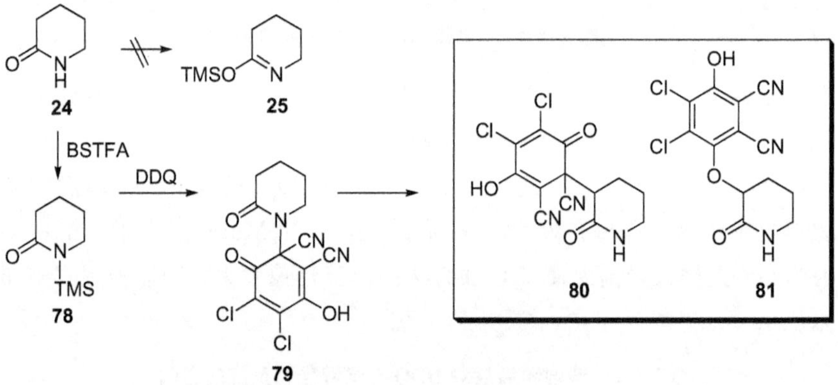

图式 3.33 DDQ 与哌啶酮的反应

探索了以其他醌类化合物作氧化剂的反应，结果总结在图式 3.34 中。邻四氯苯醌（**82**）作氧化剂的反应，生成脱氢产物的过程似乎有两种可能的机理。一种不涉及加合物，另一种涉及加合物。形成 O-加合物很大程度上取决于溶剂、浓度以及 TfOH 的用量。以邻二氯苯或 1,2-二氯乙烷作溶剂，体系中加 20%（摩尔分数）TfOH，高浓度反应获得了最好结果，O-加合物含量约为 2.5%～3.0%（摩尔分数）。对四氯苯醌（**85**）和对苯醌（**88**）都生成了 C-C 加合物，分别是 C-C 加合物（**86**）或（**89**），两种加合物都发生芳构化但不进行消除反应，因而都不能生成脱氢产物。

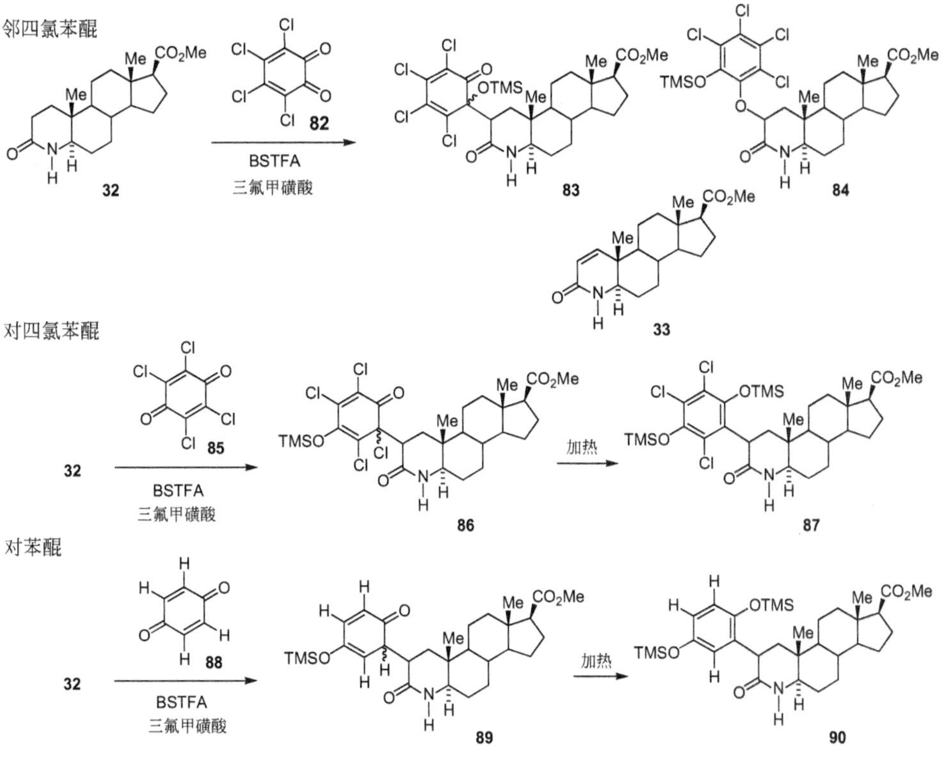

图式 3.34 与其他醌类化合物形成的加合物

通过单晶 X-衍射，确认了邻四氯苯醌的 *O*-加合物（**91**）的结构，如图 3.12 所示。

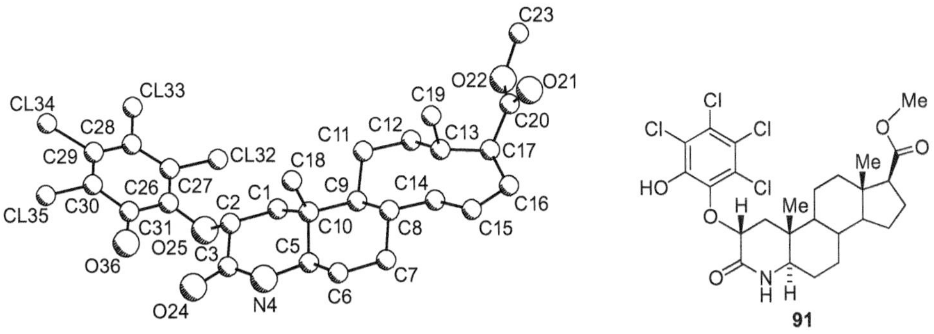

图 3.12 与邻四氯苯醌形成的 *O* 加合物以及单晶 X-衍射结构

物理有机化学的研究过程为清晰理解反应机理、优化关键工艺参数提供了证据和帮助。独立改变 BSTFA、TfOH 以及 DDQ 的浓度并测定反应速度从而确定它们各自的反应级数。每个反应物的反应级数分别在 0.5～0.7 之间。因为形成亚胺硅醚是快反应，因此，并不希望生成加合物的速度取决于 BSTFA 及

TfOH 的浓度。TfOH 的作用很复杂。研究发现，酸不仅能催化生成亚胺硅醚，而且在低浓度下也能催化生成加合物。NMR 实验表明，在较高浓度下 TfOH 能使亚胺硅醚质子化，但会抑制加合物的形成。优化后 TfOH 的用量为 $15\sim20\mu\text{L/g}$ 底物或 $5\%\sim8\%$（摩尔分数）。类似 FSO_3H 及 MsOH 等强酸，反应生成了高达 15% 左右的 O-加合物副产物，而 TfOH 反应体系则低于 3%。如图式 3.35 所示，在完全相同的条件下，用 2,2-二氘代的和 2,2-二氢的杂甾体测定反应速度确定了动力学氘代同位素效应。测得动力学同位素效应值 k_H/k_D 为 12，与 C2—H 键断裂是反应速度控制步骤一致[27]。

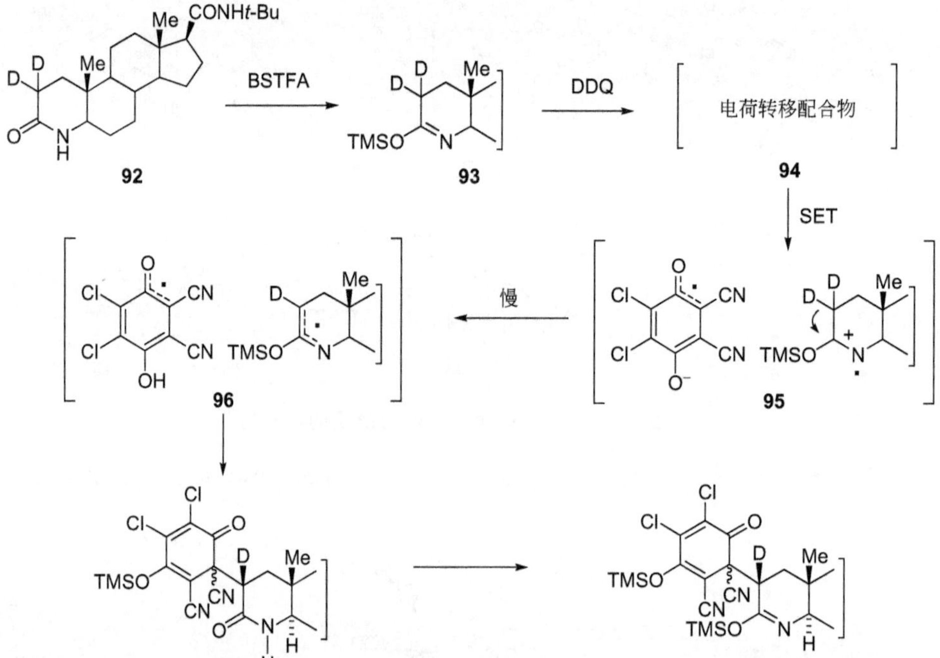

图式 3.35 氘代同位素效应

以反相 HPLC 对脱氢反应过程进行分析跟踪。二极管阵列检测器（DAD）是当时比较先进的检测器，能快速反馈不同条件下的产物结构信息。通过一个热稳定的 HPLC 自动进样器直接采样分析，优化了加合物形成、总浓度、BSTFA、TfOH 以及 DDQ 投料量等关键参数。通过比较反应组成获得了反应速度、反应时间等信息，从中总结出适合放大规模的反应条件，从而使大规模生产能获得相当的收率。

二十世纪九十年代初，默克公司就已经应用 FTIR 技术进行反应在线监控。这项新技术是跟踪反应进程的有效研究手段，也可以作为生产过程的中控分析方法[28]。用 FTIR 技术跟踪形成的亚胺硅醚与 DDQ 脱氢反应的过程都非常方便，如图 3.13 所示。出现 1667.5cm^{-1} 吸收峰表明形成了亚胺硅醚，同时对应 BSTFA 的 1324cm^{-1} 吸收峰随之消失。随时间延长 1281.5cm^{-1} 的新吸收峰增长，说明形成了单硅基三氟乙酰胺（MSTFA）。从 FTIR 数据中可以解析反应体系中的亚胺硅醚、BSTFA 与 MSTFA 的浓度，如图 3.14 所示。

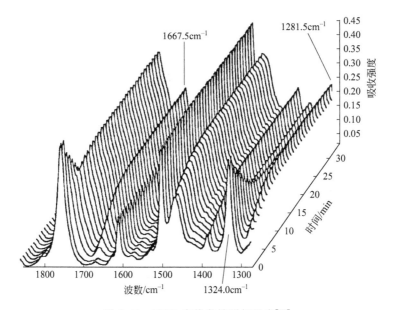

图 3.13　FTIR 在线监控脱氢反应[28]

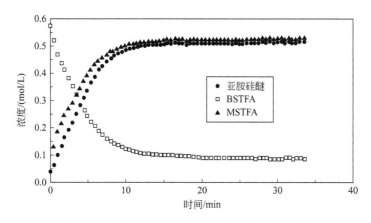

图 3.14　脱氢反应组成的 FTIR 数据解析结果[28]

随着 DDQ 的持续加入，出现 1544.0cm^{-1} 吸收峰说明形成了加合物，同时 DDQ 对应的 1563.3cm^{-1} 吸收峰则逐渐消失，如图 3.15 所示。

很明显，对脱氢反应进程进行的各种努力是实现最优生产工艺的关键。然而，随着对这一反应的深入理解，对醌氧化反应也有了新的认识，并不局限于非那雄胺工艺。

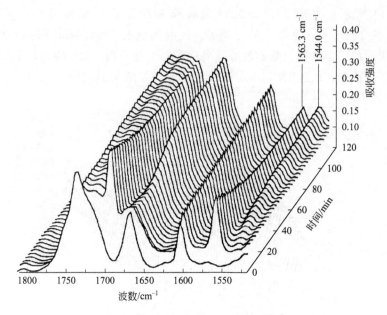

图 3.15 FTIR 监控 DDQ 的反应[28]

3.2.2 酯合成 Weinreb 酰胺的新方法

以甲酯（**33**）为原料，借助四面体中间体的相对稳定性，一锅法合成苯基酮（**4**）的工艺取得了显著成功。遗憾的是，从酯直接转化为酮的方法并不具有普遍适用性[29]❶。如表 3.3 所示，将酯先转化成 Weinreb 酰胺然后再转化成酮才是普适性的方法。用 MeMgCl 或 EtMgBr 把酯先转化成 Weinreb 酰胺，在一些反应中会生成 2%～5% 相应的甲基或乙基酮，如换用大位阻碱则能完全消除这一问题。尽管用三甲基苯基溴化镁或 LiHMDS 这一类非亲核性的强碱能获得较好的收率，但 *i*-PrMgCl 能得到最干净的粗产物，从而简化了分离纯化步骤。对于可烯醇化或有空间位阻的底物酯，这一化学过程也很顺利[3]。

表 3.3 酯直接制备 Weinreb 酰胺

序号	R¹	R²	酰胺 **99**	收率a)/%
1	Ph	Me	**a**	100b)

---

❶ 研究工作发表以后，已经拓展了应用范围。

续表

序号	R¹	R²	酰胺 **99**	收率a) /%
2	PhCH₂	Me	**b**	92
3	PhCH₂CH₂	Et	**c**	97
4	PhCH₂CMe₂	Et	**d**	85
5	PhCH =CH	Me	**e**	88
6	C₆H₁₁	Me	**f**	94
7	3,5-(MeO)₂Ph	Me	**g**	98

a) 层析纯化后的收率。

b) HPLC 分析收率。

酯和 Weinreb 胺一起与 *i*-PrMgCl 反应的过程已经成为制备 Weinreb 酰胺的通用方法，这一方法在天然物以及药物合成中得到了广泛应用[3]。尽管不再继续进行苯基酮的合成工艺开发，但是，面对一个具有挑战性的项目以及苛刻的目标，仍成功发现了一种有实用价值的合成新方法。

3.3 结论

开发 5α-还原酶抑制剂的合成工艺过程中，成功地发展了内酰胺脱氢以及酯转化成酮的新方法。在理解反应机理的基础上优化反应条件是研究新方法的关键。在开发高效工艺的决策中，对溶解性以及纯化问题的策略性思考发挥了重要作用。虽然工艺开发的初步目标是专注于解决问题、满足项目的即时需求，但过程自始至终都紧密联系最终目标。总是抓住一切机会朝着目标坚定前进，而不为优化条件而优化。

致谢

感谢为这一项目做出贡献的工艺化学家、化工工程师和分析化学家，他们的名单篇幅太长，在此难以一一罗列。但是特别感谢 Apu Bhattacharya 在发现硅烷化促进的氮杂甾体脱氢反应中的贡献，感谢 Ulf Dolling，正是他们的指导才使成功实现工艺开发成为可能。

参 考 文 献

[1] (a)Farnsworth,W. E.,and Brown,R. J. (1963)*JAMA*,**183**,436-43. (b)Price,V. H. (1975)

Arch. Dermatol.,**111**,1496.

[2] (a)Rasmusson,G. H.,Reynolds,G. F.,Utne,T.,Jobson,R. B.,Primka,R. L.,Berman,C.,and Brooks,J. R. (1984)*J. Med. Chem*,**27**,1690-1701. (b) Rasmusson, G. H., Reynolds, G. F.,Steinberg, N. G.,Walton,E.,Patel,G. F.,Liang,T.,Cascieri, M. A.,Cheung, A. H.,Brooks,J. R.,and Berman,C. (1986)*J. Med. Chem.*,**29**,2298-2315.

[3] (a)Williams,J. M.,Jobson,R. B.,Yasuda,N.,Marchesini,G.,Dolling,U. H.,and Grabowski, E. J. J. (1995)*Tetrahedron Lett.*,**36**,5461-5464. Selected applications appearing in more recent publications:(b)Ley,S. V.,Tackett,M. N.,Maddess,M. L.,Anderson,J. C.,Brennan, P. E.,Cappi,M. W.,Heer,J. P.,Helgen,C.,Kori,M.,Kouklovsky,C.,Marsden,S. P.,Norman,J., Osborn, D. P., Palomero, M. Á., Pavey, J. B. J., Pinel, C., Robinson, L. A., Schnaubelt,J.,Scott,J. S.,Spilling,C. D.,Watanabe,H.,Wesson,K. E.,and Willis,M. C. (2009)*Chem. Eur. J.*,**15**,2874-2914. (c) Hagiwara, H., Suka, Y., Nojima, T., Hoshi, T., and Suzuki,T. (2009)*Tetrahedron*,**65**,4820-4825. (d)Barber,C. G.,Blakemore,D. C.,Chiva, J.-Y.,Eastwood,R. L.,Middleton,D. S.,and Paradowski,K. A. (2009)*Bioorg. Med. Chem. Lett.*, **19**,1075-1079. (e)Wang,W.,Dai,M.,Zhu,C.,Zhang,J.,Lin,L.,Ding,J.,and Duan,W. (2009) *Bioorg. Med. Chem. Lett.*, **19**, 735-737. (f) Sattely, E. S., Meek, S. J., Malcolmson, S. J., Schrock,R. R.,and Hoveyda, A. H. (2008)*J. Am. Chem. Soc.*,**131**,943-953. (g)Balasubramaniam,S.,and Aidhen,I. S. (2008)*Synthesis*,3707-3738. (h)Evans,D. A.,Kvaernø,L.,Dunn, T. B.,Beauchemin, A., Raymer, B., Mulder, J. A., Olhava, E. J., Juhl, M., Kagechika, K., and Favor,D. A. (2008)*J. Am. Chem. Soc.*,**130**,16295-16309. (i)Barbazanges,M.,Meyer,C.,and Cossy,J. (2008)*Org. Lett.*,**10**,4489-4492. (j)Ribes,C.,Falomir,E.,Carda,M.,and Marco, J. A. (2008)*J. Org. Chem.*,**73**,7779-7782. (k)Clark,R. C.,Yeul Lee,S.,and Boger,D. L. (2008) *J. Am. Chem. Soc.*, **130**, 12355-12369. (l) Salit, A.-F., Meyer, C., Cossy, J., Delouvrié,B.,and Hennequin,L. (2008)*Tetrahedron*,**64**,6684-6697. (m)Scribner,A.,Dennis,R.,Lee,S.,Ouvry,G.,Perrey,D.,Fisher,M.,Wyvratt,M.,Leavitt,P.,Liberator,P., Gurnett,A., Brown, C., Mathew, J., Thompson, D., Schmatz, D., and Biftu, T. (2008) *Eur. J. Med. Chem.*,**43**, 1123-1151. (n) Alimardanov, A., Schmid, J., Afragola, J., and Khafizova,G. (2008)*Org. Proc. Res. Dev.*,**12**,424-428. (o)Timmons, A.,Seierstad, M., Apodaca,R.,Epperson,M.,Pippel,D.,Brown,S.,Chang,L.,Scott,B.,Webb,M.,Chaplan, S. R.,and Breitenbucher,J. G. (2008)*Bioorg. Med. Chem. Lett.*,**18**,2109-2113. (p)Wang, Y., Gang, S., Bierstedt, A., Gruner, M., Fröhlich, R., and Metz, P. (2007) *Adv. Synth. Catal.*,**349**, 2361-2367. (q) He, W., Huang, J., Sun, X., and Frontier, A. J. (2007) *J. Am. Chem. Soc.*, **130**, 300-308. (r) Denmark, S. E., and Fujimori, S. (2005) *J. Am. Chem. Soc.*,**127**,8971-8973. (s)Arai,N.,Chikaraishi,N.,Ikawa,M.,Omura,S.,and Kuwajima,I. (2004)*Tetrahedron Asym.*,**15**,733-741. (t)Ley,S. V.,Diez,E.,Dixon,D. J.,Guy, R. T.,Michel,P.,Nattrass,G. L.,and Sheppard,T. D. (2004)*Org. Biomol. Chem.*,**2**,3608-3617. (u)Evans,D. A.,Rajapakse,H. A.,and Stenkamp,D. (2002)*Angew. Chem. Int. Ed.*,**41**,

4569-4573. (v)Colletti,S. L.,Li,C.,Fisher,M. H.,Wyvratt,M. J.,and Meinke,P. T. (2000) *Tetrahedron Lett.*, **41**, 7825-7829. (w) Andrés, J. M., Pedrosa, R., and Pérez-Encabo, A. (2000)*Tetrahedron*, **56**, 1217-1223. (x)Evans, D. A., Trotter, B. W., Coleman, P. J., Côté, B.,Dias,L. C.,Rajapakse,H. A.,and Tyler,A. N. (1999)*Tetrahedron*,**55**,8671-8726.

[4] Carlsen,P. H. J.,Katsuki,T.,Martin,V. S.,and Sharpless,K. B. (1981)*J. Org. Chem.*,**46**, 3936-3938.

[5] Piatak,D. M.,Bhat,H. B.,and Caspi,E. (1969)*J. Org. Chem.*,**34**,112-116.

[6] (a)Trost,B. M.,Salzmann, T. N.,and Hiroi,K. (1976)*J. Am. Chem. Soc.*,**98**,4887-4902.
(b)Magnus,P.,and Pappalardo,P. A. (1986)*J. Am. Chem. Soc.*,**108**,212-217.

[7] Minami, I., Takahashi, K., Shimizu, I., Kimura, T., and Tsuji, J. (1986) *Tetrahedron*, **42**, 2971-2977.

[8] (a)Fleming,I.,and Paterson,I. (1979)*Synthesis*,736-738. (b)Jung, M. E., Pan, Y. -G.,
Rathke,M. W.,Sullivan,D. F.,and Woodbury, R. P. (1977)*J. Org. Chem.*,**42**,3961-3963.
(c)Ryu,I.,Murai,S.,Hatayama,Y.,and Sonoda,N. (1978)*Tetrahedron Lett.*,3455-3458.
(d)Turner,A. B.,and Ringold,H. J. (1967)*J. Chem. Soc.* (C),1720-1730. (e)Walker,D.,
and Hiebert,J. D. (1967)*Chem. Rev.*,**67**,153-195.

[9] Bhattacharya, A., Williams, J. M., Amato, J. S., Dolling, U. H., and Grabowski, E. J. J. (1990)*Synth. Commun.*,**20**,2683-2690.

[10] (a)Bhattacharya, A., Dimichele, L. M., Dolling, U. H., Douglas, A. W., and Grabowski, E. J. J. (1988) *J. Am. Chem. Soc.*, **110**, 3318-3319. For reactions of quinones where adducts were also observed see. (b)Becker, H. -D. (1965)*J. Org. Chem.*,**30**,989-994. (c) Becker,H. -D. (1969)*J. Org. Chem*,**34**,1203-1210. (d)Becker,H. -D.,and Turner,A. B. (1988)*The Chemistry of Quinoid Compounds*,vol. Ⅱ (eds S. Patai and Z. Rappoport),John Wiley & Sons Inc.,New York,NY, pp. 1351-1384. (e)Fu, P. P., and Harvey, R. G. (1978) *Chem. Rev.*,**78**,317-361.

[11] Williams,J. M.,Marchesini,G.,Reamer, R. A., Dolling, U. -H., and Grabowski, E. J. J. (1995)*J. Org. Chem.*,**60**,5337-5340.

[12] Bassett, H. L., and Thomas, C. R. (1954)*J. Chem. Soc.*, 1188-1190 and references cited therein.

[13] (a)Midler, M., Jr., Paul, E. L., Whittington, E. F., Futran, M., Liu, P. D., Hsu, J., and Pan, S. -H. (1994) U. S. Patent 5 314 506. (b)Dauer, R., Mokrauer, J. E., and McKeel, W. J. (1996)U. S. Patent 5 578 279.

[14] Araki, M., Sakata, S., Takei, H., and Mukaiyama, T. (1974) *Bull. Chem. Soc. Jpn.*, **47**,1777.

[15] Staab,H. A.,and Jost,E. (1962)*Ann. Chem.*,**655**,90-94.

[16] Fiandanese,V.,Marchese,G.,Martina,V.,and Ronzini,L. (1984)*Tetrahedron Lett.*,**25**, 4805-4808.

[17] Reduction is also observed in the reaction of acid chlorides with Grignard reagents: Whitmore, F. C., Whitaker, J. S., Mosher, W. A., Brevick, O. N., Wheeler, W. R., Miner, C. S., Jr., Sutherland, L. H., Wagner, R. B., Clapper, T. W., Lewis, C. E., Lux, A. R., and Popkin, A. H. (1941) *J. Am. Chem. Soc.*, **63**, 643-654.

[18] (a) House, H. O., and Traficante, D. D. (1963) *J. Org. Chem.*, **28**, 355-360. (b) Percival, W. C., Wagner, R. B., and Cook, N. C. (1953) *J. Am. Chem. Soc.*, **75**, 3731-3734.

[19] (a) Chastrette, M., and Amouroux, R. (1970) *J. Chem. Soc. D, Chem. Commun.*, 470-471. (b) Chastrette, M., and Amouroux, R. (1970) *Bull. Soc. Chim. Fr.*, 4348. (c) Georgoulis, C., Gross, B., and Ziegler, J. C. (1971) *C. R. Seances Acad. Sci.*, *Ser. C*, **273**, 378-381.

[20] (a) Georgoulis, C., Gross, B., and Ziegler, J. C. (1971) *C. R. Seances Acad. Sci.*, *Ser. C*, **273**, 378-381. (b) Eaton, P. E., Lee, C.-H., and Xiong, Y. (1989) *J. Am. Chem. Soc.*, **111**, 8016-8018.

[21] King, A. O., Corley, E. G., Anderson, R. K., Larsen, R. D., Verhoeven, T. R., Reider, P. J., Xiang, Y. B., Belley, M., and Leblanc, Y. (1993) *J. Org. Chem.*, **58**, 3731-3735.

[22] Nahm, S., and Weinreb, S. M. (1981) *Tetrahedron Lett.*, **22**, 3815-3818.

[23] (a) Beak, P., Basha, A., Kokko, B., and Loo, D. (1986) *J. Am. Chem. Soc.*, **108**, 6016-6023. (b) Beak, P., and Selling, G. W. (1989) *J. Org. Chem.*, **54**, 5574-5580.

[24] The difference in stability of tetrahedral intermediates was used in developing ureas that could be used to prepare ketones: (a) Hlasta, D. J., and Court, J. J. (1989) *Tetrahedron Lett.*, **30**, 1773-1776. (b) Whipple, W. L., and Reich, H. J. (1991) *J. Org. Chem.*, **56**, 2911-2912.

[25] (a) Sanchez, R., and Scott, W. (1988) *Tetrahedron Lett.*, **29**, 139. (b) Majewski, M. (1988) *Tetrahedron Lett.*, **29**, 4057.

[26] Bhattacharya, A., Dimichele, L. M., Dolling, U. H., Grabowski, E. J. J., and Grenda, V. J. (1989) *J. Org. Chem.*, **54**, 6118-6120.

[27] A deuterium isotope effect is also observed in the reaction of quinones with acenaphthenes. Trost, B. M. (1967) *J. Am. Chem. Soc.*, **89**, 1847-1851.

[28] (a) Landau, R. N., Penix, S. M., Donahue, S. M., and Rein, A. J. (1992) *Optically Based Methods for Process Analysis*, vol. 1681, 1st edn, SPIE, Somerset, NJ, USA, pp. 356-373. (b) Landau, R. N. (1995) *Automated Laboratory Reactors & Calorimeters*, 2nd edn, Ralph N. Landau, Merck & Co., Inc., Whitehouse Station, NJ.

[29] (a) Yang, S.-B., Gan, F.-F., Chen, G.-J., and Xu, P.-F. (2008) *Synlett*, 2532-2534. (b) Tartaglia, S., Padula, D., Scafato, P., Chiummiento, L., and Rosini, C. (2008) *J. Org. Chem.*, **73**, 4865-4873. (c) Kuboki, A., Yamamoto, T., Taira, M., Arishige, T., Konishi, R., Hamabata, M., Shirahama, M., Hiramatsu, T., Kuyama, K., and Ohira, S. (2008) *Tetrahedron Lett.*, **49**, 2558-2561. (d) Ma, Z., and Zhai, H. (2007) *Synlett*, 161-163. (e) Kim, J., and Thomson, R. J. (2007) *Angew. Chem. Int. Ed.*, **46**, 3104-3106. (f) Ca-

nales，E.，and Corey，E. J. （2007）*J . Am. Chem. Soc.*，**129**，12686-12687. （g）Doroh，B.，and Sulikowski，G. A. （2006）*Org. Lett.*，**8**，903-906. （h）Blanc，A.，and Toste，F. D. （2006）*Angew. Chem. Int. Ed.*，**45**，2096-2099. （i）Pedrosa，R.，Andrés，C.，Gutiérrez-Loriente，A.，and Nieto，J. （2005）*Eur. J. Org. Chem.*，2449-2458. （j）Davis，J. M.，Truong，A.，and Hamilton，A. D. （2005）*Org. Lett.*，7，5405-5408. （k）Davis，F. A.，Lee，S. H.，and Xu，H. （2004）*J. Org. Chem.*，**69**，3774-3781. （l）Wallace，O. B.，Smith，D. W.，Deshpande，M. S.，Polson，C.，and Felsenstein，K. M. （2003）*Bioorg. Med. Chem. Lett*，13，1203-1206. （m）Francavilla，C.，Chen，W.，and Kinder，F. R. （2003）*Org. Lett.*，**5**，1233-1236. （n）Bourghida，A.，Wiatz，V.，and Wills，M. （2001）*Tetrahedron Lett.*，**42**，8689-8692. （o）Wallace，O. B. （1997）*Tetrahedron Lett.*，**38**，4939-4942.

第四章

利扎曲坦（Maxalt）：5-HT$_{1D}$受体激动剂

陈诚义

  葛兰素史克公司开发的第一个曲坦类药物——舒马曲坦，是用于治疗偏头痛的选择性 5-HT$_{1B/1D}$受体激动剂[1]。舒马曲坦的上市意味着在理解和治疗偏头痛领域取得了重大进展。更重要的是，激发了开发更高效曲坦类药物的动力。1998年 6 月 29 日，美国食品药品管理局（FDA）批准了默克研究实验室[2]开发的苯甲酸利扎曲坦（MK-0462，**1**），如图 4.1 所示。如今，作为第二代曲坦类药物，广泛用于治疗偏头痛疾病。过去十年里，利扎曲坦是最有效的 5-HT$_{1B/1D}$受体激动剂或曲坦类药物之一[3]，并进一步提升了对曲坦类药物作用机理的理解[4]。本章将详细介绍制备利扎曲坦的化学工艺的开发过程。之前曾报道了合成该化合物的初步探索[5]。4.1 节，详细介绍化学合成工艺的开发过程，并侧重介绍钯催化的吲哚合成方法。4.2 节，展示新开发的方法学在合成利扎曲坦代谢物吲哚乙酸（L-749335，**2**）中的应用。其中，在优化利扎曲坦的关键偶联步骤的过程中，发现了钯催化邻位卤代苯胺与酮偶联环合反应合成吲哚的新方法。还介绍了新方法的适用范围、局限性以及进一步应用于合成 PGD$_2$受体拮抗剂拉罗匹坦（MK-0524A，**3**）[6]，如图 4.1 所示。

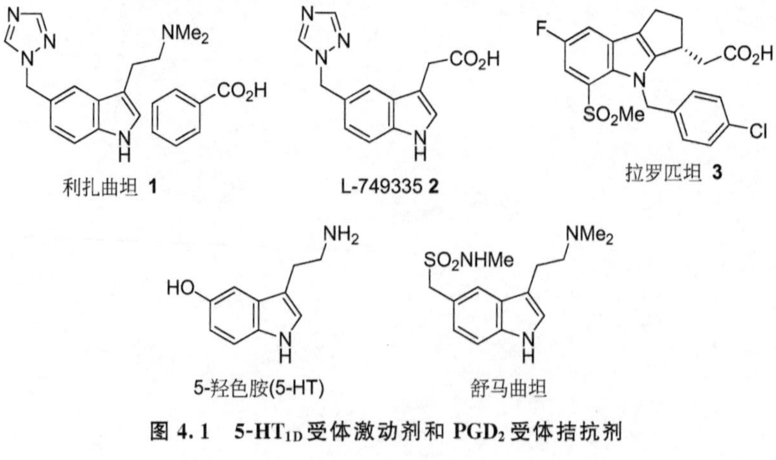

利扎曲坦 **1**

L-749335 **2**

拉罗匹坦 **3**

5-羟色胺(5-HT)

舒马曲坦

图 4.1　5-HT$_{1D}$受体激动剂和 PGD$_2$受体拮抗剂

4.1　项目发展状况

4.1.1　药物化学的合成路线

如图式 4.1 所示的利扎曲坦（**1**）的药物化学合成过程，以对硝基苄溴（**4**）和 1,2,4-三唑为原料合成了 1-(4′-硝基苄基)-1,2,4-三唑（**5**）。用 NaH 将 1,2,4-三唑转化成 Na 盐，然后进行苄基化反应。苄基化反应的区域选择性不高，得到了 1.5∶1 的 1-(4′-硝基苄基)-1,2,4-三唑（**5**）和区域异构体 4-(4′-硝基苄基)-1,2,4-三唑。经硅胶层析分离得到中间体（**5**），收率为 52%。

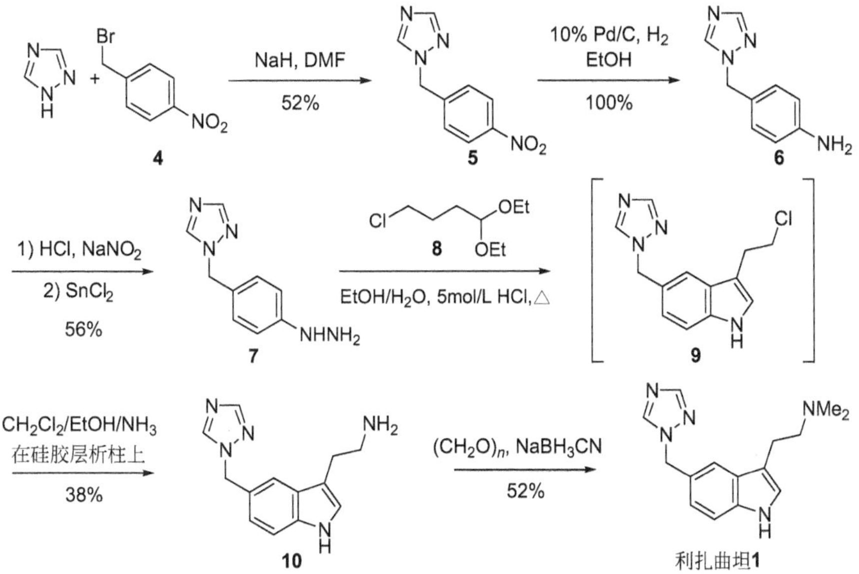

图式 4.1　药物化学制备利扎曲坦（**1**）的合成路线

在乙醇中以 10% Pd/C 作催化剂催化氢化还原中间体（**5**）的硝基，定量转化为相应的苯胺（**6**）。苯胺（**6**）与 NaNO$_2$ 作用得到重氮盐中间体，用 3.75eq. 氯化亚锡一水合物还原，中和后得到游离肼（**7**），硅胶层析分离，两步反应的总收率为 56%。从反应混合物中除去大量不溶的二氧化锡是分离过程中最具挑战的工作。然后，进行 Fischer❶ 吲哚合成，即肼（**7**）和 4-氯丁醛二乙基缩醛（**8**）在 EtOH/H$_2$O 及 5mol/L HCl 中回流得到 3-氯乙基吲哚（**9**）。考虑到 3-氯乙基吲哚（**9**）的稳定性问题，未进行分离纯化。在层析柱上用 CH$_2$Cl$_2$/EtOH/NH$_3$（30∶8∶1）作为洗脱液直接将其转化为 2-氨乙基吲哚（**10**），收率为 38%。最

---

❶ 原文 Fisher 有误，下同，译者注。

后在 AcOH 中用甲醛及 NaBH₃CN 进行还原胺化，将色胺（**10**）转化为目标产物利扎曲坦（**1**）的游离碱，硅胶层析分离，收率为 52%。总之，经过五个线性反应步骤合成了利扎曲坦游离碱，但是反应总收率只有 5.7%[7]。

4.1.1.1 药物化学合成路线存在的问题

尽管药物化学制备利扎曲坦（**1**）的合成路线直观明了，但是存在一些明显的缺陷，因而不能用于公斤级合成。

1）1,2,4-三唑钠盐的苄基化反应的区域选择性太差；反应使用 NaH，不适合大规模制备三唑钠盐。

2）重氮盐的还原反应，使用过量氯化亚锡一水合物作还原剂不可取，因为繁琐的分离问题以及严重的环境问题。

3）关键的 Fischer 吲哚合成中，4-氯丁醛二乙基缩醛（**8**）合成色胺（**10**）的反应收率太低，并且还要进行还原胺化。

4）合成路线中几步低收率反应都需要层析分离，不适合放大。

4.1.1.2 药物化学合成路线的优点

药物化学合成路线最大的优点，应该是色胺（**10**）的伯胺可以通过还原胺化引入多种烷基，由此可以获得不同的 N,N-二烷基色胺衍生物，为研究构效关系（SAR）带来便利。

4.1.2 工艺开发

4.1.2.1 汇聚式 Fischer 吲哚合成

工艺改进的想法是直接用 4-(N,N-二甲胺基) 丁醛二乙基缩醛（**11**）代替 4-氯丁醛二乙基缩醛（**8**）进行关键的 Fischer 吲哚一步反应得到目标产物，参看图式 4.1。如果设想成立，新路线可以避免氨基取代以及还原胺化反应。用 40% 二甲胺水溶液与氯缩醛（**8**）通过 S$_N$2 取代很容易制备得到 4-(N,N-二甲胺基) 丁醛二乙基缩醛（**11**）；后来缩醛（**11**）是市售产品。曾在另一个 5-HT$_{1D}$ 受体激动剂 L-695894（**13**）工艺中开发了这一官能化的缩醛（**11**），用于更简洁的 Fischer 吲哚合成，并且拓展了一系列的色胺合成，如图式 4.2 所示[5]。比如，氰基苯肼（**12**）与缩醛（**11**）在 4% H$_2$SO$_4$ 中反应得到了设想的色胺（**14**），收率达 81%。随后的官能团转换中，色胺（**14**）的氰基转化成羧酸乙酯（**15**）并进而引入杂环，高效地合成了 L-695894（**13**）。改进后的 Fischer 吲哚合成方法很快应用到其他色胺（**16a~g，17** 和 **18**）的克级规模制备，收率为 82%~100%。

如图式 4.3 所示，Fischer 吲哚反应应该包含：（ⅰ）二甲胺缩醛（**11**）的水解；（ⅱ）形成腙（**22**）；（ⅲ）腙（**22**）异构化成烯肼（**23**）；（ⅳ）最后 [3,3]-

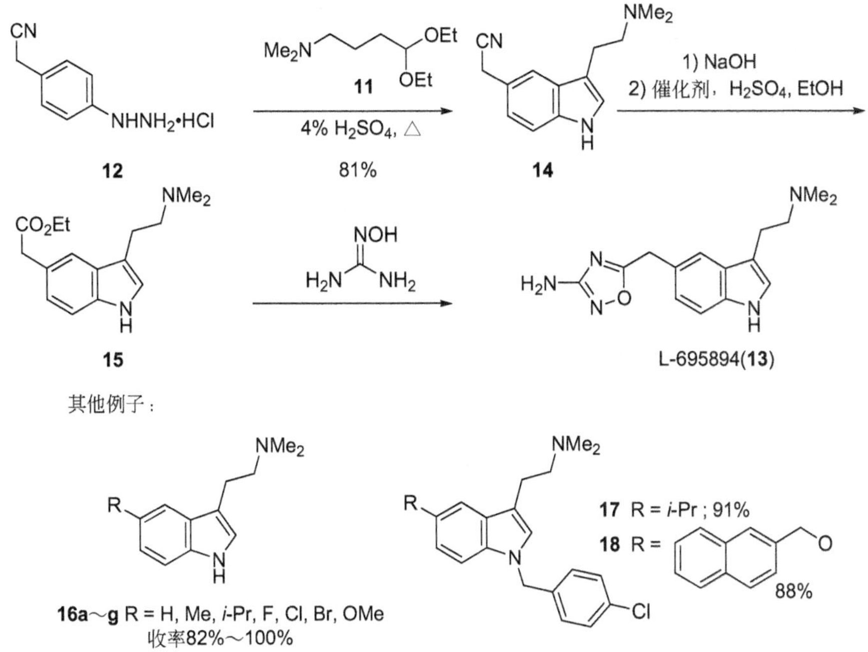

图式 4.2　Fischer 吲哚合成 N,N-二甲基色胺

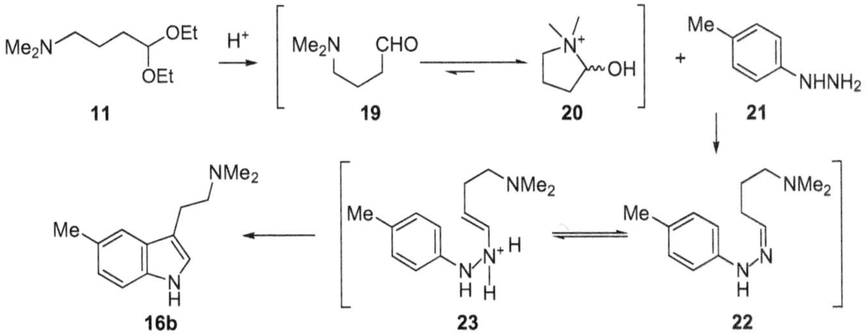

图式 4.3　以 N,N-二甲基胺丁缩醛改进 Fischer 吲哚合成的反应机理

σ 重排，环合生成吲哚（**16b**）。在室温的 AcOH 中，缩醛（**11**）稳定，但在 100℃时迅速水解成醛（**19**），并随即环化生成半胺缩醛（**20**）。而在 8% HCl 或 4% H₂SO₄ 或 8% TFA 等强酸性环境中，即使室温下缩醛（**11**）也迅速转化成半胺缩醛（**20**）。在 DMSO-d₆作溶剂的 NMR 图谱中观察到 5：95 的醛（**19**）和半胺缩醛（**20**）。然后以对甲基苯肼（**21**）作为模板底物，研究了酸在 Fischer 吲哚合成中的催化效率。因为所有上述提到的酸都能催化反应快速生成腙（**22**），因此，合成吲哚成功与否取决于步骤（ⅲ），即腙（**22**）异构化到烯肼（**23**）。在醋酸中游离肼（**22**）转化成吲哚产物（**16b**）的速度很慢，即使回流 24h 仍不能反应完全，NMR 谱图中仍能观察到腙中间体（**22**）。当反应在 8％ HCl 中进行时，确实能生成产物吲哚（**16b**），但反应也检测到生成了对甲苯胺，推测对甲苯胺是由 N—N 键断裂后产生的。最后发现，在 4％ H₂SO₄ 或 8％ TFA 中转化效率很高，反应 2h，产物吲哚（**16b**）的收率分别为 89％ 或 80％。上述结果说明，在催化腙（**22**）异构化到烯肼（**23**）的反应中，H₂SO₄ 比任何其他质子酸都有效。尽管对甲苯肼作底物的反应中，TFA 作催化剂的收率也相当好，但在催化合成吲哚的普适性方面还有待于进一步探索。

然而，把上述优化后的反应过程应用到合成利扎曲坦（**1**）时，效果不好，合成吲哚的关键环合步骤收率低，如图式 4.4 所示。在这一特例中，三唑官能团在酸性条件下成为一个好的离去基团导致许多寡聚物副产物的形成。因此，必须为利扎曲坦（**1**）开发一个吲哚合成的新方法。

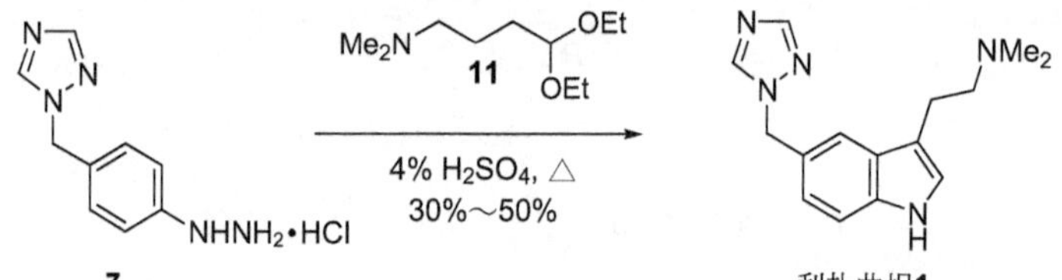

图式 4.4　改进后的 Fischer 吲哚合成方法在合成利扎曲坦中的应用

4.1.2.2　钯催化的吲哚合成

Larock 等人曾经报道，钯催化邻碘苯胺（**24**）与内炔（**25**）偶联环合得到 2,3-二取代的吲哚（**26**），反应收率很高，如图式 4.5 所示[8]。这一非对称内炔的环化反应合成取代吲哚具有很高的区域选择性，空间位阻较大的基团总是位于吲哚环的 2 位。因此，设想通过以下几个转化合成利扎曲坦（**1**），如图式 4.6 所示。从 5-(1,2,4-三唑-1-基-甲基)色醇（**27**）的羟基胺解得到二甲胺基片段；由 4-取代的邻碘苯胺（**28**）与带合适保护基的 3-丁炔-1-醇（**29**）偶联环合合成色醇（**27**）。然而，在本项目研究之前，钯催化偶联环合合成色醇（**27**）的方法未见文献报道。

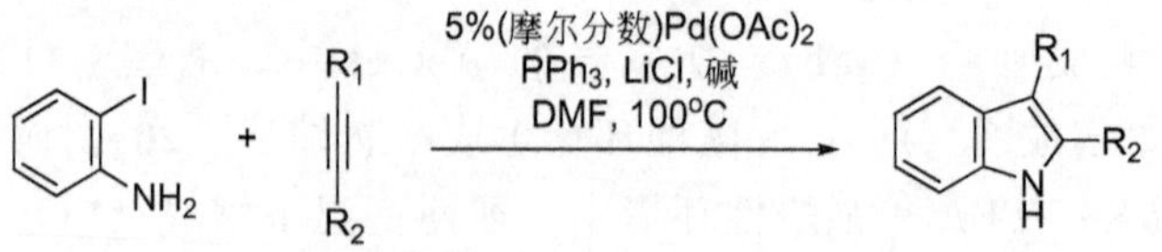

图式 4.5　Larock 吲哚合成 ❶

---

❶ 原文 Lorock 有误，译者注。

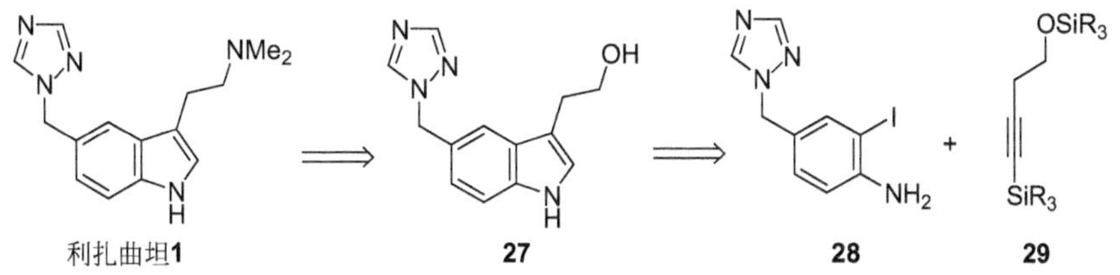

图式 4.6 利扎曲坦（1）的反合成分析

由此，工艺开发的讨论重点将关注以下两个方面：

1）制备邻碘苯胺（**28**）的高效率的工艺开发。

2）优化钯催化邻碘苯胺（**28**）与双（三烷基硅基）丁炔醇醚（**29**）之间的偶联环合反应。

（1）制备邻碘苯胺（28）

尽管如图式 4.1 所示，药物化学合成 1-(4′-氨基苄基)-1,2,4-三唑（**6**）的区域选择性较差，项目组从优化化合物（**6**）的工艺开发着手合成邻碘苯胺（**28**），如图式 4.7 所示。对文献步骤进行了一些优化[9]，以 4-氨基-1,2,4-三唑（**30**）与对硝基苄溴（**4**）为原料，顺利合成了苯胺中间体（**6**），三步反应的总收率超过 90%。在异丙醇中进行 4-氨基-1,2,4-三唑（**30**）与对硝基苄溴（**4**）之间的缩合反应，接着脱氨基定量得到了硝基化合物中间体（**5**）。4-氨基-1,2,4-三唑（**30**）为原料保证了唯一区域选择性的烷基化反应。很显然，4-氨基-1,2,4-三唑（**30**）中的 4 位氨基抑制了 4 位氮的烷基化，生成了单一的缩合产物（**31**）。硝基化合物中间体（**5**）氢化后得到苯胺（**6**），从对硝基苄溴（**4**）计总收率为 97%。该合成工艺过程并不需要进一步优化，而且很快就外包了。

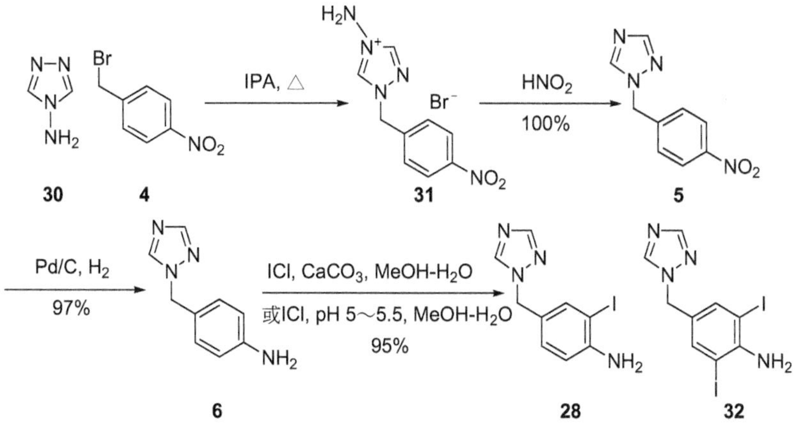

图式 4.7 合成邻碘苯胺（28）

因为对位已经有取代基，苯胺（**6**）的碘代只能生成选择性的邻碘苯胺（**28**）。在含有粉末 CaCO₃ 的甲醇-水中用未稀释的氯化碘（ICl）与苯胺（**6**）反应，0℃反应 6h 完全转化，得到了邻碘苯胺（**28**），收率为 91％；同时有一定量过度碘代副反应，产生了含量约 3％的双邻碘苯胺（**32**）。控制过度碘代不太困难，因为生成双碘代副产物的反应速度比单碘代慢得多。控制实验表明，室温下用 1eq. ICl 与邻碘苯胺（**28**）反应 12h，只生成了 30％的双邻碘苯胺（**32**）。室温下即使用 5eq. ICl 与苯胺（**6**）长时间反应，也只生成了 75％的双邻碘苯胺（**32**）。后来发现在温和条件下用 5mol/L 的 ICl 水溶液进行碘代反应更方便，这样就避免了强腐蚀性的纯 ICl。粉末 $CaCO_3$ 对成功反应非常关键，因为颗粒 $CaCO_3$ 的碘代反应效率不高，而使用 Na_2CO_3、K_2CO_3 等其他无机碱的碘代反应都未成功，如图式 4.7 所示。

接着进行 ICl-$CaCO_3$ 体系的碘代反应后处理。先过滤除去不溶的无机盐，再进行两相萃取。为了实现均相的碘代反应，在放大生产前开发了一个 pH 控制的均相体系。在甲醇-水中，同时滴加 ICl 水溶液以及 1mol/L NaOH 控制碘代反应过程的 pH 值。向反应体系中加入柠檬酸能加强体系的缓冲能力，反应最合适的 pH 值为 5～5.5。优化条件下，典型批次得到＞99％分析收率的邻碘苯胺（**28**），过度碘代的双邻碘苯胺（**32**）的含量＜1％。用 $Na_2S_2O_3$ 淬灭过量的 ICl。然后把 MeOH 切换成 EtOAc，水洗后得到邻碘苯胺（**28**）粗产品的 EtOAc 溶液。用 EtOAc-庚烷重结晶，得到面积含量＞99％的邻碘苯胺（**28**），收率为 95％。这一优化步骤稳定可靠，高质量的邻碘苯胺（**28**）可以直接用于下一步偶联反应。

（2）钯催化邻碘苯胺（28）与双（三烷基硅基）丁炔醇醚之间偶联反应的优化

Larock 吲哚合成法合成色醇 研究钯催化炔烃与邻碘苯胺偶联反应之前，先进行端炔 C—H 键的保护。对保护基团的基本要求是能承受偶联反应的条件，生成产物吲哚后容易离去。此外，大位阻的保护基团才能保证环化反应 3 位与 2 位的区域选择性。推测三烷基硅基作为保护基团能满足上述要求，因为 C—Si 键成键方便，基团体积大，偶联反应中稳定，并且在温和条件下容易除去吲哚 2 位的硅保护基团。如图式 4.8 所示，用三甲基硅基（TMS）保护的炔（**36**）与对位取代的邻碘苯胺（**28**）之间偶联反应得到 94：6 的色醇（**37**）和异构体（**38**）的混合物。而邻碘苯胺（**24**）与 2-戊炔（**33**）之间偶联只能得到 2：1 的区域异构体（**34** 与 **35**）的混合物。和预想一致，反应中大位阻的硅基保护基与吲哚 N 相邻。第一次尝试的实验结果说明，以 TMS-丁炔醇（**36**）进行反应是合成色醇（**27**）的有效方法。脱去硅保护基团后，产物的分析收率为 56％。

尽管 TMS 是最价廉易得的硅保护基，但是 TMS 的缺点也很明显，偶联反应产生了大量杂质，产物吲哚（**37**）收率低。确切证据表明，反应收率低以及生成的杂质都与 TMS 有关，如图式 4.9 所示。推测硅氧环烷（**44**）是由高价硅物种（**43**）转化得到的，而高价硅物种（**43**）则由游离醇与硅烷基团反应然后发生甲基迁移产生。当醇羟基也保护后，就不再产生这个副产物。

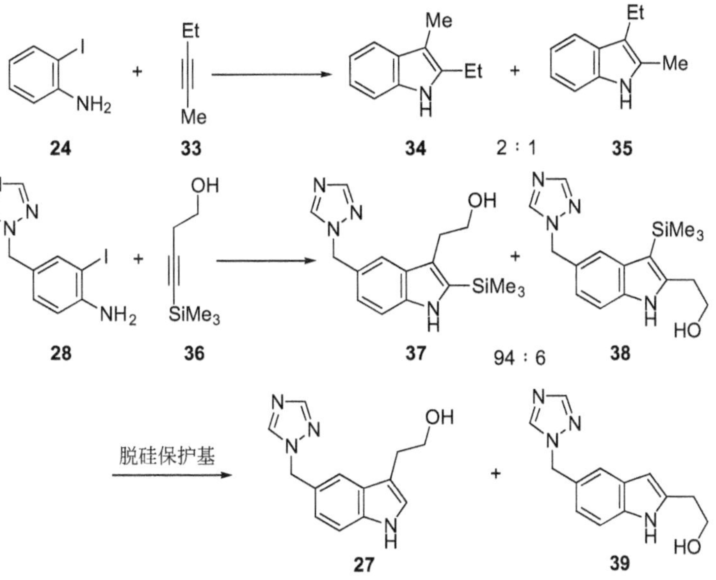

图式 4.8　钯催化邻碘苯胺与炔的偶联环合反应

炔烃的端位 C 与远端羟基都以稳定的保护基保护后，偶联反应生成了 3 位取代的吲哚产物，收率较高。以 C-TMS 保护的炔醇（**36**、**40d** 等）作为偶联原料，反应产物中都含有一些紫色杂质。其中一个紫色杂质表征后确认是甘菊蓝（**45**），如图式 4.9 所示。推测甘菊蓝的形成过程如下：在偶联反应中，炔烃二聚形成中间体（**47**）。中间体（**47**）经历 α-消除产生卡宾，随即插入到苯环的 C＝C 双键，接着经过扩环和脱硅基等一系列转换，生成了甘菊蓝（**45**）。当使用 C-TES 保护的炔烃（**40a**、**40b**）以及用 C-TBDMS 保护的炔烃（**40c**、**40e**）作为偶联反应的原料时，反应产物中紫色杂质就少得多。由此可见，体积更大的 TES 和 TBDMS 抑制了炔烃的二聚。

如图 4.2 所示，羟基的保护基团明显影响偶联反应的收率。邻碘苯胺（**28**）及炔醇硅醚（**40d**，R₁＝TBDMS）之间偶联反应得到了 77％收率的吲哚（**41d**，R₁＝TBDMS），而与炔醇（**36**，R₁＝H）反应，收率只有 56％。C,O-双-TBDMS 保护的炔醇硅醚（**40c**）比 C-单-TBDMS 保护的炔醇（**40e**）的收率高出 18 个百分点，分别为 78％与 60％。

研究发现，TMS 保护的炔醇在偶联反应中副产物很多，而 TBDMS 保护的炔醇反应速度太慢。综合考虑后，偶联反应最合适的底物是 TES 保护的炔醇硅醚（**40a**）。事实上，以 C-TES 保护的炔醇硅醚进行偶联反应，产物吲哚（**41a**）的收率高达 80％。在大规模合成时，反应产物稳定性好不易水解，反应速度适中。

偶联反应机理　偶联反应的化学历程涉及钯催化的杂环环化反应，如图式 4.10 所示。Pd(OAc)₂ 进入反应体系后，加热即被原位还原成 Pd(0)。Pd(0) 物种

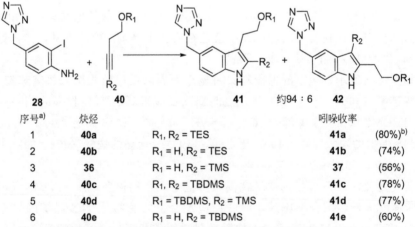

图式 4.9　邻碘苯胺（28）与 TMS-丁炔醇（36）偶联反应形成杂质的机理

序号[a)]	炔烃		吲哚收率	
1	40a	R_1, R_2 = TES	41a	(80%)[b)]
2	40b	R_1 = H, R_2 = TES	41b	(74%)
3	36	R_1 = H, R_2 = TMS	37	(56%)
4	40c	R_1, R_2 = TBDMS	41c	(78%)
5	40d	R_1 = TBDMS, R_2 = TMS	41d	(77%)
6	40e	R_1 = H, R_2 = TBDMS	41e	(60%)

a)条件：2%(摩尔分数) Pd(OAc)₂, Na₂CO₃, DMF, 100°C; **28**与**40**的比例= 1:(1.05～1.2)。

b) OH和OTES的混合物。

图 4.2　优化保护基团

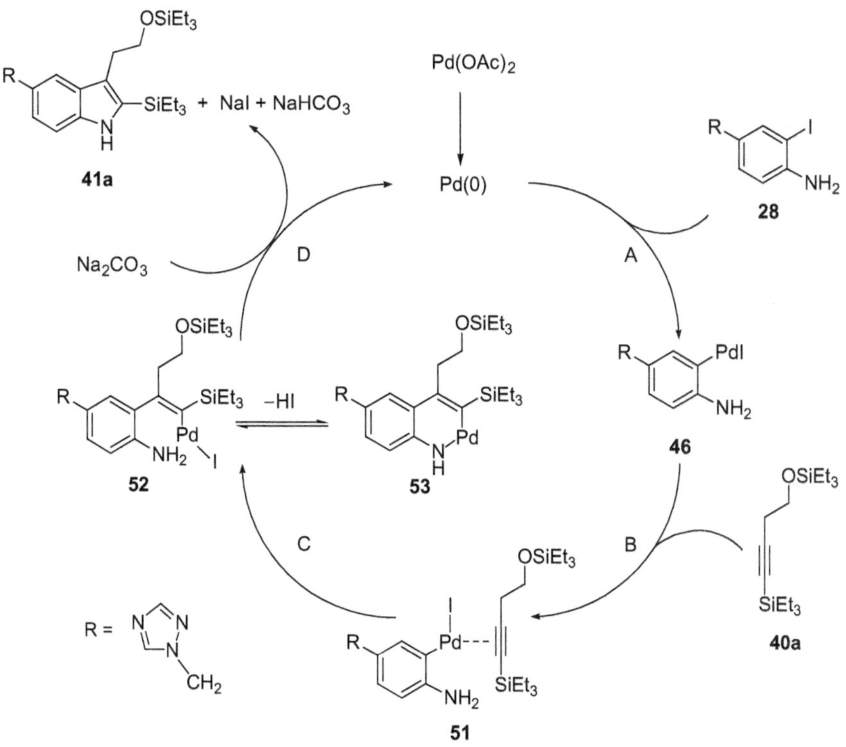

图式 4.10　钯催化合成吲哚的反应机理

是邻碘苯胺（**28**）进行氧化加成（A 步骤）所必需的，氧化加成后形成了芳基 Pd
（Ⅱ）碘化物物种（**46**）。钯物种（**46**）与炔形成 π-配合物（B 步骤），接着发生C-Pd
化反应（C 步骤）。还原消除后生成吲哚产物并再生 Pd（O）物种（D 步骤），同
时，释放碘化氢，因而体系中需要 Na$_2$CO$_3$，才能保持催化剂的催化循环。

　　制备 *C*,*O*-双-TES-丁炔醇硅醚（40a）　制备双-TES-丁炔醇硅醚（**40a**）的实验
过程如下：在－20℃下，*n*-BuLi 锂化 3-丁炔-1-醇（**54**）形成双负离子（**55**）。然后
加入 TESCl 得到双-TES-丁炔醇硅醚（**40a**），如图式 4.11 所示。优化反应条件显
示，2eq. *n*-BuLi 是最合适的量。*n*-BuLi 过量反而会生成一些未知杂质，自然也降

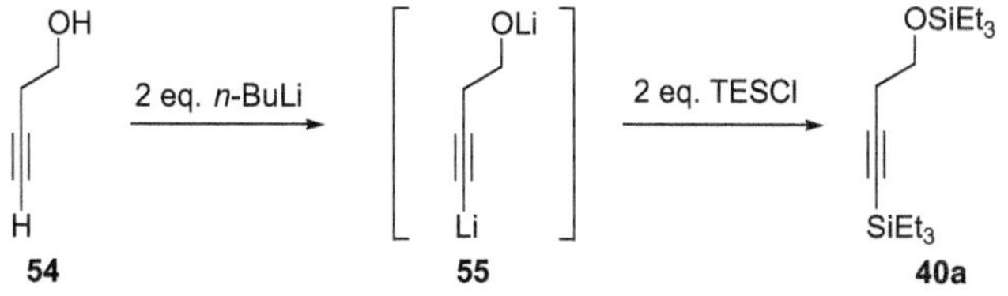

图式 4.11　从 3-丁炔-1-醇制备 *C*,*O*-双-TES-丁炔醇硅醚（**40a**）[❶]

---

　❶ 原文中 C,N 有误，译者注。

低反应收率和产物纯度。而且，一旦加入过量 n-BuLi，还不能补加炔醇（**54**）。比如，用 2.6eq. n-BuLi 的反应只得到 57% 收率的产物，因为有副反应。

也可以用 MeMgCl 与 3-丁炔-1-醇（**54**）作用得到双负离子。格氏试剂反应生成单 C-硅烷化炔醇非常容易，但是反应 48h 才能完成 O-硅烷化，烷氧基镁的亲核性可能相对较弱。

优化偶联反应　优化后的偶联反应条件如下：以 DMF 作溶剂，邻碘苯胺（**28**）与略过量 C,O-双-TES-丁炔醇硅醚（**40a**，1.05eq.）、5eq. 粉末 Na_2CO_3、1.5eq. $MgSO_4$、2%（摩尔分数）$Pd(OAc)_2$ 混合，混合物用氮气脱气除氧，然后加热到 105℃ 反应 6~7h。研究表明，体系中添加各种膦配体并不能改善反应进程。可能是因为芳基碘底物足够活泼，并且邻位氨基的螯合作用以及 DMF 溶剂化稳定了钯中间体。如图式 4.12 所示，反应产物中主要是 95:5 的双硅基产物（**41a**）和单硅基产物（**41b**）的混合物，同时伴有含量为 3%~4% 的区域异构体杂质（**42a**）。优化过程也筛选了其他反应参数，下面简要介绍每个参数的优化情况。

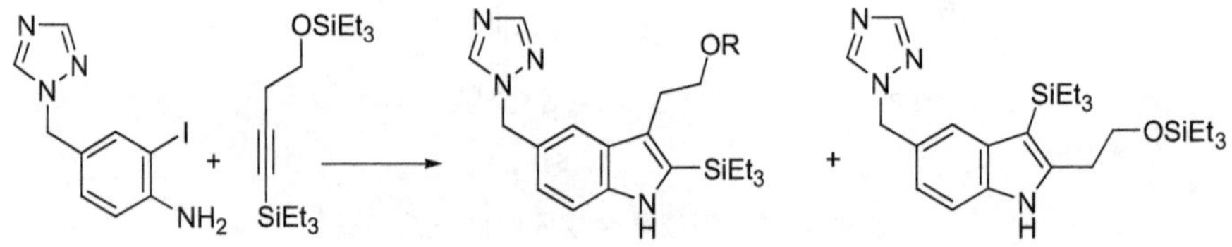

图式 4.12　优化后的钯催化吲哚合成

以 Na_2CO_3 作碱，参考钯催化合成吲哚的文献方法[8]。优化过程中也尝试了其他碱及溶剂[6]。有意思的是，以 Li_2CO_3 或 K_2CO_3 作碱，反应转化率较低（30%~45%），而 Cs_2CO_3 或 $CaCO_3$ 则完全不起作用。尽管偶联反应中经常以有机胺作碱，但有机胺在本反应中会产生胺衍生的杂质。虽然有机胺不适合利扎曲坦的合成工艺，但有机胺衍生的副反应却引起了重视，因为后来发现了钯催化邻碘苯胺与酮环合合成吲哚的新方法。4.2 节将详细介绍合成新方法的意外发现过程和应用范围。

$MgSO_4$ 并不是偶联反应本身必需的，但它能有效抑制 C,O-双-TES-色醇（**41a**）脱硅烷基生成 C-单-TES-色醇（**41b**），从而保证高反应收率。如果体系不加 $MgSO_4$，单硅基色醇（**41b**）的含量高达 30%；而加入 3eq. $MgSO_4$，单硅基色醇（**41b**）的含量减少到 4%。综合考虑后，加 1.5eq. $MgSO_4$ 既能有效抑制脱硅基，又使反应体系中的固体量适中，不会造成搅拌困难。然而，加入 $MgSO_4$ 后反应速度下降，但升温 5℃ 至 105℃ 就可以补偿反应速度。如果反应温度超过 110℃，收率反而下降，因为区域异构体（**42a**）的比例逐渐增加。

（3）除去钯残余以及脱硅基转化成色醇（27）

反应混合物降温后，过滤除去无机盐。向滤液中加入 20％（摩尔分数）n-Bu₃P 使钯配位形成配合物留在有机相中。如果不加 n-Bu₃P，后处理过程中会持续析出很难处理的胶体钯。而且，如果不经过这一后处理步骤，色醇（**27**）粗产品中钯残余量将高达 800～1300ppm。如果用高残余钯的色醇（**27**）继续后续工艺，最终产品原料药中的钯残余量超过 10ppm。用 n-Bu₃P 后处理之后，能确保色醇（**27**）中的钯残余量不到 100ppm。这样很容易实现最终产品的钯残余量低于 10ppm。然后用乙酸异丙酯（IPAc）和水稀释混合物。弃去水层，双硅基产物（**41a**）以及单硅基色醇（**41b**）都在 IPAc 溶液中。用 2mol/L 柠檬酸水溶液洗涤含有双硅基产物（**41a**）、单硅基色醇（**41b**）以及可溶性钯配合物的 IPAc 溶液。这一过程能除去绝大部分深色杂质，双硅基产物（**41a**）几乎完全转化成单硅基色醇（**41b**）。与此同时，大部分区域异构体杂质（**42a**）脱去硅保护基转化成水溶性杂质（**39**）进入水相。很显然，脱去 C3 位 TES 比 C2 位 TES 容易得多。分去柠檬酸水层，有机层再用 2.5mol/L 盐酸处理脱去 C2 位的 TES 硅保护基。最后，未保护的色醇（**27**）溶解在酸性水中，如图式 4.13 所示。

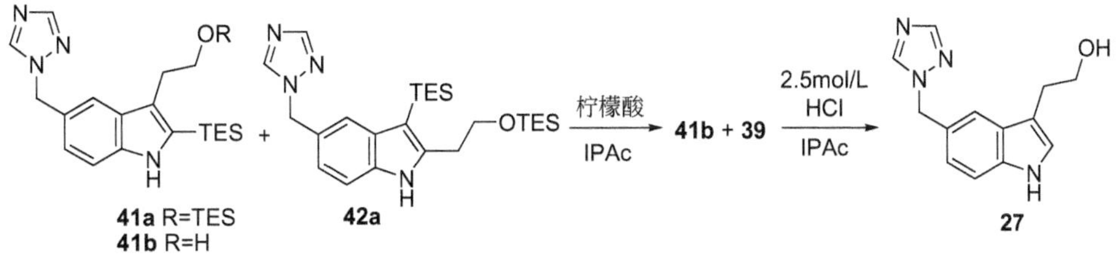

图式 4.13　脱去硅保护基

中和水层后，再用 85：15 的 IPAc/MeOH 萃取色醇（**27**）。甲醇能改善色醇（**27**）在有机溶剂中的溶解度。萃取两次，回收率超过 95％。有机相合并后再用 10％（质量分数）活性炭（Darco-KB）处理，进一步除去深色杂质。过滤活性炭后，有机相浓缩除去甲醇，降温结晶析出色醇（**27**）。向 IPAc 浆液中加入庚烷能帮助产品完全析出。过滤得色醇（**27**），分离收率为 70％～72％。分离得到的色醇（**27**）含有 80～100ppm 的钯残余量以及面积含量约 3％的区域异构体杂质（**39**）。在下游工艺中，可以方便地把区域异构体杂质含量降到 0.1％以下。巧妙的后处理不仅提供了高品质的色醇（**27**），而且工艺可重复。

（4）合成利扎曲坦（1）的最终化学过程

如图式 4.14 所示，从色醇（**27**）合成利扎曲坦苯甲酸盐（**1**）的过程直观明了。色醇（**27**）先转化为相应的甲磺酸酯（**56**），然后二甲胺取代生成利扎曲坦游离碱。甲磺酸酯（**56**）很容易与三唑发生烷基化形成聚合物，因此，直接用 40％的二甲胺水溶液与甲磺酸酯（**56**）粗产品进行取代反应。实验过程如下：−20℃ 的 THF（10mL/g）中，色醇（**27**）与 1.3eq. 三乙胺、1.2eq. MsCl 反

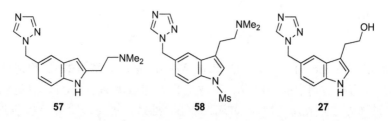

图式 4.14　色醇 (27) 合成利扎曲坦 (1)

应 15min，得到了甲磺酸酯（**56**）溶液，同时析出三乙胺盐酸盐。粗产物混合物直接与 40% 的二甲胺水溶液反应生成利扎曲坦，收率为 75%～85%。主要副产物是面积含量为 2%～3% 的区域异构体（**57**）、3%～5% 的吲哚-*N*-甲磺酰化的利扎曲坦（**58**）以及约 1% 的原料色醇（**27**），如图 4.3 所示。在与苯甲酸成盐过程中，可以除去上述所有杂质。向利扎曲坦游离碱/异丙醇（IPA）溶液中加入苯甲酸/IPAc-IPA 溶液，成盐得到利扎曲坦苯甲酸盐，收率为 95%，纯度极好。

图 4.3　最终合成过程中的副产物

(5) 工艺开发总结

1）深度优化了制备苯胺中间体（**6**）的合成工艺，总收率接近 90%，不需要层析纯化。合成苯胺中间体（**6**）的每个反应步骤都体现了高效率，可以直接委托加工。

2）通过控制 pH 的碘代反应，开发了制备邻碘苯胺（**28**）的新工艺。新工艺大幅度抑制了双邻碘苯胺副产物（**32**），实现了没有固体废弃物的分离过程。

3）关键的钯催化偶联环合合成吲哚的工艺优化过程中，筛选了 3-丁炔-1-醇的保护基团，仔细考察了碱以及添加剂等反应参数。完善了巧妙而且实用的后处理工艺，色醇（**27**）重结晶后的分离收率达到 76%～82%。

4）总之，以邻碘苯胺（**28**）为原料经过四步反应合成了利扎曲坦（**1**），纯度＞99％，总收率约60％。

4.2　化学研究

4.2.1　应用钯催化环化反应合成吲哚乙酸

钯催化构建吲哚的新方法是开发利扎曲坦（**1**）生产工艺的基石。研究人员成功地把这个钯催化吲哚合成的新方法延伸到合成3-吲哚乙酸（L-749335，**2**）中[10]。3-吲哚乙酸（**2**）或许是利扎曲坦苯甲酸盐（**1**）代谢或氧化降解的产物。因而需要高纯度的3-吲哚乙酸（**2**）样品与利扎曲坦（**1**）一起进行生物活性试验。然而，一个看来并不复杂的结构在传统合成方法中遇到了挑战，如图式4.15所示。在4％ H_2SO_4 中，不论用醛（**59**）或缩醛（**60**）与三唑苯肼（**7**）进行Fischer吲哚合成都不能得到设想的产物。推测最可能的原因是产物在反应条件下不稳定。而利扎曲坦（**1**）的关键中间体色醇（**27**）的氧化，只观察到一些寡聚物。

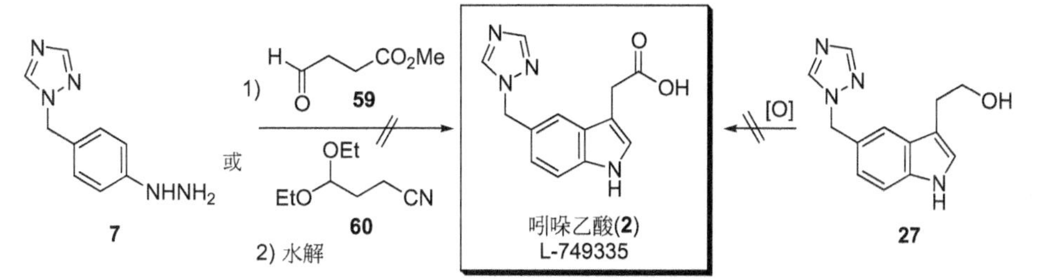

图式 4.15　Fischer吲哚合成法以及氧化法合成吲哚乙酸（**2**）

最后，用邻碘苯胺（**28**）与炔丙醇衍生物（**61**）进行新开发的钯催化偶联环合反应，然后氰基取代、水解，最终成功合成了3-吲哚乙酸（**2**），如图式4.16所示。

以 n-BuLi作碱，炔丙醇与TESCl反应定量得到了 C,O-双-TES的侧链（**61**）。在DMF中，加入1.5eq. $MgSO_4$ 以及5eq. Na_2CO_3，邻碘苯胺（**28**）与双-TES侧链（**61**）之间进行钯催化偶联环合反应生成了吲哚中间体（**62**）和产物（**63**）的混合物，HPLC面积比为96∶4。用 n-Bu₄NF选择性脱去混合物的 O-硅烷保护基得到2-TES-吲哚（**63**）。然后，经过一系列中间体（**65~67**）转换，2-TES-吲哚（**63**）转化成相应的羧酸（**2**）。

在乙醇中，过量NaCN与吲哚醇（**63**）加热反应得到1∶1的吲哚乙腈（**65**）和吲哚乙基醚（**64**）的混合物。推测吲哚醇（**63**）的羟基与CN⁻以及乙醇之间发生了竞争反应生成醚（**64**）。看起来反应更可能经过亚甲基吲哚（**68**）中

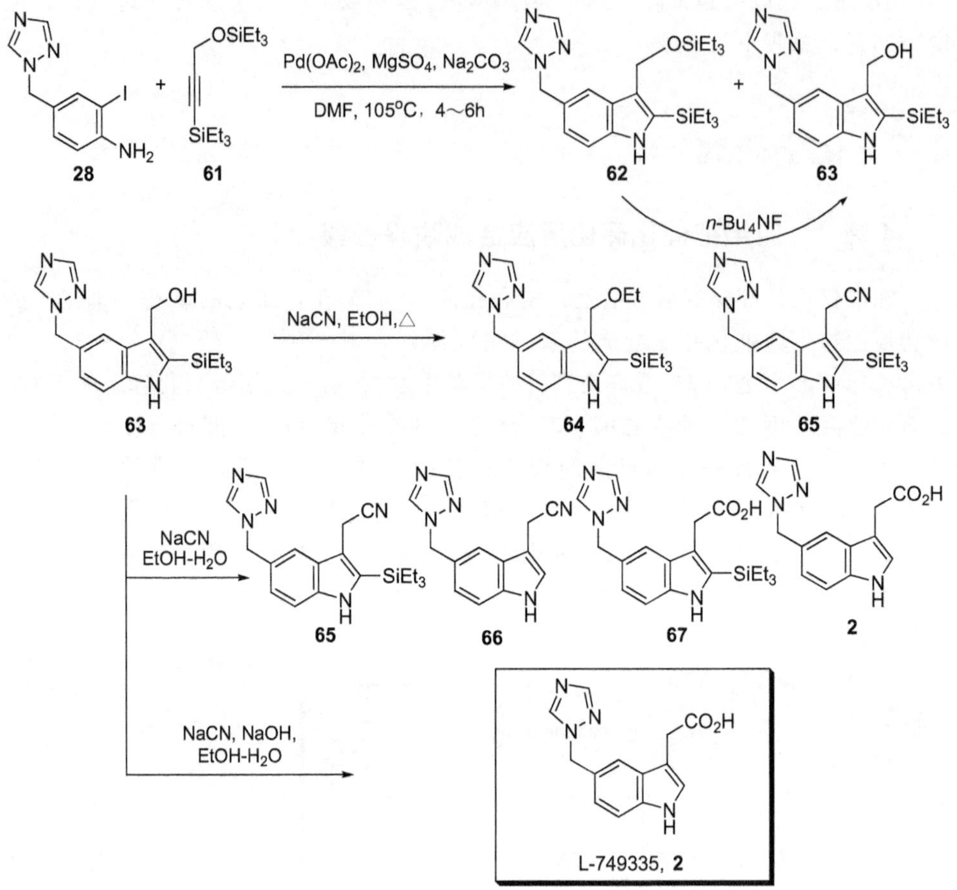

图式 4.16　应用钯催化吲哚合成新方法合成吲哚乙酸（2）

间体发生了转换，如图式 4.17 所示。事实上，在催化量 NaOH 作用下，吲哚醇
（63）与乙醇定量生成了乙基醚（64）。然而，用 9∶1 的 EtOH-H₂O 混合溶剂能
抑制生成乙基醚（64）。在 EtOH-H₂O 中，反应得到了产物羧酸（2）以及中间
体（65～67）的混合物，因为在反应条件下，氰基水解和脱硅保护基都不能转换
完全。推测向体系中加 NaOH 有可能促进吲哚中间体（65～67）向产物羧酸
（2）的转化，该推测得到了证实。在 EtOH-H₂O 中，NaCN 和 NaOH 一起与醇
（63）反应，延长回流时间，可得到较高收率的羧酸（2）钠盐。这样，一步反应
完成了氰基转换、氰基水解以及脱保护基三个过程。以 2mol/L HCl 调节反应液
的 pH 值到 3，体系析出粗产物羧酸（2）。粗产物中含有两个主要杂质，分别是
面积含量 7％的二聚体（69）以及 2％的三聚体（70）。推测这两个杂质都与亚甲
基吲哚（68）有关[5]，而硅胶层析或重结晶不易除去。

　　大规模合成时，用溴化聚苯乙烯树脂（SP-207）色谱柱纯化 NaCN-NaOH
体系生成的羧酸钠盐，这样避免了酸性后处理产生 HCN。先用 1mol/L NaCl 溶

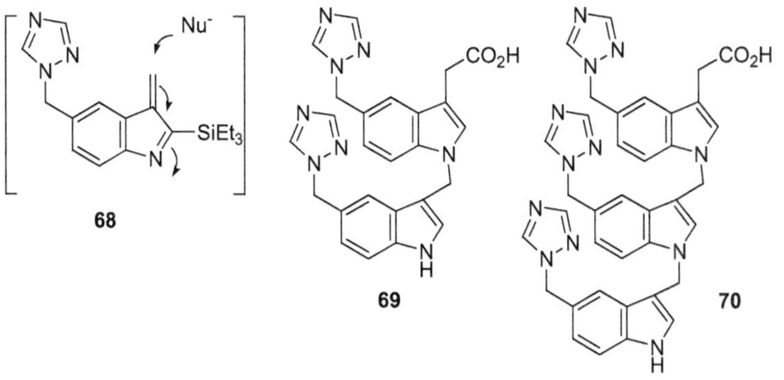

图式 4.17 反应中间体、二聚体和三聚体的结构

液饱和 SP-207 树脂，然后将反应液加入柱子。再用 1mol/L NaCl 溶液作洗脱液，除去过量 NaCN、NaOH 等无机盐以及其他极性杂质。然后将洗脱液切换成 MeOH-H$_2$O，洗脱羧酸（**2**）钠盐。收集面积含量大于 98.5% 并且不含二聚体（**69**）以及三聚体（**70**）的馏分。浓缩后，再用 2mol/L HCl 调节 pH 值到 3～4，析出羧酸（**2**）。总之，一锅法工艺高效地把醇（**63**）转化成羧酸（**2**），制备了满足分析要求的纯品羧酸（**2**），以邻碘苯胺（**28**）为原料计，总收率为 38%。

4.2.2 发展钯化学的吲哚合成新方法

4.2.2.1 探索发现从胺合成吲哚的新方法

前面提到过，在优化钯催化邻碘苯胺（**28**）与炔烃（**40a**）偶联环合反应条件的过程中，探索了多种无机碱及有机胺。二异丙胺（DIPA）是合适的有机碱，脱去产物（**41a**）2 位的硅烷保护基后得到 76% 收率的色醇（**27**）。反应的区域选

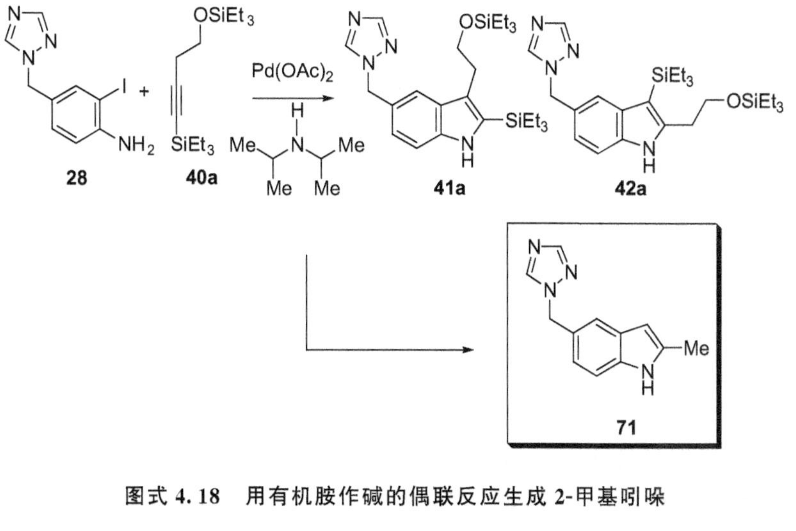

图式 4.18 用有机胺作碱的偶联反应生成 2-甲基吲哚

择性与 Na_2CO_3 相当，都是 94：6。二异丙胺作碱的反应有许多优点：反应速度较快（2h vs 4h），后处理干净简单。然而，该反应有个严重问题，反应出现了一个新杂质（**71**），含量大约 9%，如图式 4.18 所示。

非常明显，这个新杂质是 DIPA 被钯催化氧化经过 β-H 消除生成烯胺最后环合形成的。事实上，在 DMF-d_7 中混合 $Pd(OAc)_2$ 与 DIPA 立即形成钯黑、伯胺和丙酮，推测是由烯胺水解衍生得到的。烯胺或者丙酮会与邻碘苯胺（**28**）偶联，再经过芳基 Pd(Ⅱ) 物种进行杂环化生成 2-甲基吲哚（**71**），如图式 4.19 所示。

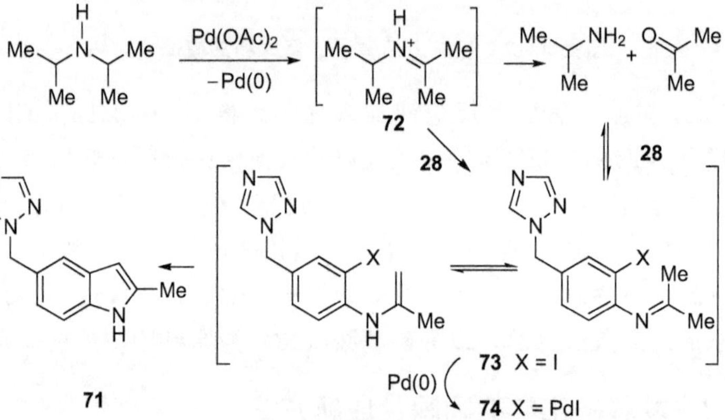

图式 4.19　形成 2-甲基吲哚（71）的反应机理

用其他有机胺作碱也能获得 60%～70% 收率的色醇（**27**）。每个有机胺的反应都观察到各自对应的吲哚副产物，如图式 4.20 所示。例如，用三乙胺作碱的反应生成了 2,3-未取代的吲哚（**75**），而二环己基胺则生成了四氢咔唑（**76**）。

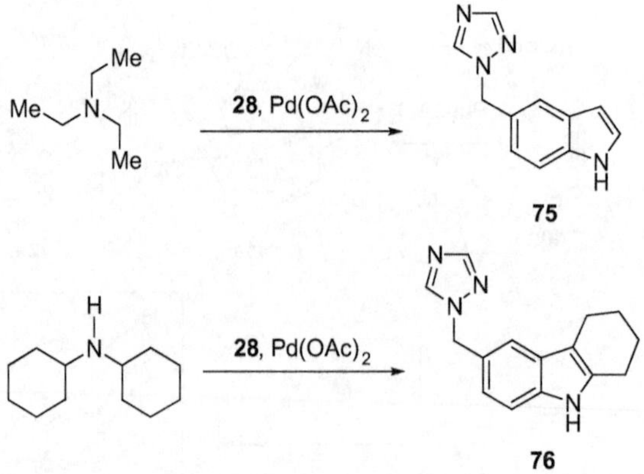

图式 4.20　有机胺衍生的吲哚杂质

为了避免出现 Pd 催化胺氧化脱氢的副反应，用一个不能发生氧化脱氢的有机胺尝试优化反应条件，或许可以解决问题。按照 Bredt 规则[11]，DABCO 以及奎宁环不发生氧化脱氢，因此把它们作为有机碱进行反应考察。如图式 4.18 所示，以 DABCO 作碱，偶联反应 2h 后，酸水解得到了 60％收率的色醇（**27**）以及 2％的区域异构体。而用奎宁环的反应获得了 76％收率的色醇（**27**）。与碳酸盐的工艺相比较，奎宁环量少价高，缺乏竞争力，所以没有必要进一步开发。用所谓的质子海绵，一个只有甲基的 1,8-双（二甲胺基）萘作为有机碱，即使发生氧化脱氢也不会转化成吲哚杂质，反应 3 天也只有 20％的转化率。

更有意思的是，如果反应溶剂不是 DMF，有机胺作碱的反应就不会产生烯胺，更不会进一步衍生吲哚杂质。以丙腈作溶剂，不论 n-Bu₃N 还是二异丙基乙胺作碱，反应都能获得目标产物。两种有机碱的反应都获得了 65％的吲哚（**41a**）和面积含量 1.8％的异构体（**42a**）。在其他溶剂中用有机胺作碱的反应，都能显著提高产物的区域选择性。然而，丙腈可能发生 β-消除产生 HCN，并不是适合规模生产的反应溶剂，而乙腈的反应速度太慢。

4.2.2.2 邻碘苯胺与酮直接偶联

因为有机胺衍生的副产物源自烯胺或酮与邻碘苯胺的反应，因此，设想以酮直接作为反应底物代替胺直接合成吲哚，如图式 4.21 所示。实际上，实验发现，以 5％（摩尔分数）Pd(OAc)₂ 作催化剂，3eq. DABCO 作碱，体系浓度为 0.3mol/L，105℃反应，邻碘苯胺（**24**）（**77**，R₁＝H）与环己酮直接偶联环合得到四氢咔唑（**81a**），收率为 77％，没有主要杂质，参看图 4.4[5]。DMF 作溶剂是成功反应的重要因素，乙腈、甲苯等其他溶剂的效果都不好。

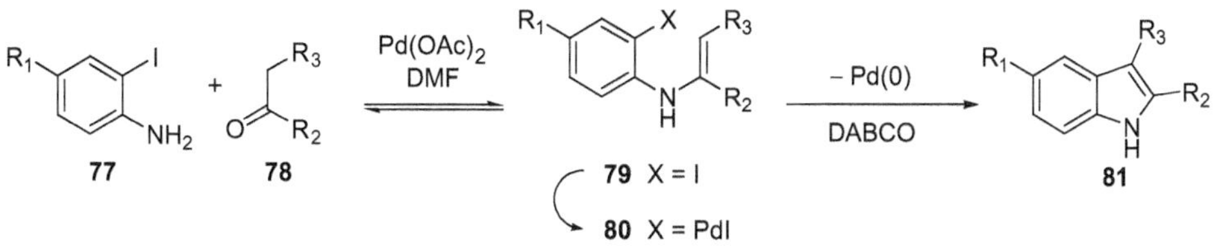

图式 4.21 酮合成吲哚新方法

接着，进一步研究了多种邻碘苯胺与环酮反应的底物适用性。如图 4.4 所示，用邻碘苯胺（**24**，R₁＝H）、（**28**，R₁＝CH₂-三唑）以及（**77**，R₁＝CN）与多种环酮反应，都获得了较高收率的吲哚产物。偶联反应具有很好的区域选择性。邻碘苯胺（**24**）与 2-甲基环己酮反应生成 2-甲基四氢咔唑（**81j**），收率为 68％。而 3-甲基环己酮与邻碘苯胺反应倾向于生成咔唑（**81i**），只有 5％的区域异构体。与 1eq. 5α-胆甾烷酮的偶联反应在甾体中引入吲哚结构，得到唯一的产物（**81l**），收率为 79％。与含有三个羰基的另一个甾体底物反应，只生成了区域选择性唯一的产物（**81m**），收率为 71％。环戊酮以及环庚酮作底物的反应情况也类似，得到产物（**81d** 和 **81h**），收率分别为 53％和 72％。

该反应能承受多种官能团，尤其酸敏感的缩醛（**81b**）、氨基甲酸酯（**81c**）

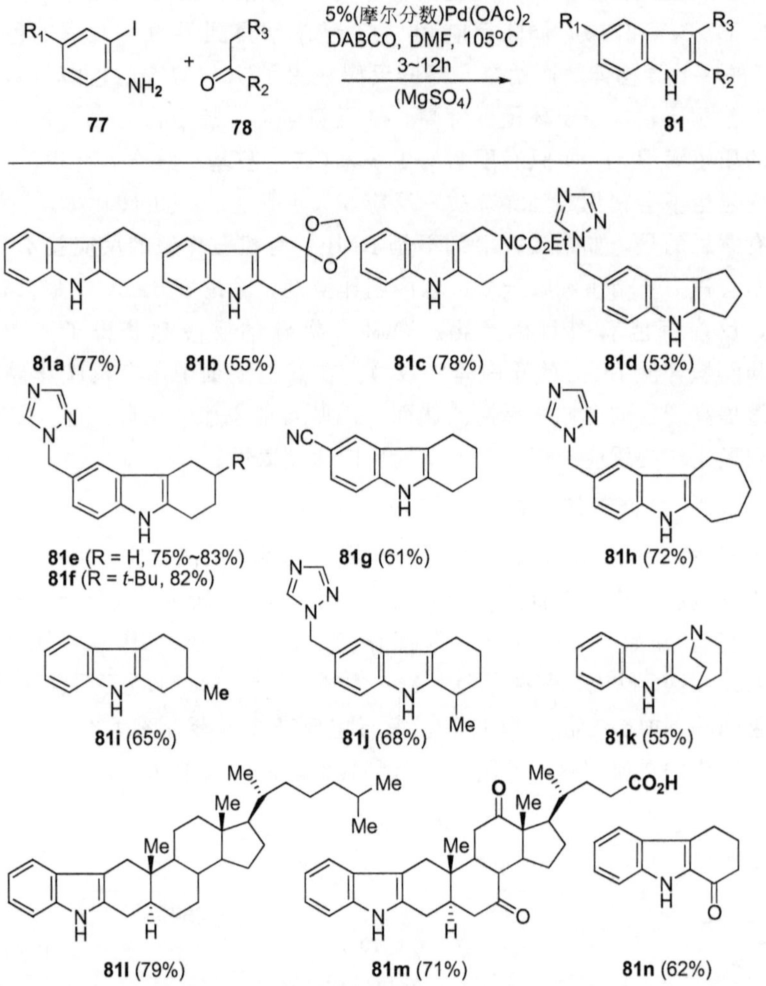

图 4.4 吲哚合成新方法的适用性和局限性

以及苄基三唑（**81d~f**，**81h**，**81j**）等。上述新方法能方便地合成传统 Fischer 吲哚合成法中中间体不稳定的产物。以 1eq. 3-喹核酮盐酸盐为原料可以合成结构很有意思的吲哚衍生物（**81k**），收率为 55%。尽管在 105℃ 的 DMF 中大部分反应的效率都较好，但对于一些环化很慢的反应（**81d**，**81j ~ m**），加入 1.5eq. MgSO₄ 作为脱水剂对反应有明显的促进作用。最后，1,2-环己二酮与邻碘苯胺（**24**）反应生成了酮基咔唑（**81n**），收率为 62%。

与环烷酮相比，脂肪醛偶联反应制备 3 位取代吲哚的效果并不好，只有苯乙醛能得到 76% 收率的 3-苯基吲哚（**83**），如图式 4.22 所示。在反应条件下不容易形成亚胺或脂肪醛的稳定性因素，可能造成这一类底物不能顺利反应。因此，考虑以醛的等价物作底物的策略。因为容易离去吲哚 2 位的三烷基硅基，研究人

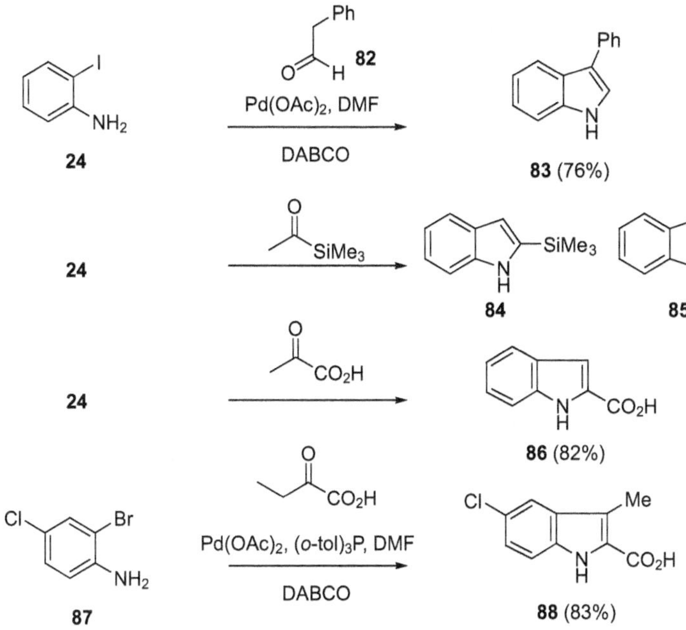

图式 4.22 醛、酰基硅烷以及氧代羧酸作为底物的偶联反应

员尝试了用酰基硅烷作为醛等价物制备 3-取代吲哚。实际上，乙酰基三甲基硅烷与邻碘苯胺（**24**）之间偶联反应得到了 2:1 的 2-TMS-吲哚（**84**）和吲哚（**85**），合并收率为 64%。在反应条件下部分产物（**84**）脱硅烷保护基产生了吲哚（**85**）。而且，用 HCl 处理能定量脱去（**84**）的硅烷保护基得到吲哚（**85**）。

考虑到吲哚-2-羧酸能方便地脱羧生成吲哚。因此，用丙酮酸作为乙醛等价物与邻碘苯胺（**24**）偶联环合生成了吲哚-2-羧酸（**86**），收率为 82%。而且，邻溴苯胺（**87**）也适用于这一反应，偶联环合生成了吲哚羧酸（**88**），收率为 83%。与其他酰基硅烷、2-氧代羧酸或羧酸酯偶联是合成 2,3-取代的吲哚化合物的重要研究方向。

总之，研发团队发现并展示了以各种羰基化合物为原料高效合成吲哚的新方法。新方法与钯催化炔烃合成吲哚的方法互补，拓宽了制备吲哚化合物的合成途径。步骤简单、反应条件温和以及原料易得等特点丰富了吲哚化学。最后，应用新方法合成了含有吲哚母核结构的 PGD$_2$ 受体拮抗剂-拉罗匹坦（**3**）。

4.2.2.3 吲哚合成法在制备拉罗匹坦过程的应用

肥大细胞对抗原刺激响应产生了前列腺素 D$_2$（PGD$_2$）[12]，D$_2$ 也是花生四烯酸的主要环氧化酶代谢物。临床观察，过度产生 PGD$_2$ 会引起一些常见过敏性疾病，如过敏性鼻炎、哮喘、特应性皮炎等[13]。PGD$_2$ 受体拮抗剂的研发工作证实拉罗匹坦（**3**）在缓解多种过敏性疾病方面显示了非常可靠的作用[14]。而且该化合物与烟酸联合用药可降低血液胆固醇[15]。按照上述介绍的吲哚合成新方法，通过邻溴苯胺（**93**）与环戊酮酯（**90**）之间偶联环合合成目标分子中的吲哚核。在本案例中，反应效率取决于形成亚胺以及随后的分子内环合反应。在此之前，曾报道采用肼（**89**）与光学纯的酮酯（**90**）进行 Fischer 吲哚合成，但生成了完全消旋化的中间体（**91**）[图式 4.23(1)]以及区域异构体（**92**）[16]。按照前述的新方法，邻溴苯胺（**93**）与光学纯的酮酯（**90**）缩合，然后发生分子内 Heck 反应迅速生成了目标产物吲哚（**94**），收率很高，得到了消旋体产物 [图式 4.23 (2)]。毫无疑问，上述两种方法都是合成消旋药物的可靠方法。也许只能通过化学拆分的方法获得光学纯的化合物（**3**）。

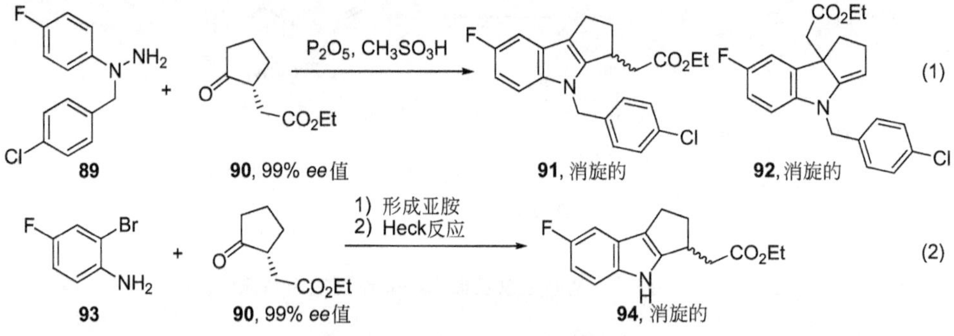

图式 4.23 合成消旋吲哚酯（**94**）

在催化量 *p*-TsOH 作用下，易得原料邻溴对氟苯胺（**93**）与消旋的 2-氧代环戊基乙酸乙酯（**90**）的甲苯溶液在 Dean-Stark 分水器回流共沸分水，缩合生成亚胺（**95**），转化率大于 95%，如图式 4.24 所示。多批次 100g 规模的反应都很正常。当把反应放大到 1kg 规模，转化率达到 83% 后不再继续转化。为了解决问题，又重新考察了脱水剂，包括 CF_3CO_2i-Pr、$B(OEt)_3$、$Si(OEt)_4$ 以及 $Ti(Oi$-Pr$)_4$。实验结果表明这些脱水剂对反应的作用不大，但 $P(OEt)_3$ 的效果非

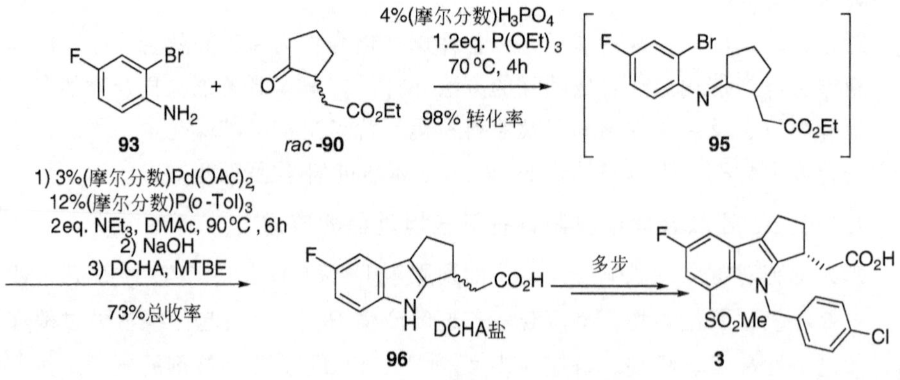

图式 4.24 合成消旋吲哚酸（**96**）

常好。反应不需要刻意除去产生的副产物乙醇。经过优化，本体反应加 1.2eq.
P(OEt)$_3$ 以及 4％（摩尔分数）H$_3$PO$_4$，70℃下反应 4h，以 98％的转化率生成
亚胺（**95**）。未经纯化的亚胺中间体（**95**）不能直接用于 Heck 环化反应，亚磷
酸二乙酯会使催化剂中毒。用含 10％（体积分数）TEA 的环己烷萃取、水洗除
去亚磷酸二乙酯，操作过程对亚胺（**95**）没有影响。

　　水相后处理后，把溶剂切换成 N,N-二甲基乙酰胺（DMAc），然后加入 3％
（摩尔分数）Pd(OAc)$_2$、12％（摩尔分数）P(o-Tol)$_3$ 以及 2eq. TEA，升温到
90℃反应 6h，顺利完成了钯催化的杂环环化反应，生成吲哚酸乙酯（**94**）。最
后，在同一个反应釜中加 5mol/L NaOH 水溶液皂化生成的乙酯，中和后生成相
应的吲哚乙酸。粗产品在 MTBE 中以二环己基胺（DCHA）盐的形式结晶分离，
总收率为 73％，如图式 4.24 所示。吲哚乙酸（**96**）是合成拉罗匹坦（**3**）的关
键中间体[17]。

4.3　结论

　　以邻碘苯胺（**28**）与 C,O-双-TES-丁炔醇（**40a**）为原料，开发了钯催化偶联
反应合成吲哚母核的新工艺，并进一步延伸合成了利扎曲坦（MK-0462，**1**）。新工
艺具有高效、不需要层析分离并且适合放大等特点。在公斤级规模合成中成功地展
示了新开发的工艺，产品纯度收率俱佳，当前采用该工艺生产利扎曲坦。并将钯催
化偶联方法拓展到高效率合成吲哚乙酸代谢产物（**2**）。在考察碱对邻碘苯胺与炔烃
偶联环合反应影响因素的过程中，发现了邻碘苯胺与环酮、醛、酰基硅烷以及氧代
羧酸等多种羰基化合物直接偶联环合合成吲哚衍生物的新方法。此方法能高效便捷
地合成结构多样的吲哚衍生物。最后，采用新开发的工艺可以制备拉罗匹坦（**3**）
的关键吲哚中间体，拉罗匹坦（**3**）与烟酸联合用药能降低血液胆固醇。

致谢

　　感谢 David R. Lieberman、Robert D. Larsen、Thomas R. Verhoeven、Robert
A. Reamer、Chris H. Senanayake、Timothy Bill、Simon Johnson、Peter D. Hough-
ton、Richard G. Osifchin、Michel Journet 以及 Guy Humphrey，感谢他们对所讨论
项目做出的贡献。

参　考　文　献

[1]　(a)Ferrari,M. D. (1993)*Neurology*,**43**(Suppl. 3),S43-S47;(b)Plosker,G. L.,and McTav-

ish, D. (1994) *Drugs*, **47**, 622.

[2] Street, L. J., Baker, R., Davey, W. B., Guiblin, A. R., Jelly, R. A., Reeve, A. J., Routledge, H., Sternfeld, F., Watt, A. P., Beer, M. S., Middlemiss, D. N., Noble, A. J., Stanton, J. A., Scholey, K., Hargreaves, R. J., Sohal, B., Graham, M. I., and Matassa, V. G. (1995) *J. Med. Chem.*, **38**, 1799.

[3] For an excellent overview on rizatriptan and references cited therein, see: (a) Hargeaves, L. C. R., Rapoport, A. M., Ho, T. W., and Sheftell, F. D. R. J. (2009) *Headache*, **49**, S3; for selected expert review articles: (b) Mannix, L. K. (2008) *Expert Opin. Pharmacother.*, **9**, 1001; (c) Pascual, J. (2004) *Expert Opin. Pharmacother.*, **5**, 669.

[4] (a) Humphrey, P. P. A., and Goadsby, P. J. (1994) *Cephalagia*, **14**, 401; (b) Williamson, D. J., Hill, R. G., Stepheard, S. L., and Hargreaves, R. J. (2001) *Br. J. Pharmacol.*, **133**, 1029; (c) Williamson, D. J., Stepheard, S. L., Hill, R. G., and Hargreaves, R. J. (1997) *Eur. J. Pharmacol.*, **328**, 37; (d) Clumberbatch, M. J., Hill, R. G., Stepheard, S. L., and Hargreaves, R. J. (1997) *Eur. J. Pharmacol.*, **328**, 49.

[5] Chen, C.-y., Lieberman, D. R., Larsen, R. D., Reamer, R. A., Verhoeven, T. R., and Reider, P. J. (1994) *Tetrahedron Lett.*, 35, 6981.

[6] Chen, C.-y., Senanayake, C. H., Bill, T. J., Larsen, R. D., Verhoeven, T. R., and Reider, P. J. (1994) *J. Org. Chem.*, **59**, 3738.

[7] Chen, C.-y., Lieberman, D. R., Larsen, R. D., Verhoeven, T. R., and Reider, P. J. (1997) *J. Org. Chem.*, **62**, 2676.

[8] Larock, E. C., and Yum, E. K. (1991) *J. Am. Chem. Soc.*, **113**, 6689.

[9] Astleford, B. A., Goe, G. L., Keay, J. G., and Scriven, E. F. V. (1989) *J. Org. Chem.*, **54**, 731.

[10] Chen, C.-y., Lieberman, D. R., Larsen, R. D., and Verhoeven, T. R. (1996) *Synth. Commun.*, **26**, 1977.

[11] Bredt, J., Thouet, H., and Schnitz, J. (1924) *Liebigs Ann.*, **437**, 1.

[12] Lewis, R. A., Soter, N. A., Diamond, P. T., Austen, K. F., Oates, J. A., and Roberts, L. J. (1982) *J. Immunol.*, **129**, 1627.

[13] (a) Matsuoka, T., Hirata, M., Tanaka, H., Takahashi, Y., Murata, T., Kabashima, K., Sugimoto, Y., Kobayashi, T., Ushikubi, F., Aze, Y., Eguchi, N., Urade, Y., Yoshida, N., Kimura, K., Mizoguchi, A., Honda, Y., Nagai, H., Narumiya, S., Kato, M., Watanabe, M., Vogler, B., Awen, B., Masuda, Y., Tooyama, Y., and Yoshikoshi, A. (2000) *Science*, **287**, 2013; (b) Charlesworth, E. N., Kagey-Sobotka, A., Schliemer, R. P., Norman, P. S., and Lichtenstein, L. M. (1991) *J. Immunol.*, **149**, 671; (c) Proud, D., Sweet, J., Stein, P., Settipane, R. A., Kagey-Sobotka, A., Freidlander, M., and Lichtenstein, L. M. (1990) *J. Allergy Clin. Immunol.*, **85**, 896; (d) Murray, J. J., Tonnel, A. B., Brash, A. R., Roberts, L. J., Gosset, P., Workman, R., Capron, A., and Oates, J. (1986) *N. Eng. J. Med.*, **315**, 800.

[14] Berthelette, C., Lachance, N., Li, L., Sturino, C., and Wang, Z. (2003) WO 2003062200 A2

20030731 CAN 139.

[15]　Lai，E.，De Lepeleire，I.，Crumley，T. M.，Liu，F.，Wenning，L. A.，Michiels，N.，Vets，E.，O′Neill，G.，Wagner，J. A.，and Gottesdiener，K. (2007)*Clin. Pharmacol. Ther.*，**81**，849.

[16]　Campos，K. R.，Journet，M.，Lee，S.，Grabowski，E. J. J.，and Tillyer，R. D. （2005）*J. Org. Chem.*，**70**，268.

[17]　Internal communication to Journet，M.，Humphrey，G. R. *et al.* on the long term factory process for the production of a prostaglandin D$_2$ receptor antagonist- unprecedented asymmetric hydrogenation of an indole Exo-Cyclic Trisubstituted α,β-Unsaturated Acid.

第五章

SERM：选择性雌激素受体调节剂

宋志国

    雌激素在人类健康与疾病两个方面都起了重要作用。作为类固醇激素核受体的超级家族，雌激素受体（ERs）连接在特定的 DNA 序列中，能调节基因表达，是配体依赖的转录因子。在雌激素受体家族中，有两类已知的、已经被基因编码了的确切成员，分别是 ERα 和 ERβ。雌激素受体调节剂是 ER 配体，在一些组织中起到类似雌激素的作用，但在另外一些组织中阻止雌激素作用。因此，雌激素受体调节剂可能表现出激动或拮抗的作用，取决于活性检测结果。选择性雌激素受体调节剂（SERMs）是潜在的有效药剂，能治疗或预防一些与雌激素相关的疾病，包括骨质流失、软骨退变、子宫内膜异位、子宫肌瘤疾病、低密度脂蛋白胆固醇超标以及癌症等[1-3]。图 5.1 中列出了一些 SERM 药物。他莫昔芬是其中之一，用于雌激素阳性乳腺癌治疗以及女性乳腺癌高危人群预防。然而，该药物的副作用是会使患者提前进入更年期或者产生获得性耐药性。雷洛昔芬是另一种 SERM 药物，批准用于骨质疏松治疗，同时也发现该药物对预防乳腺癌有效，副作用很小[1]。在 SERM 领域，默克研究团队致力于发现疗效更佳、副作用更小的治疗药物[4]。化合物（1）具有上述优点，是雌激素受体 ERα 的选择性调

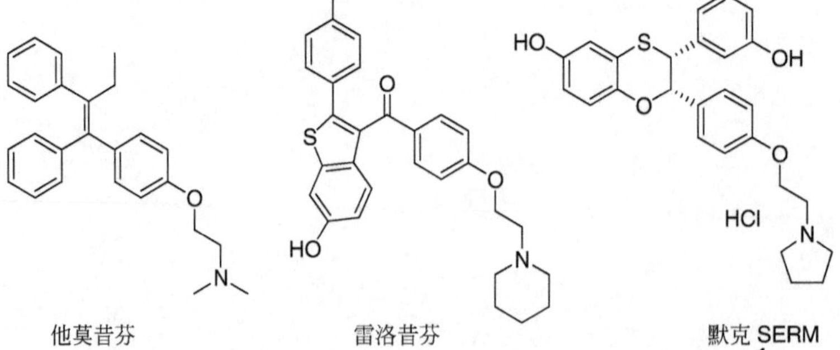

他莫昔芬   雷洛昔芬   默克 SERM
                                                     1

图 5.1   一个 SERM 候选药物和两个 SERM 药物的结构

节剂[4a]。

　　本章将涵盖化合物（**1**）的工艺开发以及相关化学工艺的研究过程，同时交付公斤级药物化合物（**1**）[5]。

5.1　项目发展状况

5.1.1　药物化学的合成路线

　　化合物（**1**）的关键结构特点是手性的顺式-二芳基苯并氧硫杂环己烷稠环体系、两个酚羟基以及一个与四氢吡咯乙醇成键的酚醚。起初，药物化学家以中间体酮（**5**）作为合成 SERM（**1**）的关键原料，如图式 5.1 所示。经过四步反应合成了中间体酮（**5**），收率不高[4a]。合成过程中，高温脱甲基以及剧毒的 MOMCl 都不利于工艺放大。然后以 PhNMe$_3$Br$_3$（PTAB）对中间体酮（**5**）进行溴化，溴化产物与巯基苯酚（**7**）反应生成缩合产物（**8**）。整个合成的关键步骤是在 TFA/Et$_3$SiH 的 Kursanov-Parne 反应条件下，把缩合产物（**8**）转化成顺式-二芳基苯并氧硫杂环己烷（**9**）。

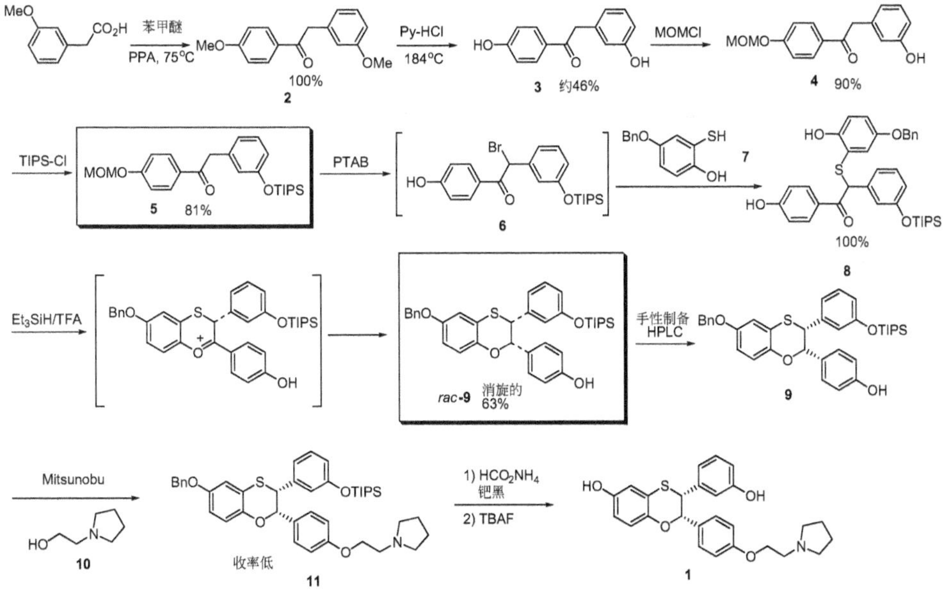

图式 5.1　药物化学家合成 SERM（1）

　　这个新颖的反应有效地形成了顺式-二芳基苯并氧硫杂环己烷骨架结构[6a]。手性制备 HPLC 拆分消旋中间体（**9**），分离效率非常一般。通过 Mitsunobu 反应缩合手性中间体（**9**）的酚羟基与醇（**10**）的羟基，引入了四氢吡咯乙醚，收率较低。接着，用 100%（摩尔分数）的担载钯黑催化剂进行缓慢的氢解脱去中间体（**11**）的苄基保护基。最后，用 TBAF 脱去 TIPS 保护基，层析分离纯化得到目标化合物（**1**）。整个合成流程中，有几个中间体的纯化必须用层析技术。

药物化学合成路线存在的问题　虽然在新药研发初始阶段，以药物化学合成路线获得目标化合物（**1**）是合适的，但是考虑到公斤级或者更大需求量时，该合成路线的反应效率存在明显的缺陷。

1）合成工艺后期，用手性制备 HPLC 拆分消旋中间体（**9**），效率低。

2）制备中间体（**5**）的总收率低，反应条件苛刻以及 MOMCl 试剂致癌。

3）合成工艺后期，Mitsunobu 反应不仅收率低，而且产生大量排放物。

4）太多的保护基团操作，最后脱苄基保护基的钯催化剂用量极大。

5）多次层析分离纯化。

5.1.2　工艺开发

开发一个适合长线生产的合成路线是十分必要的，一方面为制备公斤级目标化合物（**1**）提供必要的技术支撑，另一方面兼顾更大需求量。在综合分析了药物化学合成过程中存在的挑战性问题后，开发化合物（**1**）的工艺路线必须满足以下目标：

1）避免工艺后期进行拆分，开发不对称合成工艺。

2）开发 Mitsunobu 反应的替代反应，提高收率、降低排放量。

3）去掉层析分离操作。

4）减少保护基操作，避免使用 MOMCl 或其他致癌试剂。

反合成分析时，认为可通过芳基碘官能团的 Ullmann 醚合成法或同类反应合成得到四氢吡咯乙醚侧链。因为在药物化学合成路线的强酸或强碱条件下，关键顺式中间体（**9**）稳定性不够，会通过开环-关环异构化形成热力学更稳定的反式异构体（**9a**），如图式 5.2 所示。因此，重点关注 Ullmann 型反应。

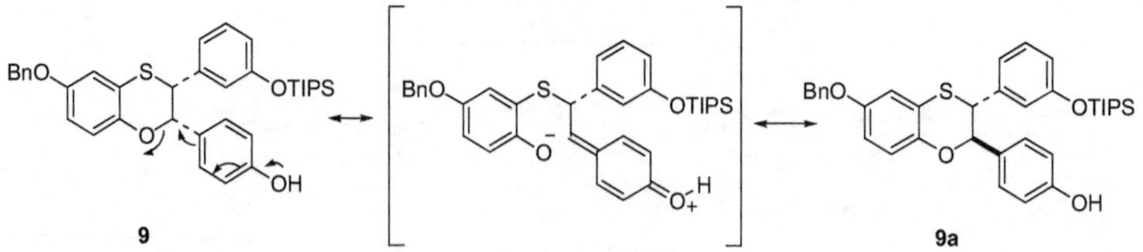

图式 5.2　顺式-反式异构化

顺式-2,3-二芳基-1,4-苯并氧硫杂环己烷是一类结构独特的骨架单元。此骨架的合成只在零星的文献中出现过，更不用说高效的不对称合成方法[6]。如图式 5.3 所示，探索了两种合成途径，期望合成关键的手性顺式-二芳基苯并氧硫

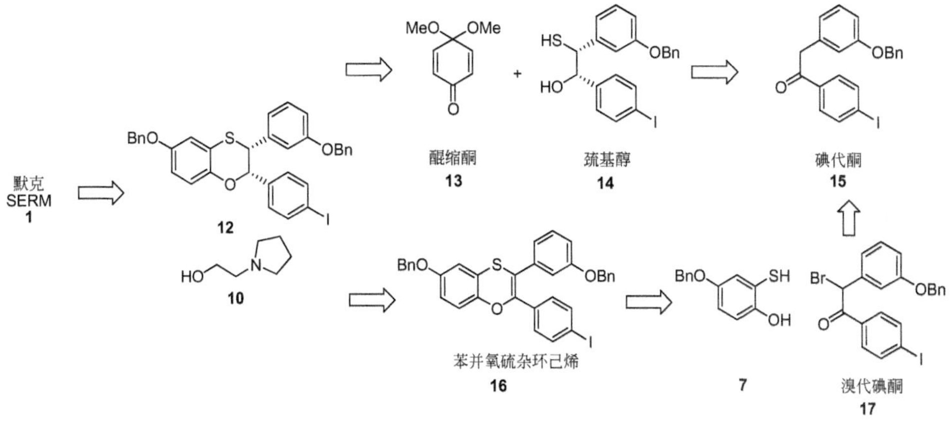

图式 5.3 SERM 候选药物（1）的反合成分析

杂环己烷骨架。一是醌缩酮路线，醌缩酮（**13**）和手性巯基醇（**14**）是关键的中间体。二是立体选择性还原或不对称还原二芳基苯并氧硫杂环己烯（**16**）。两种合成路线的各自关键中间体巯基醇（**14**）和二芳基苯并氧硫杂环己烯（**16**）都将从共同的碘代酮中间体（**15**）为原料衍生得到。

工艺开发小节将分别讨论以下内容：

1）制备碘代酮中间体（**15**）。

2）醌缩酮路线合成顺式-二芳基苯并氧硫杂环己烷。

3）苯并氧硫杂环己烯还原路线合成顺式-二芳基苯并氧硫杂环己烷（**12**）。

4）四氢吡咯乙醇合成醚。

5）脱苄基保护基以及分离目标产物（**1**）。

本节涵盖合成目标化合物（**1**）的工艺路线的各个方面，包括开发、放大、公斤级规模制备。可以看到，在工艺开发过程中，发现了一种新型的、亚砜导向的、立体化学控制的硼烷还原反应。将在 5.2 节中讨论这一反应的适用范围和应用[5]。

5.1.2.1 制备中间体（15）

图式 5.3 所示的反合成分析中，中间体（**15**）是两种合成路线的共用中间体。尽管药物化学合成路线中氢解脱苄基存在较大的问题，但是考虑到苄氧基苯基醚在大多数反应条件下足够稳定，而且脱苄基保护基的方法很多，仍以苄基作为保护基团。因为与醇进行 Ullmann 型反应需要高活性的碘化物，同时芳基碘化物在一些常见反应中稳定性也较好，因而选择芳基碘化物作为中间体。

制备碘代酮中间体（**15**）最直观明了的合成路线似乎是 3-苄氧基苯乙酸（**19**）与碘苯（**18**）之间的 Friedel-Crafts 反应，如图式 5.4 所示。然而，Friedel-Crafts 反应的初步实验结果表明，碘苯（**18**）的反应活性非常低。

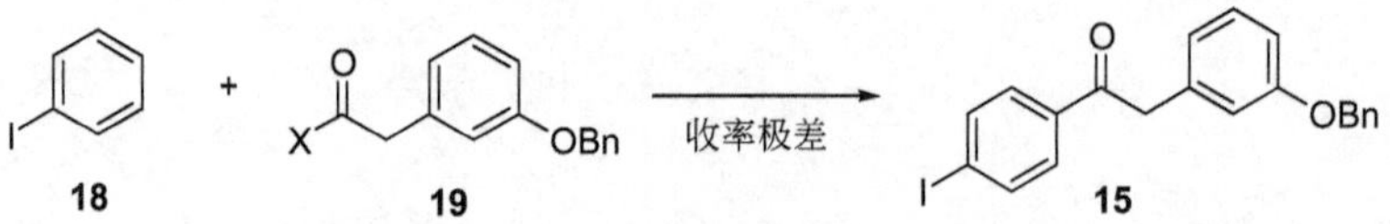

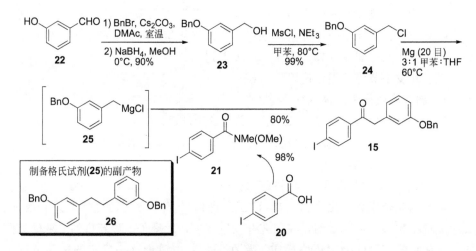

图式 5.4 Friedel-Crafts 路线合成碘代酮 (15)

最终用格氏试剂与 Weinreb 酰胺 (21) 加成, 制备得到了碘代酮 (15), 以对碘苯甲酸 (20) 为原料, 制备了 Weinreb 酰胺 (21), 如图式 5.5 所示。先用苄基保护易得的间羟基苯甲醛 (22) 的酚羟基, 然后把醛还原成醇 (23) 再转化成苄氯 (24)。上述转化过程都是标准的有机合成操作。刚开始, 从苄氯 (24) 制备格氏试剂 (25) 的反应遇到了一些麻烦。在 THF 溶液中检测到很高比例的自偶联副产物 (26), 而用 3∶1 的甲苯-THF 混合溶剂可以有效抑制自偶联副反应[7]。分离后的碘代酮 (15) 是结晶性固体, 随后在中试车间放大合成了约 50kg 碘代酮中间体 (15) 用于进一步工艺开发。

图式 5.5 制备碘代酮中间体 (15)

5.1.2.2 醌缩酮路线合成顺式-二芳基苯并氧硫杂环己烷 (30)

醌❶缩酮路线中观察到的几个重要现象使这一路线看起来具有潜在可行性, 如图式 5.6 所示。

1) α-硫代酮 (27) 或类似化合物的还原通常生成消旋的 anti-巯基醇 (14), 进一步衍生后得到顺式-苯并氧硫杂环己烷 (30)。

2) 消旋巯基醇 (14) 与市售的或简单自制的醌缩酮 (13) 能顺利进行 Michael 加成反应。

---

❶ 原文奎宁 (quinine) 有误, 译者注。

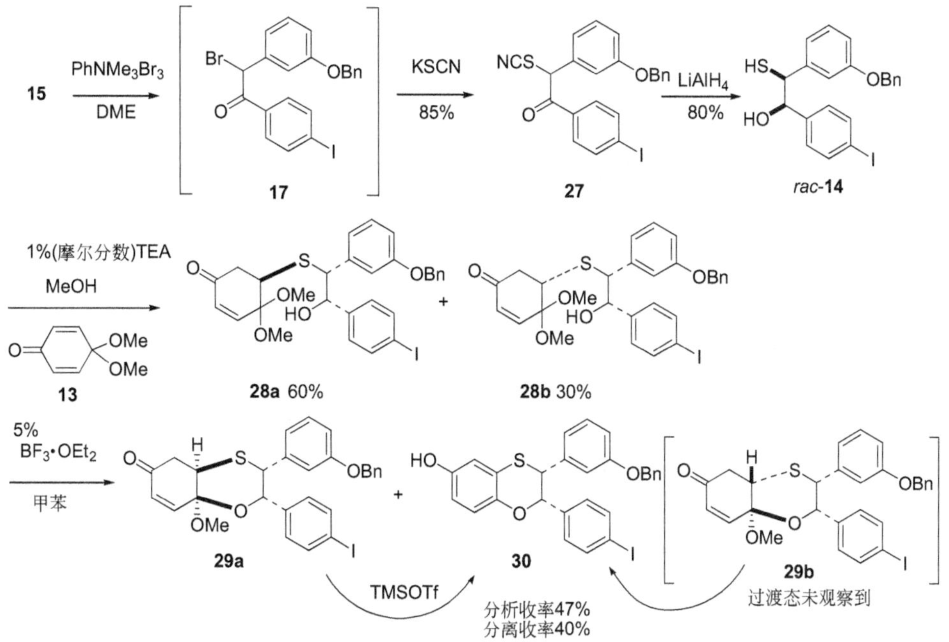

图式 5.6　醌缩酮路线合成中间体（30）

3）Michael 加成产物（**28a** 和 **28b**）在 Lewis 酸作用下重新形成缩酮（**29a** 和 **29b**），推测消除甲醇后芳构化生成目标产物（**30**）。

消旋巯基醇（**14**）与醌缩酮（**13**）之间进行 Michael 加成反应，得到中等非对映选择性的产物混合物，分离并确认了非对映异构体（**28a/28b**）。次要异构体（**28b**）用 BF₃·OEt₂ 处理，迅速转化为苯并氧硫杂环己烷（**30**），可能经过过渡态（**29b**）。而用 BF₃·OEt₂ 同样处理主要异构体（**28a**），反应转化生成中间体（**29a**），用更强的 Lewis 酸 TMSOTf 才能进一步转化成苯并氧硫杂环己烷（**30**）。这可能是由于甲氧基和邻位氢处于 cis-立体化学，造成消除/芳构化更困难。

上述反应依次展示了以消旋 anti-巯基醇（**14**）为原料的反应流程。同时通过手性制备 HPLC 分离了少量光学纯的巯基醇（**14**），如预期一样，巯基醇（**14**）的手性中心在后续反应中完全保留，参见图式 5.6[8]。验证了成环的策略后，工艺开发的重点转到了制备手性巯基醇（**14**），如图式 5.7 所示。

用 α-硫代酮（**31** 或 **33**）研究了动态动力学拆分（DKR）。用 BINOL-LiAlH₄ 配合物与 MOM 保护的巯基酮（**31**）反应时，得到了 5：1 的非对映选择性，优势异构体是设想的 anti-异构体。主要异构体 ee 值为 70%。

研究人员同时还用 Me-DuPhos-铑配合物研究了 DKR 的氢硅烷化反应。当使用 MOM 保护的巯基酮（**31**）为底物时，得到了设想的异构体，ee 值中等（70%），但收率较低。另一方面，使用不保护的巯基酮（**33**）为底物，得到

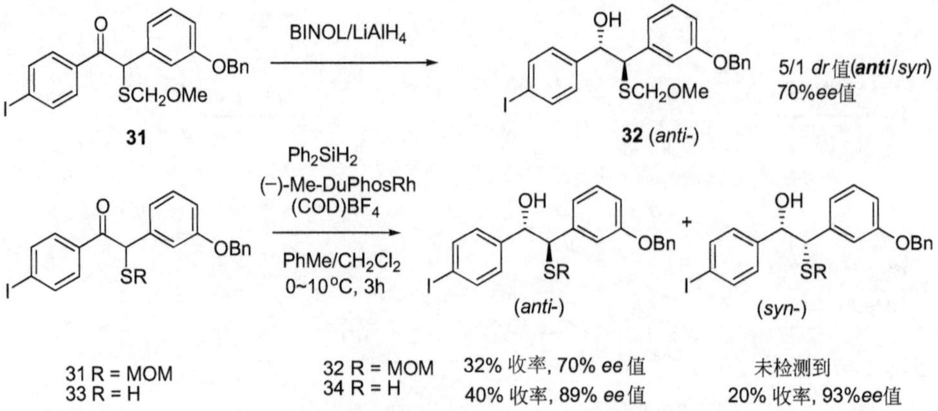

BINOL/LiAlH₄

31

5/1 dr 值(**anti**/syn)
70%ee值

32 (anti-)

Ph₂SiH₂
(−)-Me-DuPhosRh
(COD)BF₄
PhMe/CH₂Cl₂
0~10℃, 3h

(anti-) + (syn-)

31 R = MOM
33 R = H

32 R = MOM
34 R = H

32% 收率, 70% ee 值
40% 收率, 89% ee 值

未检测到
20% 收率, 93%ee值

图式 5.7　手性巯基醇（14）的合成路线

89% ee 值的 anti-非对映异构体，收率只有 40%，同时还有 20%不要的非对映异构体，ee 值为 93%。研究人员还尝试用一些 α-硫代酮的类似底物进行多种还原反应，但都未成功。氢硅烷化反应的主要途径都呈现 C—S 键断裂。

考虑到上述路线的成功率较低，而同步进行的苯并氧硫杂环己烯的还原反应获得了更可靠的结果，因此，优化醌缩酮路线就不是特别迫切。

5.1.2.3　苯并氧硫杂环己烯还原路线合成 cis-二芳基苯并氧硫杂环己烷中间体（12）

（1）制备苯并氧硫杂环己烯前体（16）

如图式 5.3 所示，因为合成路线简洁，不对称还原苯并氧硫杂环己烯路线显然特别有吸引力。设想用巯基苯酚（7）与溴代酮（17）反应制备中间体（16）。图式 5.8 总结了中间体（16）的合成过程。按照文献步骤，稍加调整后以 1,4-苯醌和硫脲为原料合成了 1,3-苯并氧硫杂环戊烷-2-酮（35）。在 NaI❶作用下，溴苄

硫脲
HCl

35

BnBr
NaI
K₂CO₃

36

KOH
EtOH/THF

7

15

PhNMe₃Br₃
DME

17

7
i-Pr₂NEt
DMF
甲苯
从15计的分离
收率为88%

37

PhP(O)Cl₂
CH₃CN
90%

16

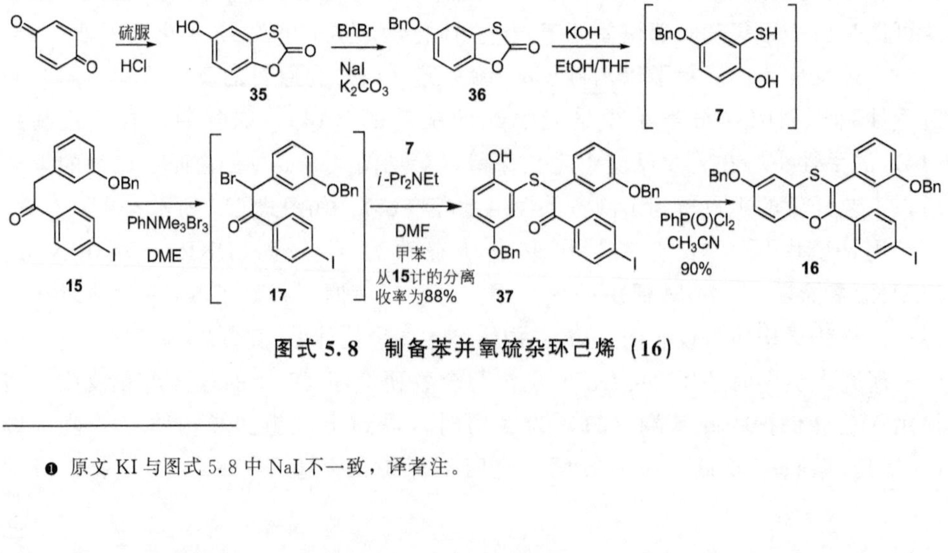

图式 5.8　制备苯并氧硫杂环己烯（16）

❶ 原文 KI 与图式 5.8 中 NaI 不一致，译者注。

与中间体（**35**）酚羟基反应得到结晶性的固体苄醚（**36**）。有意思的是，不隔绝空气进行苄基化的反应结果更好。硫代碳酸酯（**36**）水解后得游离巯基酚（**7**），可直接用于下一步反应。

　　在 DME 中，酮（**15**）用 PTAB 溴化得溴代酮（**17**）。反应生成的 HBr 与溶剂 DME 发生反应，产生溴甲烷以及乙二醇单甲醚，这两个副产物在减压回收溶剂时都很容易除去。反应可以在 THF 中进行，然而 HBr 与 THF 开环生成的副产物 4-溴丁醇沸点高不容易除去。因此，作为溴化反应溶剂，DME 优于 THF。溴代酮（**17**）直接用于下一步反应，部分原因是溴代酮（**17**）比较活泼，稳定性不好。

　　在 Hunig 碱作用下，溴代酮（**17**）与巯基酚（**7**）之间反应速度很快。结晶分离得到了缩合物（**37**），从酮（**15**）计总收率为 88%。缩合物（**37**）脱水环合生成中间体苯并氧硫杂环己烯（**16**）。对环合反应的溶剂和酸进行了筛选，发现苯基二氯氧膦［PhP(O)Cl$_2$］最方便。在乙腈中反应，同时用 N$_2$ 逐出生成的 HCl 气体。反应完成后，向体系中加入乙醇淬灭过量的 PhP(O)Cl$_2$，产物苯并氧硫杂环己烯（**16**）直接结晶析出，不需要进一步处理。这是 PhP(O)Cl$_2$ 最主要的优点。而 P$_2$O$_5$ 等其他脱水剂也能干净地完成脱水环化生成产物，但在水相后处理过程中产物发生分解。

（2）直接还原苯并氧硫杂环己烯（16）

　　完成苯并氧硫杂环己烯（**16**）的合成条件优化后，研发团队开展了不对称氢化反应常规还原条件的筛选，结果如图式 5.9 所示。但是所尝试的条件下未观察到苯并氧硫杂环己烯（**16**）还原生成苯并氧硫杂环己烷（**12**）。这个结果并不意外，是由四取代富电子的双键造成的。于是，进一步研究苯并氧硫杂环

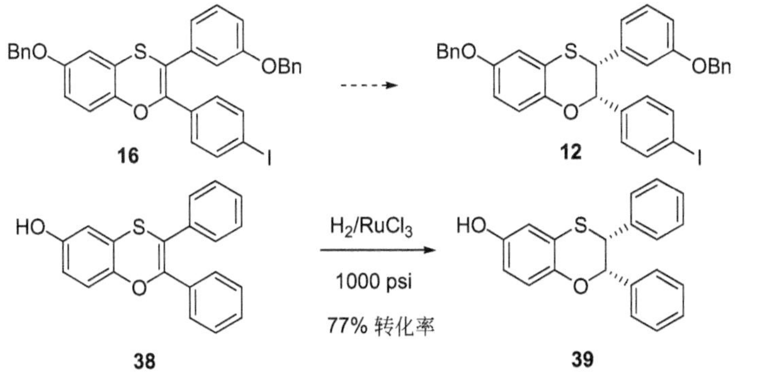

在90psi氢气、室温或者60℃、20h等条件下筛选催化剂—— 未检测到产物。
催化剂包括：Pfaltz-Ir-BARF-cat、(Et-Duphos)Rh(COD)BF$_4$、(BINAP)Ru(II)Cl$_2$、Phanephos/(COD)$_2$RhBF$_4$、Josiphos SL-J009-1/(COD)RhCl、(BINAP)RuCl$_2$-p-cymene

图式 5.9　初步尝试苯并氧硫杂环己烯的还原

己烯（**16**）的还原反应条件前，先合成了模型化合物（**38**），以 RuCl₃ 作催化剂在 1000psi 氢气的强制条件下才能部分氢化。这个结果中唯一有用的信息是产物（**39**）具有顺式二芳基的立体结构。除此之外，当时研发人员都认为如此富电子的四取代烯烃的不对称氢化获得成功的可能性很小，应该尽早考虑其他策略[9]。

（3）亚砜导向的还原——概念验证

假设把苯并氧硫杂环己烯（**16**）结构中的硫醚氧化成亚砜（**40**）或砜（**41**），如图 5.2 所示，应该会显著降低 C═C 双键的电荷密度，从而改善烯烃的反应活性，而且还可能通过手性亚砜的螯合控制作用引导还原过程的立体选择性。

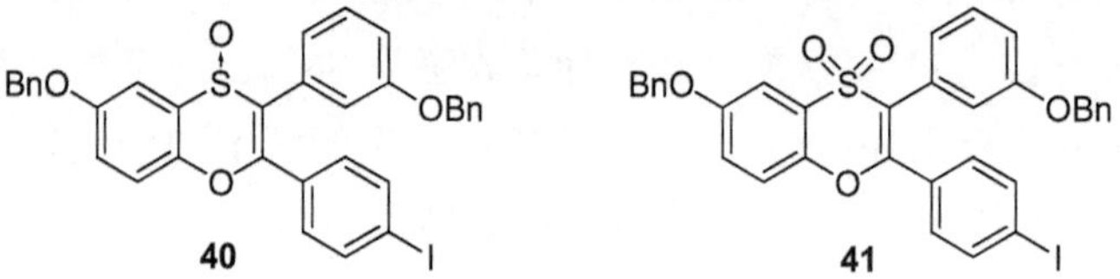

图 5.2　还原反应潜在的活泼底物

文献报道过，氢化物或氢气确实可以还原手性亚砜取代的烯烃，生成中等立体选择性的产物，如图式 5.10 所示。Ogura 等人报道了用硼烷还原不饱和亚砜（**42**）得到产物（**43**），非对映异构体的比例为 87∶13。D₂O 淬灭硼烷还原混合物后得到的产物（**43**）中，氘代作用在亚砜 α 位，与硼氢化反应机理一致[10a]。在另一篇文献中，Price 等人报道用铑催化剂催化氢化还原消旋的偕二取代烯烃（**44**），反应产物（**45**）显示了极好的非对映选择性[10b]。

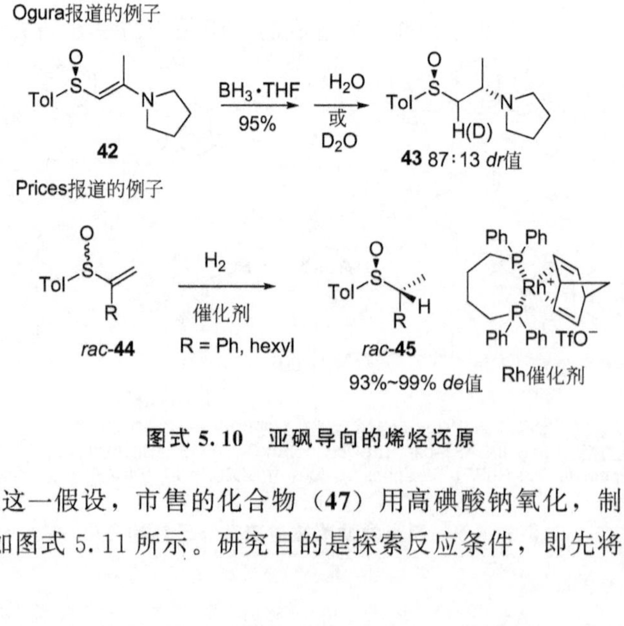

图式 5.10　亚砜导向的烯烃还原

为了验证这一假设，市售的化合物（**47**）用高碘酸钠氧化，制备了模型底物亚砜（**46**），如图式 5.11 所示。研究目的是探索反应条件，即先将烯烃双键还原成饱和亚砜中间体，进一步把亚砜还原成硫醚（**48**）。并希望反应过程中不发生亚砜 S＝O 双键比烯烃 C＝C 双键先还原的情况。初步尝试了一些经典的钯或铂催化剂催化的烯烃氢化反应，然而，不饱和亚砜（**46**）的 C＝C 双键并未还原，只观察到 S＝O 键断裂回到原料（**47**）。而采用图式 5.10 所示的 Price 报道的氢化条件，反应不进行。

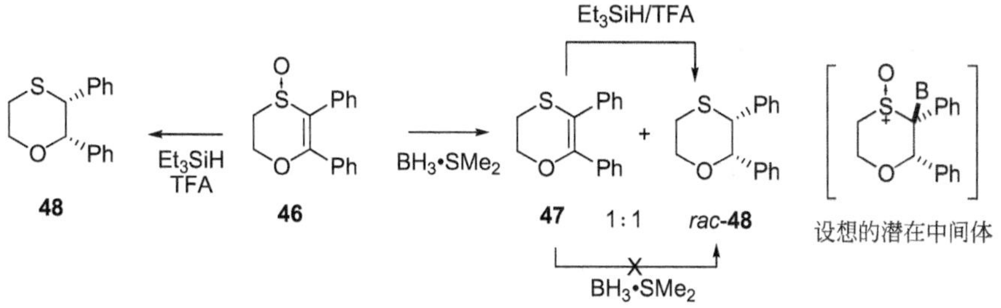

图式 5.11　亚砜导向的烯烃还原反应——模型化合物

在 TFA 存在下，Et₃SiH 与不饱和亚砜（**46**）反应生成了饱和硫醚（**48**），表明烯烃双键和 S＝O 键都被还原了。而且，在相同条件下不饱和硫醚（**47**）也能还原成饱和硫醚（**48**）。因此，在不饱和亚砜（**46**）的还原反应中，不能定论是否存在亚砜 O 导向的还原。

另一方面，用硼烷还原不饱和亚砜（**46**）得到几乎等量的不饱和硫醚（**47**）以及饱和硫醚（**48**）的混合物。有意思的是，在相同条件下硼烷与不饱和硫醚（**47**）不进行还原反应。硼烷还原不饱和亚砜（**46**）的烯烃双键的反应结果意味着，C＝C 双键需要活化并可能存在亚砜 O 的导向。

模型反应的结果给研发团队带来了极大的鼓舞。研究人员迅速用 *m*-CPBA 氧化苯并氧硫杂环己烯（**16**），制备了克级量的消旋亚砜（**40**）。然后用手性制备 HPLC 分离得到了一些 94％ *ee* 值的手性亚砜（*S*-**40**），如图式 5.12 所示。当手

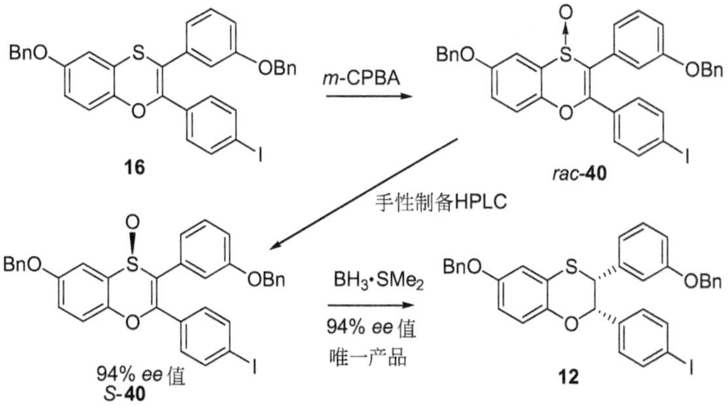

图式 5.12　亚砜导向的烯烃还原——概念验证

性亚砜（*S*-40）用 BH₃·SMe₂ 还原时，观察到烯烃双键和亚砜都被彻底还原了。更令人惊奇的是，反应生成了高收率的顺式-二芳基苯并氧硫杂环己烷（**12**），94% *ee* 值保持不变。未观察到反式异构体或二芳基苯并氧硫杂环己烯（**16**）。构建顺式二芳基立体化学的设想得到了验证之后，如何高效合成手性的亚砜（*S*-40）成为工艺开发的关键。这一新型还原反应的机理研究将在 5.2 小节中讨论。

(4) 制备手性亚砜 (40) 及还原

研发团队初步筛选了几种氧化方法并很快得出结论，Kagan 硫醚氧化合成手性亚砜的方法是最佳选择，成本低、效率高[11,12]。然而，对于这一特定底物，Kagan 硫醚法需要进行优化。传统的 Kagan 氧化方法以 Ti(O*i*-Pr)₄ 和酒石酸二烷基酯配体一起作为催化剂。用 Kagan 氧化方法的最经典反应条件：2eq. 配体、1eq. 水、1eq. Ti(O*i*-Pr)₄，二氯甲烷作溶剂，25℃下反应，先筛选了配体对反应的影响。结果显示，酒石酸二异丙酯作为配体的反应得到了 38% 的 *ee* 值，而酒石酸二乙酯、BINOL、氢化苯偶因、TADDOL 以及 *N*,*N*-二苄基酒石酸酰胺作配体的反应结果更差。接着对酒石酸二异丙酯的催化体系进行了进一步优化。向反应体系中加入 Hunig 碱能显著提高产物的 *ee* 值[11d-f]。与乙酸乙酯、氯苯或二氯甲烷相比较，THF 作溶剂只是稍稍地提高了产物的 *ee* 值。但是 THF 体系不仅有利于产物（**40**）的分离，而且在 0～30℃ 的温度范围内，温度对产物 *ee* 值的影响几乎可以忽略不计。同时试剂的加料顺序也极为重要。优化后的加料顺序为，先在 THF 溶剂中加酒石酸二异丙酯、Hunig 碱以及水，搅拌均匀后加入 Ti(O*i*-Pr)₄。该催化剂混合物在室温下老化过夜，然后再向体系中依次加入烯基硫醚（**16**）以及异丙苯过氧化氢（CHP）。研究发现，催化剂混合物老化过夜的操作能保证氧化反应选择性的重现。如果催化剂体系不老化，产物（**40**）的 *ee* 值在 80%～90% 之间波动。而催化剂老化后，不同批次的产物（**40**）的 *ee* 值基本上都稳定在 91%～92%。最终催化剂用量降到 15%（摩尔分数），对产物 *ee* 值或反应重现性没有明显影响。在优化后的反应条件下，氧化反应过程中产物（*S*-40）逐渐从 THF 中析出。反应结束后，粗产物（**40**）的 HPLC 分析结果显示分析收率通常为 95%，*ee* 值为 92%。重结晶能显著提升产物（**40**）的纯度。过滤后，粗产品（**40**）重结晶后的典型分离收率为 86%，纯度为 95%，*ee* 值为 99%。这一高效直接分离产物（**40**）的操作步骤省略了水相后处理，避免了伴生 TiO₂ 的繁琐分离操作。

在 10℃ 的甲苯中，以 1.05eq. 1mol/L BH₃·THF 溶液还原亚砜（*S*-40），生成了完全保留立体构型的顺式二芳基苯并氧硫杂环己烷（**12**）。后处理后，甲苯/庚烷重结晶得到设想的产物（**12**），分离收率为 88%，*ee* 值大于 99%，如图式 5.13 所示。BH₃·SMe₂ 溶液作还原剂的反应速度较慢。这一实用的反应未

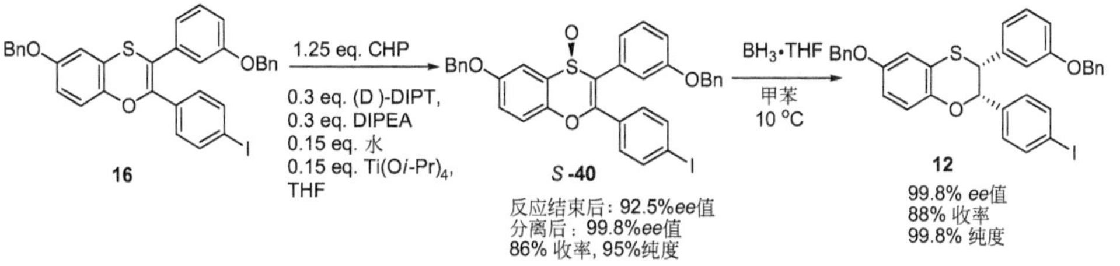

图式 5.13　制备手性乙烯基亚砜及硼烷还原

见文献报道[13]❶。在本章化学研究部分将进一步讨论这一新型反应的适用范围以及详细的反应机理。研究人员也尝试了用其他氢化物作还原剂，结果都不理想。在 TFA 存在下，用 Et₃SiH 还原（*S*-40）也能生成顺式二芳基苯并氧硫杂环己烷（**12**），但目标产物的 *ee* 值只有 20%。而用 DIBAL 或 LiBHEt₃ 作还原剂的反应，均产生了复杂的混合物。

5.1.2.4　组装四氢吡咯乙醇

接着考虑在芳环上组装四氢吡咯乙醇（**10**）合成芳醚。首先尝试了 Buchwald 铜催化反应：在 110℃ 的甲苯中，四氢吡咯乙醇（**10**）、芳基碘化物（**12**）、Cs₂CO₃、CuI 以及 1,10-菲咯啉一起反应制备倒数第二步中间体（**49**）[14a]，但是反应速度极慢，反应两天后的转化率只有 5%～10%。升高温度反应速度会快一些，但生成了两个杂质（**50** 和 **51**），如图式 5.14 所示。为了寻找更合适的反应条件，筛选了二甲苯、二甘醇二甲醚等反应溶剂，碳酸锂盐、钾盐以及铯盐作碱，2,2′-联吡啶、TMEDA 以及 1-(2-二甲胺基乙基)-4-甲基哌嗪作配体。优化后的反应条件为：10%（摩尔分数）CuI、12%（摩尔分数）2,2′-联吡啶、10

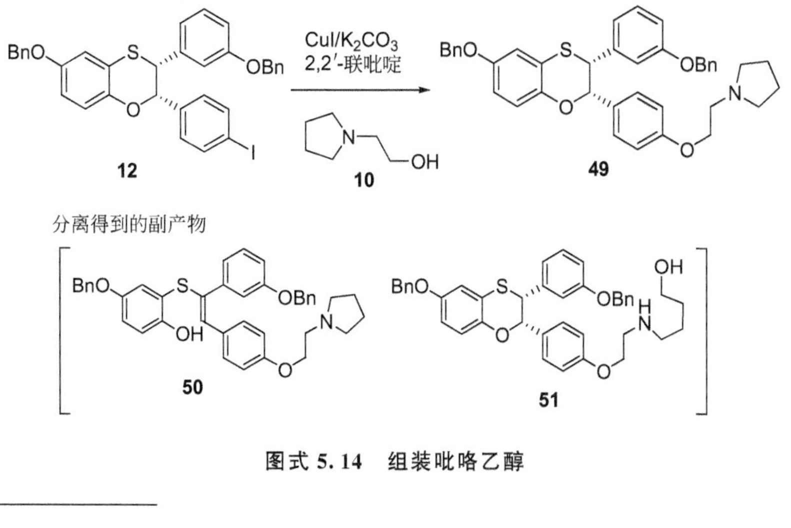

图式 5.14　组装吡咯乙醇

---

❶ 亚砜导向的烯烃还原是已知的，氯硼烷还原亚砜也是已知的，但硼烷同时还原烯烃和亚砜未见文献报道。

倍体积9∶1的二甲苯/二甘醇二甲醚，140℃回流同时共沸除去产生的水。一旦出现固体粘壁就会减缓反应速度，而共沸除水能有效减少固体粘壁的现象。10h内反应完成，通常分析收率为96%。水相后处理随后重结晶得产物（**49**），分离收率为92%[14b-d]。值得指出的是，近年来，在 Ullmann 醚合成中广泛应用 Cu（Ⅰ）/联吡啶催化剂体系[14d]。

5.1.2.5　最后脱保护基、分离目标化合物（1）

为了脱去倒数第二步中间体（**49**）结构中两个酚羟基的苄基保护基，首先尝试一些标准的氢解条件。然而，尝试了各种多相钯催化剂的氢解反应，反应速度都非常慢，而且钯催化剂的用量很大。氢解反应可能产生了硫醇副产物，造成催化剂中毒，导致反应速度慢。而且不容易从产物（**1**）中除去氢解不完全产生的两个单苄基中间体。如果采用强制性氢解条件则明显降低收率，推测太剧烈的反应条件造成苯并氧硫杂环己烷环的开环。为了探索合适的脱苄基条件，又尝试了 TMSI、AlCl₃ 以及多种卤化硼试剂。实验结果表明，TMSI 的反应效果最佳并且获得了最高收率的产物（**1**）。然而，联产物碘苄与产物（**1**）会进一步反应生成一个 N-苄基的杂质以及另外三个芳环苄基化的杂质，含量1%～1.5%不等，如图式5.15所示。从产物（**1**）中除去这些杂质都特别困难。而且，Na₂CO₃ 水溶液的后处理过程中，N-苄基化副反应更严重。因此，后处理前必须先除去碘苄。仔细考察了诸如咪唑、N-甲基咪唑、DABCO、KSCN 以及硫脲等多种试剂捕获碘苄。实验结果表明，在乙腈中用 TMSI 脱苄基同时用硫脲与 N-甲基咪唑一起作为碘苄的捕获剂能有效抑制所有苄基化副反应，每个杂质的含量都低于0.4%。后处理之后，以盐酸盐形式分离最终产物（**1**），先与乙醇形成乙醇溶剂合物，再用乙腈重结晶得到纯度符合要求的原料药。最终产物（**1**）的分离收率为81%，纯度为99.4%。

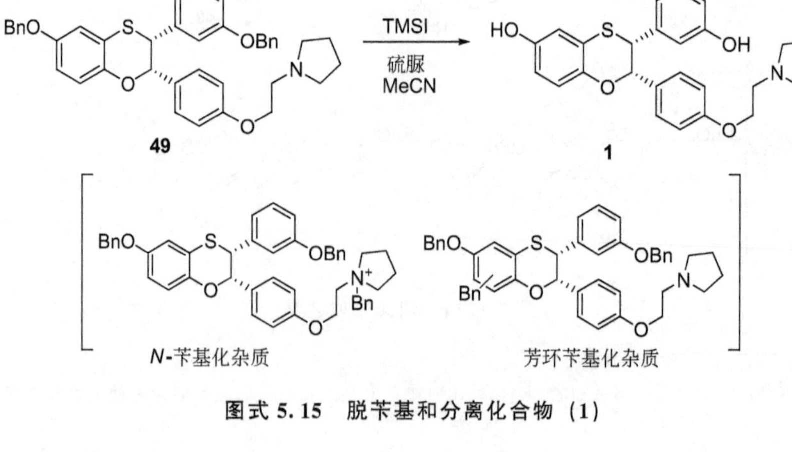

图式 5.15　脱苄基和分离化合物（1）

5.1.2.6　全流程合成工艺总结

总之，成功开发了一个高效的制备选择性雌激素受体调节剂（**1**）的不对称合成工艺。在中试车间放大了工艺前几步反应；在公斤级实验室放大了后几步反应，最终生产了 4kg 产品。现将工艺开发的关键点和项目成功的里程碑总结如下：

1）应用新合成工艺制备并交付了 4kg SERM 候选药物（**1**）。

2）发现了由亚砜导向的硼烷还原 α,β-不饱和亚砜合成饱和硫醚的新方法，该方法未见文献报道。

3）成功开发了手性亚砜（**40**）的制备方法，该方法是高效构建两个手性中心的关键。

4）开发了新型 Ullmann 醚合成方法组装四氢吡咯乙醇（**10**），成功地避免了 Mitsunobu 反应。

5）去掉了所有层析纯化。

6）经过八步反应合成了高纯度的产物（**1**），新工艺的总收率为 37%。

5.2　化学研究

5.2.1　亚砜导向的烯烃还原机理

亚砜导向邻位烯烃的立体定向还原未见文献报道。单晶 X-衍射毫无争议地确定了亚砜（S-**40**）和还原产物（**12**）的绝对构型。亚砜的氧原子和环上的两个氢原子同面，确立了亚砜的导向作用[5]。这一反应是高效合成产品（**1**）的关键步骤。因而，有必要阐明反应机理，并进一步探索这一新型反应的适用范围。

如图式 5.16 所示，研究人员提出了两种可能的反应机理。第一种是硼氢化

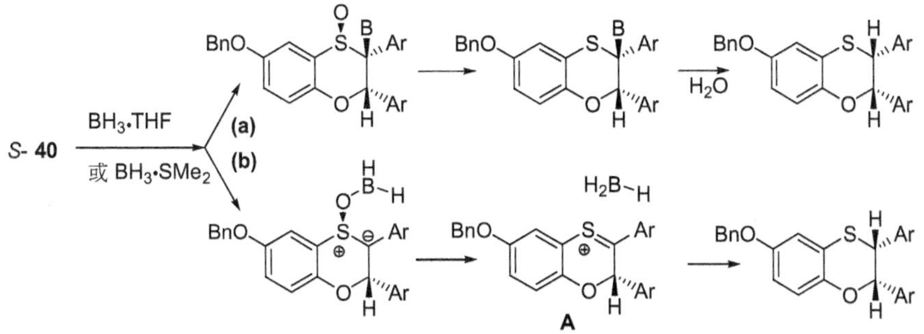

图式 5.16　两种可能的反应机理

反应历程（a）。在该历程中，B—H 键从 S—O 键的同面加成到烯烃双键上，水相后处理后，生成的 C—B 键转化成 C—H 键。B—H 键对烯烃双键的顺式加成形成了顺式立体化学的两个相邻芳基取代基。最后还原亚砜的氧原子。另一种机理是硼烷还原历程（b），与氢负离子的 1,4-加成相似，S—O 键断裂后形成锍鎓离子中间体（**A**）。中间体（**A**）被进一步还原。产物的顺式立体化学可能由第一个手性中心结构决定。

为了揭示还原反应的细节，通过一系列实验获得各种反应现象[5]。为了确定产物中两个氢原子的来源，进行了两组氘代同位素标记实验，结果总结在图式 5.17 中。首先用 AcOH 淬灭 BD_3·THF 还原（**S-40**）的反应，结果发现两个新生成的 C—H 键都是氘代产物（**12-d_2**）。其次用 CD_3CO_2D 淬灭 BH_3·THF 的还原反应，产物（**12**）未发现氘代的迹象。两组实验结果清楚说明，产物中的两个氢原子都来自硼烷。上述结果与 Ogura 等人的报道不一致，参看图式 5.10[10a]。Ogura 等人报道的反应产物中，一个氢原子来自硼烷，另一个氢原子来自淬灭试剂。在 Ogura 等人的报道中，硼烷还原的导向性与硼氢化反应类似。

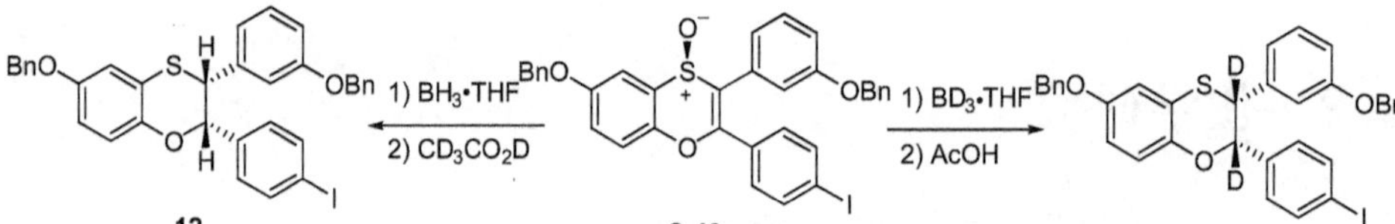

图式 5.17　氘代标记研究

为了充分理解烯烃还原与亚砜还原之间的相互关系以及依赖性，研究人员又特地制备了饱和亚砜（**52**），然后进行 BH_3·THF 的还原反应。在类似反应条件下，饱和亚砜不发生还原，如图式 5.18 所示。而未活化的乙烯基硫醚（**16**）对 BH_3·THF 也没有反应活性。上述结果说明不饱和亚砜的还原反应中，亚砜还原与烯烃还原同步进行。再次强调，这一反应现象是出乎预料的，同时也表明了反应的独特性质。

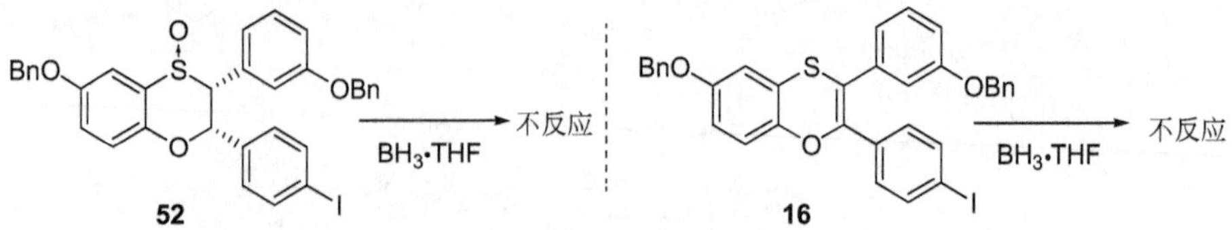

图式 5.18　硼烷还原的机理研究——A

为了理解新产生的两个手性中心之间以及每个手性中心与亚砜之间的依赖关

系，研究人员又制备了单取代的乙烯基亚砜（S-**53** 和 S-**55**）[❶]。在相同条件下，分别进行 $BH_3 \cdot THF$ 还原，如图式 5.19 所示。2-或 3-苯基取代的底物都能得到手性产物（**54** 或 **56**），并且产物的立体选择性完全继承了原料亚砜的构型。上述结果同样是出乎意料的，同时也说明两个氢原子都是由亚砜的手性导向的。这一结果与先产生 3 位手性再决定 2 位手性的机理不相符。

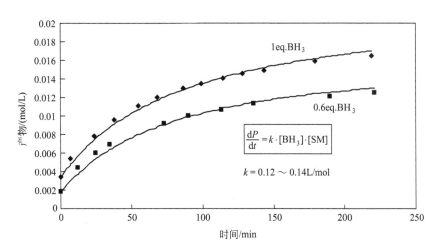

图式 5.19 硼烷还原的机理研究——B

应用 NMR 技术研究了反应动力学，发现 $BH_3 \cdot SMe_2$ 与底物都是一级，如图 5.3 所示。这一结果与双分子反应的速度控制步骤一致。

$$\frac{dP}{dt} = k \cdot [BH_3] \cdot [SM]$$

$$k = 0.12 \sim 0.14 L/mol$$

图 5.3 硼烷还原的动力学数据

应用 React IR 技术分别测定了 $BH_3 \cdot THF$ 及 $BD_3 \cdot THF$ 与不饱和亚砜（S-**40**）的反应速率常数，从中得出反应的氘代动力学同位素效应，$k(BH_3)/k(BD_3)$ 为 1.4。上述结果与氢转移过程不是速度控制步骤的推论一致[15,16]。

[❶] 原文与图式 5.19 中的化合物编号有矛盾，按照图式 5.19 统一编号，译者注。

如图式 5.20 所示，依据所有获得的证据，提出了亚砜导向的硼烷还原的反应机理。来自 $BH_3 \cdot THF$ 或 $BH_3 \cdot SMe_2$ 的 BH_3 先转移到亚砜上，在硼中心按照类似 S_N2 的机理（速控步骤）形成了 S—O—BH_3 配合物（**B**）。接着配合物（**B**）硼烷的一个氢转移到 β-C 上（C3），然后另一个氢转移到 α-C（C2）上，同时发生 S—O 键断裂。由此，两个氢的转移都由亚砜导向，都发生在亚砜 O 与环的同面。产物（**12**-d_2）的 H NMR 图谱显示，C3 位的 H 含量略高于 C2，如图式 5.17 所示。这一现象显然支持两个氢转移顺序的推断。因为 BD_3 试剂中含有少量 BD_2H，而 H/D 之间存在同位素效应。

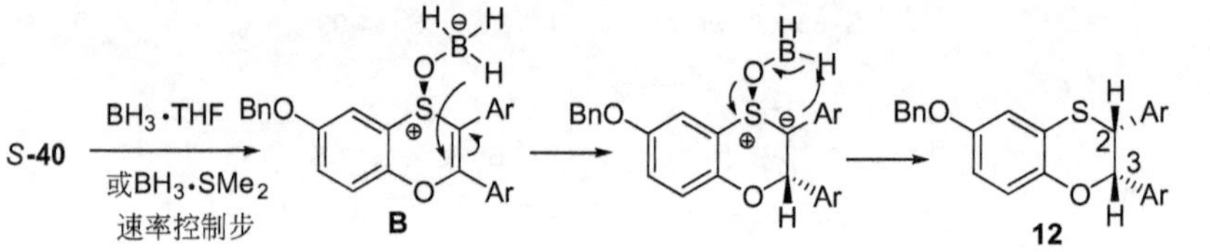

图式 5.20　假设的硼烷还原机理

5.2.2　亚砜导向的硼烷还原反应在其他类似化合物的应用

手性 2,3-二氢-1,4-苯并氧硫杂环己烷是一类有实际应用价值的化合物，但是几乎没有文献报道这类手性化合物的不对称合成方法[15,17,18]。用与合成 SERM（**1**）相同的方法制备了一系列 3-取代的 1,4-苯并氧硫杂环己烯。把乙烯基硫醚不对称氧化转化成手性乙烯基亚砜，然后进行立体选择性硼烷还原。这一新型不对称合成方法也适合于类似化合物的合成，如图式 5.21 所示。以酒石酸二异丙酯作为配体进行硫醚氧化反应，但产物亚砜的 *ee* 值都不高。经过新一轮筛选，BINOL 作为配体，这一类底物能获得较高 *ee* 值的亚砜产物[18]。不同底物得到了不同 *ee* 值的产物，主要取决于底物取代基的空间位阻及电荷性能。而硼烷还原反应依然可靠，还原产物的 *ee* 值与底物的 *ee* 值一致[11h,12,15f,15g]。

接着，应用这一新颖的方法学合成了甜味剂（**67**）。据报道这个化合物的甜度是蔗糖的 500 倍[19d]。如图式 5.22 所示，以异香兰素为原料，中间体（**62**）的酚羟基预先保护成吸电子的对氯苯甲酸（*p*-CB），便于后续的脱水环合制备苯并氧硫杂环己烯（**64**）。化合物（**62**）❶ 先进行单溴代反应，然后与巯基苯酚（**7**）进行 S_N2 取代得到羟基酮（**63**）。脱水环合干净地得到设想的苯并氧硫杂环己烯（**64**），分离收率为 82%。化合物（**64**）用之前硫醚氧化的方法，只得到 40% *ee* 值的亚砜。实验发现，同样方法氧化游离酚（**65**）能把相应产物亚砜的

---

❶ 原文中此处化合物序号 **64** 有误，按照上下文以及图式 5.2 修改。译者注。

ee 值提升到 78%。对氯苯甲酸酯（**64**）与游离酚（**65**）的电子效应可能造成这

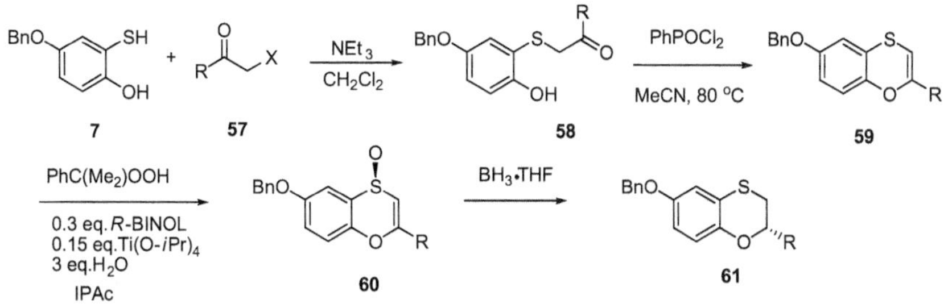

序号	产物 (**60**或**61**)	R	亚砜的*ee*值/%	苯并氧硫杂环己烯的*ee*值/%	收率(**59**到**61**)/%
1	a	4-CH$_3$C$_6$H$_5$	59	60	64
2	b	4-CH$_3$OC$_6$H$_5$	48	48	70
3	c	4-BrC$_6$H$_5$	26	26	68
4	d	CH$_3$	52	51	63
5	e	*t*-Bu	96	97	86

图式 5.21　合成手性 1,4-苯并氧硫杂环己烷同类物

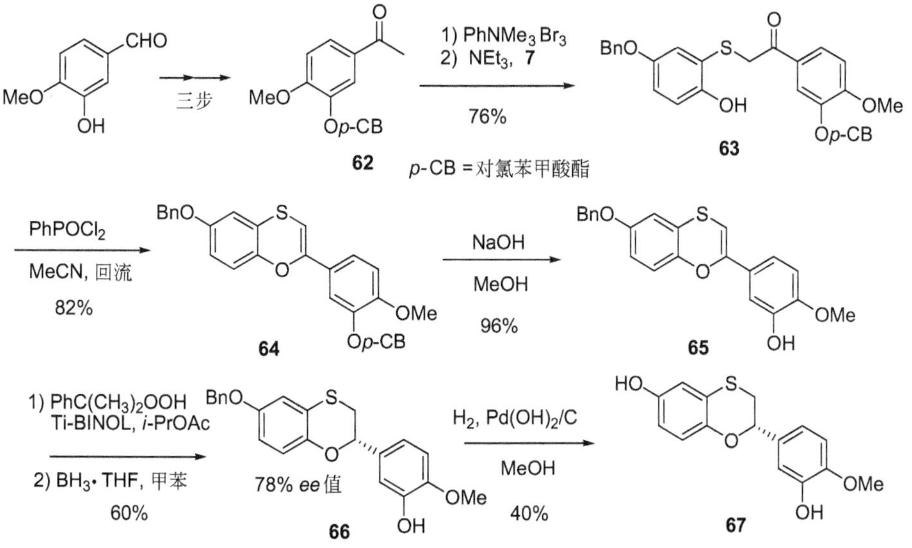

图式 5.22　合成甜味剂（**67**）

两个手性亚砜产物 *ee* 值的差异较大。粗产物用硼烷还原后得到设想的产物苯并氧硫杂环己烷（**66**），收率为 60%，产物 *ee* 值为 78%。最后用 Pearlman 催化剂氢解脱苄基得到目标产物（**67**），收率为 40%，*ee* 值为 78%。这是首次实现甜味剂（**67**）的不对称合成。

5.3 结论

研发团队开发了 SERM 候选药物（**1**）的高效合成工艺，并成功地在公斤级规模进行了展示，同时保障了药物开发的进度。工艺开发过程中还发现了亚砜导向的硼烷还原乙烯基亚砜的新反应，研发团队详细研究并提出了这一新反应的机理。新工艺包含乙烯基硫醚的不对称氧化，然后经过硼烷的立体选择性还原，最后获得手性 1,4-苯并氧硫杂环己烷。研发团队成功地把新的合成方法拓展到合成其他手性 1,4-苯并氧硫杂环己烷类化合物，并首次完成甜味剂（**67**）的不对称合成。

致谢

感谢默克工艺研发 SERM 团队的所有研发人员，感谢他们在这个项目中所做的原创性的贡献，他们都作为合作者出现在本章后面所列的参考文献中。

参 考 文 献

[1] Recent Reviews of SERMs：(a) Peng, J., Sengupta, S., and Jordan, V. C. (2009) *Anti-Cancer Agents Med. Chem*, **9**, 481；(b) Oseni, T., Patel, R., Pyle, J., and Jordan, V. C. (2008) *Planta Med.*, **74**, 1656；(c) Jordan, V. C., and O'Malley, B. W. (2007) *J. Clin. Oncol.*, **25**, 5815；(d) Bai, C., Flores, O., and Schmidt, A. (2007) *Expert Opin. Drug Discov.*, **2**, 725.

[2] Recent reports of SERM research (a) Kumar, S., Deshpande, S., Chandra, V., Kitchlu, S., Dwivedi, A., Nayak, V. L., Konwar, R., Prabhakar, Y. S., and Sahu, D. P. (2009) *Bioorg. Med. Chem.*, **17**, 6832；(b) Scanlan, T. S., and Iijima, T. (2009) U. S. Pat. US 2009124698 A1 20090514；(c) Barrett, I., Meegan, M. J., Hughes, R. B., Carr, M., Knox, A. J. S., Artemenko, N., Golfis, G., Zisterer, D. M., and Lloyd, D. G. (2008) *Bioorg. Med. Chem.*, **16**, 9554.

[3] Tamoxifen new synthesis：Shiina, I., Sano, Y., Nakata, K., Suzuki, M., Yokoyama, T., Sasaki, A., Orikasa, T., Miyamoto, T., Ikekita, M., Nagahara, Y., and Hasome, Y. (2007) *Bioorg. Med. Chem*, **15**, 7599.

[4] (a) DiNinno, F. P., Wu, J. Y., Kim, S., and Chen, H. Y. (2002) US Pat. 2002165226；(b) DiNinno, F. P., Chen, H. Y., Kim, S., and Wu, J. Y. (2002) PCT Int. Appl. WO 2002032377；(c) DiNinno, F. P., Kim, S., and Wu, J. Y. (2002) PCT Int. Appl. WO 2002032373；(d) Chen, H. Y., Kim, S., Wu, J. Y., Birzin, E. T., Chan, W., Yang, Y. T., Dahllund, J., DiNinno, F., Ro-

hrer, S. P., Schaeffer, J. M., and Hammond, M. L. (2004) *Bioorg. Med. Chem. Lett.*, **14**, 2551; (e) Blizzard, T. A., Gude, C., Morgan, J. D., Chan, W., Birzin, E. T., Mojena, M., Tudela, C., Chen, F., Knecht, K., Su, Q., Kraker, B., Mosley, R. T., Holmes, M. A., Rohrer, S. P., and Hammond, M. L. (2007) *Bioorg. Med. Chem. Lett.*, **17**, 6295; (f). Blizzard, T. A., Gude, C., Chan, W., Birzin, E. T., Mojena, M., Tudela, C., Chen, F., Knecht, K., Su, Q., Kraker, B., Holmes, M. A., Rohrer, S. P., and Hammond, M. L. (2007) *Bioorg. Med. Chem. Lett.*, **17**, 2944.

[5] Part of the process development and mechanism investigation has been reported. Song, Z. J., King, A. O., Waters, M. S., Lang, F., Zewge, D., Bio, M., Leazer, J. L., Javadi, G., Kassim, A., Tschaen, D. M., Reamer, R. A., Rosner, T., Chilenski, J. R., Mathre, D. J., Volante, R. P., and Tillyer, R. (2004) *Proc. Nat. Acad. Sci.*, **101**, 5776.

[6] (a) Kim, S., Wu, J. Y., Chen, H. Y., and DiNinno, F. (2003) *Org. Lett.*, **5**, 685 and references cited therein; (b) Nair, V., Mathew, B., Menon, R. S., Mathew, S., Vairamani, M., and Prabhakar, S. (2002) *Tetrahedron*, **58**, 3235; (c) Nair, V., and Mathew, B. (2002) *Heterocycles*, **56**, 471; (d) Capozzi, G., Falciani, C., Menichetti, S., and Nativi, C. (1997) *J. Org. Chem.*, **62**, 2611; (e) Nair, V., and Mathew, B. (2000) *Tetrahedron Lett.*, **41**, 6919.

[7] Davies, I. W., Marcoux, J., Corley, E. G., Journet, M., Cai, D. -W., Palucki, M., Wu, J., Larsen, R. D., Rossen, K., Pye, P. J., DiMichele, L., Dormer, P., and Reider, P. J. (2000) *J. Org. Chem.*, **65**, 8415.

[8] Dormer, P. G., Kassim, A. M., Leazer, J. L., Lang, F., Xu, F., Savary, K. A., Corley, E. G., DiMichele, L., DaSilva, J. O., King, A. O., Tschaen, D. M., and Larsen, R. D. (2004) *Tetrahedron Lett.*, **45**, 5429.

[9] (a) Lightfoot, A., Schnider, P., and Pfaltz, A. (1998) *Angew. Chem. Int. Ed. Engl.*, **37**, 2897; (b) Blackmond, D. G., Lightfood, A., Pfaltz, A., Rosner, T., Schnider, P., and Zimmermann, N. (2000) *Chirality*, **12**, 442; (c) Burk, M. J., Gross, M. F., and Martinez, J. P. (1995) *J. Am. Chem. Soc.*, **117**, 9375; (d) Pye, P. J., Rossen, K., Reamer, R. A., Tsou, N. N., Volante, R. P., and Reider, P. J. (1997) *J. Am. Chem. Soc.*, **119**, 6207; (e) Tang, W., Wu, S., and Zhang, X. (2003) *J. Am. Chem. Soc.*, **125**, 9570; (f) Schrems, M. G., Wang, A., and Pfaltz, A. (2008) *Chimia*, **62**, 506.

[10] (a) Ogura, K., Tomori, H., and Fujita, M. (1991) *Chem. Lett.*, 1047; (b) Ando, D., Bevan, C., Brown, J. M., and Price, D. W. (1992) *J. Chem. Soc. Chem. Comm.*, 592.

[11] Kagan oxidations: (a) Kagan, H. B. (2000) *Asymmetric oxidation of sulfides, in Catalytic Asymmetric Synthesis*, 2nd edn (ed. I. Ojima), John Wiley & Sons, Inc., New York, pp. 327; (b) Pitchen, P., Dunach, E., Deshmukh, M. N., and Kagan, H. B. (1984) *J. Am. Chem. Soc.*, **106**, 8188; (c) Brunel, J. -M., Diter, P., Duetsch, M., and Kagan, H. B. (1995) *J. Org. Chem.*, **60**, 8086; (d) Larsson, M. E., Stenhede, U. J., Sorensen, H., Unge, S. P. K. V., and Cotton, H. K. (1999) US Pat. 5948789; (e) Hogan, P. J., Hopes, P. A.,

Moss, W. O., Robinson, G. E., and Patel, I. (2002) *Org. Process Res. Dev.*, **6**, 225; (f) Cotton, H., Thomas Elebring, T., Larsson, M., Li, L., Sörensen, H., and von Unge, S. (2000) *Tetrahedron Asym.*, **11**, 3819; (g) Potvin, P. G., and Fieldhouse, B. J. (1999) *Tetrahedron Asym.*, **9**, 1661; (h) Kagan, H. B., and Luukas, T. O. (2004) *Catalytic Sulfide Oxidations, in Transition Metals for Organic Synthesis*, vol. 2, 2nd edn (Ed. Beller, M., Bolm, C.), Wiley-VCH Verlag GmbH, Weinheim, Germany, pp. 479.

[12] Other asymmetric sulfide oxidation methods: (a) Bolm, C. and Bienewald, F. (1995) *Angew. Chem. Int. Ed.*, **34**, 2640; (b) Davis, F. A., Reddy, R. T., Han, W., and Carroll, P. J. (1992) *J. Am. Chem. Soc.*, **114**, 1428; (c) Palucki, M., Hanson, P., and Jacobsen, E. N. (1992) *Tetrahedron Lett.*, **33**, 7111; (d) Rossi, C., Fauve, A., Madeslaire, M., Roche, D., Davis, F. A., and Reddy, R. T. (1992) *Tetrahedron Asym.*, **3**, 629; (e) Matsugi, M., Hashimoto, K., Inai, M., Fukuda, N., Furuta, T., Minamikawa, J., and Otsuka, S. (1995) *Tetrahedron Asym.*, **6**, 2991; For more recent reviews: (f) Legros, J., Dehli, J. R., and Bolm, C. (2005) *Adv. Syn. Catal.*, **347** (1), 19; (g) Bryliakov, K. P., and Talsi, E. P. (2008) *Curr. Org. Chem.*, **12**, 386.

[13] (a) Brown, H. C., and Ravindran, N. (1973) *Synthesis*, **42**; (b) Brown, H. C., and Murray, K. J. (1986) *Tetrahedron*, **42**, 5497.

[14] Ullmann-type ether formations (a) Wolter, M., Nordmann, G., Job, G. E., and Buchwald, S. L. (2002) *Org. Lett.*, **4**, 973; more recent reports: (b) Shafir, A., Lichtor, P. A., and Buchwald, S. L. (2007) *J. Am. Chem. Soc.*, **129**, 3490; (c) Zhang, H., Ma, D., and Cao, W. (2007) *Synlett*, 243; (d) broad scope of the copper(I) bipyridyl complex in Ullmann-type ether formation was reported more recently: Niu, J., Zhou, H., Li, Z., Xu, J., and Hu, S. (2008) *J. Org. Chem.*, **73**, 7814.

[15] (a) Waters, M. S., Onofiok, E., Tellers, D. M., Chilenski, J. R., and Song, Z. J. (2006) *Synthesis*, **20**, 3389; (b) Song, Z. J., and Waters, M. S. (2005) U. S. Pat. Appl. Publ. US 2005148781 A1 20050707.

[16] Isotope effects in borane reductions (a) Hawthorn, M. F., and Lewis, E. S. (1958) *J. Am. Chem. Soc.*, **80**, 4296; (b) Lewis, E. S., and Grinstein, R. H. (1962) *J. Am. Chem. Soc.*, **84**, 1158; (c) White, S. S., Jr., and Kelly, H. C. (1970) *J. Am. Chem. Soc.*, **92**, 4203; (d) Corey, E. J., Link, J. O., and Bakshi, R. K. (1992) *Tetrahedron Lett.*, **33**, 7107; (e) Linney, L. P., Self, C. R., and Williams, I. H. (1994) *J. Chem. Soc., Chem. Commun.*, 1651.

[17] (a) Sasaki, T., Takahashi, T., Nagase, T., Mizutani, T., Ito, S., Mitobe, Y., Miyamoto, Y., Kanesaka, M., Yoshimoto, R., Tanaka, T., Takenaga, N., Tokita, S., and Sato, N. (2009) *Bioorg. Med. Chem. Lett*, **19**, 4232; (b) Diaz-Gavilan, M., Conejo-Garcia, A., Cruz-Lopez, O., Nunez, M. C., Choquesillo-Lazarte, D., Gonzalez-Perez, J. M., Rodriguez-Serrano, F., Marchal, J. A., Aranega, A., Gallo, M. A., Espinosa, A., and Campos, J. M. (2008) *ChemMedChem*, **3**, 127.

[18]　Komatsu，N.，Hashizume，M.，Sugita，T.，and Uemura，S. (1993) *J . Org . Chem.*，**58**，4529.

[19]　(a)Tegeler，J. J.，Ong，H. H.，and Profitt，J. A. (1983) *J . Heterocyclic Chem.*，**20**，867；(b) Capozzi，G.，Lo Nostro，P.，Menichetti，S.，Nativi，C.，and Sarri，P. (2001)*Chem. Commun.*，551；(c) Melchiorre，C.，Brasili，L.，Giardina，D.，Pigini，M.，and Strappaghetti，G. (1984) *J . Med . Chem.*，**27**，1535；(d) Arnoldi，A.，Bassoli，A.，Merlini，L.，and Ragg，E. (1993) *J . Chem . Soc .，Perkin Trans* **1**，1359.

第六章

HIV 整合酶抑制剂：雷特格韦

Guy R. Humphrey 和钟永利

人类免疫缺乏 I 型病毒（HIV-1）是获得性免疫缺乏综合征（AIDS）的病原体。据估计，目前世界上有 3300 万人感染了 HIV/AIDS。每年新增感染者约 400 万，死亡约 300 万[1,2]。为了阻止 HIV 的生命周期，药物化学家们确认并瞄准三个相关的酶：逆转录酶（RT）、蛋白酶（PR）以及整合酶（IN）。大多数治疗 HIV 感染的口服药物对前两种酶会产生抑制作用，从而影响疗效。迄今为止，由蛋白酶抑制剂或非核苷逆转录酶抑制剂（NNRTI）与两个核苷逆转录酶抑制剂联合用药的多药物鸡尾酒疗法（HAART）一直是治疗 HIV 的标准方法。因为出现了与药物相关的毒性以及耐药病毒，从而使 HAART 联合用药的效果受到了极大限制[3]。药物化学家一直在努力发掘新型作用模式的药物，比如病毒入侵抑制剂和 IN 抑制剂，以便给予携带抗药性病毒或者抗 HAART 药物毒性的确诊 HIV 患者提供抗逆转录病毒治疗。因为 IN 与 RT 以及 PR 不同，它没有人类同源基因，因而 IN 抑制剂可能在大剂量下表现更好的耐受性。因此，研究开发 HIV/AIDS 的 IN 抑制剂对药物化学家们有独特的吸引力[4]。

图 6.1 是默克研发实验室发现并开发的药物雷特格韦（1），于 2007 年 10 月以宜升瑞（ISENTRESS）为注册商标获准上市，是第一个针对靶标 IN 用于抗逆转录病毒的治疗药物[5]。尽管雷特格韦（1）早期与其他抗逆转录病毒药物联合用药治疗复诊的成年患者，最近 FDA 批准放宽了治疗范围，包括初诊的成年患者[6]。

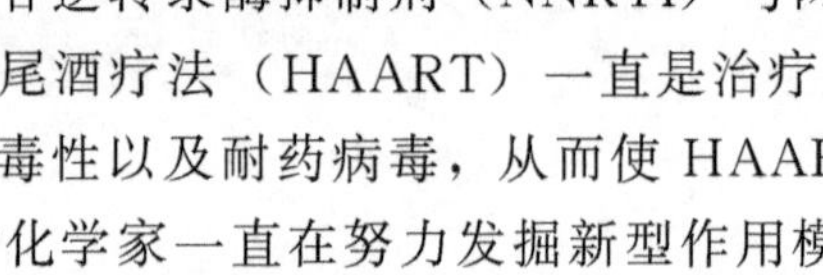

1 的钾盐

图 6.1　雷特格韦（1）的结构

成本低效率高的工艺、使全球的患者都用得起该药物，是贯穿整个工艺开发的核心驱动力。本章第一部分首先简要介绍雷特格韦（**1**）的药物化学合成路线，然后详细介绍一个新的高效生产工艺。该工艺能够稳定生产吨级高纯度的药物。第二部分重点讨论了嘧啶酮热重排化学的研究过程。

6.1 项目发展状况

6.1.1 药物化学的合成路线

针对化合物（**1**）的结构，反合成分析初步确定切断两个酰胺键以及一个 C—N 键，由此导出四个片段：噁二唑酰氯（**2**）、碘甲烷、对氟苄胺（4-FBA）以及高度官能化的羟基嘧啶酮（**3**），如图式 6.1 所示。这是合理的反合成切断方式，适合长远的工艺开发。

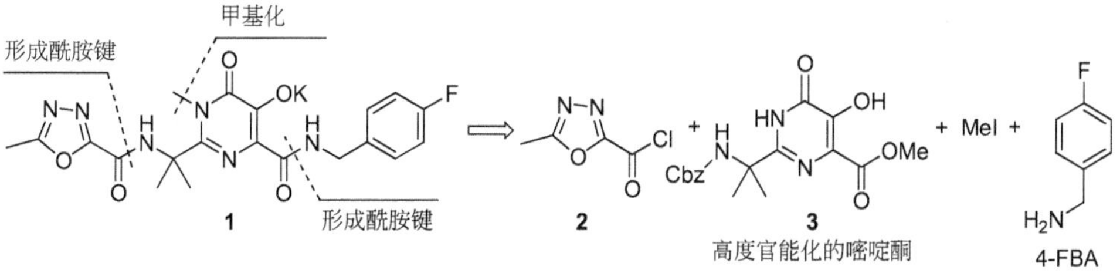

图式 6.1 化合物（1）的反合成分析

药物化学以氨与价廉易得的原料丙酮氰醇（**4**）进行 Strecker 反应，启动了化合物（**1**）的合成流程，如图式 6.2 所示。按 Schotten-Baumann 反应的条件，Cbz 保护氨基腈得到中间体（**6**）。羟胺与中间体（**6**）的氰基加成生成氨基肟（**7**）。氨基肟（**7**）与乙炔二羧酸二甲酯（DMAD）进行双分子共轭加成，生成加合物（**8**）的 Z/E 混合物，然后热重排得到关键中间体羟基嘧啶酮（**3**）。用苯酐选择性保护嘧啶酮（**3**）的羟基，然后层析纯化得到嘧啶酮苯甲酸酯（**9**）。在 1,4-二氧六环中，嘧啶酮（**9**）用 Me_2SO_4 和 LiH 进行 N-甲基化，再一次层析纯化分离得到中间体（**10**），除去 6-O-甲基化副产物。接着，钯催化氢化脱去 Cbz 保护基得到游离胺（**11**）。胺（**11**）和噁二唑酰氯（**2**）缩合，层析纯化得到倒数第二步甲酯中间体（**12**）。甲酯（**12**）与 4-FBA 酰胺化反应生成目标产物（**1**）。由此以十步线性路线完成了全流程合成产物（**1**），总收率约 3%[5]。

仔细评估了药物化学的合成路线后，对合成目标产物（**1**）的优缺点评述如下。

6.1.1.1 药物化学合成路线的优点

1）所有原料都廉价易得。

2）通过一个双组分的共轭加成反应然后热重排，快速合成了目标产物（**1**）

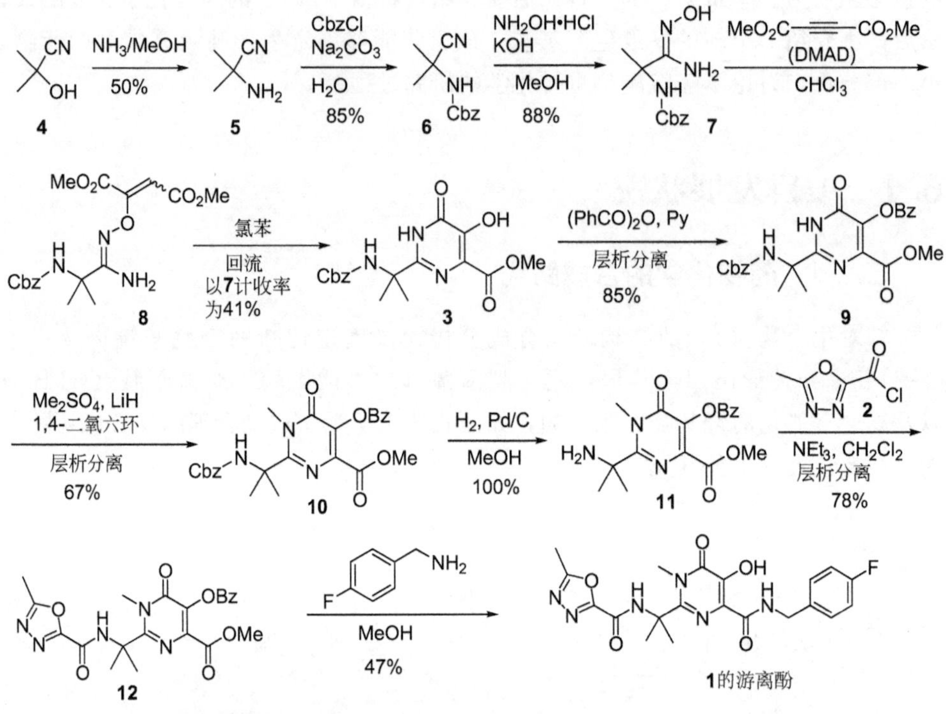

图式 6.2　制备雷特格韦游离酚（1）的药物化学合成路线

的关键中间体，即高度官能化的羟基嘧啶酮（**3**）。

6.1.1.2　药物化学合成路线存在的问题

1）多个反应步骤收率低，尤其是 Strecker 反应、热重排反应、低选择性的 *N*-甲基化反应以及最后的酰胺化反应。

2）多步反应使用卤代烃溶剂，如氯仿和二氯甲烷；使用毒性大、价格高的 1,4-二氧六环作为溶剂。因为环境原因，这些溶剂不适合大规模生产。

3）多个中间体需要层析分离纯化。

6.1.2　工艺开发

6.1.2.1　合成雷特格韦（1）的第一代生产工艺

不论从长远还是从规模生产目标产品（**1**）考虑，上述问题都需要得到解决。但是研究人员也清醒地认识到，全流程合成过程中，最大的挑战是如何优化高效构建高度官能化的羟基嘧啶酮（**3**）以及 *N*-甲基化选择性[7]。下面概述雷特格韦（**1**）的初步工艺开发，重点讨论两个主要问题。

1）羟基嘧啶酮（**3**）合成路线的选择。

-双羟基富马酸衍生物与肼之间的缩合反应。

-氨基肟（**7**）与 DMAD 的 Michael 加成反应，然后热重排。

2）优化选定的羟基嘧啶酮（**3**）的合成路线。

3）优化中间体（**9**）的选择性 N-甲基化。

4）组装噁二唑酰胺之前，先进行 4-FBA 酰胺化反应。

5）制备 5-甲基-1,3,4-噁二唑-2-酰氯（**2**）。

6）最后一步反应合成噁二唑酰胺。

（1）羟基嘧啶酮（3）合成路线的选择

关于嘧啶酮核的合成方法，文献报道非常有限。大多数合成高度官能化嘧啶酮母核的策略，基本上都归属以下两种方法学的范畴。都以相同的氨基肟（**13**）为起始原料，如图式 6.3 所示。路线 A 有三步反应，包括氨基肟（**13**）氢化制备脒（**14**）；市售原料 α-苄氧基乙酸酯与草酸单甲酯单叔丁酯之间经 Claisen 缩合合成双羟基富马酸酯衍生物（**15**）；脒（**14**）与富马酸酯衍生物（**15**）缩合生成苄基保护的嘧啶酮（**17**）[8]。而路线 B 有两步反应，氨基肟（**13**）与 DMAD 进行 Michael 加成得到中间体（**16**）；热重排生成羟基嘧啶酮（**18**）[9]。

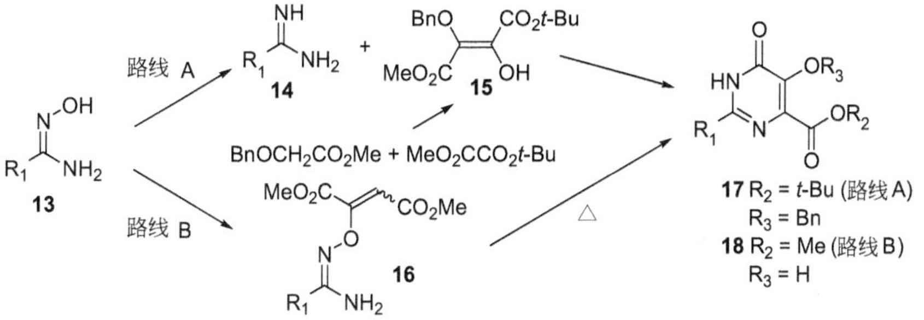

图式 6.3 制备羟基嘧啶酮的合成路线

路线 A：双羟基富马酸酯衍生物与脒的缩合反应 最近，Dreher 等人[8d] 开发并优化了脒（**14**）与富马酸酯衍生物（**15**）的缩合反应，生成收率高达 96% 的苄基嘧啶酮（**17**）。这一高效的合成方法对制备羟基嘧啶酮核有很大的吸引力。因为从氨基肟（**13**）制备脒（**14**）的氢化过程不能兼容 N-Cbz 官能团，因此，必须在工艺开发早期选择合适的保护基团。基于这一目的，考虑用 Boc 或 Nosyl 作为氨基腈（**5**）的保护基，然后羟胺对氰基加成分别生成氨基肟（**19** 及 **20**），收率都是 90%，如图式 6.4 所示。氨基肟（**19** 或 **20**）氢化后生成相应的脒（**21**

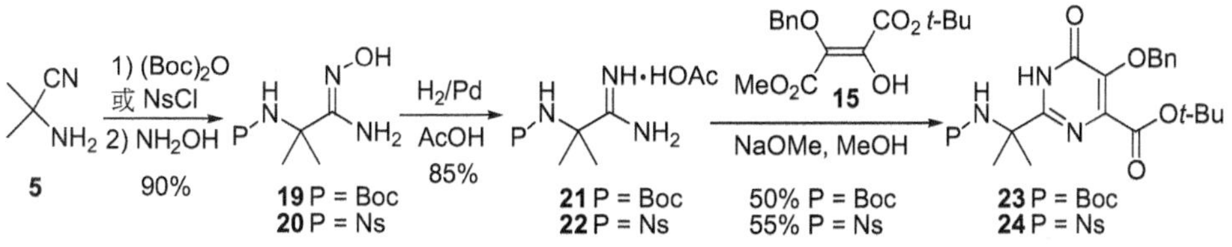

图式 6.4 双羟基富马酸酯衍生物与脒的缩合反应合成嘧啶酮核

或 **22**），收率为 85％。脒（**21** 或 **22**）与富马酸酯衍生物（**15**）的缩合反应生成了官能化嘧啶酮（**23** 或 **24**），优化后的收率分别为 50％或 55％。由于收率中等、反应步数增加、富马酸酯衍生物（**15**）的稳定性不好以及整体工艺的原子经济性较差，虽然这一缩合路线可以制备各种嘧啶酮衍生物，但从长远工艺开发的角度考虑，放弃了这一路线。

路线 B：氨基肟（13）与 DMAD 先进行 Michael 加成反应，然后热重排　先进行氨基肟（**13**）[R^1＝2-（2-Cbz-丙基）时，氨基肟（**13**）与氨基肟（**7**）为同种物质] 与 DMAD 的 Michael 加成反应，然后热重排构建羟基嘧啶酮核的方法，是药物化学的合成路线。尽管热重排反应的初步收率只有 41％，但是，高原子经济性、低成本以及简洁的化学过程等优点对开发长远的合成路线具有很大的吸引力。因此，决定进一步探索这一合成路线。希望在充分理解内在化学本质的基础上，对反应收率和可操作性等方面进行优化。

（2）优化合成中间体（3）的选定路线

热重排的溶剂效应　应用微波技术评价了热重排的溶剂效应[9e]。

考虑到高温下化合物（**8**）结构中的 N-Cbz 官能团存在稳定性因素，以化合物（**25**）作为模板底物试验热重排反应。在不同溶剂中，底物（**25**）都用微波辐射 2min，内温达到 185℃。结果显示，所有热重排反应的转化率都大于 95％，参看表 6.1。非质子极性溶剂（序号 6 和 9）以及质子极性溶剂（序号 7）中，反应产物（**26**）的分析收率较低。而在邻二甲苯或混二甲苯等非极性溶剂中（序号 10），重排反应获得了较高的分析收率。由此，初步确认了合适的反应溶剂[9e]。

表 6.1　微波促进的重排反应的溶剂效应

序号	溶剂	分析收率/％	序号	溶剂	分析收率/％
1	本体(无溶剂)	52	6	DMF	38
2	1,2-二氯苯	62	7	异丙醇	35
3	乙二醇二甲醚	54	8	甲苯	47
4	1,2-二氯乙烷	50	9	MeCN	48
5	1,4-二氧六环	66	10	邻二甲苯(或混二甲苯)	68

热重排中 E-和 Z-氨基肟-DMAD 加合物问题　研发团队详细考察了加合物

（**8**）热重排生成羟基嘧啶酮（**3**）的反应。氨基肟（**7**）与 DMAD 的加成反应生成加合物（**8**），通常是 E/Z 的混合物。一开始的热重排实验，以加合物（**8**）的 E/Z 混合物为原料，在 125℃的邻二甲苯中进行。结果表明，其中一个异构体比另一个异构体的反应速度快。为了搞清楚不同异构体之间反应活性的差别，先层析分离了两个异构体。其中单晶 X-衍射清晰确定了 Z 加合物（**8Z**）的结构，如图 6.2 所示。

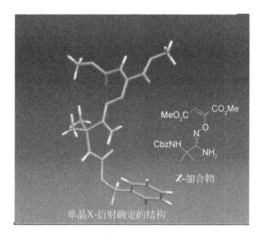

图 6.2　Z 加合物（8Z）的单晶 X-衍射图

如图式 6.5 所示，分别进行了 E 和 Z 加合物的热重排。在较低的 125℃下，Z 加合物（**8Z**）得到产物（**3**），分析收率为 72%。而 E 加合物（**8E**）的热重排反应则需要稍高的 135℃，分析收率较低。两个异构体的热重排反应都观察到含量约 5%的咪唑副产物（**27**）。为了提高收率，通过缩短反应时间、降低反应温度等措施，对制备 Z 加合物的选择性进行了优化。

图式 6.5　E-和 Z-氨基肟-DMAD 加合物的热重排

Michael 加成反应并不需要催化剂，只考察溶剂和温度对氨基肟（**7**）与 DMAD 的反应选择性的影响，结果如表 6.2 所示。在 DMF（序号 1）和 DMSO（序号 2）等强偶极非质子溶剂中，得到了高选择性的产物（**8E**）。在乙腈（序号 3）、二氯甲烷（序号 4）以及二甲苯（序号 5）等溶剂中也生成主要产物（**8E**）。令人高兴的是，在甲醇（序号 6）中，反应主产物是设想的异构体（**8Z**）。低温（序号 7）对 **8Z/8E** 的立体选择性有利。以 THF（序号 9）或二氯乙烷（序号 10）为溶剂，加催化量 DABCO，也观察到类似结果。研发团队尝试以典型的双键异构化条件探索 **8E** 异构化成 **8Z** 的可能性，遗憾的是，所有努力都未能获得成功。

表 6.2 氨基肟与 DMAD 加成反应选择性的优化

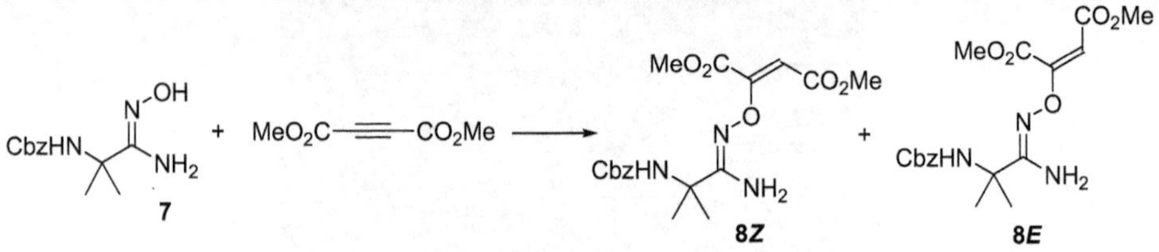

序号	溶剂	添加剂(摩尔分数)/%	温度/℃	转化率/%	Z/E 比
1	DMF	—	室温	100	2∶98
2	DMSO	—	室温	100	1∶99
3	MeCN	—	室温	100	20∶80
4	DCM	—	室温	70	31∶69
5	混二甲苯	—	80	100	21∶79
6	MeOH	—	室温	100	65∶35
7	MeOH	—	−10	100	75∶25
8	AcOH	—	室温	30	50∶50
9	THF	DABCO(15)	−70	100	79∶21
10	1,2-DCE	DABCO(5)	室温	100	74∶26

在含有 DABCO 的 THF（表 6.2，序号 9）中，**8Z/8E** 的比例比单一甲醇（表 6.2，序号 7）的结果略好一些。为了尽可能消除影响热重排反应收率的因素，反应前需要除去体系中的 DABCO。为避免额外的操作过程，选择单一甲醇作溶剂进行 Michael 加成反应。Michael 加成反应得到定量的加合物（**8**）的 Z/E 混合物。把加合物（**8**）的溶剂换成二甲苯，加热到 125℃ 热重排反应 2h，然后升温到 135℃ 反应 4h 得到产物（**3**），分析收率为 62%。浓缩反应液，直接结晶析出羟基嘧啶酮（**3**），得到白色结晶性固体，分离收率为 54%。

关键的热重排反应得到了初步优化，工艺开发的注意点回到前几步反应。如图式 6.6 所示，首先优化丙酮氰醇（**4**）合成氨基肟（**7**）的反应。原先 Strecker

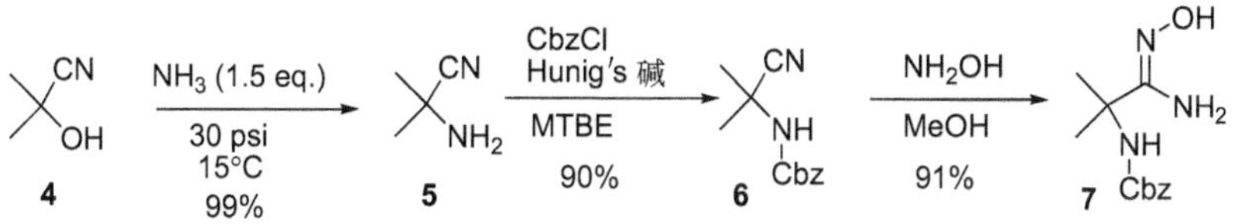

图式 6.6 优化氨基肟的合成

反应在氨的甲醇溶液中进行，原料转化不完全，而且后处理过程中损失了大量产物。优化后的反应条件为：以 1.5eq. 液氨在 30psi、15℃下进行 Strecker 反应，顺利得到了氨基腈（**5**），收率为 99%。

在 Hunig 碱作用下，氯甲酸苄酯（Cbz-Cl）与氨基腈（**5**）作用生成了 N-Cbz 保护的中间体（**6**），分析收率为 90%。在甲醇中中间体（**6**）与羟胺作用生成白色结晶性氨基肟（**7**）固体，分离收率为 91%。最终，研发团队以丙酮氰醇（**4**）为原料经过三步反应合成了氨基肟（**7**），总收率从优化前的 37% 提高到 81%。

(3) 优化 N-甲基化反应的选择性

在药物化学合成路线中，酚羟基先保护成苯甲酸酯，然后再进行 N-甲基化反应。为了简化反应工艺，研究了羟基嘧啶酮（**3**）直接甲基化的可行性。令人高兴的是，羟基嘧啶酮（**3**）直接甲基化得到了设想的 N-甲基化产物（**31**）以及 O-甲基化副产物（**32**），比例为 70：30，如图式 6.7 中路线 B 所示。令人惊奇的是，完全未观察到甲基醚副产物（**28~30**），如图式 6.7 中路线 A 所示。

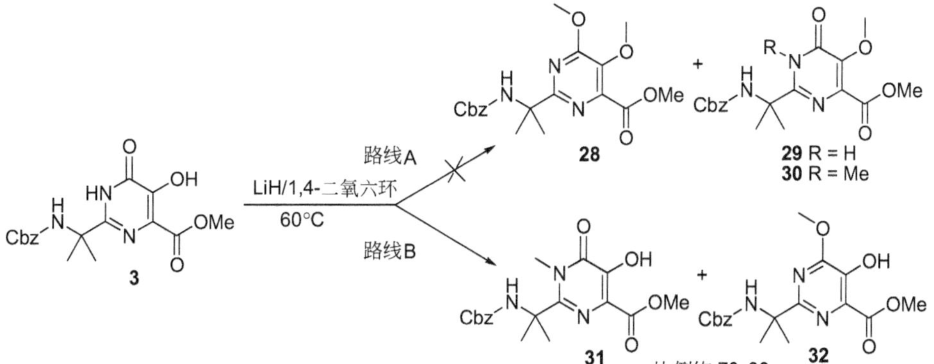

图式 6.7 羟基嘧啶酮（**3**）直接甲基化

验证了直接甲基化的设想后，研发团队接着优化了甲基化反应的区域选择性、收率和分离条件，并考虑去掉 1,4-二氧六环以及 LiH，研究结果参看表 6.3。在 Me$_2$SO$_4$，t-BuOLi 等类似的甲基化试剂/碱条件下，非极性溶剂甲苯（序号 2）以及 THF（序号 3）的选择性优于质子溶剂甲醇（序号 1）、偶极非质子溶剂 DMSO（序号 4）以及 DMF（序号 5）。在其他条件相同时，MeI（序号 7）

表 6.3 羟基嘧啶酮（3）的直接甲基化

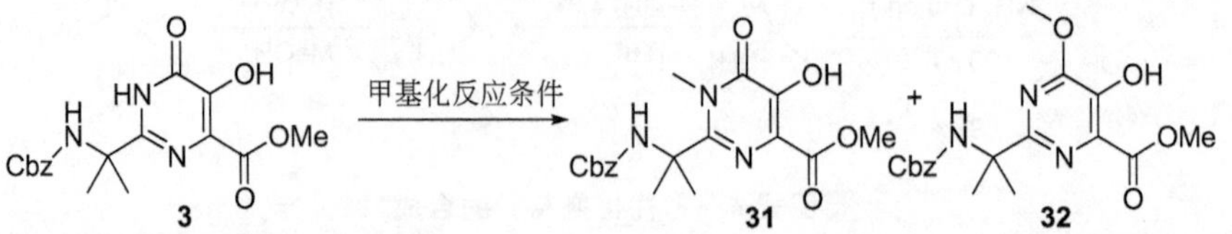

序号	试剂	碱	溶剂	添加剂	温度/℃	转化率/%	31∶32
1	Me_2SO_4	t-BuOLi	MeOH	—	50	25	16∶84
2	Me_2SO_4	t-BuOLi	甲苯	—	50	40	48∶52
3	Me_2SO_4	t-BuOLi	THF	—	50	74	47∶53
4	Me_2SO_4	t-BuOLi	DMSO	—	50	100	12∶88
5	Me_2SO_4	t-BuOLi	DMF	—	80	100	9∶91
6	Me_2SO_4	t-BuOLi	DMF	$MgBr_2 \cdot OEt_2$	80	86	48∶52
7	MeI	t-BuOLi	DMF	—	80	65	36∶64
8	MeI	$Mg(OMe)_2$	THF	—	20	16	52∶48
9	MeI	$Mg(OMe)_2$	DMF	—	35	58	64∶36
10	MeI	$Mg(OMe)_2$	NMP	—	20	70	63∶37
11	MeI	$Mg(OMe)_2$	DMAc	—	20	68	61∶39
12	MeI	$Mg(OMe)_2$	DMSO	—	35	56	78∶22
13	MeI	$Mg(OMe)_2$	DMSO	—	60	100	78∶22

甲基化的选择性优于 Me_2SO_4（序号 5）。

　　有意思的是，向反应体系中加入 1eq. $MgBr_2 \cdot OEt_2$，显著提高了选择性（序号 6）。反应机理可能涉及羟基嘧啶酮（3）与 $Mg(OMe)_2$ 的螯合作用，如图式 6.8 中的结构（33 和 34）。在上述结果启发下，研究发现在 60℃ 的 DMSO 中以 MeI 作甲基化试剂，$Mg(OMe)_2$ 作碱，甲基化反应能获得更好的结果（序号 13）。经过上述优化，甲基化反应产物（31）的分析收率为 78%，结晶后分离收率为 70%。

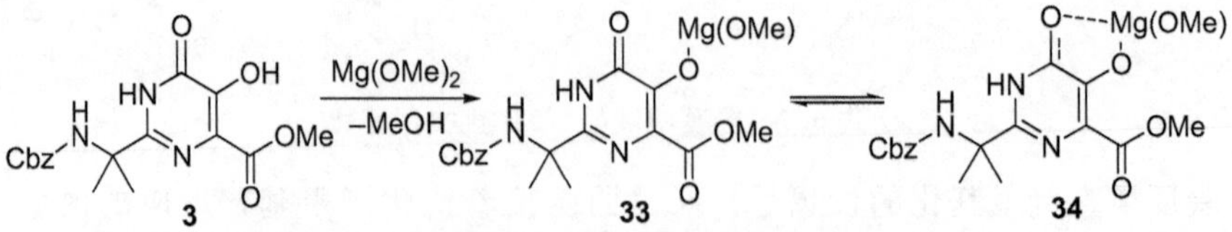

图式 6.8　羟基嘧啶酮（3）和 Mg^{2+} 螯合的假设

（4）先进行 4-FBA 酰胺化然后与噁二唑酰氯缩合

药物化学合成路线中，先引入噁二唑片段，然后进行 4-FBA 的酰胺化，参看图式 6.1。两步反应的总收率只有 37％。与 4-FBA 相比，制备噁二唑衍生物需要两步合成反应，价格上显然会高很多。为了提高反应收率、降低成本、改进工艺流程的可靠性，考虑了先进行 4-FBA 酰胺化，后与噁二唑酰氯缩合反应的可行性。

如图式 6.9 所示，在 72℃ 的乙醇中，中间体（**31**）与 2.2eq. 4-FBA 反应，得到白色结晶性固体产物（**35**），分离收率为 90％。以 5％ Pd/C 作催化剂，加入 1eq. MsOH，催化氢化高效脱去 Cbz 保护基。MsOH 可以抑制还原过程中的脱氟副反应，避免产生脱氟的副产物。过滤催化剂，滤液用 NaOH 中和，结晶析出白色结晶性游离胺（**36**）固体，分离收率为 99％。得到的游离胺（**36**）为二水合物，与噁二唑酰氯（**2**）缩合反应前必须干燥。

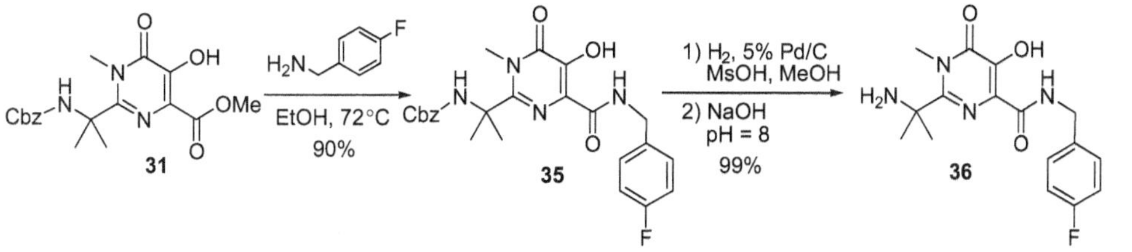

图式 6.9　先进行 4-FBA 酰胺化，然后进行噁二唑酰胺化反应

（5）制备 5-甲基-1,3,4-噁二唑-2-酰氯（2）

如图式 6.10 所示，早期的合成路线由乙酰肼基氧代乙酸乙酯（**37**）经分子内缩合反应制备 5-甲基-1,3,4-噁二唑-2-羧酸钾盐（**39**），反应收率中等。

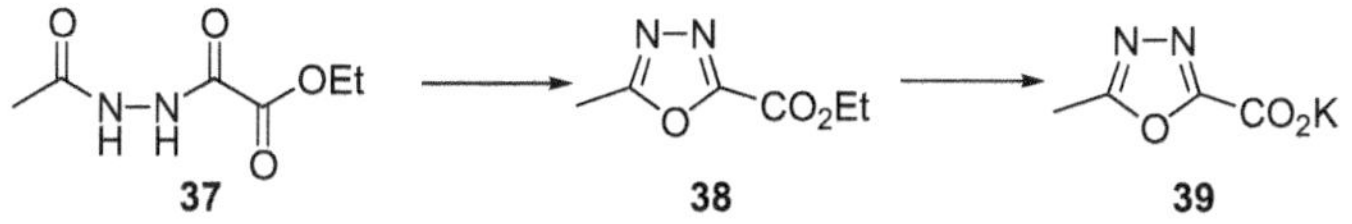

图式 6.10　早期制备噁二唑羧酸钾盐的合成方法

研发团队对文献合成过程[10] 进行了优化，使之成为高产率生产噁二唑片段的长远工艺，如图式 6.11 所示。草酰氯单乙酯（**41**）与四氮唑（**40**）进行酰胺化得到了中间体（**42**），然后逐渐升温到 70℃ 转化成高产率的噁二唑羧酸乙酯（**38**）。KOH 皂化得到结晶性的羧酸钾盐（**39**）固体，总收率为 91％。在催化量 DMF 作用下，草酰氯与钾盐（**39**）反应定量生成了 5-甲基-1,3,4-噁

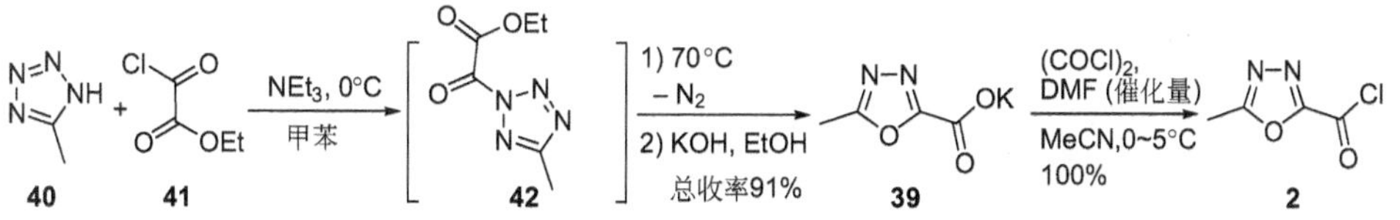

图式 6.11　优化制备噁二唑酰氯（2）的合成工艺

二唑-2-酰氯（**2**）。

（6）最后一步完成噁二唑酰胺化（大结局）

优化了制备游离胺（**36**）以及酰氯（**2**）的合成工艺后，在 4-甲基吗啉（NMM）作用下，两个片段之间缩合得到了目标产物的游离酚（**1**）以及过度反应的副产物酯（**43**），比例约为 10：1。向反应混合物中加入 MeNH₂ 水溶液，直接进行酯（**43**）的原位氨解。HCl 酸化后生成游离酚（**1**），结晶、过滤，分离收率为 88%。向游离酚（**1**）溶液中加入 1：1 摩尔比的 KOEt，分离得到结晶性的雷特格韦钾盐（**1**），分离收率为 93%，纯度为 99.5%，如图式 6.12 所示。

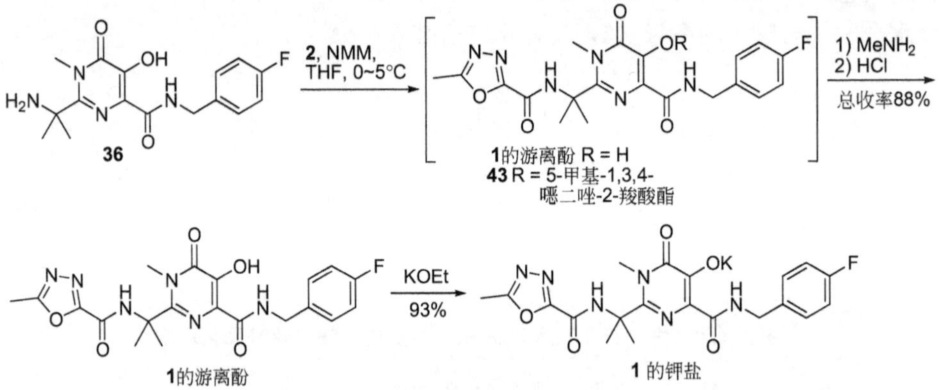

图式 6.12　制备雷特格韦（1）

（7）第一代生产工艺总结

第一代雷特格韦（**1**）生产工艺的主要成果总结如下：

1）氨基肟-DMAD 加合物的热重排反应，高效构建了高度官能化的羟基嘧啶酮（**3**）。这一实用方法是成功开发雷特格韦（**1**）合成工艺的关键。

2）氨基肟-DMAD 的 Z 加合物（**8Z**）在热重排中转化成羟基嘧啶酮（**3**）比相应的 E 加合物（**8E**）更可靠。该发现为重新认识这一经典化学打开了一扇新的窗户。

3）以九步线性反应步骤合成了雷特格韦（**1**），总收率为 22%。

4）有效地解决了药物化学合成路线中的主要问题：

-显著改善了几个低收率反应。

-去除了工艺中所有卤代烃、高毒以及昂贵溶剂。

-Mg(OMe)₂ 作碱替代了不适合放大的 LiH。

5）整个工艺过程不需要层析分离纯化。

研发团队快速并成功实施了第一代生产工艺的放大，生产了几吨原料药，基本上满足了三期临床、铺货和上市前的各种需求。

雷特格韦作为抑制全球 HIV/AIDS 肆虐的关键新药，同时更为了进一步惠及全球患者，仍迫切希望开发一个更高效的、经济的并且环境友好的合成工艺。

6.1.2.2　合成雷特格韦（1）的第二代生产工艺

研发团队仔细回顾之前所有研究过的合成路线，并全面评估第一代生产工艺以及可能改进的地方，突然产生了灵感，随即有了第二代生产工艺的雏形。用廉价易得的原料一步高效环异构化（热重排）合成了结构复杂的羟基嘧啶酮母核（**3**），前面详细介绍了该方法化学过程可靠、操作简单，直接结晶就能得到高纯度的产物羟基嘧啶酮（**3**）。因此，第二代合成工艺主要考虑优化从羟基嘧啶酮（**3**）到目标产物（**1**）的化学过程[7]。

详细评估第一代合成工艺中每一步反应的收率、生产率、效率、排放量（PMI）以及溶剂等各个方面，对潜在可改进的地方，总结如下：

1）最后一步缩合反应使用过量（2.2eq.）、昂贵的噁二唑酰氯（**2**）。

2）游离胺（**36**）分离后是一个易潮解的二水合物，固态下很难干燥，用THF共沸脱水干燥，操作费时、经济性差。

3）4-FBA酰胺化反应中使用过量（2.3eq.）的胺4-FBA。

4）甲基化反应选择性只有78∶22，中等分离收率（70%）。

5）好几步反应的体积效率低。

6）好几步反应的排放量（PMI）高，尤其是甲基化反应以及最后一步缩合反应。

（1）最后一步缩合反应使用保护基

最后一步缩合反应，即游离胺（**36**）与噁二唑酰氯（**2**）之间的酰胺化反应，酚羟基的非选择性酯化反应导致生成了双酰基化的副产物酯（**43**）。一方面，消耗昂贵的噁二唑酰氯（**2**）；另一方面，需要 $MeNH_2$ 或 KOH 皂化双酰基化的副产物酯（**43**）才能完成目标产物（**1**）的合成。研发团队尝试用其他缩合试剂抑制非选择性酯化副反应都未能成功。因此，为了降低昂贵的噁二唑酰氯（**2**）的用量，提高转化率/收率，预先保护游离胺（**36**）的酚羟基的策略看起来有吸引力。因此，选择"合适的"保护基团就很关键。保护基团要价廉、易组装、有基本定量的收率、中间体稳定易分离、可以储存或直接用于缩合反应。更理想的是，中间体可结晶分离但不潮解，这样可以避免现有工艺中游离胺（**36**）费时费力的干燥过程。最后，能按现有工艺相同的或更温和的条件脱去保护基团。由于产物（**1**）结构中噁二唑侧链在碱性条件下不稳定，要小心避免分解。因此，评估了乙酰基、丙酰基、苯甲酰基以及特戊酰基等一系列酰基保护基团。总结多次实验结果，选择特戊酰基衍生物（**44**）进行进一步优化。

（2）游离胺特戊酸酯（FAPE，45）的制备和性质

通过深度工艺优化，制备了纯度极好的特戊酸酯（**44**），收率为99%，如图式6.13所示。在三乙胺和0.01%（摩尔分数）催化量的 DMAP 作用下，室温下在乙酸乙酯中特戊酰氯与 Cbz-酰胺（**35**）进行酯化反应。如果体系中不加DMAP，反应速度较慢，而且转化率通常停在 90%～95%。按之前的氢化条件：Pd/C、MsOH、MeOH，尝试氢化脱苄基，结果非常复杂，因为胺（**45**）的MsOH 盐在反应体系中几乎不溶，因而不可能过滤分离催化剂。研发团队筛选了几种酸添加剂，发现羟乙酸是合适的抗衡离子，在体系显现极好的溶解性能。

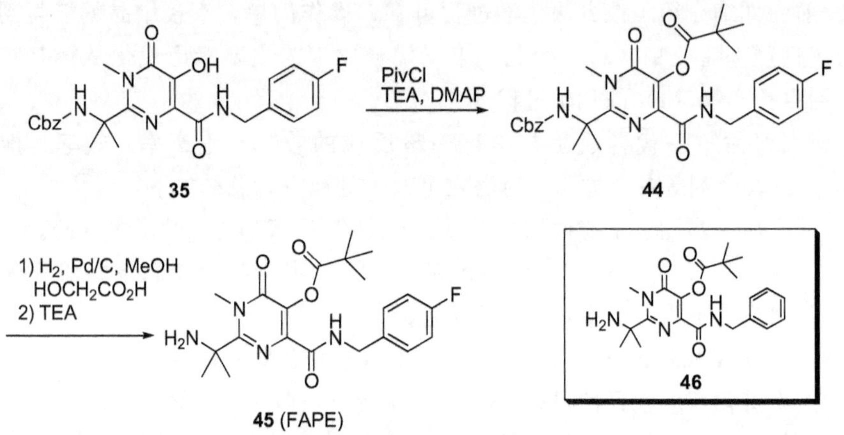

图式 6.13　合成游离胺特戊酸酯（45）

实验证明，羟乙酸是反应必需的添加剂。一方面能促进反应完全转化并有效抑制脱氟杂质（**46**）的产生，另一方面使游离胺特戊酸酯在体系中处于溶解状态❶。在实际操作中，合成特戊酸酯的反应完成后，水洗混合物除去 NEt₃·HCl。加入甲醇、羟乙酸以及 Pd/C，混合物用 5psi 氢气在 20～25℃下进行氢解反应 2～3h。反应结束后，过滤除去催化剂，用三乙胺调节溶液 pH 值到 9，结晶析出游离胺特戊酸酯（FAPE，**45**）。分离得到高熔点的结晶性固体，固体状态可稳定保存。更欣喜的是，在 0～95% 的相对湿度下不潮解，如图 6.3 所示，并且可以非常方便地用传统过滤干燥技术或烘箱干燥。

（3）优化 FAPE（45）与噁二唑酰氯（2）缩合反应合成雷特格韦（1）

优化工艺后得到了干燥不潮解的结晶性 FAPE（**45**）固体，重新探索最后一步酰胺化的反应条件，如图式 6.14 所示。第一代生产工艺使用了多种溶剂混合体系：先用 THF 共沸干燥游离胺（**36**）；在乙腈中制备噁二唑酰氯（**2**）；用 IPA/水结晶游离酚（**1**）。反应体积效率低，废溶剂量大，产生的多种溶剂混合物也难以回收循环使用。为了简化工艺并提高生产率，设法在单一溶剂中进行酰胺化反应并分离纯化。因为在 0～5℃ 的乙腈中制备了噁二唑酰氯（**2**），试着在乙腈中进行酰胺化反应。把 FAPE(**45**)、4-NMM/乙腈悬浮液加入到 −10℃ 的噁

---

❶ 脱氟杂质（**46**）会最终衍生成雷特格韦（**1**）的脱氟副产物，不能结晶除去。

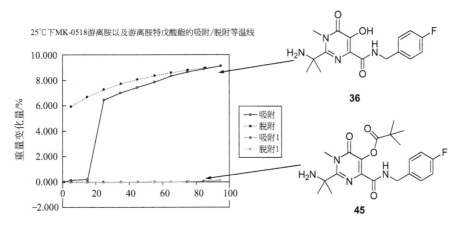

25℃下MK-0518游离胺以及游离胺特戊酸酯的吸附/脱附等温线

图 6.3 比较游离胺 (36) 与 FAPE (45) 的吸湿性能

二唑酰氯 (**2**)/乙腈溶液中进行酰胺化反应。反应完成后，向体系中加入 KOH 水溶液，将中间体 (**47**) 的特戊酸酯官能团皂化转化成游离酚 (**1**)。向体系中加入 AcOH 中和，然后加水结晶析出游离酚 (**1**)，分离收率为 99%。从工艺角度看，与第一代工艺中噁二唑酰氯 (**2**) 与游离氨基酚 (**36**) 之间的酰胺化反应进行对比，新工艺更简单，溶剂总用量只有原工艺的 1/5，生产率提高约三倍。第一代工艺需要 2.2eq. 噁二唑酰氯 (**2**)，新工艺只需 1.15eq.。整个制备过程不做溶剂切换的操作，当然也省去耗时的浓缩过程，并且几乎以定量的收率得到了游离酚 (**1**)。

图式 6.14 改进 FAPE (**45**) 与噁二唑酰氯 (**2**) 缩合反应的合成工艺

(4) 优化 N-甲基化的选择性

以 FAPE (**45**) 作为酰胺化反应关键中间体完成了工艺最后阶段的优化，开发工作将挑战最后一个关键的化学问题，即羟基嘧啶酮 (**3**) 的选择性 N-甲基化反应。在第一代工艺开发中，已经对这一甲基化反应进行了相当程度的优化。优化后的甲基化反应如下：以 Mg(OMe)₂ 作螯合剂、MeI 作甲基化试剂，在 60℃ 的 DMSO 中进行羟基嘧啶酮（**3**）的选择性甲基化反应，N-Me/O-Me 产物的比例为 78∶22；仔细控制结晶条件能分离到纯的 N-Me 产物（**31**），总收率为 70%。除了收率偏低外，该反应的生产效率低、溶剂用量巨大，产生了大量排放物。事实上，这一步反应的 PMI 就超过了 100。

根据已有的数据，似乎难以实现动力学控制的区域选择性。因此，考虑先脱去 O-甲基然后进行 N-甲基化的可行性，从而实现循环反应，提高收率，如图式 6.15 所示。遗憾的是，尝试了多种脱甲基反应，O-Me 副产物（**32**）都出现不同程度的分解，至少不能保证甲酯的稳定性。考虑到脱 O-甲基的反应条件相对剧烈，为了保证中间体的稳定性，研发团队重新审视了前几步反应的次序。因为酰胺比酯稳定，研发团队决定在甲基化反应之前把甲酯转化成酰胺（**48**）。

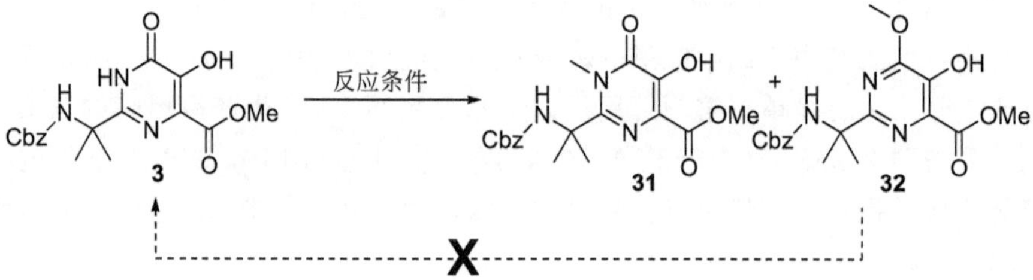

图式 6.15　尝试脱去 O-Me（**32**）的甲基

羟基嘧啶酮（**3**）、1.2eq. 4-FBA 和 1eq. 三乙胺一起在甲醇中回流 6h，完全转化成酰胺（**48**）。向体系中加入 AcOH/水诱导结晶析出酰胺（**48**），过滤、干燥，分离收率为 99%，如图式 6.16 所示。

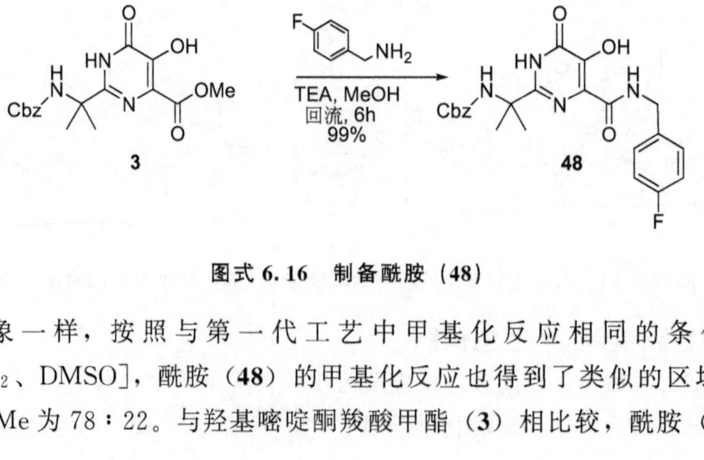

图式 6.16　制备酰胺（**48**）

与想象一样，按照与第一代工艺中甲基化反应相同的条件〔MeI、Mg(OMe)₂、DMSO〕，酰胺（**48**）的甲基化反应也得到了类似的区域选择性，N-Me/O-Me 为 78∶22。与羟基嘧啶酮羧酸甲酯（**3**）相比较，酰胺（**48**）明显更稳定，推测能承受更苛刻的反应条件。研发团队尝试了升高温度并延长时间。令人激动的是，探索性实验就获得了一些重要信息。65℃下延长反应时间到20h，得到了 99：1 的 *N*-甲基化反应产物（**35**）。为了进一步探索 *O*-Me 向 *N*-Me 转化的循环策略，实验设计（DOE）与高通量筛选技术同时并进。深度评估了一系列变量，包括反应浓度、温度、时间以及试剂用量。DOE 结果表明，高温、高浓度以及高试剂量都有利于生成高选择性的 *N*-Me 产物，如图式 6.17 所示。优化后的甲基化反应条件为：3eq. $Mg(OMe)_2$、5eq. MeI、体系浓度为 1.0mol/L、65℃下反应 20h。在优化条件下，*N*-甲基酰胺（**35**）的分析收率达到 90%，*N*-Me/*O*-Me 为 99：1。

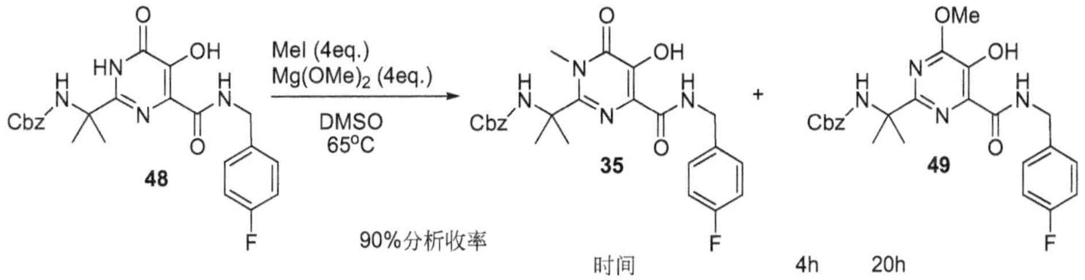

时间	4h	20h
转化率	95%	99%
N-Me *vs* *O*-Me	80/20	99/1

图式 6.17 酰胺（48）的甲基化反应以及原位使用 MgI_2 实现 *O*-Me 转化 *N*-Me

反应体系中把 *O*-Me 副产物（**49**）原位转化成 *N*-Me 产物（**35**）的设想得到了证实，实现了化学过程的可行性。从生产率、经济性、安全以及环境因素等工艺角度考虑，上述转化过程还不够完美。研发团队利用高通量筛选技术重新考察选择了碱、甲基化试剂以及溶剂等参数。优化后选择价廉的氢氧化镁 [$Mg(OH)_2$] 作碱；虽然三甲基碘化亚砜 [$Me_3S(O)I$，m. p. 208～212℃] 价格略高但比 MeI 容易处理，因而选择该化合物作为甲基化试剂。尽管 DMSO、DMF 都是合适的反应溶剂，但从内在的安全性考虑，最终选择 NMP 作为反应溶剂。反应体系中至少加入 1eq. 水才能保证将 *O*-Me 副产物完全转化成 *N*-Me 产物。

如图式 6.18 所示，最终优化后的甲基化反应转化率超过 99%。原位结晶、过滤干燥产物（**35**），分离收率为 92%。在上述反应条件下，三甲基碘化亚砜高温下先游离出 MeI，反应刚开始生成了 4：1 的产物（**35**）/副产物（**49**）的混合物。在反应体系中，碘负离子驱动 *O*-Me 副产物（**49**）原位脱去 *O*-甲基，接着重新 *N*-甲基化。如此循环一锅法反应就能把 *O*-Me 副产物完全转化成产物（**35**）。100℃下通常反应 3～6h 可以转化完全。

(5) 第二代生产工艺总结

第二代化学工艺的成果总结如下：

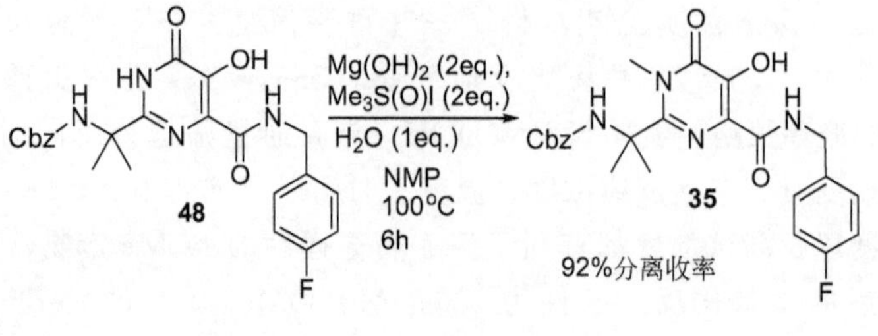

图式 6.18　以 Mg(OH)₂ 和 Me₃S(O)I 优化酰胺 (48) 的甲基化反应

1）确定不吸潮的游离胺特戊酸酯（FAPE，**45**）为酰胺化反应的前体。

2）改进了最后酰胺化反应的生产率和收率。

3）发现了原位脱 *O*-甲基、重新 *N*-甲基化的反应条件，成功地实现一锅法把 *O*-Me 副产物转化成 *N*-甲基嘧啶酮产物。

4）开发了高收率的 4-FBA 酰胺化反应新工艺。

如图式 6.19 所示，工艺开发以羟基嘧啶酮（**3**）为原料，经过多步反应合成了雷特格韦（**1**）。总收率从药物化学合成路线可怜的 20% 提高到第一代生产工艺的 51%，第二代生产工艺最终达到 84%。同时，大幅度降低了生产雷特格韦的总成本，收率提高的同时，每步反应的生产效率提升了 3～5 倍。有机排放物、水排放物相应地减少了 65%。第二代生产工艺在吨级规模生产中成功地得到了展示。

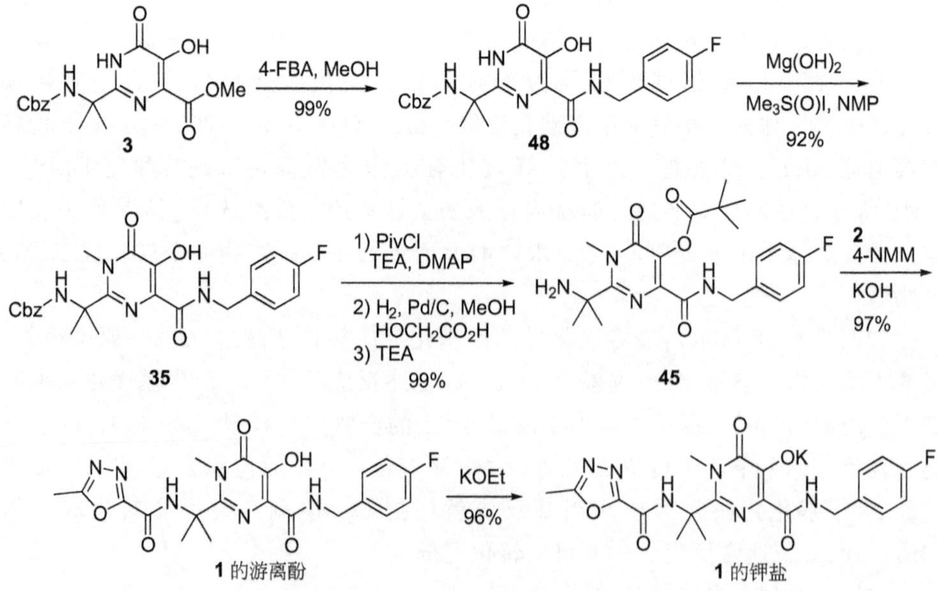

图式 6.19　第二代生产工艺

6.2 化学研究

6.2.1 微波促进热重排的研究

上一节介绍，在考察高温热重排生成羟基嘧啶酮的溶剂效应中，发现了微波辐射能快速（<5min）促进重排反应，得到较高收率的目标产物。如表6.4所示，研发团队进一步开展了微波促进热重排反应的底物适用性的研究。向−10℃的氨基肟/10倍体积的甲醇溶液中，滴加1.05eq. DMAD，反应混合物在6h内缓慢升至室温，生成了氨基肟-DMAD加合物，反应转化率大于98%。Z-构型的选择性适中。然后在25~40℃下把溶剂切换成5倍体积的邻二甲苯。用微波辐射氨基肟加合物/二甲苯溶液进行重排反应❶。得到的悬浮液在室温下搅拌1h，析出结晶，过滤，洗涤，真空干燥得到相应的羟基嘧啶酮。研发团队考察了芳基（序号1~4，6）、嘧啶环（序号5）、官能化脂肪族（序号7~9）等多种底物，发现它们都能环合生成相应的羟基嘧啶酮衍生物。N-保护的α-氨基氨基肟-DMAD加合物（序号10、11）也能转化成羟基嘧啶酮衍生物，收率中等。

6.2.2 热重排反应的机理研究

如图式6.20所示，氨基肟和DMAD双组分加成生成了Z和E加合物（**51**）的混合物，在二甲苯中加热环合生成羟基嘧啶酮（**55**）。上一节曾讨论该反应的机理，假设该反应涉及中间体（**51**）通过互变异构转化成中间体（**52**），然后经Claisen[3,3]-重排得到中间体（**53**）。中间体（**53**）再一次互变异构转化成中间体（**54**），最后环合生成羟基嘧啶酮（**55**）[9a,f]。

为了验证反应机理，进行了一些设计实验。在一个反应中，以 N-羟基-N-甲基-噻吩-2-甲脒（**56**）与DMAD反应得到一个两次Michael加成产物（**57**），然后在二甲苯中回流生成了羟基嘧啶酮（**60**），总收率为57%，如图式6.21所示[9f]。推测该反应的机理涉及噁二唑（**57**）开环生成O-Michael加合物（**58**），接着[3,3]-Claisen型重排生成中间体（**59**），最后经过互变异构并环合得到羟基嘧啶酮（**60**）。

在另一个例子中，氨基肟异构体底物（**61**）未观察到预期的[3,3]-重排产物（**63**），如图式6.22所示。反而Z加合物（**62Z**）环合生成了噁二唑啉（**64**）。有意思的是，E加合物（**62E**）重排得到羟基嘧啶酮（**60**）以及咪唑（**66**），而不是羟基嘧啶酮（**63**）。推测底物（**62E**）先重排成中间体（**65**），再经过[1,3]-σ

---

❶ ETHOS D，Milestone，1000W，80%输出功率，控制温度到185℃，维持1~2min。

表 6.4 氨基肟与 DMAD 加合物的选择性及微波促进热重排反应的底物适用范围

序号	原料	加合物	加合物/比例	产物	反应条件	分离收率/%
1	R=F	R=F	90:10	R=F		60
2	R=CF$_3$	R=CF$_3$	87:13	R=CF$_3$	室温~185℃	61
3	R=CF$_3$O	R=CF$_3$O	88:12	R=CF$_3$O	超过85s	48
4			86:14		室温~185℃ 超过160s	50
5			91:9		室温~185℃ 超过85s	50
6			90:10		室温~182℃ 超过85s	50

续表

序号	原料	加合物	加合物/比例	产物	反应条件	分离收率/%
7	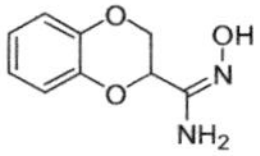 (苯并二噁烷-酰胺肟)	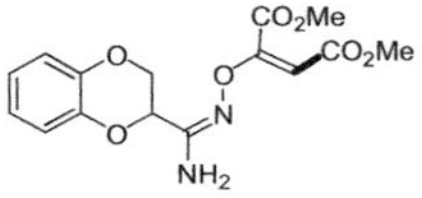 (CO$_2$Me,CO$_2$Me 加合物)	81 : 19	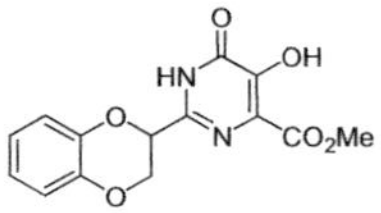 (吡啶酮产物)	室温~185℃ 超过 85s	59
8	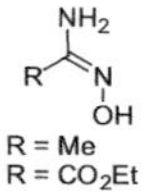 R=Me	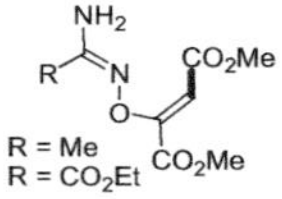 R=Me	89 : 11	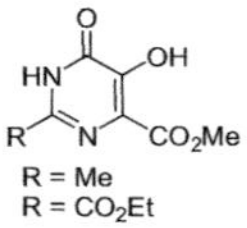 R=Me	室温~185℃ 超过 85s	48
9	R=CO$_2$Et	R=CO$_2$Et	77 : 23	R=CO$_2$Et	超过 85s	50
10	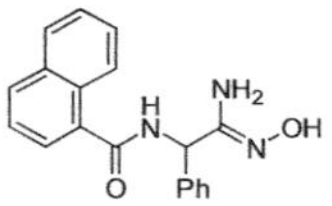 (Ph-萘甲酰胺肟)	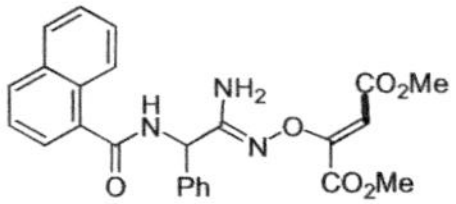 (CO$_2$Me,CO$_2$Me 加合物)	67 : 33	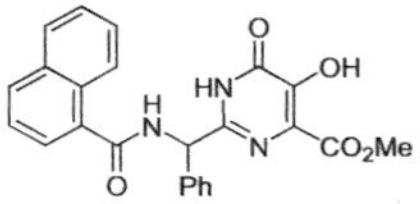 (吡啶酮产物)	室温~185℃ 超过 120s	39
11	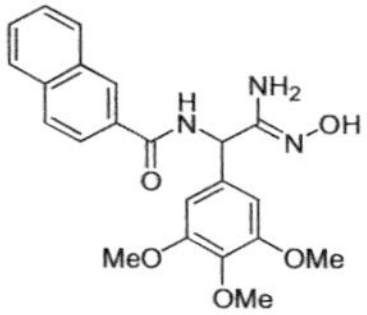 (三甲氧基苯-萘甲酰胺肟)	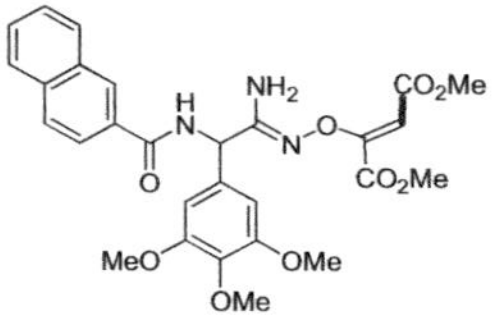 (CO$_2$Me,CO$_2$Me 加合物)	67 : 33	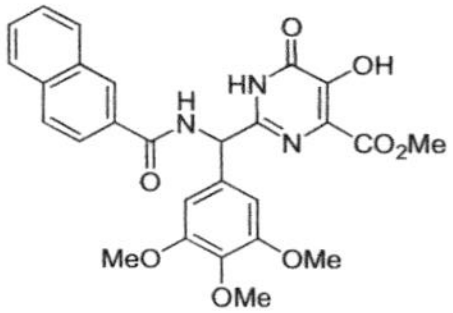 (吡啶酮产物)	室温~170℃ 超过 300s	67

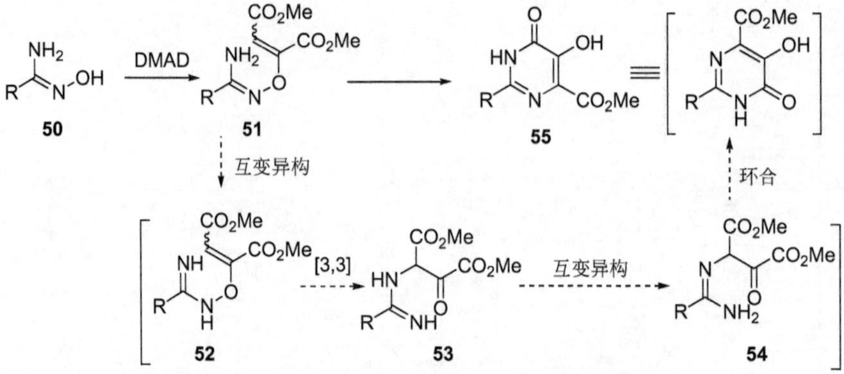

图式 6.20　氨基肟（50）经历[3,3]-重排的推测机理

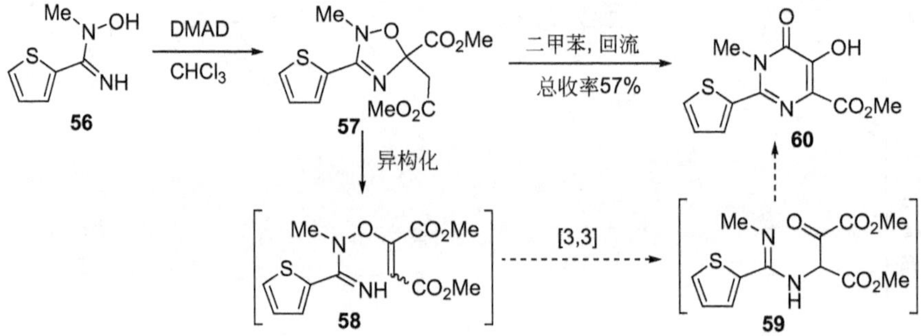

图式 6.21　化合物（56）经历[3,3]-重排机理的证据

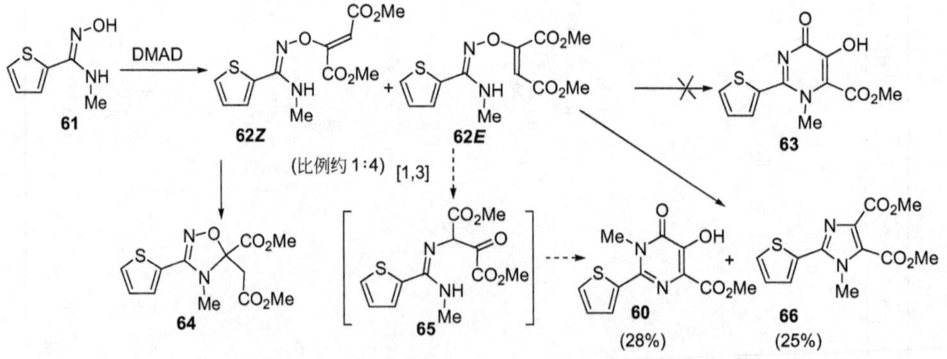

图式 6.22　化合物（62）经历[1,3]-重排机理的推测

重排，最后环合生成观察到的产物（**60** 和 **66**）。

上述两个例子中，氨基肟的 N 原子上分别带有取代基，通过取代基在产物中的位置对反应机理做出一些合理的推断。但是对于未取代的氨基肟-DMAD 加合物（**51**），其确切的重排机理并不清楚。因而研发团队决定进行该反应的机理研究。以 ^{15}N-标记的化合物开始机理研究实验，如图式 6.23 所示[9i]。氨基腈（**6**）与 (^{15}N)-羟胺反应得到 (^{15}N)-氨基肟（**7***），室温下与 DMAD 进行 Michael 加成生成 65：35 的加合物（**8Z*/8E***）混合物。在 **8Z*/8E*** 热重排生成羟基嘧啶酮（**3***）过程中，意外发现，过渡态（**67***）所有 ^{15}N 标记都位于酯基的邻位。该结果与 [3,3]-σ 重排机理不符，由此推断，可能经过 [1,3]-重排或双自由基机理。

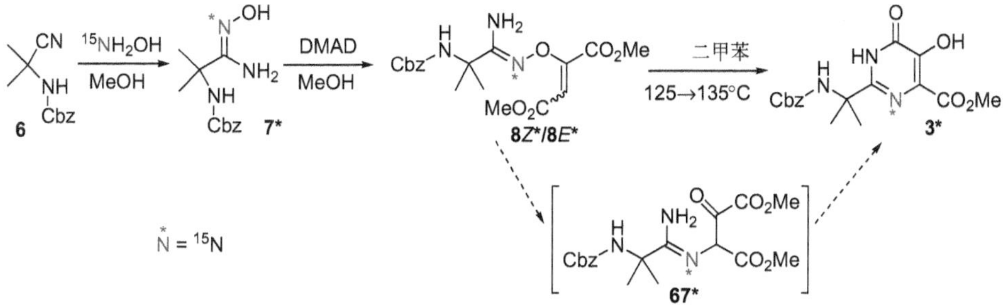

图式 6.23　^{15}N-标记的乙烯氧基肟重排

研发团队与 Kendall Houck 教授合作开展了计算化学的研究，结果如图式 6.24所示。推测反应可能存在三种途径。路线 C 涉及加合物（**68Z/E**）互变异构转化成过渡态（**69Z/E**）。确认从过渡态（**69Z/E**）转化成产物（**72**）要经过化合物（**71**）和化合物（**70**）两个过渡态（**TS**）。过渡态（**TS5**）经历 [3,3]-σ 重排需要的能量（Z 与 E 加合物的活化能分别为 36.5kcal/mol 和 37.8kcal/mol）比过渡态（**TS4**）[1,3]-σ 重排要低得多。在气相中，过渡态（**TS5**）的能量最低，然而，尽管活化能只有约 12kcal/mol[❶]，但在甲苯中从未观察到加合物（**68Z/E**）互变异构生成过渡态（**69Z/E**）的过程。因此排除了路线 C 的可能性。

通过紧密氢键的极性自由基对（PRP），确认了路线 A 是第二低能量的过渡态（**TS1**，40.4kcal/mol 和 43.1kcal/mol）。很显然，过渡态（**TS1-Z**）的能量比过渡态（**TS1-E**）低 3kcal/mol，与加合物（**8Z** 与 **8E**）的实验结果呈现的反应活性极其符合。最后是路线 B，经历直接的 [1,3]-σ 重排。Z-式和 E-式的过渡态（**TS3**）的活化能分别是 45.9kcal/mol 和 43.5kcal/mol。过渡态（**TS1**）的几何结构和过渡态（**TS3**）相似，但自然状态下解离，这一不同点决定了肟片段向乙烯氧片段迁移的位置。在设定区分计算能垒误差限的情况下，计算结果并不能明确确定路线 A 和路线 B。然而，计算结果说明加合物（**68Z/E**）的相对反应活性与实验结果接近，捕获分子内自由基对的实验结果（看下文）与自由基对机理相符[❷]。

---

❶ kcal/mol 为非国标单位。1kcal/mol＝4.182kJ/mol。译者注。

❷ 更详细的计算结果讨论，看参考文献 [9i]。

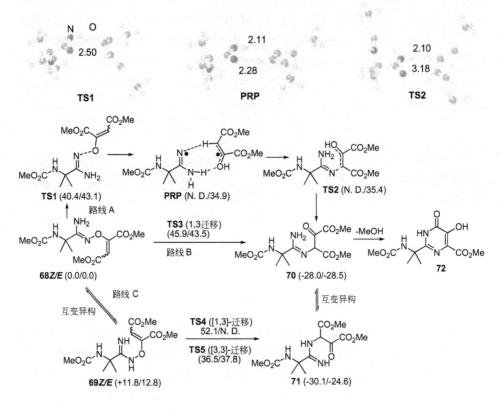

图式 6.24 氨基肟-DMAD 加合物（68Z/E）重排的可能机理，
修正 B3LYP 能量与相关过渡态结构以及中间体的关系

*所有能量都与加合物（68Z/E）有关。图中是加合物（68E）逐步重排的过程。
（N. D. ＝没有检测到）❶

在模型底物中引入烯烃双键，似乎可以作为分子内自由基的捕获剂。如图式 6.25所示，以此化合物为实验探针，验证 N—O 键的热诱导均裂过程是否存在自由基中间体[11]。在控制实验中，化合物（**73**）的热重排反应生成了预想的产物（**74**），分离收率为 66％。另一方面，不饱和化合物（**75**）在典型反应条件下热重排也得到了预想的产物羟基嘧啶酮（**76**），但分离收率只有 38％。当乙烯基氨基肟加合物（**75Z/E**）混合物与氢源（Bu₃SnH 或二氢伞花烃）一起在邻二甲苯中加热到 125℃反应时，只分离到 9％的羟基嘧啶酮（**76**）以及 3％的由化合物（**80**）水解衍生的化合物（**81**）。这一系列实验结果强烈支持路线 A 的 PRP 反应历程。

如图式 6.26 所示，交叉实验结果进一步证实反应机理与极性自由基对历程

---

❶ 此处原文为图式 6.23 注释。综合上下文，作为图式 6.24 的注释更合理。译者注。

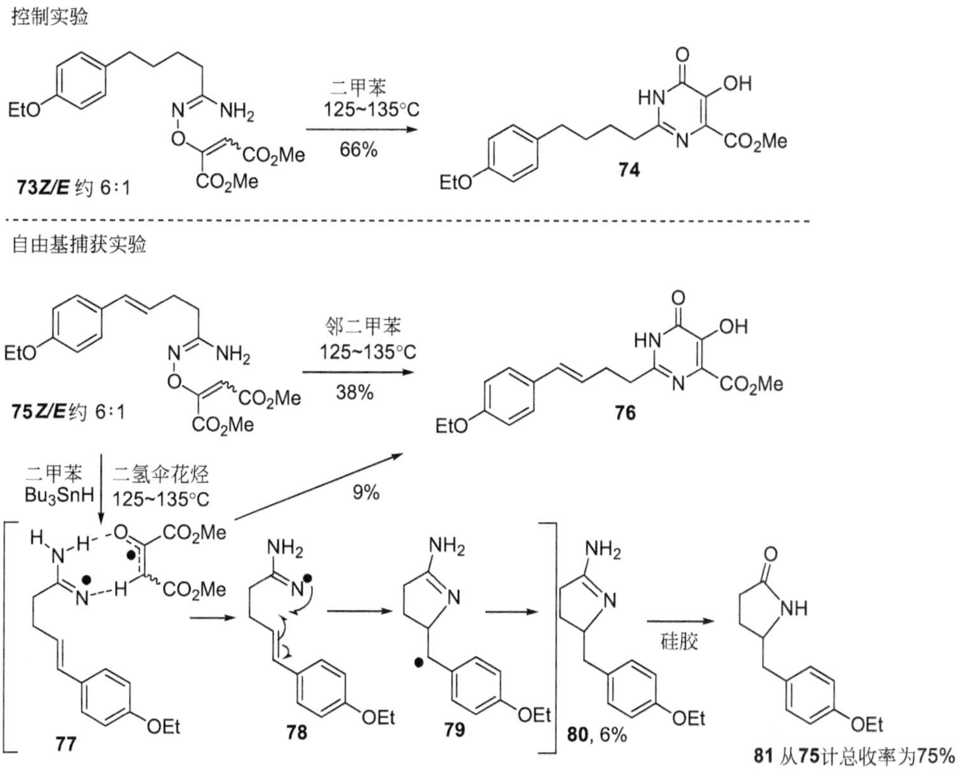

控制实验

73Z/E 约 6:1

自由基捕获实验

75Z/E 约 6:1

图式 6.25　捕获推测的自由基中间体

相符。用 1:1 标记加合物（**8Z*****/**8E*****）与未标记加合物（**8Z/8E**）的混合物在 125℃的二甲苯中反应 2h，然后升温到 135℃反应 4h，生成了羟基嘧啶酮（**3***** 和 **3**）。高分辨质谱分析结果表明，标记与未标记的片段之间不存在交换。这一结果契合了之前计算化学的讨论结果，即在溶剂笼中极性自由基对（PRP）重新组合生成产物，参看图式 6.24。

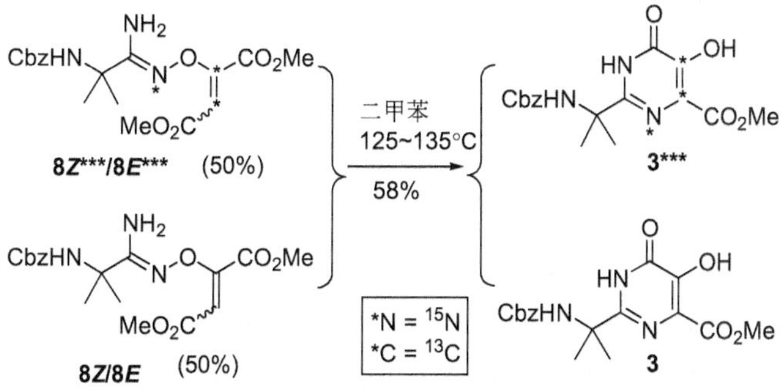

8Z***/8E*** （50%）

8Z/8E （50%）

*N = ^{15}N
*C = ^{13}C

图式 6.26　^{15}N 和 ^{13}C 标记的乙烯基脒重排反应

因此，在雷特格韦（**1**）的关键中间体——羟基嘧啶酮核的合成过程中，实验提供的证据与计算化学结果都支持极性自由基对（PRP）过渡态历程的反应机理。

6.3 结论

研发团队开发了实用、高效的合成 HIV 整合酶抑制剂雷特格韦（**1**）的生产工艺。通过创新性的化学研究、对反应机理的理解以及持续的深度优化，反应总收率提高了十余倍，由药物化学合成路线的 3％ 提高到第二代生产工艺的 35％。实现了高效、高生产率、安全可靠、经济及环境友好，产能满足大规模市场的需求。

致谢

感谢 Remy Angelaud、David Askin、Kevin M. Belyk、Spencer Dreher、Tony Hudgens、Amar J. Mahajan、Peter E. Maligres、Danny Manchino、Ross A. Miller、Dermot O'Brien、Michael Palucki、Paul Phillips、Vanessa M. Pruzinsky、Philip J. Pye、Robert A. Reamer、Mary Stanik、Dietrich Steinhubel、Steve Weissman，以及 Timothy J. Wright，感谢他们在雷特格韦工艺开发项目中所作出的贡献。

参 考 文 献

[1] UNAIDS/WHO（2007）. AIDS epidemic update: December 2007. UNAIDS/07. 27E. ISBN 92 9 173621 8.

[2] Evering, T. E., and Markowitz, M. (2007) *Drugs Today*, **43**, 865.

[3] Tozzi, V., Zaccarelli, M., Bonfigli, S., Lorenzini, P., Liuzzi, G., Trotta, M. P., Forbici, F., Gori, C., Bertoli, A., Bellagamba, R., Narciso, P., Perno, C. F., and Antinori, A. (2006) *Antivir. Ther.*, **11**, 553-560.

[4] Havlir, D. V. (2008) *N. Engl. J. Med.*, **359**, 416-441.

[5] Summa, V., Petrocchi, A., Bonelli, F., Crescenzi, B., Donghi, M., Ferrara, M., Fiore, F., Gardelli, C., Gonzalez Paz, O., Hazuda, D. J., Jones, P., Kinzel, O., Laufer, R., Monteagudo, E., Muraglia, E., Nizi, E., Orvieto, F., Pace, P., Pescatore, G., Scarpelli, R., Stillmock, K., Witmer, M. V., and Rowley, M. J. (2008) *J. Med. Chem.*, **51**, 5843-5855.

[6] Department of Health and Human Services (2009) Panel on Antiretroviral Guidelines for Adults and Adolescents. Guidelines for the use of antiretroviral agents in HIV-1 infected a-

dults and adolescents. December 1,1-161.

[7] Humphrey, G. R., Pye, P. J., Zhong, Y.-L., Angelaud, R., Askin, D., Belyk, K. M., Hudgens,T.,Mahajan,A. J.,Maligres,P. E.,Manchino,D.,Miller,R. A.,O'Brien,D.,Phillips,P.,Pruzinsky,V. M.,Reamer,R. A.,Stanik,M.,Weissman,S.,and Wright, T. J. "Development of a 2nd Generation, Highly Efficient Manufacturing Route for the HIV Integrase Inhibitor Raltegravir Potassium",submitted.

[8] (a) Johnson, T. B., and Caldwell, W. T. (1929) *J. Am. Chem. Soc.*, **51**, 873-880; (b) Budesinsky,I.,Jelinek,V.,and Prikryl,J. (1962) *J. Collect. Czech. Chem. Commun.*, **27**, 2550-2560; (c) Sunderland , C. J., Botta, M., Aime, S., and Raymond, K. N. (2001) *Inorg. Chem.*, **40**,6746-6756；(d)Dreher,S. D.,Ikemoto,N.,Gresham,V.,Liu,J.,Dormer, P. G.,Balsells,J.,Mathre,D.,Novak,T. J.,and Armstrong,J. D.,III (2004) *Tetrahedron Lett.*, **45**,6023-6025.

[9] (a)Culbertson,T. P. (1979) *J. Heterocycl. Chem.*, **16**,1423;(b)Summa,V.,Petrocchi,A., Matassa,V. G.,Taliani,M.,Laufer,R.,Franasco,R. D.,Altamura,S.,and Pace,P. (2004) *J. Med. Chem.*, **47**, 5336-5339；(c) Stansfield, I., Avolio, S., Colarusso, S., Gennari, N., Narjes,F.,Pacini,B.,Ponzi,S.,and Harper,S. (2004) *Bioorg. Med. Chem. Lett.*, **14**,5085-5088；(d) Wagner, E., Becan, L., and Nowakowska, E. (2004) *Bioorg. Med. Chem. Lett.*, **12**,265-272；(e) Zhong, Y.-L., Zhou, H., Gauthier, D. R., Jr., and Askin, D. (2006) *Tetrahedron Lett.*, **47**,1315；(f)Colarusso,S.,Attenni,B.,Avolio,S.,Malancona,S.,Harper,S., Altamura,S.,Koch,U.,and Narjes,F. (2006) *ARKIVOC*, vii,479；(g)Koch,U.,Attenni, B.,Malancona,S.,Colarusso,S.,Conte,I.,Filippo,M.,Harper,S.,Pacini,B.,Giomini,C., Thomas, S., Incitti, I., Tomei, L., De Francesco, R., Altamura, S., Matassa, V. G., and Narjes,F. (2006) *J. Med. Chem.*, **49**,1693；(h)Ferrara,M.,Crescenzi,B.,Donghi,M.,Muraglia,E.,Nizi,E.,Pesci,S.,Summa,V.,and Gardelli,C. (2007) *Tetrahedron Lett.*, **48**, 8379；(i)Pye,P. J.,Zhong,Y.-L.,Jones,G. O.,Reamer,R. A.,Houk,K. N.,and Askin,D. (2008) *Angew. Chem. Int. Ed.*,**47**,4134；(j)Zhong,Y.-L.,Pipik,B.,Lee,J.,Kohmura,Y., Okada,S.,Igawa,K.,Kadowaki,C.,Takezawa,A.,Kato,S.,Conlon,D.,Zhou,H.,King, A. O.,Reamer,R. A.,Gauthier,D. R.,Jr.,and Askin,D. (2008) *Org. Process. Res. Dev.*, **12**,1245-1252；(k)Naidu,B. N. (2008) *Synlett*, 547-550;(l)Pacini,B.,Avolio,S.,Ercolani, C., Koch, U., Migliaccio, G., Narjes, F., Pacini, L., Tomei, L., and Harper, S. (2009) *Bioorg. Med. Chem. Lett.*, **19**,6245-6249.

[10] Ogilvie,W.,and Rank,W. (1987) *Can. J. Chem.*, **65**,166.

[11] (a)Newcomb,M. (1993) *Tetrahedron*, **49**,1151;(b)Newcomb,M.,Tanaka,N.,Bouvier, A., Tronche, C., Horner, J. H., Musa, O. M., and Martinez, F. N. (1996) *J. Am. Chem. Soc.*, **118**, 8505; (c) Horner, J. H., Musa, O. M., Bouvier, A., and Newcomb,M. (1998) *J. Am. Chem. Soc.*, **120**,7738.

第七章

环戊烷基 NK-1 受体拮抗剂

Jeffrey T. Kuethe

　　坐落于新泽西州罗韦市的默克研发实验室，发现了可用于治疗忧郁症的神经激肽-1（NK-1）受体拮抗剂（**1**）[1]。NK-1 位于中枢神经系统的特定位置，与感觉神经元缔合，是 G 蛋白偶联受体家族成员之一。NK-1 是速激肽 P 物质的天然配体，很多条件下与病理生理学相关。默克开发的阿瑞匹坦（Emend）是这类药物中唯一获准上市的，用于防治化疗引起的呕吐[2-4]。在经口 NK-1 拮抗剂的开发研究中，发现了一系列包含化合物（**1**）在内的基于环戊烷母核的化合物与人类 NK-1 受体具有很强的亲和力（亚纳摩尔级）。

　　默克开发的候选药物化合物（**1**），是第一个以环戊烷为母核的 NK-1 受体拮抗剂。化合物结构中包含五个手性中心：中心环戊烷母核有三个毗邻的全反式立体中心、一个双（三氟甲基)-苄醚侧链以及一个 3-哌啶甲酸片段，如图 7.1 所示。制备化合物（**1**）成功与否的关键是构建反式-反式-环戊烷母核以及非对称的二级-二级（*sec-sec*）醚的成键。本章介绍制备化合物（**1**）的工艺开发。

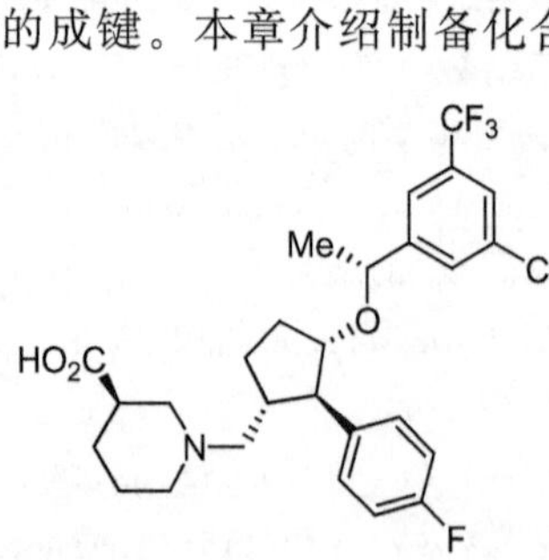

1

图 7.1　环戊烷基的 NK-1 拮抗剂的结构

　　7.1 节，将详细介绍化合物（**1**）的工艺开发。7.2 节，将进一步探讨项目开发过程中的关键化学转化。

注：英文版书中在本章未提及物质 2，译者在翻译时遵从原文，未改变本章化合物序号。译者注。

7.1　项目发展状况

7.1.1　药物化学的合成路线

图式 7.1～图式 7.3 图解了化合物（**1**）的药物化学合成路线。整个合成路线包含十七步线性反应步骤，总收率为 1.9%。图式 7.1 总结了合成母核环戊醇（**10**）的初始路线，该母核含有三个毗邻的手性中心。在催化量哌啶作用下，合成路线始于氰乙酸乙酯（**3**）与对氟苯甲醛（**4**）的缩合。缩合产物与 NaCN 进行 Michael 加成反应，再与 3-氯丙酸乙酯发生烷基化，最后水解皂化得到三羧酸中间体（**5**），总收率为 68%。三羧酸中间体（**5**）酯化后再进行 Dieckman 缩合成环、脱羧、再酯化，得到了消旋环戊酮中间体（**6**），总收率为 63%。NaBH₄ 还原环戊酮中间体（**6**）生成 3:1 的环戊醇中间体（**7**）及异构体（**8**）的混合物，收率为 70%。环戊醇中间体（**7**）和异构体（**8**）混合物可通过层析分离。环戊醇中间体（**7**）皂化后生成了羧酸中间体（**9**），再拆分得到 *R*-α-苯乙胺盐。光学纯的对映体盐转化成光学纯的环戊醇（**10**），从消旋的环戊醇中间体（**7**）计，收率为 35%。

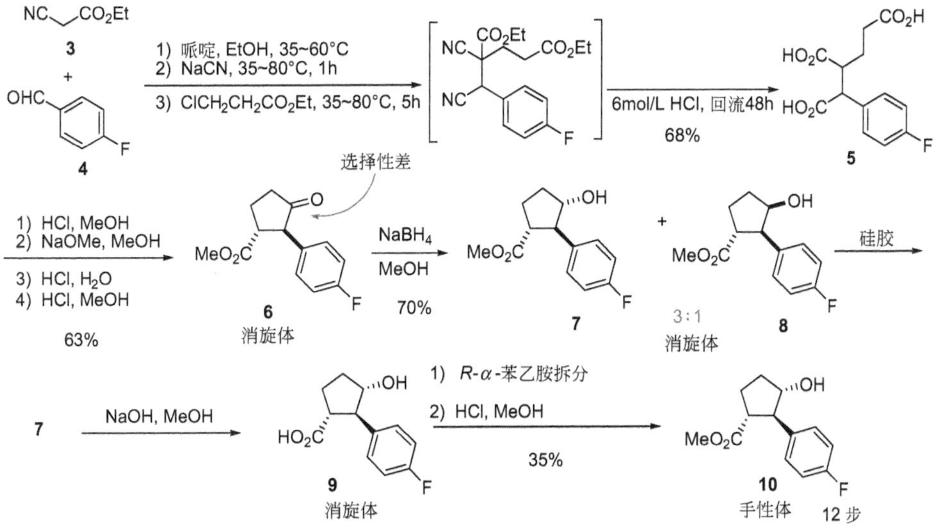

图式 7.1　制备环戊醇母核（10）的药物化学合成路线

随后，药物化学家又改进消旋羧酸（**9**）的合成路线。新路线以 2-溴-2-环戊烯-1-酮（**11**）为原料，如图式 7.2 所示[5]。化合物（**11**）与对氟苯硼酸（**12**）之间进行 Suzuki-Miyaura 交叉偶联生成化合物（**13**），收率为 67%。氰负离子共轭加成得到酮（**14**），收率为 71%。NaBH₄ 还原化合物（**14**）得到 2.8:1 的目标化合物（**15**）及异构体杂质（**16**）。硅胶层析分离化合物（**15**）。氰基化合物的非对映选择性与酯（**6**）相当。化合物（**15**）用 5mol/L NaOH/MeOH 皂化，中和后得到消旋羧酸（**9**），收率为 91%。拆分过程与图式 7.1 相同。

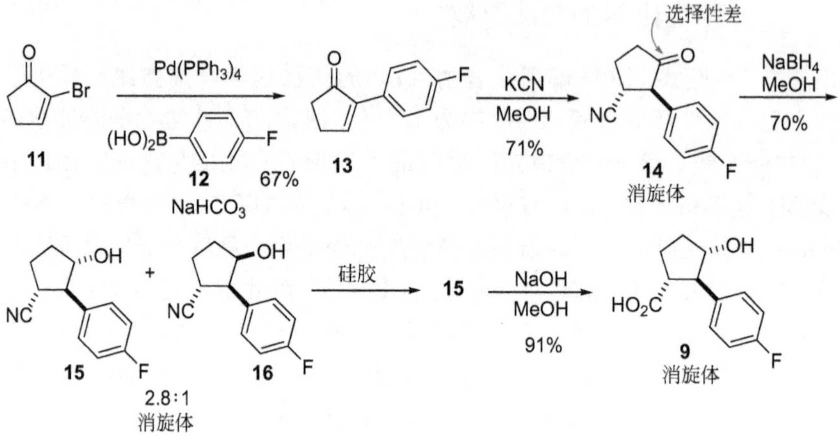

图式 7.2　药物化学制备环戊醇母核（10）的改进路线

如图式 7.3 所示为用手性环戊醇（**10**）作原料合成候选药物（**1**）的过程。在催化量 TfOH 作用下，环戊醇（**10**）与由消旋苄醇衍生的消旋酰亚胺（**17**）反应生成了 1∶1 的非对映异构体（**18** 和 **19**），这两个非对映异构体只能通过细致耐心的层析才能分离。LiBH$_4$ 还原酯（**18**），接着 Swern 氧化成醛（**20**），收率为 68%。醛（**20**）与 R-哌啶羧酸乙酯/L-酒石酸盐（**21**）一起用 NaBH(OAc)$_3$ 进行还原胺化，最后酯皂化得到候选药物（**1**）。

药物化学合成路线存在的问题　启动工艺开发时，评估确认了药物化学合成路线存在的一些问题，包括：

1）合成路线长，总共二十步反应，其中十七步线性反应步骤；

2）关键中间体环戊醇（**9**）是消旋体，需要手性拆分[❶]；

3）手性的哌啶羧酸乙酯/酒石酸盐（**21**）缺乏稳定货源；

4）多步反应涉及保护-去保护操作，工艺效率低；

5）手性环戊醇（**10**）与酰亚胺（**17**）的醚化反应，得到非对映异构体（**18** 和 **19**）的混合物，选择性差，硅胶柱层析分离难度大，操作繁琐，工艺效率极差；

6）据报道，候选药物（**1**）的游离碱不是结晶性固体。

综合考虑了上述因素，研发团队决定放弃药物化学合成路线，重新设计开发一条制备化合物（**1**）的新工艺路线。

---

❶ 按照上下文理解，原文环戊醇（**8**）不正确，译者注。

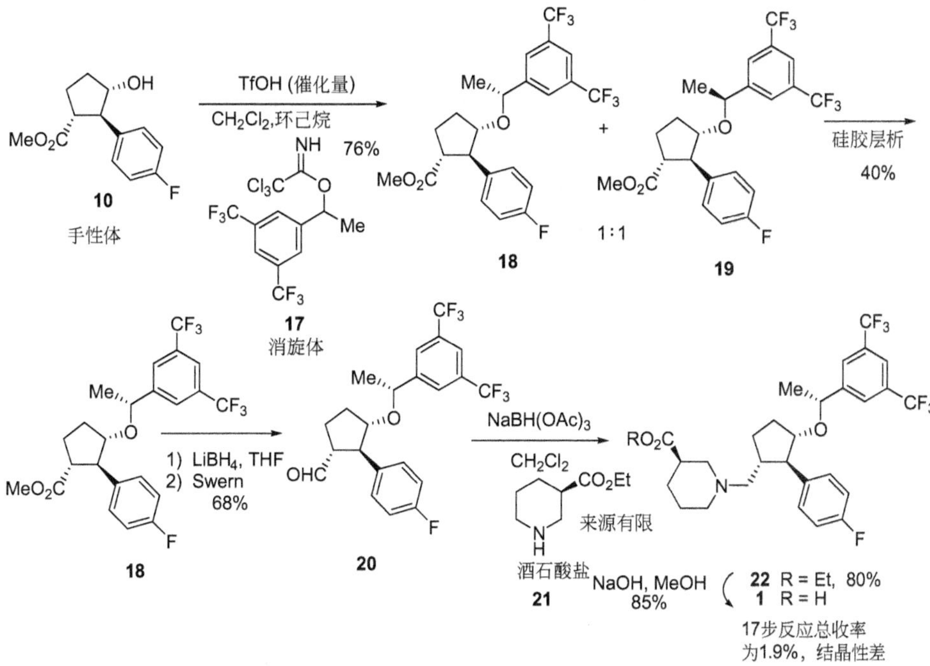

图式 7.3 药物化学合成路线制备候选药物（1）

7.1.2 工艺开发

为了顺利制备公斤级的候选药物（**1**），研发团队决定开发一个不对称合成的工艺路线。如图式 7.4 所示的反合成分析，计划以环戊烯酮（**27**）为源头，经过

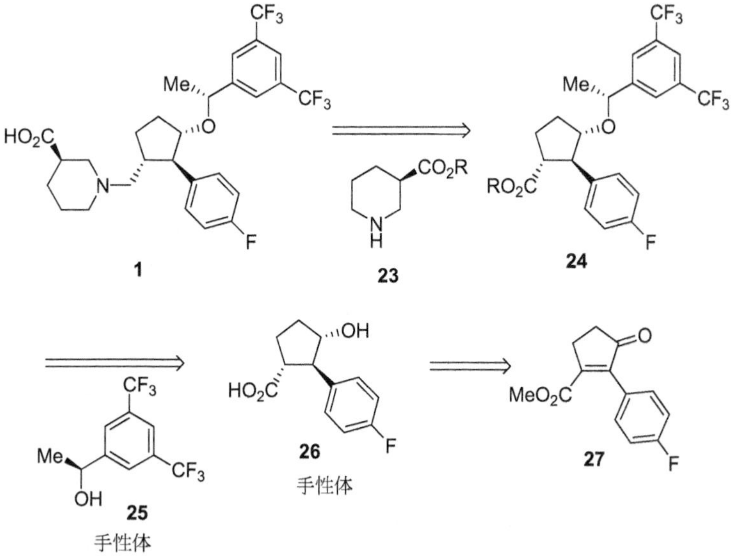

图式 7.4 反合成分析

一系列手性转换，合成手性羟基酸（**26**）；羟基酸（**26**）的羟基与手性苄醇（**25**）先转化成醚中间体（**24**）；醚中间体（**24**）的羧基与 *R*-哌啶羧酸酯（**23**）反应，最终完成制备候选药物（**1**）。按照反合成分析的思路，本节将讨论以下内容：

1）制备环戊烯酮（**27**）。

2）环戊烯酮（**27**）转化成手性羟基酸（**26**）。

3）化合物（**26**）的醚化反应。

4）制备 *R*-哌啶羧酸酯（**23**），并完成候选药物（**1**）的合成。

7.1.2.1　制备环戊烯酮（27）

在工艺开发早期，选择合适的起始原料是非常重要的环节。在一定期限内，原料易得是基本要求。研发团队设计了四条不同的合成路线制备环戊烯酮（**27**）[6]。

第一条路线，以市售的环戊烯羧酸甲酯（**28**）为起始原料，如图式 7.5 所示。CrO_3 氧化环戊烯羧酸甲酯（**28**）的烯丙位亚甲基，生成了中间体（**29**），收率在 20%～40% 之间。化合物（**29**）先与 Br_2 反应然后加 NEt_3，得到溴化物中间体（**30**），反应收率不稳定，介于 20%～60% 之间，最常见的结果为 30%。化合物（**30**）与对氟苯硼酸（**12**）进行 Suzuki-Miyaura 偶联[7]生成了设想的环戊烯酮（**27**），收率为 89%。在工艺开发初始阶段，应用这一路线合成了几克化合物（**27**），便于迅速开展下游反应研究。因为氧化剂 CrO_3 有剧毒，连续几步反应不稳定，收率极低，因而从未考虑过该路线的放大。

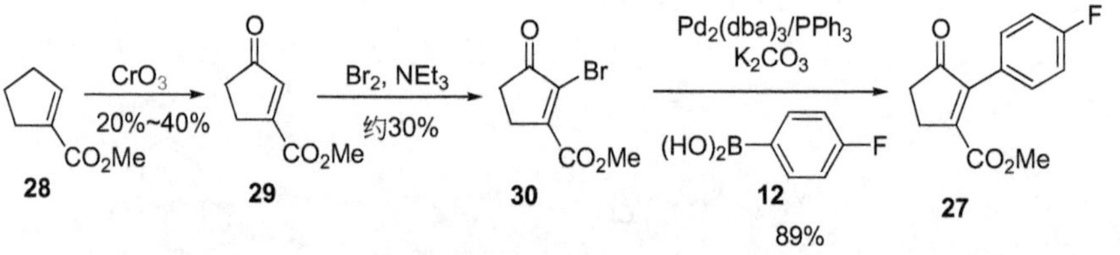

图式 7.5　第一条合成路线制备环戊烯酮（27）

第二条路线，以羰基化反应构建环戊烯酮（**27**）的酯基官能团。如图式 7.6 所示，羰基化反应提高了反应效率，并以此方法制备了几百克环戊烯酮（**27**）。以市售的 3-甲氧基-2-环戊烯酮（**31**）为原料，NBS 溴化生成了定量的溴代中间体（**32**）[8]。溴代中间体（**32**）与对氟苯硼酸（**12**）进行 Suzuki-Miyaura 交叉偶联生成偶联产物（**33**），分离收率为 89%。以 K_3PO_4 水溶液淬灭反应，能显著提高偶联产物（**33**）的纯度，原因是结晶前 K_3PO_4 水溶液有效除去了有机相中的过量硼酸。在回流的 1,2-二氯乙烷中，PBr_3 把甲氧基转化成溴，高效地得到溴化物（**34**），硅胶短柱简单纯化后分离收率为 65%[9]。以 3%（摩尔分数）Pd$(PPh_3)_2Cl_2$ 作为催化剂、40psi CO、100℃，在 MeOH 中顺利实现了关键的钯催化羰基化反应，得到目标化合物环戊烯酮（**27**），分离收率为 90%[10]。

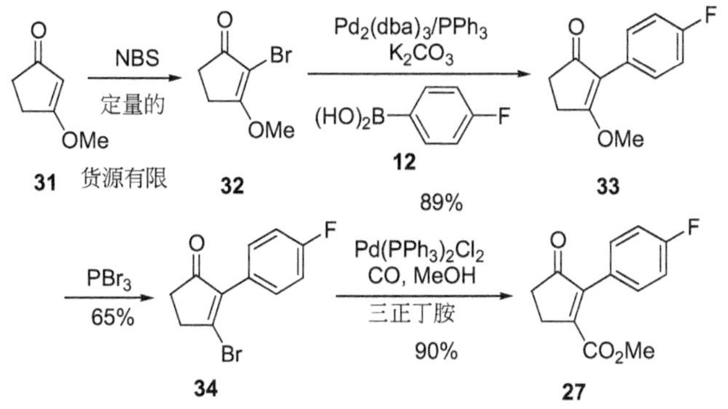

图式 7.6 第二条合成路线制备环戊烯酮 (27)

第三条路线，第二条路线的原料——3-甲氧基-2-环戊烯酮 (31) 货源有限，因而需要开发替代路线合成环戊烯酮 (27)，如图式 7.7 所示。设想以 1,3-环戊二酮 (35) 为原料合成化合物 (31)，因为 1,3-环戊二酮是相对大宗的化学品，作为起始原料是合适的。不论以 KHCO₃ 还是 KOH 作碱，环戊二酮 (35) 用 NBS 溴化都能得到溴代的二酮产物 (36)，分离收率为 85%。但遗憾的是，尝试了多种 Suzuki-Miyaura 交叉偶联的反应条件，烷基溴化物 (36) 与硼酸 (12) 都未能生成设想的偶联产物。因此，只能把溴代二酮 (36) 转化成相应的溴代烯醇醚 (37)。以 TsOH 为催化剂，采用连续滴加乙醇蒸出含水乙醇的操作方式，顺利得到了溴代烯醇醚 (37)，分离收率为 79%。把乙醇切换成甲苯，按照第二条路线描述的方法，溴代烯醇醚 (37) 与对氟苯硼酸 (12) 之间的 Suzuki-Miyaura 交叉偶联反应顺利生成了烯酮 (38)，收率为 91%。用 PBr₃ 溴化偶联产物 (38)，得到乙烯基溴化物 (34)，收率为 90%。然而，在公斤级制备环戊烯酮 (27) 的过程中，研发团队意识到这一路线的步骤太长，必须调整工艺减少反应步数。

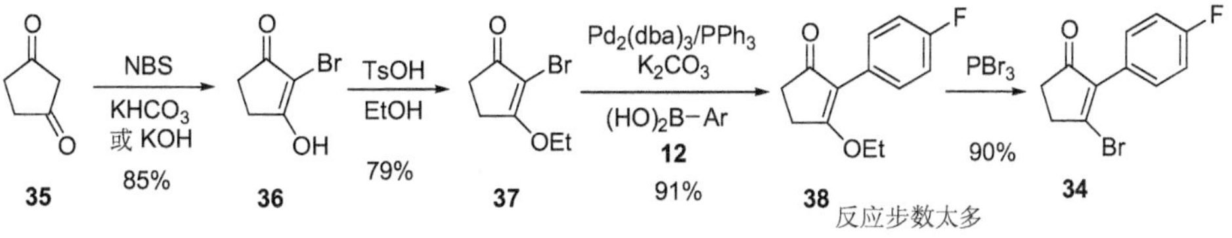

图式 7.7 第三条合成路线制备环戊烯酮 (27)

第四条路线，也是合成环戊烯酮 (27) 的最后一条路线，如图式 7.8 所示。该路线经过充分优化并成功地实现了百公斤级规模的放大。该路线第一步反应直接合成化合物 (41)。应用 Buchwald 发展的方法学[11]，环戊二酮 (35) 与对氟溴苯 (39)、无水 K₃PO₄、1% (摩尔分数) Pd(OAc)₂/2% (摩尔分数) 2-(二叔丁基膦)联苯一起在 1,4-二氧六环中回流反应生成了对氟苯基-1,3-环戊二酮

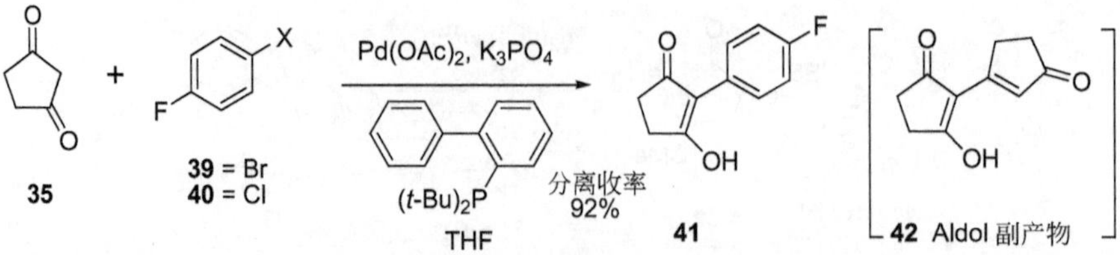

图式 7.8 最后一条路线应用 Buchwald 交叉偶联方法学制备环戊烯酮 (27)

（**41**），收率为 85%。该反应也可以用对氟氯苯（**40**）作为偶联原料，但需要重新优化催化剂前体/配体的用量。实验结果表明，无水粉末 K_3PO_4 是最合适的碱，能得到稳定的反应结果，偶联产物（**41**）的分离收率为 92%。研发团队也对其他碱进行了考察，要不就没有产物，要不就生成大量的 Aldol 副产物（**42**）[12]。

考虑到 1,4-二氧六环有毒，不适合作为生产的反应溶剂，因此中试放大前必须解决反应溶剂的问题。溶剂筛选实验确认 THF 是合适的溶剂，但是在回流的 THF 中生成产物（**41**）的速度较慢，反应转化率<35%。然而，在压力釜中升高温度就能获得较好结果，100℃时溶剂压力为 25psi，产物（**41**）收率为 73%，原料环戊二酮（**35**）剩余 12%；105℃时溶剂压力为 30psi，产物（**41**）收率为 83%，环戊二酮（**35**）残余 3%~5%。在压力釜中获得最好结果的反应条件为，将反应混合物加热到 110℃，此时溶剂压力为 36psi，产物（**41**）的收率达到 90%。用 RC1 反应量热仪❶仔细地对每个反应条件进行监控，这样既能保证中试过程的安全问题，也能完全了解反应釜溶剂压力与反应进程的关系。为了尽可能获得高收率的产物（**41**），必须在 HCl 处理粗产物前除去体系中的溶剂 THF。因此，反应混合物加水稀释，蒸馏除去 THF。然后在 50℃下加入 6mol/L HCl，降到室温，过滤得到结晶性的固体产物（**41**），收率为 86%。

如图式 7.9 所示，考察了烯醇（**41**）的溴化反应。PBr_3 与烯醇（**41**）在 1,2-二氯乙烷中回流反应生成溴化物（**34**），收率为 78%，但是分析检测显示还有未转化的原料。改用三溴氧磷（$POBr_3$）作为溴化试剂可以获得更好的结果，溴化物（**34**）的收率达到 90%。初步的反应条件为，以 1eq. $POBr_3$ 与 0.5eq. Na_2HPO_4，在 45℃的乙腈中反应 7h。Na_2HPO_4 很重要，主要作用是降低反应体系的酸性。从 HPLC 分析结果看，粗产物含有 8%~12%的约 6:1 的三溴杂质（**43** 及 **44**），经 MTBE/庚烷重结晶后，分离得到较高收率（80%）的溴化物（**34**）。尽管重结晶很容易除去这些过度溴化杂质，但在放大前仍需对工艺进行细致的优化。优化后的反应条件为：在 65℃的乙腈中，烯醇（**41**）与 0.75eq. $POBr_3$ 及 0.5eq. Na_2HPO_4 反应 1.5h。上述条件下，三溴杂质（**43** 及 **44**）含量明显降

---

❶ 以 Mettler-Toledo RC1 反应量热仪监控内温和压力。

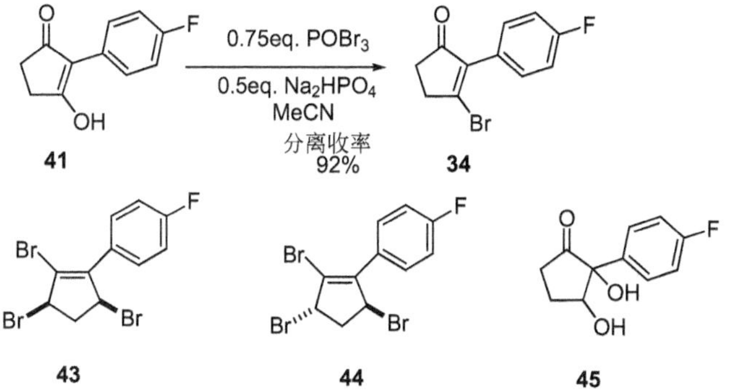

图式 7.9　最后一条路线中溴化反应的优化

到 4% 以下。研发团队对后处理也进行了优化，以 1mol/L KOH 淬灭反应，分去下层水层。浓缩部分乙腈，向溶液中加水稀释，结晶析出溴化物（**34**）。过滤、干燥后得到溴化产物（**34**），分离收率为 92%。

在 KOH 淬灭反应的过程中，出现一个分子量为 210 的新杂质，结构为二醇（**45**），是部分三溴杂质（**43** 和 **44**）在强碱性体系中水解生成的。所幸在重结晶时可以除去总量<5% 的所有杂质。

按照图式 7.6 讨论的溴化物（**34**）羰基化反应，放大工艺前也需要进一步优化。如图式 7.10 所示，初始羰基化反应条件下生成了 5%～8% HPLC 面积含量的甲基醚（**33**），层析才能除去这一杂质。而且，均相催化剂 Pd(PPh₃)₂Cl₂ 造成粗产物中钯残余量很高。因而研发团队设计了一个多相催化体系，简化产物分离过程并降低钯残余量。接着以 Pd/C 作催化剂进行了初步探索，并充分优化了溶剂、催化剂、温度以及加料方式等因素。在中试车间运行了优化后的羰基化反应，具体反应条件为：N,N-二甲基乙酰胺作溶剂、1mol/L 的溴化物（**34**）、5eq. 甲醇、2eq. n-Bu₃N、1%（摩尔分数）的 5% Pd/C，60℃，10psi CO 反应10～12h[13]。在上述反应条件下，环戊烯酮（**27**）的分析收率达到 98%～99%。几乎不含还原、二聚或者酰胺化等副产物[14]。浓缩除去甲醇，加入 1mol/L HCl，析出结晶性的产物环戊烯酮（**27**），分离收率为 90%。经 ICP-AES 分析，粗产物中钯残余量约 200ppm。在羰基化反应条件下，溴化物（**34**）中的二醇杂质（**45**）不参与反应，而三溴杂质（**43** 与 **44**）发生分解。图式 7.10 总结了优化后三步法制备环戊烯酮（**27**）的高效合成路线，该工艺在百公斤生产规模上得到

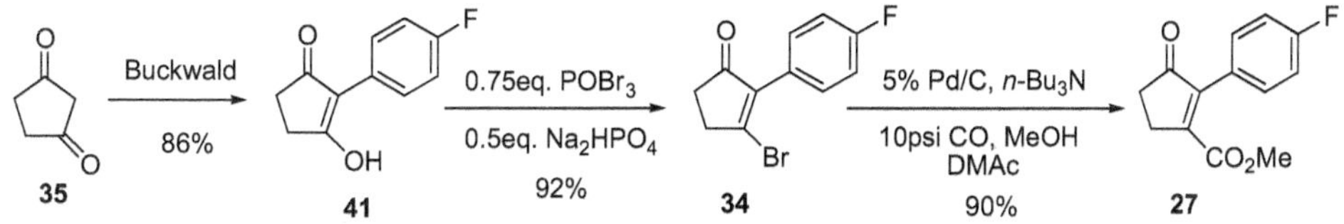

图式 7.10　优化后的第四条合成路线制备环戊烯酮（27）

了验证。

7.1.2.2 环戊烯酮（27）合成手性羟基羧酸（26）

反合成分析设想通过连续还原策略把环戊烯酮（27）转化成手性羟基羧酸（26）。如图式 7.11 所示，先把环戊烯酮（27）结构中的羰基还原成手性烯丙基型的环戊烯醇（46）；然后氢负离子对 α,β-不饱和酯（46）进行 1,4-加成，并在邻位羟基的手性诱导作用下生成手性羟基羧酸（26）。在第二个还原过程中，手性的羟基对苯基取代基确立反式-导向作用。而羧酸的立体构型可以在后续反应中通过热力学差向异构获得全反式立体选择性。

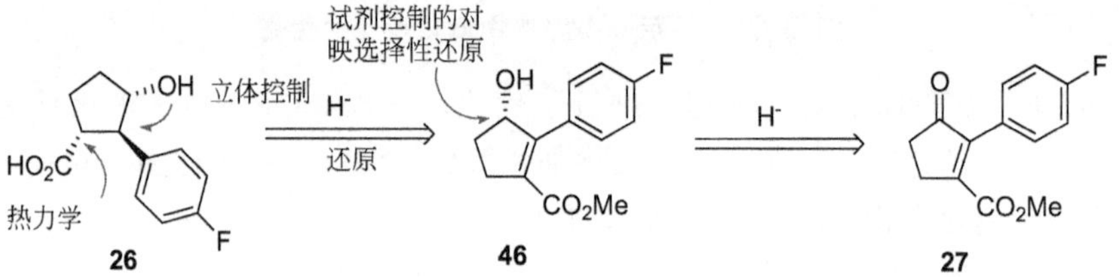

图式 7.11　连续还原方法合成手性羟基羧酸（26）

(1) 酮的还原

基于丰富的经验积累，研发团队探索了环戊烯酮的还原反应。在甲苯中预先混合 10%（摩尔分数）R-2-甲基噁唑硼烷（47，2-Me-CBS[❶]）以及 0.6eq. $BH_3 \cdot SMe_2$，降温到 $-20\,^{\circ}\!C$，向溶液中加入环戊烯酮（27）进行不对称还原，如图式 7.12 所示[15]。反应生成了手性烯丙醇（46），HPLC 分析收率>95%，ee 值为 93%。降低催化剂用量或者提高反应温度，反应也能顺利进行，但产物的 ee 值通常<90%。硼烷还原剂中，$BH_3 \cdot SMe_2$ 获得了最高 ee 值的产物；$BH_3 \cdot THF$ 只得到 56%～84% 的 ee 值；$BH_3 \cdot NHMe_2$ 不反应，只回收了原料。反应结束后，加入 6eq. MeOH 淬灭反应，并升到室温。1mol/L HCl 洗涤后，甲苯溶液共沸脱水干燥。手性烯丙醇（46）的甲苯溶液无需纯化，直接用于下一步 C＝C 双键的不对称还原。

图式 7.12　噁唑硼烷催化不对称还原环戊烯酮（27）的酮羰基

---

❶ 译者加注。

（2）反式选择性还原 C＝C 双键

在用硼烷催化还原环戊烯酮（**27**）实现了高效合成手性烯丙醇（**46**）后，研发团队将注意力转到 C＝C 双键的选择性还原。正如反合成分析指出的，利用烯丙醇（**46**）的手性羟基把氢负离子传递到羟基同面位置的 C 原子上就可以建立反式选择性，从而达到目的。还原反应主要有两种方法：（ⅰ）过渡金属催化氢化，（ⅱ）金属氢化物还原。

过渡金属催化氢化 文献报道过，邻位羟基导向实现了过渡金属催化氢化的高度立体控制选择性。以 20%（摩尔分数）的 Crabtree 催化剂 [Ir(COD)(py)(PCy₃)PF₆] 进行烯丙醇（**46**）的 C＝C 双键还原[16]，500psi 氢气下反应 12h，生成了单一 1,2-反式产物（**48**），非对映选择性＞99∶1，收率只有 63%，如图式 7.13 所示。NOE 研究确认了产物的立体构型。研发团队也考察了以铑催化剂 Rh(COD)(dppb)PF₆ 和 Rh(C₇H₈)PF₆ 进行的氢化反应[17]。尽管在与 Crabtree 催化剂完全相同的条件下进行还原反应，铑催化剂能还原 C＝C 双键，但几乎没有立体选择性。反应既生成产物（**48**），也生成全顺式产物（**49**），而且反应结果不重复。在氯苯溶剂中，80℃，50psi H₂ 的条件下，探索了 Nolan 发展的更稳定的铱-卡宾配合物催化剂，反应获得了产物（**48**），选择性＞99.9∶1，但是，催化剂只存活了 3 个催化循环。研发团队努力尝试了多种氢化条件，反应转化率都很低[18]。另外，在更苛刻的氢化条件下，Crabtree 催化剂的还原反应同样不能完全转化。考虑到昂贵的催化剂不太可能实现大规模应用，研发团队最终放弃了过渡金属催化氢化的想法。

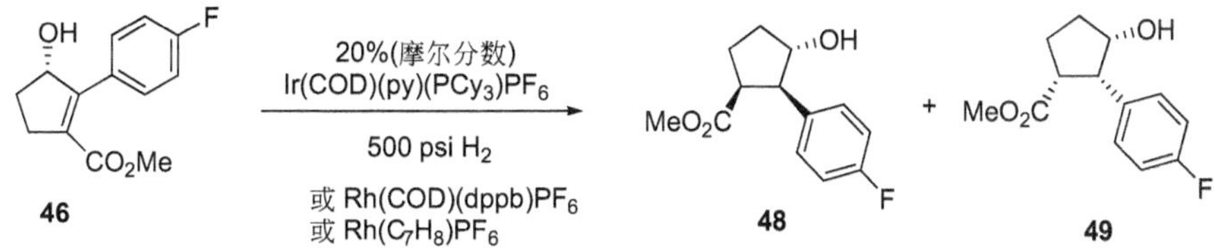

图式 7.13 过渡金属催化氢化还原烯丙醇（46）

金属氢化物还原 因为羟基氧原子具有配位传递氢负离子的能力，因此采用金属氢化物进行 C＝C 双键的选择性还原反应。首先筛选了一系列金属氢化物，进行烯丙醇（**46**）的还原反应。氢化物还原剂的考察结果显示双（2-甲氧基乙氧基）氢化铝（Red-Al 试剂）实现了干净的还原反应，得到了单一 1,2-反式-立体化学选择性的产物，如图式 7.14 所示[19,20]。优化条件如下：烯丙醇（**46**）、3∶2 甲苯/THF 溶液冷却到 −40℃，向体系中滴加 1.5eq. Red-Al 试剂；反应体系缓慢升温到 −25℃ 至反应完全；将反应液反滴加到 2mol/L NaHSO₄ 溶液中淬灭，生成了 4∶1 的 1,2-反式非对映异构体（**48** 和 **10**）的混合物，合并收率为 82%，同时伴有约 5%～8% 的过度还原副产物二醇（**50**）。值得指出的是，如果

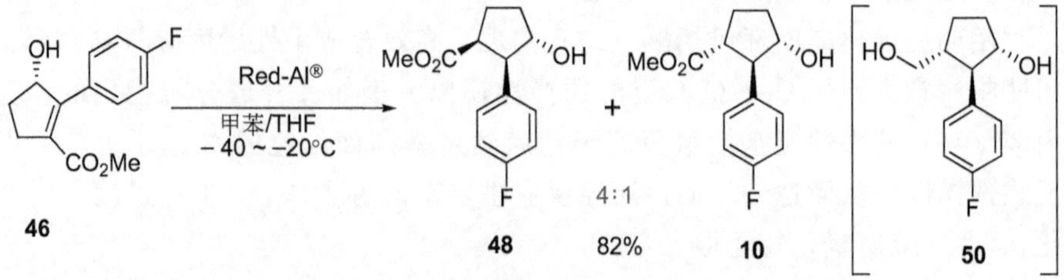

图式 7.14　Red-Al 试剂还原实现 1,2-反式的立体化学

Red-Al 试剂不到 1.5eq.，还原反应进行不完全；而超过 1.5eq.，过度还原副产物（**50**）会明显增多。THF 作为共溶剂很重要，因为在低温的单一甲苯溶剂体系中，Red-Al 试剂不能全溶，而 THF 能维持体系处于均相状态。上一步反应得到的烯丙醇（**46**）甲苯溶液，用 THF 稀释后直接用于本步还原反应。

Red-Al 试剂还原反应的立体选择性很有意思，在 7.2 节中详细讨论这一反应的机理。

(3)　差向异构实现全反式构型

因为有一个特定立体化学构型的羟基，而酯基 α 位的 C—H 键有较强的酸性，因而可以通过差向异构把反式-顺式异构体（**48**）转化成热力学更稳定的反式-反式异构体（**10**）。后者是关键的目标中间体。上一步粗产物的甲苯溶液中，含有 4∶1 的反式-顺式异构体（**48**）和反式-反式异构体（**10**）。向干燥后的甲苯溶液中加入 0.4eq. NaOMe，加热到 50℃，然后进一步加热到 75℃反应 1h，差向异构化基本完成。此时非对映异构体（**10**∶**48**）的比例＞17∶1，如图式 7.15 所示。然后向甲苯溶液中直接加入 3.5eq. 6mol/L NaOH 溶液以及 2.6eq. 甲醇进行甲酯的皂化。室温下剧烈搅拌 2h，几乎定量地生成手性羟基羧酸（**26**），含有＜3%的反式-顺式羟基羧酸异构体（**51**）。体系先用 IPAc 稀释，再用浓 HCl 酸化。向含有手性羟基羧酸（**26**）的 IPAc 溶液中加入庚烷，结晶析出手性羟基羧酸（**26**）。结晶过程不仅完全除去异构体（**51**），羟基羧酸（**26**）的 ee 值也从 92%~94%提升到＞99.9%，分离收率为 94%。在催化量 HCl 作用下，羟基羧酸（**26**）在甲醇中定量回到甲酯（**10**），如图式 7.15 所示。

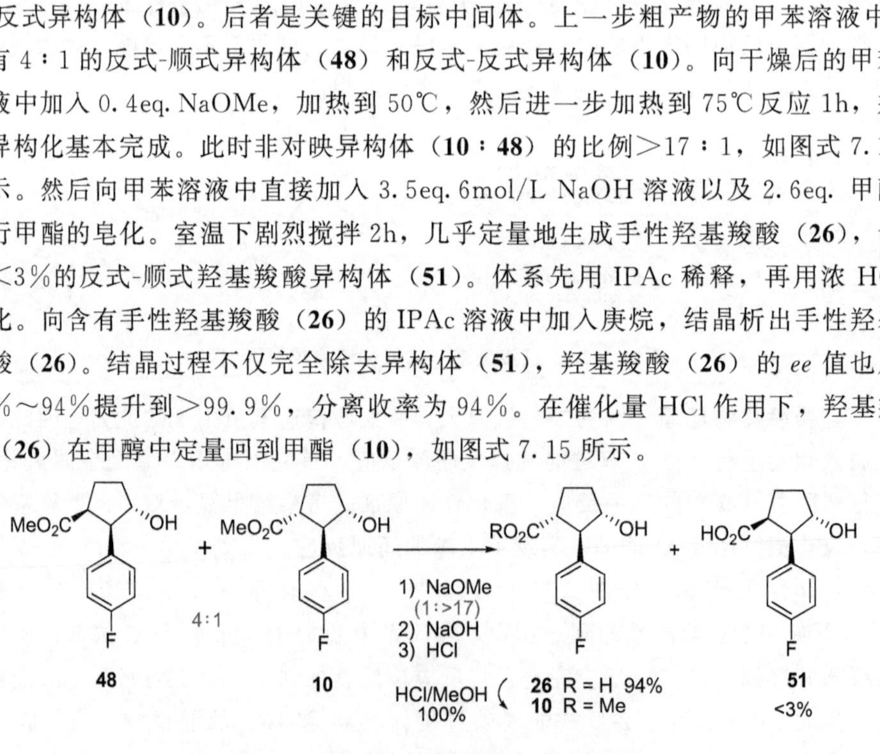

图式 7.15　差向异构制备手性羟基羧酸（**26**）

7.1.2.3 甲酯（10）的醚化反应

虽然说，合成全反式的手性羟基羧酸中间体（**26**）是制备候选药物（**1**）工艺开发中的一个重大挑战，但是更挑战的应该是构建非对称的 *sec-sec* 手性双（三氟甲基）苄基醚官能团，及其相对的和绝对的立体化学控制[21]。药物化学合成路线以手性醇（**10**）与消旋酰亚胺（**17**）之间缩合进行醚化反应，几乎没有选择性，须从几乎 1∶1 的非对映体混合物中分离醚中间体（**18**），参见图式 7.3。通过 C—O 单键成键的方式直接生成手性的开链 *sec-sec* 醚的方法，几乎未见文献报道。已知方法都不是立体控制。每个醚键成键的方法都在特定的取代模式下实现，因而并不具有广泛适用性。然而，凡事总有例外[22]。

拟采用三种不同的方法解决这一最具挑战性的醚键成键问题：

1）应用阿瑞匹坦工艺（Tebbe 反应/氢化反应）；

2）原位还原醚化反应；

3）S_N2 取代反应。

（1）应用阿瑞匹坦工艺

底物控制的不对称氢化乙烯基醚合成手性仲醚的反应，能完全控制绝对的立体化学[23]。之前默克公司开发的药物阿瑞匹坦（Emend），在公斤级规模的制备工艺中成功地应用了这一不对称氢化反应。阿瑞匹坦结构中也含有一个类似的双（三氟甲基）苄醚[4]。基于丰富的经验积累，研发团队顺理成章地制备了乙烯基醚（**55**），然后探索后续的催化氢化反应，如图式 7.16 所示。甲酯（**10**）在

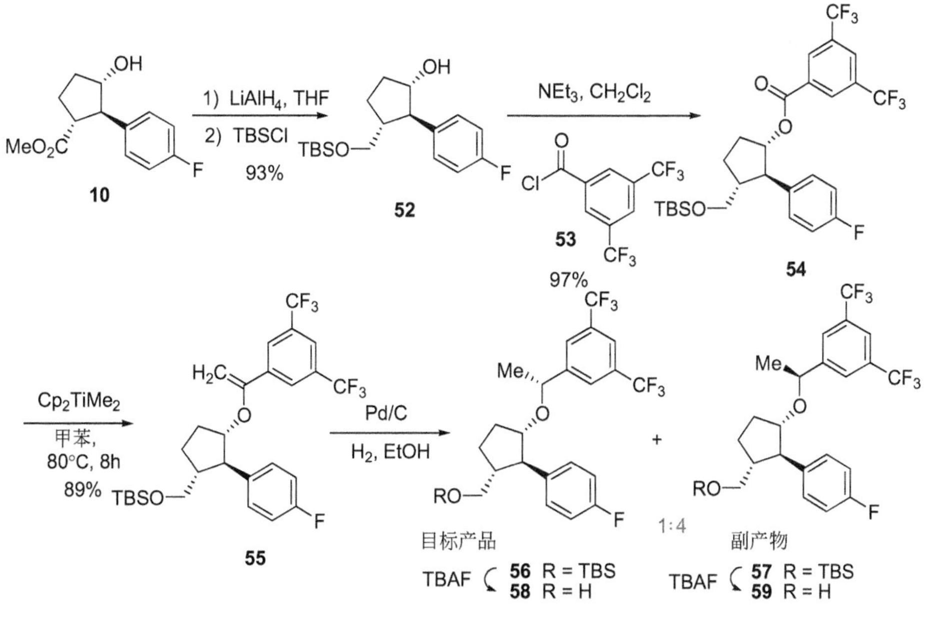

图式 7.16 阿瑞匹坦合成路线

THF 中用 LiAlH$_4$ 还原，定量得到了中间体二醇（**50**）。在 DMF 中用 TBDMSCl/咪唑体系进行伯醇选择性保护，得到单保护的醇（**52**），未优化的反应收率为 93%。以 NEt$_3$ 作碱，单保护醇（**52**）与双（三氟甲基）苯甲酰氯（**53**）反应生成酯（**54**），分离收率为 97%。在 80℃ 的甲苯中，2.3eq. Cp$_2$TiMe$_2$[24] 与酯（**54**）反应 8h 得到乙烯基醚（**55**），收率为 89%。与阿瑞匹坦工艺不同，用 5% Pd/C 作催化剂，20psi 氢气反应 8h，得到了 1:4 的非对映异构体（**56** 和 **57**），合并收率为 93%。TBAF 脱去混合物的硅保护基，得到产物醚（**58** 和 **59**）的混合物，并确定了绝对的立体化学。因为氢化反应生成的主产物不是设想的异构体，因而放弃了这一路线的开发。

（2）原位还原醚化路线

在 TMSOTf 与三烷基硅烷共同作用下，羰基化合物和烷氧基三甲基硅烷一起进行还原醚化的方法是文献中非碱性条件下制备醚的方法[25,26]。尽管没有文献报道采用这一方法合成开链 *sec-sec* 醚，但是在一些特定情况下，有可能获得较好的非对映选择性。如图式 7.17 所示，在 0℃二氯甲烷中，NEt$_3$ 作碱，环戊醇（**10**）与 TMSCl 反应生成三甲基硅醚（**60**），收率为 94%。三甲基硅醚（**60**）、苯乙酮（**61**）、0.1~0.5eq. TMSOTf 以及 1.2eq. Et$_3$SiH 先在 −78℃二氯甲烷中进行还原反应，然后缓慢升温到 −20℃。还原反应生成 2.3:1 的目标中间体（**18**）和不要的异构体（**19**），两者合并的 HPLC 分析收率为 37%。物料平衡分析结果显示，残余物含有环戊醇（**10**）、苯乙酮（**61**）以及苯乙酮（**61**）发生竞争反应生成的消旋 α-苯乙醇。即使进行深度优化，使用 5eq. TMSOTf 以及 1.2eq. Et$_3$SiH，低温反应 18h，非对映异构体（**18:19**）的比例只提高到了 3.2:1，合并的 HPLC 分析收率为 65%。因此，放弃了这条路线，但是对该反

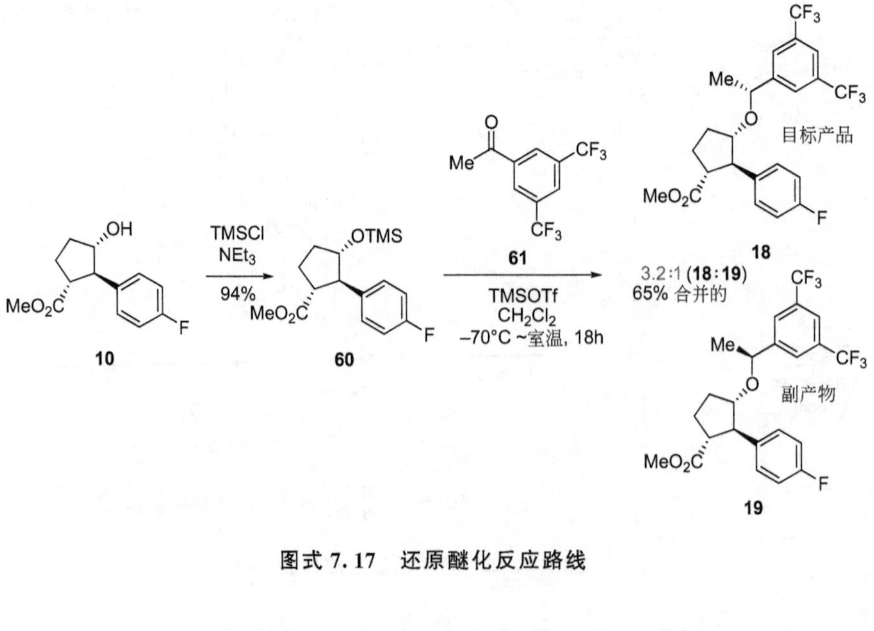

图式 7.17 还原醚化反应路线

应的机理还有一些兴趣，在 7.2 节中将详细讨论。

（3）S$_N$2 取代路线

烷氧基进攻烷基卤化物生成 C—O 单键，也就是经典的 Williamson 醚合成法，仍是大规模生产中广泛应用的重要反应。如图式 7.18 所示的反合成分析，中间体（**18**）有两种切断方式。A 切断方式用手性苄醇（**63**）取代环戊烷核（**62**）结构中合适的离去基团形成醚键；B 切断方式以醇（**10**）取代双三氟甲基苄基片段（**64**）结构中苄位合适的离去基团形成醚键。上述两种切断方式都存在问题，包括底物反应活性低、直接关联立体中心、潜在的消除反应等。从合成角度看，B 切断方式明显更有优势，因为只要很少的反应步数就可以合成醇中间体（**10**）和带有各种离去基团的乙苯（**64**）。另一方面，醇中间体（**63**）的反应活性太差，而且任何离去基团都可能消除生成环戊烯副产物，因此不曾深入考虑 A 切断方式。

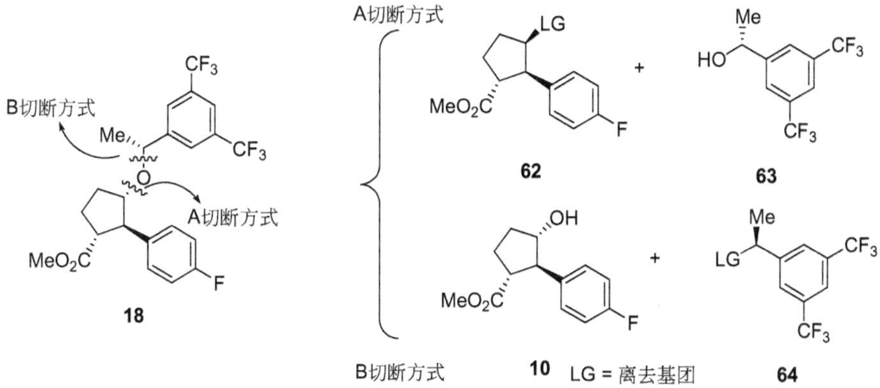

图式 7.18 S$_N$2 取代路线——两种切断方式

严格按照 S$_N$2 反应条件，研究了醇（**10**）与带有各种离去基团的乙苯（**64**）之间的直接取代反应，如图式 7.19 所示。醇（**10**）与 10eq. 甲磺酸酯（**65**）的混合物，在 t-BuONa、t-BuOK、BuLi、NEt$_3$、吡啶、NaH 等各种碱作用下反应，都能生成产物醚（**18**），转化率都<10%。然而，生成的醚异构体（**18：19**）

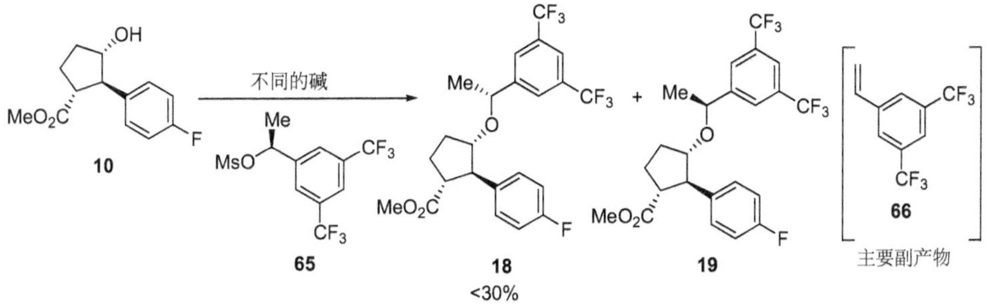

图式 7.19 S$_N$2 取代反应条件探索

的非对映选择性＞20：1。如果甲磺酸酯（**65**）的用量提高到 30eq.，产物醚（**18**）的收率才提高到 22％。在所有实验条件中，反应主要途径都是甲磺酸酯消除生成苯乙烯（**66**）。而 OTs、对甲氧基苯磺酸酯、OTf 以及 Br 等离去基团，不仅没有改善反应产物的组成，消除反应反而更严重，苯乙烯（**66**）是主要产物，目标产物（**18**）成了次要产物（＜30％）。

回顾药物化学合成路线最初制备醚（**18**）的方法，在催化量 TfOH 作用下，醇（**10**）与消旋酰亚胺（**17**）反应，生成了约 1.1：1 非对映异构体（**18**：**19**）的混合物，参看图式 7.3[1]。工艺开发到现阶段，研发团队认为有必要重新研究手性酰亚胺（**67**）代替消旋酰亚胺（**17**）作反应底物时醚化反应的非对映选择性。

三氯酰亚胺价廉易得，是有效的 *O*-烷基化试剂，常用于醇制备醚类化合物[27]。在有机合成反应中，活泼的醇羟基通常需要保护。醇合成苄醚的过程中，经常应用三氯酰亚胺作为醇的保护基。反应历程涉及催化量 TfOH 等强酸活化酰亚胺，使亲电试剂离子化形成碳正离子，随即被醇快速捕获。对于制备 *sec-sec* 醚，S_N1 反应的特性常常导致生成非对映异构体的产物混合物，因此该方法局限于糖苷化反应[26]。

在标准条件下，以催化量 NaH 与 1.5eq. 三氯乙腈为原料制备了手性酰亚胺（**67**）。尽管上述条件能获得约 90％收率、*ee* 值＞99％的较好结果，但是粗产物中有一些不确定的杂质，需要硅胶短柱纯化才能得到合格的手性酰亚胺（**67**）。而且，在常规合成实验，NaH 都是一个不受欢迎的试剂，更不用说大规模生产。研发团队快速筛选了碱和溶剂的组合，获得了较好的反应条件。优化后的条件如图式 7.20 所示，0.1eq. DBU 作催化剂，在 4：1 环己烷/CH_2Cl_2 混合溶剂、醇（**25**）与 1.05eq. 三氯乙腈中反应。反应结束后，水相后处理除去 DBU，酰亚胺粗产物（**67**）的 HPLC 分析收率为 96％，*ee* 值为 99.5％。粗产物不需要进一步纯化，酰亚胺（**67**）的环己烷溶液直接用于下一步醚化反应。

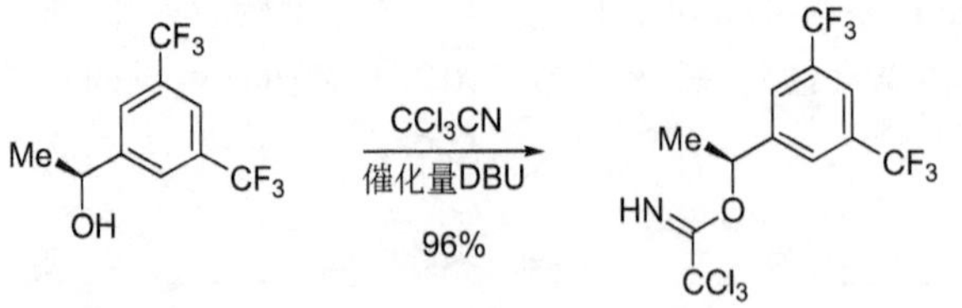

图式 7.20　制备酰亚胺的优化

在催化量 TfOH 作用下，醇（**10**）与手性酰亚胺（**67**）反应只生成（1.2～1.3）：1 的非对映异构体（**18**：**19**）的混合物，两者合并的 HPLC 分析收率为 91％。这一结果明确显示，在上述反应条件下，反应按照 S_N1 方式进行。随后对溶剂，TMSOTf、HCl、H_2SO_4、TFA 以及 MsOH 等其他酸催化剂进行了一系列反应条件考察，但并未提高异构体（**18：19**）的非对映选择性，生成的混合物比例大多数是 1.2：1，有的甚至根本不反应。

在研究过程中，向 $-15℃$ 的醇（**10**）与 2eq. 酰亚胺（**67**）的二氯甲烷溶液中加入 20%（摩尔分数）$BF_3·OEt_2$，反应观察到非常有意思的结果。HPLC 分析结果表明，反应 3h 的转化率仍不到 10%，但是非对映异构体（**18：19**）的比例高达 8：1。反应液升温到室温并继续搅拌反应 15h 后，此时非对映异构体（**18：19**）的比例下降至 1.6：1。上述结果说明，在低温下醇（**10**）与酰亚胺（**67**）之间按照不寻常的 S_N2 途径进行反应；升高反应温度后，醇（**10**）与酰亚胺（**67**）之间又回归到传统的 S_N1 途径。遗憾的是，$-15℃$ 下延长反应时间并不能提高反应转化率，合并收率最高不超过 36%。即使把所有能想到的反应参数都进行了优化，在 $BF_3·OEt_2$ 作用下，也未能改善醇（**10**）与酰亚胺（**67**）之间的反应。

在优化反应条件的过程中，研发团队偶然发现 HBF_4 是一个性能优越的酸催化剂。如图式 7.21 所示，在优化条件下，$-15℃$ 时，醇（**10**）、1.5eq. 酰亚胺（**67**）以及 10%（摩尔分数）$HBF_4$❶ 在 1：2 的 1,2-二氯乙烷（DCE)-庚烷混合溶剂中反应 12h，然后升到室温，得到 17：1 的非对映异构体（**18** 和 **19**）的混合物，两者合并的 HPLC 分析收率为 75%。对残余物进行的质量平衡分析结果显示残余物中主要含有 10%～13% 未反应的原料醇（**10**）。反应混合物中的其他副产物也经过 NMR 确认，分别是苯乙烯（**66**）、三氯乙酰胺（**68**）、双醚（**69**）以及消旋酰胺（**70**）。酰亚胺（**67**）重排产生了消旋酰胺（**70**）。因为醚（**18**）

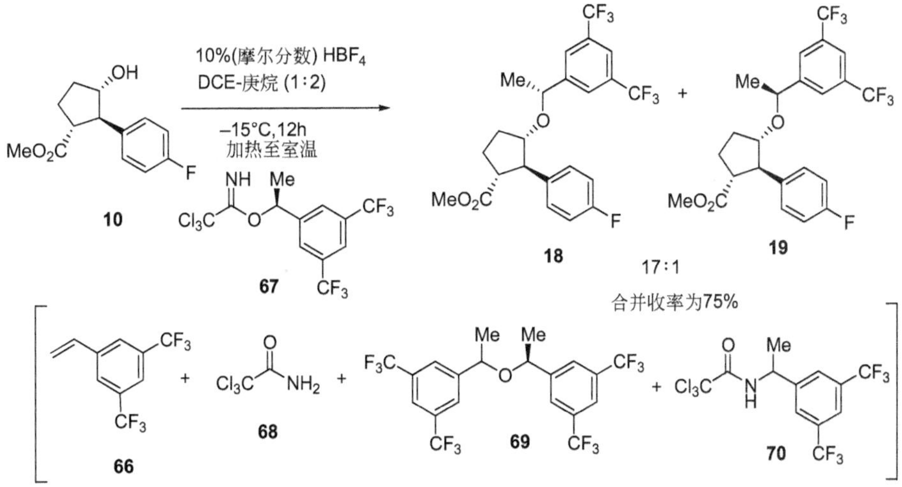

图式 7.21 优化与手性酰亚胺醚化的反应

❶ 所有反应都使用市售的 54%（质量分数）的 HBF_4 乙醚溶液。

是反应的主产物，醚化反应中酰亚胺的反应中心构型几乎完全翻转，由此推测反应似乎按照 S_N2 途径进行。

这一不寻常的 S_N2 反应非常有意思，研发团队将进一步研究该反应的机理细节，研究结果在 7.2 节中详细讨论。

确定了醚化反应的优化条件后，开发重心就转到分离光学纯的产物醚（**18**）。异构体（**18** 和 **19**）都不是结晶性固体，但幸运的是，相应的羧酸（**71**）是结晶性固体。用 NaOH/MeOH 体系皂化醚化反应粗产物（**18** 和 **19**）的混合物可以将其定量转化成相应的羧酸（**71** 和 **72**），比例仍是 17：1，如图式 7.22 所示。因为醚化反应的转化率只有 75%～80%，粗产物中含有 10%～13% 的原料醇（**10**）。一开始，研发团队希望从粗产物中分级结晶分离非对映异构体（**71**），遗憾的是，所有这方面的试验都未能成功。研发团队推测也许通过成盐的方式可以结晶和纯化羧酸（**71**），于是，迅速筛选了一系列有机胺。在筛选过程中发现，当把 NEt₃ 加到羧酸粗产物的混合物中，非对映异构体（**71**）与三乙胺形成溶剂化盐（**73**）结晶析出，并且非对映异构体比例显著提升到约 40：1，体系中异构体羧酸（**72**）以及残余原料醇（**10**）皂化生成相应的羧酸（**26**）几乎不影响这一成盐结晶过程。盐（**73**）的绝对立体化学和构型最终通过单晶 X-衍射分析得以明确。

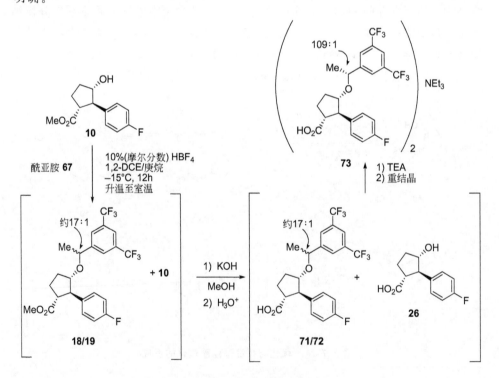

图式 7.22 优化后的醚化反应工艺

　　接着对盐（**73**）的分离过程进行了细致优化。醚化反应完成后，过滤除去不溶的三氯乙酰胺（**68**），滤液是 17∶1 的异构体（**18** 和 **19**）混合物的 DCE-庚烷溶液以及未反应的原料醇（**10**）。把滤液的溶剂切换成甲醇，加 KOH 皂化。皂化液中和后，加三乙胺分离析出结晶性的三乙胺羧酸盐（**73**）。此时，非对映异构体的比例为 40∶1。三乙胺羧酸盐（**73**）用 MTBE-庚烷进行一次重结晶，非对映异构体比例提高到 109∶1。产物三乙胺羧酸盐（**73**）的总收率以醇（**10**）计为 54%。这一工艺过程在中试车间顺利实施，没有出现问题。

7.1.2.4　制备 *R*-哌啶羧酸酯（76）并完成候选药物（1）的合成

　　完成候选药物（**1**）的合成还需要组装 *R*-哌啶羧酸片段。药物化学采用市售试剂 *R*-哌啶羧酸乙酯的 L-酒石酸盐（**21**）进行组装，但是该试剂的公斤级供货期长而且价格昂贵。同时，最后的合成过程按照图式 7.3 所示的方法进行乙酯皂化，候选药物（**1**）的羧酸中心出现了少量的差向异构，造成终产品含有非对映异构体杂质。

　　为避免合成流程的最后阶段在强碱性环境下发生差向异构，研发团队选择在酸性条件下能方便脱除的叔丁酯作为缩合试剂。如图式 7.23 所示，经过两步反应顺利制备了哌啶羧酸叔丁酯（**76**）。在硫酸催化下，*N*-Cbz-*R*-哌啶羧酸（**74**）[28]与异丁烯反应生成相应的叔丁酯（**75**），收率为 97%。再用 10% Pd/C 催化氢化定量得到哌啶羧酸叔丁酯（**76**）。考虑到以 *R*-哌啶羧酸（**77**）为原料制备 *N*-Cbz-*R*-哌啶羧酸（**74**）的流程略长，而且涉及上保护基和脱保护基的低效率操作，研发团队为大规模工艺又开发了一种更简洁的方法，以 *R*-哌啶羧酸（**77**）为原料直接转化成哌啶羧酸叔丁酯（**76**）。优化后，以 6 eq. $BF_3 \cdot OEt_2$ 促进哌啶羧酸（**77**）与乙酸叔丁酯反应，一锅法得到产物哌啶羧酸叔丁酯（**76**），收率为 70%[29]。上述两种合成方法都得到了足够纯的产物哌啶羧酸叔丁酯（**76**）。虽然不进行纯化也能满足下游合成需要，但是蒸馏之后得到了分析纯的哌啶羧酸叔丁酯（**76**）。

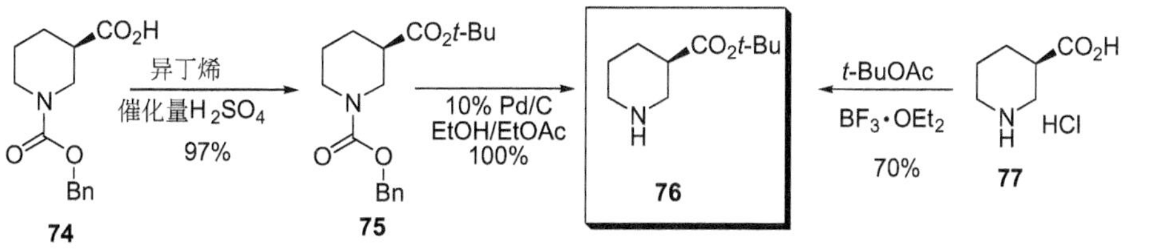

图式 7.23　制备 *R*-哌啶羧酸叔丁酯

　　经过一系列高效率转换，羧酸三乙胺盐（**73**）转化成最终产品，分离到的唯一产物是候选药物（**1**），如图式 7.24 所示。这些转换中，关键的 C—N 成键选择了 S_N2 取代方法，而不是药化路线的还原胺化。首先，在 65 ℃甲苯中，用

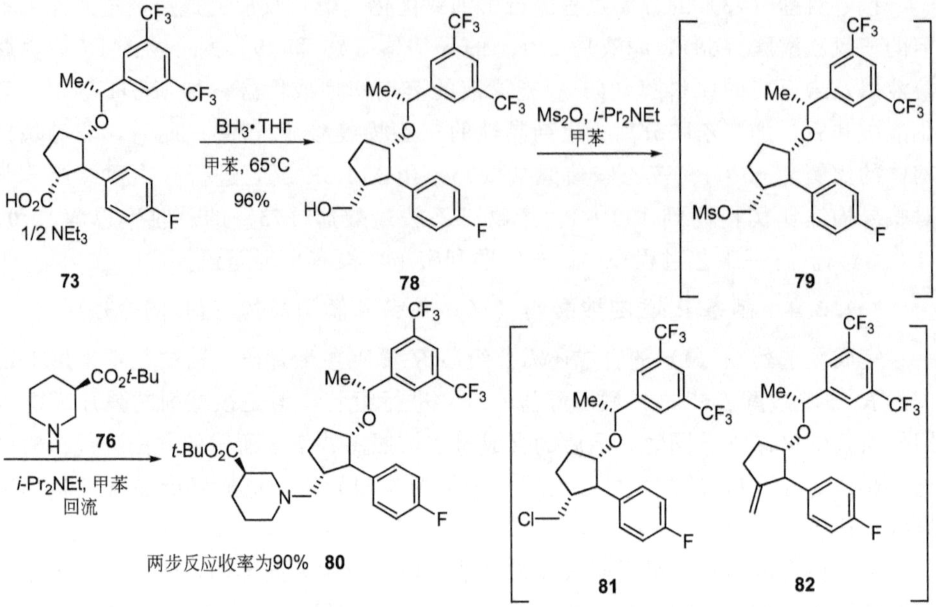

图式 7.24 甲磺酸酯中间体 (79) 与哌啶羧酸叔丁酯 (76) 的缩合反应

2eq. $BH_3 \cdot THF$ 把羧酸 (73) 还原成醇 (78)。水相后处理之后，得到了醇 (78)，分析收率为 96%。粗产物醇 (78)-甲苯溶液直接用于下一步反应。其次，

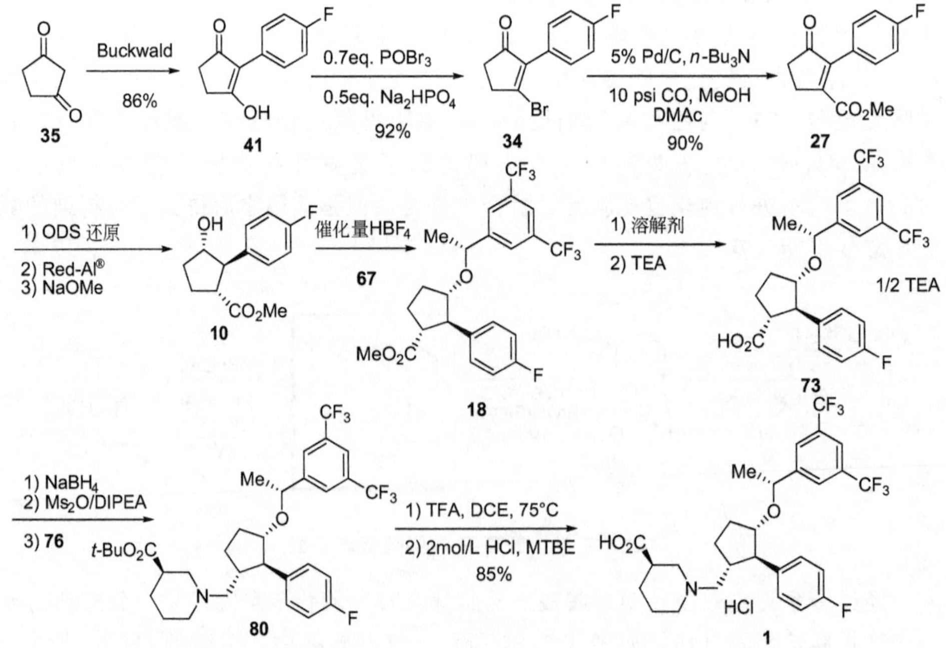

图式 7.25 制备候选药物 (1) 优化后的全流程合成路线

在 i-Pr$_2$NEt 作用下，1.2eq. Ms$_2$O 与粗产物醇（**78**）反应生成甲磺酸酯中间体（**79**）。然后向反应混合物中直接加入哌啶羧酸叔丁酯（**76**）以及 i-Pr$_2$NEt，升温回流得到工艺倒数第二步产物（**80**），两步反应一锅法的分析收率为 90%。实验表明，如果用 MsCl 代替 Ms$_2$O 制备甲磺酸酯中间体（**79**），会生成较多的氯化物副产物（**81**）以及消除反应的副产物（**82**）。

脱去叔丁基并形成产物（**1**）的盐酸盐结晶才算完成全流程合成。最后，在 75℃ 的 DCE 中用 TFA 处理粗产物（**80**），以几乎定量的收率生成了产物（**1**）的游离碱。游离碱不是结晶性固体，在 MTBE 中用 2mol/L HCl 成盐转化成结晶性的产物盐酸盐。过滤、干燥后的分离收率为 85%。按照上述反应条件，研发团队成功地在公斤级规模实施了中试，获得了预期收率的产品，并交付了候选药物（**1**）。

图式 7.25 总结了制备候选药物（**1**）的最终优化后的全流程合成路线。经过十四步反应合成了候选药物（**1**），从 1,3-环己二酮（**35**）计，总收率为 22%。

7.2　化学研究

开发大规模制备候选药物（**1**）的全流程合成工艺期间，研发团队遇到了几个感兴趣的化学问题。这一节将尽可能详细讨论以下三个主题：

1）Red-Al 还原烯丙醇（**46**）；

2）Et$_3$SiH 还原氧鎓盐形成醚键；

3）手性酰亚胺（**67**）形成醚键。

7.2.1　Red-Al 还原烯丙醇（46）

通过测量逸出的氢气量同时用 ReactIR● 监控反应，希望获得烯丙醇（**46**）还原的反应机理。向体系中加入 0.5eq. Red-Al，逸出 2eq. H$_2$ 并生成了二聚中间体（**83**），如图式 7.26 所示[19b,30]。图 7.2 显示释放的氢气量（mmol）及 Red-Al 加入量与时间的相互关系。当加入的 Red-Al 量达到 0.5eq. 后，氢气突然停止逸出；而在前面 0.5eq. Red-Al 的加入过程中，氢气的释放量几乎是 Red-Al 加入量的两倍。

IR 图谱显示，体系中加入 0.5eq. Red-Al 后，烯丙醇（**46**）的羟基伸缩振动峰完全消失。但是，在这个阶段淬灭反应只回收到原料。继续向中间体（**83**）体系中加入另外 1eq. 量 Red-Al，则迅速生成了非对映异构体混合物（**48** 和 **10**）。

● ReactIR 是利用 ASI Applied System 公司的 ReactIR 4000 反应分析系统对反应混合物的红外光谱进行实时、原位监测。

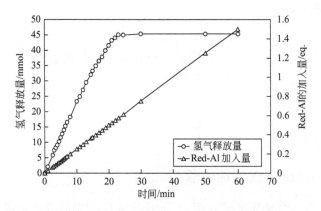

图式 7.26　Red-Al 还原反应的中间体

图 7.2　氢气的释放量及 Red-Al 的加入量与时间的相互关系

研发团队推测加入过量 Red-Al 后，Al 配合物（**83**）与 Red-Al 作用先转化成中间体（**84**）[31]，然后在 α 面发生非对映选择性的分子内氢负离子传递，生成 1,2-反式立体化学的非对映异构体混合物（**48** 和 **10**）。IR 监测到中间体（**85**），也观察到 1722cm^{-1} 的酯（**84**）的羰基吸收峰的消失与 1690cm^{-1} 的烯醇吸收峰的形成。在这一阶段淬灭反应，主要产物是动力学控制的产物（**48**），而次要产物是热力学产物（**10**）。完全理解包括释放氢气在内的反应细节以及由此推导的反应机理，是该反应在实验室制备和中试车间放大得以成功实施的基础。

7.2.2　氧鎓离子还原的构象问题

研究氧鎓离子还原的构象完全是出于对这一化学反应机理的兴趣。为了弄清所观察到的非对映异构体的选择性，研发团队基于氧鎓离子中间体的假设进行了分子模型计算❶。中间体结构有 E 和 Z 两种氧鎓离子构象。

计算结果显示，Z 构象的氧鎓离子构象异构体（**86** 和 **87**）的能量约高 3kcal/mol。如图 7.3 所示，它们似乎不能显著影响反应产物的立体化学结果。

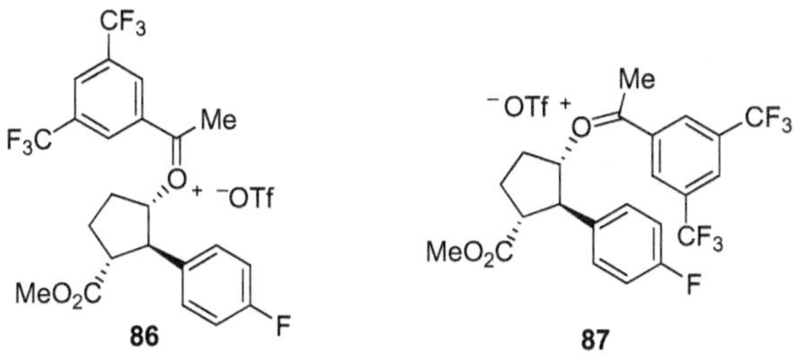

图 7.3 能量略高的 Z 构象异构体（Z 构象能量大约高 3kcal/mol）

E 构象也有两个可能的异构体（**88** 和 **89**）。其中大位阻的对氟苯基都在氧鎓离子的 β 面，如图式 7.27 所示。因而，进行还原反应时，每个构象只能从位阻较小的 α 面进行，从而得到非对映异构体混合物的产物。上述最低能量的构象异构体（**88** 和 **89**）之间只有 0.6kcal/mol 的能量差，这一计算结果完美地支持了最优反应条件下观察到约 3∶1（**18**∶**19**）的产物分布实验结果。

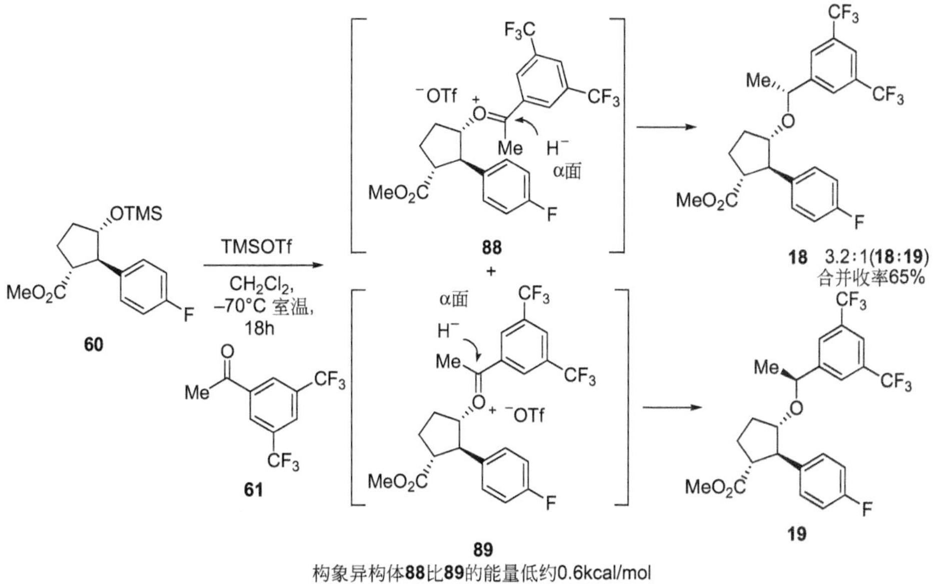

构象异构体**88**比**89**的能量低约0.6kcal/mol

图式 7.27 合理化解释还原反应

❶ 使用 Titan 软件包进行计算分析。选择"Conformer Study"选项作为计算类型，选择 PM3 作为研究方法，使用包括 MMFF94 分子动力学力场分析产生的构象结果，并用半经验 PM3 最小化分析产生的结构。设定气相环境中进行计算。

7.2.3 手性酰亚胺（67）合成醚键

醇（10）与酰亚胺（67）之间的醚化反应是成功合成候选药物（1）的关键转化之一。HBF₄ 作为醚化反应催化剂对获得高选择性反应中间体（18）以及较高的反应转化率至关重要。在典型 S_N1 反应条件下获得了 S_N2 方式的反应结果，这一高水平的非对映选择性控制的 *sec-sec* 醚合成方法鲜见文献报道。因而研发团队迫切希望理解这一独特反应的复杂机理。

为了充分确认反应按照 S_N2 历程进行，研发团队设计了两组平行实验。图式 7.28 所示的一组实验是，在与酰亚胺（67）反应相同的条件下，用 10%（摩尔分数）HBF₄ 催化醇（10）与酰亚胺（90）反应，得到 1∶13 的非对映异构体（18 和 19）混合物，未经优化的分析收率为 59%。反应产物分布与预期的主要产物分布［非对映异构体（19）］高度吻合。图式 7.29 所示的另一组实验是，通过动力学同位素实验确定酰亚胺手性中心反转的起因。按照之前所述的优化条件，进行醇（10）与 3eq. 消旋酰亚胺（17）以及 3eq. 氘代消旋酰亚胺（91）之间的反应。NMR 观察不同反应时间段产物的初步结果显示了几乎可以忽略不计的二级动力学同位素效应（$K_{H/D}$ 约为 1.0），这一结果与反应中心最小的杂化交换一致[32]。两组实验结果可以确定，在反应条件下，反应几乎完全按照 S_N2 机理进行。

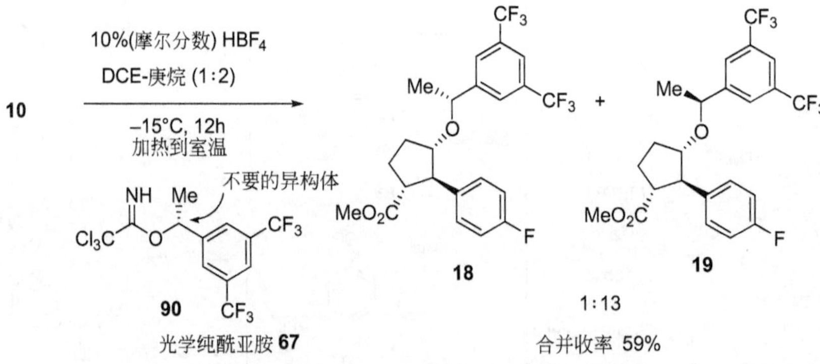

图式 7.28　与相反构型对映体酰亚胺（90）的醚化反应

为了确定醚化反应过程中存在 S_N2 途径突然停滞并转向 S_N1 途径的可能性，首先应该确定生成次要异构体（19）的真正原因。研发团队从活化手性酰亚胺（67）着手这一研究。在醇（10）与酰亚胺（67）之间的醚化反应中，酸催化剂与酰亚胺（67）的氮原子配位形成了活泼中间体（94），增强了酰亚胺（67）的亲电性，如图式 7.30 所示。与此同时，酸催化剂与醇（10）的氧原子配位形成了中间体（96），降低了醇（10）的亲核性。从实验结果可以得出，除 HBF₄ 之外的强酸催化酰亚胺的醚化反应中都经历了碳正离子过渡态（95），从而只能获

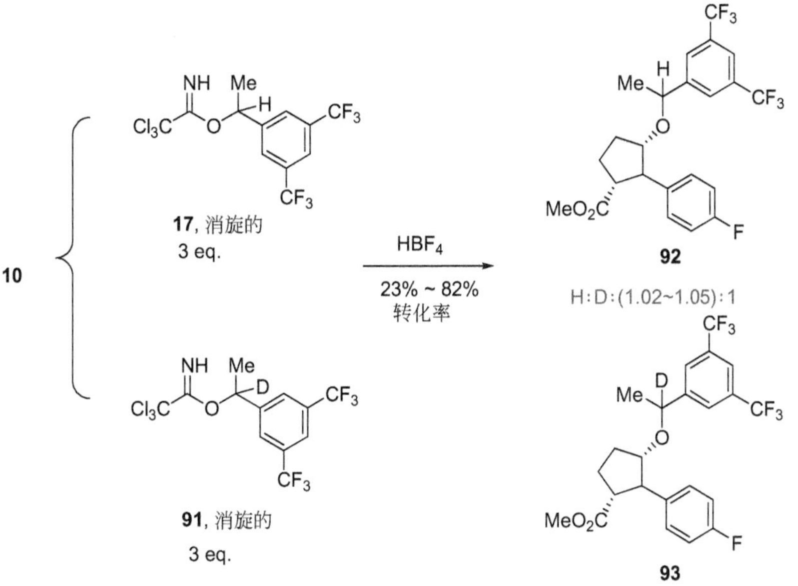

图式 7.29 醚化反应的同位素效应

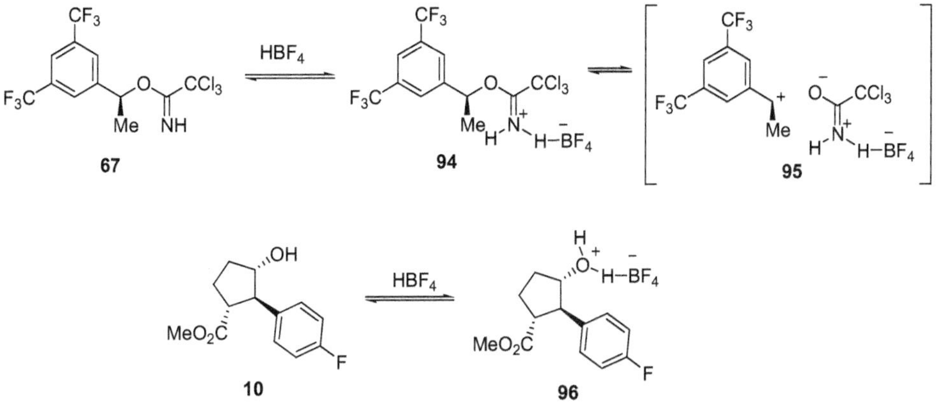

图式 7.30 酰亚胺醚化反应中间体

得 1∶1 的非对映异构体的混合物，这也是此前用 TfOH 催化醚化反应所观察到的结果。然而，HBF₄ 催化的醚化反应却得到了极好的非对映选择性，说明活化的酰亚胺（**94**）与碳正离子（**95**）之间存在平衡并且活化的酰亚胺（**94**）占绝对优势。研发团队试图用谱学技术观察碳正离子（**95**），但未获成功。这一现象表明反应过程中形成的瞬态中间体以及重排都是快反应。但是，一旦形成了碳正离子（**95**），就应该能观察到酰亚胺（**67**）的差向异构。

在 10% HBF₄［不含醇（**10**）］的二氯乙烷溶液中，观察手性酰亚胺（**67**）的差向异构现象，结果如表 7.1 所示。在上述条件下，手性酰亚胺（**67**）在初始阶段确实观察到约 5% 的差向异构，之后不再增加。进一步研究表明，差向异构的速度与溶剂密切相关，参看表 7.2。在 −5℃ 的二氯甲烷中，酰亚胺（**67**）与 HBF₄ 反应 3h，酰亚胺（**67**）的 *ee* 值从 100% 降到 77%；23h 后，进一步降到 58.4%。由此可以得出结论，酰亚胺（**67**）的二氯乙烷溶液远比二氯甲烷溶液稳定。从实验现象看，可能在向体系加入 HBF₄ 的过程中原位产生的热量引起了差向异构。为了证明这一推测，在 −78℃ 下重复醇（**10**）与酰亚胺（**67**）的醚化反应。异构体（**18 和 19**）的比例跃升到 55∶1；然而，该反应体系缓慢升至室温后，反应的总转化率只有 55% 左右。总之，只有 HBF₄ 作为催化剂才能使活化的酰亚胺（**67**）按 S_N2 方式进行反应，但它的活性还不足以使反应从 S_N2 途径停滞然后转向 S_N1 途径。虽然目前并不能排除碳正离子（**95**）按照 S_N1 方式参与醚化反应生成了次要异构体（**19**），但仍假设醇（**10**）与差向异构后的酰亚胺（**90**）按照 S_N2 方式进行同样的醚化反应是生成次要异构体（**19**）的主要途径。

表 7.1 在优化条件下醚化反应的组成

序号	时间	温度/℃	**67** 的 *ee* 值/%	转化率(**18**∶**19**)/%
1	0	−15	99.5	0
2	5min	−15	90	5
3	1h	−15	90	20
4	6h	−15	90	35
5	12h	−15	90	72
6	15h	20	90	75

表 7.2 手性酰亚胺（67）的差向异构

时间	DCM *ee* 值/%	DCE *ee* 值/%	时间	DCM *ee* 值/%	DCE *ee* 值/%
0	100.0	100.0	5	72.6	78.0
1	86.8	84.9	23	58.4	78.0
3	77.9	77.9			

只有 HBF₄ 和 BF₃·OEt₂ 作为酸催化剂的醚化反应才能观察到上述现象。即使进一步深度优化，也未能把原料（**10**）完全转化成产物（**18 和 19**）。而且，环戊醇（**10**）与 HBF₄ 的接触时间明显影响反应转化率。在优化条件下，一次性把 HBF₄ 加入到醇（**10**）与酰亚胺（**67**）的混合溶液中，反应转化率通常为 75% 左右。如果在加入酰亚胺（**67**）之前，醇（**10**）与 HBF₄ 预先混合老化，老化时间越长，反应的转化率越低。这一现象证明了亲核试剂的失活，参看表 7.3。

表 7.3　老化时间对醚化反应的影响

老化时间/h	Lewis 酸	用量/eq.	18∶19 的分析收率/%	老化时间/h	Lewis 酸	用量/eq.	18∶19 的分析收率/%
0	HBF$_4$	0.15	75	1	BF$_3$·OEt$_2$	0.15	<5
1	HBF$_4$	0.15	56	0	BF$_3$·OEt$_2$	1.00	16
3	HBF$_4$	0.15	20	0	HBF$_4$	1.00	42
5	HBF$_4$	0.15	0				

　　为了了解更详细的反应历程，研发团队又设计了一系列 NMR 实验。在醇（10）的 CD$_2$Cl$_2$ 溶液中加入 HBF$_4$ 或 BF$_3$·OEt$_2$，然后通过分析反应混合物的 ^{1}H、^{11}B 以及 ^{19}F NMR 图谱信息，期望能解析获得醇（10）的失活证据。第一组实验，−10℃下，1eq. BF$_3$·OEt$_2$ 与醇（10）作用，观察到约 1∶1 的醇（10）以及相应的 BF$_3$ 配合物（97）。^{11}B NMR 的分析结果支持配合物（97）结构中的羟基与 BF$_3$ 配位。此外，未观察到醇（10）的硼酸酯[33]。随后，加热样品，则完全生成了在反应条件下不可逆的配合物（97）。配合物（97）与酰亚胺（67）不发生醚化反应。BF$_3$ 的配位量与醚化反应中醇（10）的失活量几乎完全匹配，这就解释了为什么醚化反应的转化率约为 80%。

　　另一组实验，在−10℃的 CD$_2$Cl$_2$ 中，醇（10）与 1eq. HBF$_4$ 老化 1h，生成的配合物<20%。尽管也有可检出量的配合物（97），但 ^{11}B NMR 谱显示一个不同的配合物中间体，推测该中间体是质子化的配合物（96），如图式 7.31 所示。由此推测醇（10）和质子化的配合物（96）之间是快平衡，而不像上一组实验中醇（10）与 BF$_3$·OEt$_2$ 配位倾向于生成配合物（97）。当体系逐渐升至室温后，

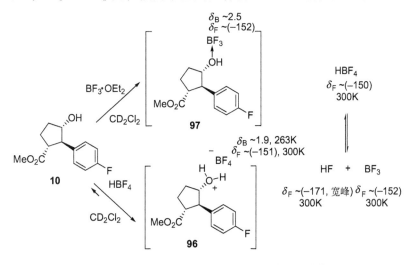

图式 7.31　NMR 研究环戊醇（10）的配位信息

反应混合物的 ^{1}H 和 ^{11}B NMR 谱变宽也更复杂，像是发生交换。如果把 HBF$_4$ 看作 BF$_3$ 和 HF 的平衡混合物，那么随着醚化反应的进行，溶液中 BF$_3$ 和 HF 的相对含量也在增加。而反应体系中 BF$_3$ 相对浓度的升高，意味着生成配合物（**97**）的量也随之增加。因为 HBF$_4$ 作为催化剂比 BF$_3$ 更活泼，HBF$_4$ 先活化脒亚胺（**67**），迅速发生醚化反应，至少在起始阶段反应按照这一途径进行。当体系中 BF$_3$ 的相对浓度升高，在醚化反应后期竞争性地生成了配合物（**97**）导致反应失活，因而淬灭反应时能观察到未反应的原料。在反应体系中试图加入水、NaPF$_6$、KPF$_6$、LiPF$_6$ 或 NaSiF$_6$ 等添加剂抑制配位提高反应转化率，但是或者转化率没有得到任何改善，或者 S$_N$2 的反应方式被完全抑制，从而使反应的选择性变得更差。

7.3 结论[1]

总之，研发团队成功开发了制备公斤级结构独特的 NK-1 受体拮抗剂（**1**）的合成工艺。在工艺开发过程中，发展了新的化学工艺过程，包括手性羟基羧酸（**26**）的制备以及更具挑战性的 *sec-sec* 醚键的成键技术。制备手性羟基羧酸（**26**）的工艺开发涉及了不对称还原酮（**27**）生成环烯丙醇（**46**）、Red-Al 还原、差向异构/皂化得到高立体选择性的全反式的 1,2,3-三取代的手性羟基羧酸（**26**）。在制备候选药物（**1**）的工艺改进中，以 10%（摩尔分数）HBF$_4$ 催化手性酰亚胺（**67**）与醇（**10**）的取代反应，得到了 17:1 的目标醚中间体（**18**）与其异构体（**19**）的混合物。重结晶羧酸三乙胺盐（**73**），非对映异构体比例提升到 >109:1。

在充分理解各步反应机理的基础上，最终实现了百公斤级规模制备的化学工艺流程。

致谢

感谢 Ian Davies、Audrey Wong、Jimmy Wu、Jean-François Marcoux、Peter Dormer 以及 Michael Hillier，感谢他们对本章讨论的化学工艺所做的宝贵贡献。此外，作者感谢安田信义对工艺细节孜孜不倦的追求以及对本工艺的贡献。

---

[1] 按照前后章节一致，译者在此处加上的分节。

参 考 文 献

[1] For the discovery of 1,see:(a)Meurer,L. C.,Finke,P. E.,Owens,K. A.,Tsou,N. N.,Ball, R. G.,Mills,S. G.,MacCoss,M.,Sadowski,S.,Cascieri,M. A.,Tsao,K. -L.,Chicchi,G. C., Egger,L. A.,Luell,S.,Metzger,J. M.,MacIntyre,D. E.,Rupniak,N. M. J.,Williams,A. R., and Hargreaves,R. J. (2006)*Bioorg. Med. Chem. Lett.*,**16**,4504;(b)Finke,P. E.,Meurer, L. C.,Levorse,D. A.,Mills,S. G.,MacCoss,M.,Sodowski,S.,Cascieri,M. A.,Tsao,K. -L., Chicchi, G. C., Metzger, J. M., and MacIntyre, D. E. (2006) *Bioorg. Med. Chem. Lett.*, **16**,4497.

[2] Houn,F. (2003)FDA approval letter is available at the website. http:// www. access. fda. gov/ drugsatfolatda_docs/appletter/2003/21549ltr. pdf (accessed August 2010).

[3] Hale, J. J., Mills, S. G., MacCoss, M., Finke, P. E., Cascieri, M. A., Sadowski, S., Ber, E., Chicchi,G. G.,Kurtz,M.,Metzger,J.,Eiermann,G.,Tsou,N. N.,Tattersall,F. D.,Rupniak, N. M. J., Williams, A. R., Rycroft, W., Hargreaves, R., and MacIntyre, D. E. (1998) *J. Med. Chem.*,**41**,4607.

[4] Pendergrass,K.,Hargreaves,R.,Petty,K. J.,Carides,A. D.,Evans,J. K.,and Horgan,K. J. (2004)*Drugs Today*,**40**,853.

[5] Desai,R. C.,Cicala,R.,Meurer,L. M.,and Finke,P. E. (2002)*Tetrahedron Lett.*,**43**,4569.

[6] We previously published only two of these routes,see:Kuethe,J. T.,Wong,A.,Wu,J.,Da- vies,I. W.,Dormer, P. G.,Welch, C. J.,Hillier, M. C.,Hughes, D. L.,and Reider, P. J. (2002)*J. Org. Chem.*,**67**,5993.

[7] Suzuki,A. (1985)*Pure Appl. Chem.*,**57**,1749.

[8] Belmont,D. T.,and Paquett,L. A. (1985)*J. Org. Chem.*,**50**,4102.

[9] Kress,M. H.,and Kishi,Y. (1995)*Tetrahedron Lett.*,**36**,4583.

[10] Schoenberg,A.,Bartoletti,I.,and Heck,R. F. (1974)*J. Org. Chem.*,**39**,3318.

[11] Fox, J. M., Huang, X., Chieffi, A., and Buchwald, S. L. (2000) *J. Am. Chem. Soc.*, **122**,1360.

[12] Eskola,S. (1957)*Suom. Kemistil.*,**30B**,34;Chem. Abstr. 1957,53,16014f.

[13] Davies, I. W., Matty, L., Hughes, D. L., and Reider, P. J. (2001) *J. Am. Chem. Soc.*, **123**,10139.

[14] Schnyder, A., Beller, M., Mehltretter, G., Nsenda, T., Struder, M., and Indolese, A. F. (2001)*J. Org. Chem.*,**66**,4311.

[15] (a) Corey, E. J., Bakshi, R. K., Shibata, S., Chem, C. P., and Sinch, V. K. (1987) *J. Am. Chem. Soc.*,**109**,7925;(b)Mathre,D. J.,Jones,T. K.,Xavier,L. C.,Blacklock,T. J., Reamer,R. A.,Mohan,J. J.,Jones,T. T.,Hoogsteen,K.,Baum,M. W.,and Grabowski, E. J. J. (1991)*J. Org. Chem.*,**56**,751.

[16] (a)Stork,G.,and Kahne,D. E. (1983)*J. Am. Chem. Soc.*,**105**,1072;(b)Crabtree, R. H., and Davies,M. W. (1983)*Organometallics*,**2**,681.

[17] Evans,D. A.,and Morrissey,M. M. (1984)*J. Am. Chem. Soc.*,**106**,3866.

[18] Lee, H. M., Jiang, T., Stevens, E. D., and Nolan, S. P. (2001) *Organometallics*, **20**, 1255.

[19] For leading references describing the reduction of α,β-unsaturated esters using Red-Al, see: (a) SarKar, A., Rao, B. R., and Konar, M. M. (1989) *Synth. Commun.*, **19**, 2313; (b) Malek, J. (1988) *Org. React.*, **36**, 249.

[20] For leading references describing the reduction of α,β-unsaturated esters using Red-Al and copper(I) bromide, see: (a) Semmelhack, M. F., Stauffer, R. D., and Yamashita, A. (1977) *J. Org. Chem.*, **42**, 3180; (b) Semmelhack, M. F., and Stauffer, R. D. (1975) *J. Org. Chem.*, **40**, 3619.

[21] For a full account of our etherifications studies documented in this section, see: Kuethe, J. T., Marcoux, J. F., Wong, A., Wu, J., Hillier, M. C., Dormer, P. G., Davies, I. W., and Hughes, D. L. (2006) *J. Org. Chem.*, **71**, 7378.

[22] For leading references using palladium-iridium, and zinc-catalyzed allylic etherifications, see: (a) Kim, H., and Lee, C. (2002) *Org. Lett.*, **4**, 4369; (b) Roberts, J. P., and Lee, C. (2005) *Org. Lett.*, **7**, 2679; for asymmetric aldol additions, see: (c) Crimmins, M. T., and Tabet, E. A. (2000) *J. Am. Chem. Soc.*, **122**, 5473; (d) Crimmins, M. T., and She, J. (2004) *Synlett*, 1371; (e) Crimmins, M. T., and Ellis, J. M. (2005) *J. Am. Chem. Soc.*, 127, 17200; for diastereoselective additions to α-acetoxy ethers using α-(trimethylsilyl) benzyl auxiliaries, see: (f) Rychnovsky, S. D., and Cossrow, J. (2003) *Org. Lett.*, **5**, 2367; for oxa-Michael additions of alkoxides to Michael acceptors, see: (g) Enders, D., Hartwig, A., Raabe, G., and Runsink, J. (1998) *Eur. J. Org. Chem.*, **9**, 1771 and references cited therein; for addition of silyl enol ethers to 1,3-butadienes in the presence of SO_2, see: (h) Narkevitch, V., Schenk, K., and Vogel, P. (2000) *Angew. Chem. Int. Ed.*, **39**, 1806; (i) Narkevitch, V., Megevand, S., Schenk, K., and Vogel, P. (2001) *J. Org. Chem.*, **66**, 5080.

[23] For leading references on diastereoselective hydrogenations, see: (a) Hoveyda, A. H., Evans, D. A., and Fu, G. C. (1993) *Chem. Rev.*, **93**, 1307; (b) Bouzide, A. (2002) *Org. Lett.*, **4**, 1347; (c) Ikemoto, N., Tellers, D. M., Dreher, S. D., Liu, J., Huang, A., Rivera, N. R., Njolito, E., Hsiao, Y., McWilliams, J. C., Williams, J. M., Armstrong, J. D., III, Sun, Y., Mathre, D. J., Grabowski, E. J. J., and Tillyer, R. D. (2004) *J. Am. Chem. Soc.*, **126**, 3048 and references cited therein.

[24] Payack, J. F., Huffman, M. A., Cai, D., Hughes, D. L., Collins, P. C., Johnson, B. K., Cottrell, I. F., and Tuma, L. D. (2004) *Org. Process Res. Dev.*, **8**, 256 and references cited therein.

[25] (a) Hatakeyama, S., Mori, H., Kitano, K., Yamada, H., and Nishizawa, M. (1994) *Tetrahedron Lett.*, **35**, 4367; (b) Sassaman, M. B., Kotian, K. D., Prakash, G. K. S., and Olah, G. A. (1987) *J. Org. Chem.*, **52**, 4314; (c) Komatsu, N., Ishida, J., and Suzuki, H. (1997) *Tetrahedron Lett.*, **38**, 7219; (d) Kato, J., Iwasawa, N., and Mukaiyama, T. (1985) *Chem. Lett.*, 743.

[26] (a) Tsunoda, T., Suzuki, M., and Noyori, R. (1979) *Tetrahedron Lett.*, **20**, 4679; (b) Tsunoda, T., Suzuki, M., and Noyori, R. (1980) *Tetrahedron Lett.*, **21**, 1357.

[27]　For leading references, see: (a) Iversen, T., and Bundle, D. R. (1981) *J. Chem. Soc. Chem. Commun.*, 1240; (b) Schmidt, R. R., and Michel, J. (1980) *Angew Chem. Int. Ed. Engl.*, **19**, 731; (c) Schmidt, R. R., and Hoffmann, M. (1983) *Angew Chem. Int. Ed. Engl.*, **22**, 406; (d) Wessel, H. P., Iversen, T., and Bundle, D. R. (1985) *J. Chem. Soc., Perkin Trans.* 1, 2247; (e) Nakajima, N., Horita, K., Abe, R., and Yonemitsu, O. (1988) *Tetrahedron Lett.*, **29**, 4139; (f) Nakajima, N., Saito, M., and Ubukata, M. (1998) *Tetrahedron Lett.*, **39**, 5565; (g) Eichler, E., Yan, F., Sealy, J., and Whitfield, D. M. (2001) *Tetrahedron*, **57**, 6679; (h) Kusumoto, T., Hanamoto, T., Sato, K., Hiyama, T., Takehara, T., Shoji, T., Osawa, M., Kuiyama, T., Nakamura, K., and Fujisawa, T. (1990) *Tetrahedron Lett.*, **31**, 5343.

[28]　Das, J., Kimball, S. D., Reid, J. A., Wang, T. C., Lau, W. F., Roberts, D. G. M., Seiler, S. M., Schumacher, W. A., and Ogletree, M. L. (2002) *Bioorg. Med. Chem. Lett.*, **12**, 41.

[29]　Grigan, N., Musel, D., Veinberg, G. A., and Lukevics, E. (1996) *Synth. Commun.*, **26**, 1183.

[30]　Malek, J. (1985) *Org. React.*, **34**, 1.

[31]　Casensky, B., Machacek, J., and Abraham, K. (1971) *Collect. Czech. Chem. Commun.*, **36**, 2648.

[32]　Carpenter, B. K. (1984) *Determination of Organic Reaction Mechanisms*, John Wiley & Sons, Inc., New York.

[33]　Nöth, H., and Wrackmeyer, B. (1978) *Nuclear Magnetic Resonance Spectroscopy of Boron Compounds*, Springer-Verlag, New York.

第八章

葡激酶活化剂

Artis Klapars

图 8.1 所示的结构式是默克公司开发的葡激酶活化剂（**1**）。本章将详细介绍早期工艺以及交付公斤级产品工艺的开发过程。作为催化 D-葡萄糖磷酸酯化的酶，葡激酶是治疗 II 型糖尿病的靶点之一。葡激酶能控制葡萄糖转化成糖原的转化率，调节肝脏葡萄糖的水平。肝脏的胰岛素和胰腺 β-细胞的 D-葡萄糖控制葡激酶的表达[1]。

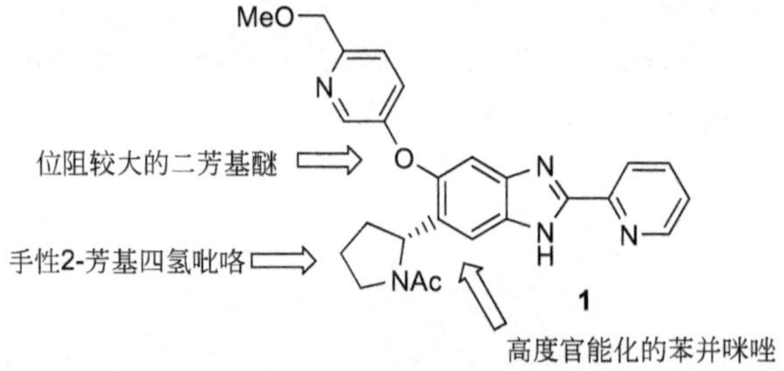

图 8.1　葡激酶活化剂的结构

合成目标分子（**1**）存在以下挑战：制备手性 2-芳基四氢吡咯片段、高度官能化的苯并咪唑环以及空间位阻较大的二芳基醚的成键。

8.1　项目发展状况

8.1.1　药物化学的合成路线

图式 8.1 图解了化合物（**1**）的药物化学合成路线。以昂贵且稀缺的硼酸（**2**）为起始原料，与芳基溴（**3**）偶联。得到的吡咯中间体（**4**）氢化还原生成了消旋四氢吡咯中间体（**5**）。由于下一步硝化反应的强酸性条件，需要进行保护基操作才能保证四氢吡咯中间体（**5**）的稳定性。用 4mol/L HCl 水溶液脱去

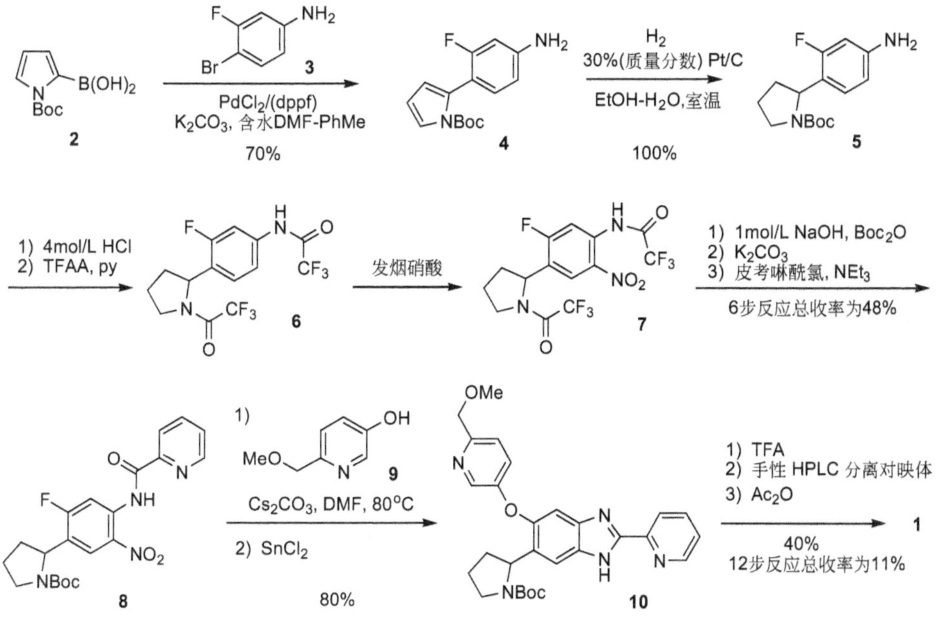

图式中各化合物及反应条件：

化合物 **2**：N-Boc 吡咯-2-硼酸 B(OH)₂，N-Boc

化合物 **3**：3-氟-4-溴苯胺（含 F、Br、NH₂）

反应条件：PdCl₂/(dppf)，K₂CO₃，含水 DMF-PhMe，70%

化合物 **4**：F，NH₂，NBoc，70%

H₂，30%(质量分数) Pt/C，EtOH-H₂O，室温，100%

化合物 **5**：F，NH₂，NBoc

1) 4mol/L HCl；2) TFAA, py → 化合物 **6**（F，NHC(O)CF₃，N-C(O)CF₃）

发烟硝酸 → 化合物 **7**（F，NO₂，NHC(O)CF₃，N-C(O)CF₃）

1) 1mol/L NaOH, Boc₂O；2) K₂CO₃；3) 皮考啉酰氯, NEt₃ —— 6步反应总收率为48%

化合物 **8**（F，NO₂，NH-C(O)-吡啶，NBoc）

1) 羟基吡啶 **9**（MeOCH₂-吡啶-OH），Cs₂CO₃, DMF, 80℃；2) SnCl₂，80% → 化合物 **10**（OMe-吡啶-O-苯并咪唑-吡啶，NBoc）

1) TFA；2) 手性 HPLC 分离对映体；3) Ac₂O —— 40%，12步反应总收率为11% → 化合物 **1**

图式 8.1　化合物（1）的药物化学合成路线

N-Boc 保护基，生成的游离胺再转化成双三氟乙酰基保护的酰胺中间体（**6**），接着进行选择性硝化反应；由于苯胺氮原子上需要引入吡啶酰基，需要再进行一次保护基的切换操作。以 1mol/L NaOH 水溶液与 Boc₂O 一起作用，四氢吡咯的氮原子保护基又转回 N-Boc。而在上述条件下苯胺氮原子的三氟乙酰基只是部分解离，需要用 K₂CO₃ 进一步处理才能完全解离得到游离苯胺。游离苯胺与皮考啉酰氯进行酰基化反应生成皮考啉酰胺中间体（**8**）。需要指出的是，皮考啉酰胺中间体（**8**）结构中的硝基有双重作用，既活化了芳基氟化物的反应活性，又在后续 SnCl₂ 还原并环合形成苯并咪唑中间体（**10**）时提供了合成组件。羟基吡啶（**9**）与皮考啉酰胺中间体（**8**）的氟原子进行亲核芳香取代，生成的中间体不分离，接着用 SnCl₂ 还原硝基，同时环合生成了苯并咪唑中间体（**10**）。脱去苯并咪唑中间体（**10**）的 N-Boc 保护基，用 HPLC 分离对映体，然后乙酰化即完成目标产物（**1**）的合成。十二步反应的总收率为 11%[2]。

8.1.1.1　药物化学合成路线存在的问题

药物化学合成路线存在的问题严重制约了公斤级产品的制备，因而项目进度难以实现。主要问题总结如下：

1）硼酸（**2**）的价格昂贵，缺乏足够的供应量。如果自制，工艺流程又将增加额外的反应步骤。

2）多次保护基团的切换操作严重降低了合成效率。

3）以 SnCl₂ 作为还原剂进行硝基还原的方法不可取。不仅因为环境因素，还因为后处理特别容易乳化，造成极大的分离难度。

4）在工艺倒数第二步进行手性 HPLC 分离对映体，工艺效率极低，严重影响项目进度和产量。

8.1.1.2 药物化学合成路线的优点

尽管存在各种缺点，但药物化学合成路线有两个非常突出的优点：

1）中间体（**6**）高选择性的硝化反应策略为环合合成苯并咪唑以及二芳基醚的成键奠定了基础。现有过渡金属催化技术合成该化合物反而是一个挑战。

2）羟基吡啶（**9**）与芳基氟化物（**8**）的取代成醚是一个高度汇聚合成的策略，可以同时开展两个片段的合成。

8.1.2 工艺开发

充分考虑了药物化学合成路线的优缺点后，研发团队通过反合成分析，重新设计了一条汇聚式的合成路线，如图式 8.2 所示。以羟基吡啶（**9**）与氟代芳烃（**11**）之间的偶联作为合成化合物（**1**）的关键步骤，而合成手性 α-芳基四氢吡咯（**12**）将是新合成工艺中最严峻的挑战。

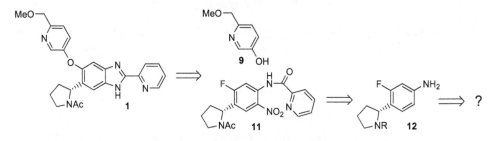

图式 8.2 化合物（1）的反合成分析

本小节将从以下几个部分展开工艺开发的讨论：

1）制备羟基吡啶片段（**9**）；

2）合成手性 α-芳基四氢吡咯（**12**）；

3）优化从手性 α-芳基四氢吡咯（**12**）合成最终产品（**1**）的过程。

8.1.2.1 制备羟基吡啶（9）片段

看起来，羟基吡啶（**9**）的合成难度适中，可以通过对已有的文献方法[3]进行适当改进得到。羟基吡啶（**13**）先进行 O-苄基化，然后用 m-CPBA 氧化，得到吡啶 N-氧化物（**14**），如图式 8.3 所示。后续过程是吡啶化学的经典反应，N-氧化物（**14**）在热醋酸中与醋酐反应，生成 2-羟甲基吡啶（**16**）。一般认为，这个反应历程是中间体（**15**）经历电环化重排，然后后处理水解乙酸酯[4]。2-羟甲基吡啶（**16**）进行 O-甲基化，最后催化氢化脱去苄基保护基得到了所需的羟基吡啶（**9**）。

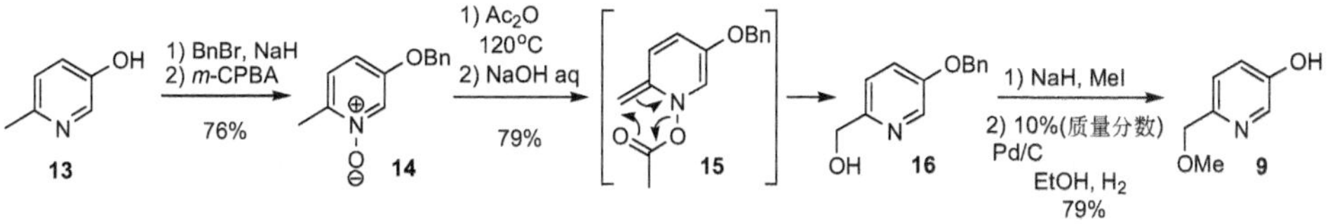

图式 8.3　制备羟基吡啶（9）

图式 8.3 所示的合成过程显然并不完美。NaH 尤其不受欢迎，因为试剂本身存在安全隐患并且反应释放氢气。在工艺开发中，像 t-BuONa 这一类烷氧基碱就比 NaH 更常用。但总的来说，上述合成路线可以制备羟基吡啶（9）。研发团队考虑把羟基吡啶（9）的合成外包，因而不再继续工艺优化。这样可以把所有资源投入到化合物（1）合成工艺中更具挑战的地方。

8.1.2.2　合成手性 α-芳基四氢吡咯（12）

合成羟基吡啶（9）取得进展之后，研发团队的大部分精力都放在合成具有挑战性的手性 α-芳基四氢吡咯（12）上。在本项目研究初期，文献中几乎没有合成手性 α-芳基四氢吡咯的实用方法[5]。图式 8.4 总结了四种较有吸引力的合成路线。

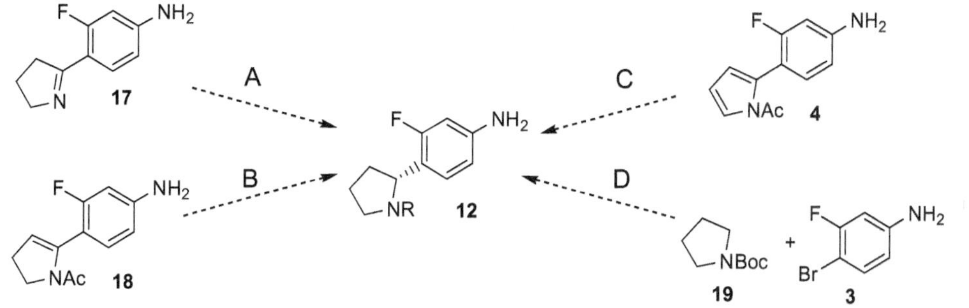

图式 8.4　合成手性 α-芳基四氢吡咯（12）的策略分析

A 方法是环亚胺（17）的不对称硅氢化反应。该方法有案可据，Buchwald 曾经用简单底物实施，但是该方法采用的手性二茂钛催化剂，价格昂贵且空气极度敏感，如图式 8.5 所示[6]。

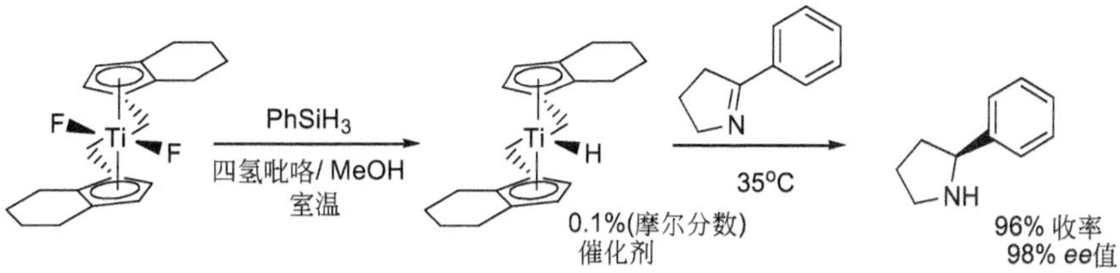

图式 8.5　Buchwald 不对称氢化环亚胺的案例

B方法是不对称氢化环烯酰胺，文献例子更少[7]。实际上，制备A方法的环亚胺和B方法的环烯酰胺都不容易。制备环亚胺比较靠谱的合成方法是用价廉的 N-乙烯基吡咯烷-2-酮进行 C-酰基化，然后在 6mol/L HCl 水溶液中回流，并在如此苛刻的条件下完成脱乙烯基、酰胺水解以及脱羧，如图式 8.6 所示[8]。

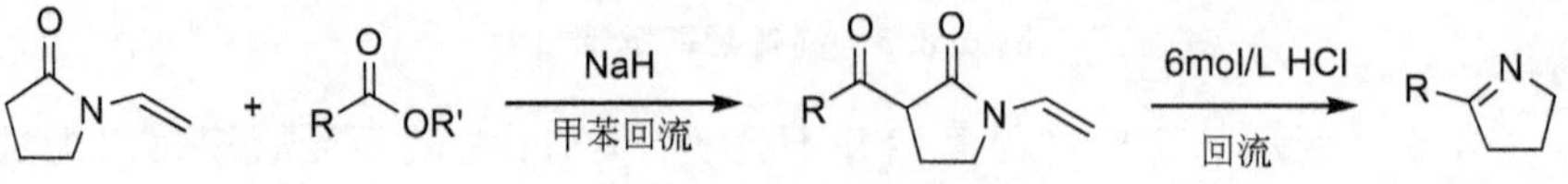

图式 8.6　制备环亚胺的方法

C方法是直接进行吡咯（**4**）的不对称氢化。这一方法在项目开发时未见文献报道，需要深入研究。最近，Kuwano 成功报道了第一例特定结构的吡咯化合物的不对称氢化，如图式 8.7 所示[9]。

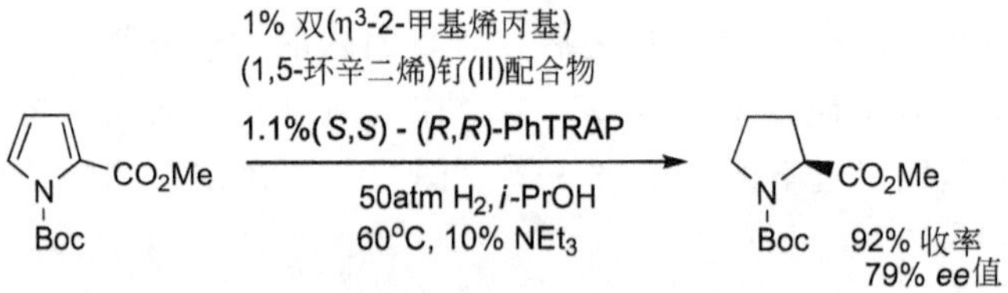

图式 8.7　Kuwano 报道的吡咯的不对称氢化

D方法是四氢吡咯与芳基直接成键合成手性 α-芳基四氢吡咯（**12**）。这一汇聚式合成方法既有吸引力但又充满挑战[10]。尽管 Beak 发展了（一）-金雀花碱诱导的 N-Boc-四氢吡咯（**19**）的不对称锂化[11]，但手性 2-四氢吡咯锂在 Pd/Cu 催化剂作用下，进一步芳基化反应只生成消旋产物[12]。实际上，仲烷基金属试剂参与的偶联反应通常都会遇到各种各样的挑战，比如，构型的不稳定性、β-H 消除的倾向性、转金属化速度慢等等。尽管如此，研发团队仍以如下几个案例为基础，开展了相关的有机锌试剂（**21**）的研究，如图 8.2 所示。

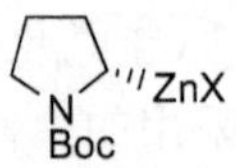

图 8.2　手性有机锌试剂

1）Knochel 报道的例子。尽管制备锌试剂的方法不太实用，但得到了构型保持的仲烷基锌试剂，如图式 8.8 所示[13]。

2）Hayashi 报道的例子。Pd 催化消旋仲烷基锌试剂与芳香卤化物的偶联反应，如图式 8.9 所示[14]。

3）Taylor 报道了用 Zn 与手性烷基氨基甲酸酯的锂盐转金属化，把 ZnCl$_2$ 溶液加入到手性有机锂试剂中原位生成锌试剂，如图式 8.10 所示[15]。

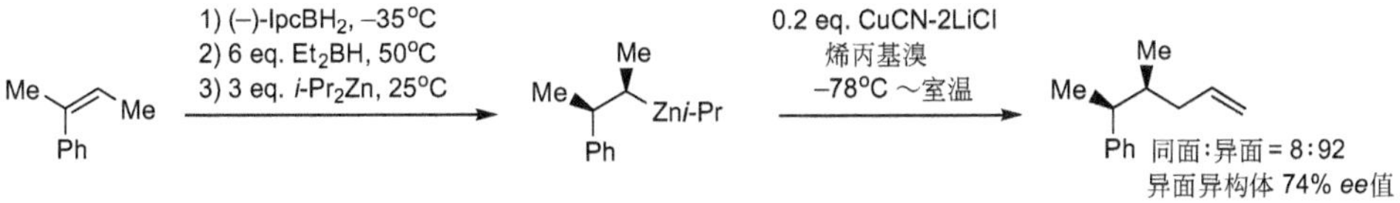

图式 8.8 Knochel 报道的构型保持的有机锌试剂

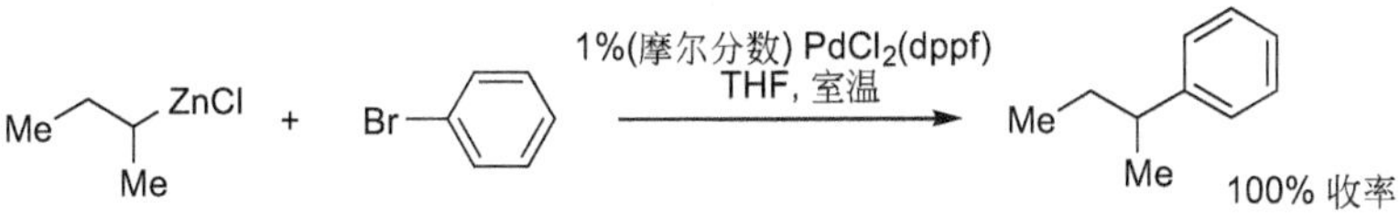

图式 8.9 Hayashi 报道的仲烷基锌试剂与芳基溴化物的交叉偶联反应

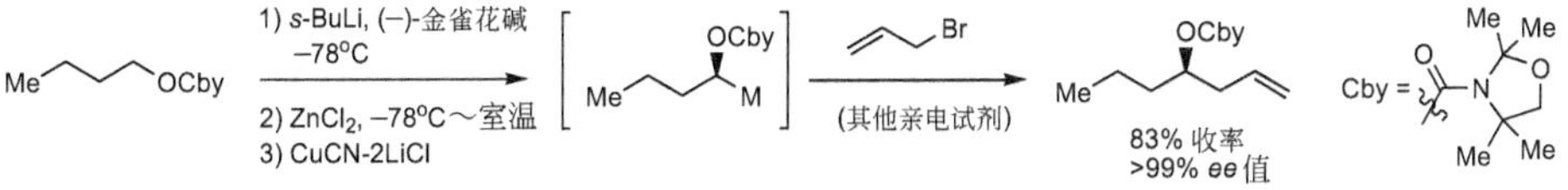

图式 8.10 Taylor 的手性有机锂转化成手性有机锌的案例

　　总结上述案例得到了启发，研发团队直接在项目中开展了相应的研究。N-Boc-四氢吡咯（**19**）与（—）-金雀花碱（**20**）一起用 s-BuLi 锂化，然后加入 ZnCl$_2$ 进行原位转金属化，结果令人振奋。用 t-Bu$_3$P 等大位阻富电子膦配体的钯配合物作为催化剂，手性有机锌试剂（**21**）与芳基溴化物顺利偶联生成了2-芳基四氢吡咯，ee 值为 92%，产物保留立体化学构型，如图式 8.11 所示[16]。8.2 节中将详细讨论这一新型反应的开发过程及其底物适用性。

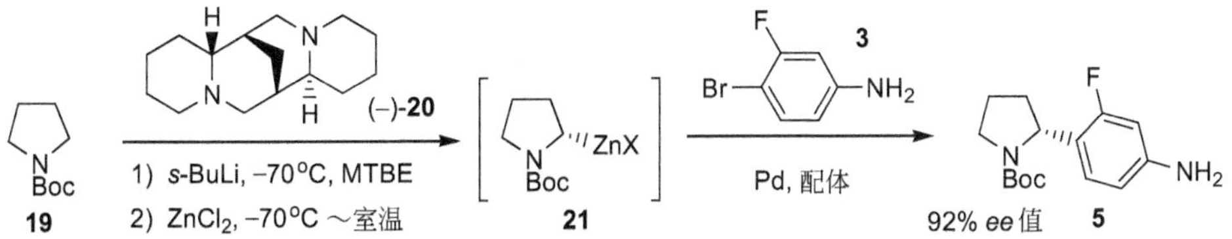

图式 8.11 钯催化 N-Boc-四氢吡咯与芳基溴化物（**3**）的不对称偶联反应

　　上述交叉偶联反应中，因为底物芳基溴化物（**3**）的芳环上带有酸性的游离 NH$_2$，使得反应更具挑战性。初步实验以 2.5%（摩尔分数）Pd$_2$(dba)$_3$ 以及 5%（摩尔分数）t-Bu$_3$P-HBF$_4$ 作为催化剂体系，芳基溴化物（**3**）转化不完全，只生成 48% 收率的产物（**5**），而像溴苯这样简单的芳基卤化物能获得 82% 的收率[16]。在 Negishi 偶联反应中，芳基溴化物（**3**）或产物（**5**）的游离 NH$_2$ 都明显参与了去质子化。游离氨基参与竞争反应消耗了昂贵的手性有机锌试剂，去质子化的溴代苯胺（**3**）也明显降低了偶联反应速度。

因为芳基溴化物（**3**）去质子化严重影响了 Negishi 偶联反应速度，因此需要更活泼的催化剂提高反应速度。筛选催化剂后发现，Pd(OAc)$_2$ 能显著提高偶联反应速度，产物收率从 48％提高到 74％。研发团队推测醋酸根离子稳定了活性催化剂（或者静态催化剂），有效抑制了活化催化剂形成失活的钯黑。Hartwig 研究表明，在 Negishi 偶联反应中，Pd(OAc)$_2$ 与 t-Bu$_3$P 形成了环钯物种的静态催化剂[17]。有了稳定的活性催化剂，催化剂用量从 5％（摩尔分数）降到 3％（摩尔分数），反应收率未受到明显影响。需要指出的是，使用 Fu 首创的 t-Bu$_3$P-HBF$_4$ 盐[18]比直接使用空气极度敏感的游离 t-Bu$_3$P 更实用也更容易操作。

ZnCl$_2$ 投料量对偶联反应有明显影响。按照 ZnCl$_2$ 的加入量，理论上反应体系中可以生成 RZnCl、R$_2$Zn 和 R$_3$ZnLi 中的一种物种或团聚体。实验结果表明，化学计量的 ZnCl$_2$ 倾向于生成碱性更强的 R$_3$ZnLi，会参与 NH$_2$ 竞争性去质子化从而降低偶联产物（**5**）的收率；相比之下，碱性较弱的 R$_2$Zn 以及 RZnCl 对偶联反应更有利。

工艺放大前，还需确定几个重要反应参数。如果化合物（**19**）的不对称去质子化反应温度从之前的 $-70 \sim -60℃$ 提高到 $-55 \sim -45℃$，虽然偶联反应收率影响不大，仍能保持在 83％左右，但产物的 ee 值明显下降到了 85％。增加（—）-金雀花碱用量对提高产物（**5**）的 ee 值作用不明显。金雀花碱用量为 1.1eq. 时，产物的 ee 值为 93％；而 0.9eq. 时，产物 ee 值也有 89％。

确定了安全操作的边界条件后，进行了两批次 6mol 规模的偶联反应。把 N-Boc-四氢吡咯、（—）-金雀花碱与 15L MTBE 的溶液降温到 $-65℃$，再向溶液中滴加 1.3mol/L s-BuLi 溶液，4h 滴完。然后向体系中滴加 1mol/L ZnCl$_2$/乙醚溶液，2h 滴完，体系维持 $-65℃$。滴加完成后，把体系升温到 15℃，加入固体芳基溴化物（**3**）、Pd(OAc)$_2$ 和配体的固体混合物。在 20℃下搅拌反应 15h。反应淬灭后过滤、萃取、结晶，总共得到 2.13kg 偶联产物（**5**）。分析收率为 78％～79％，分离收率为 61％ ～ 64％，产物 ee 值为 91％ ～ 93％，纯度为 99.1％[19]。

8.1.2.3　优化从苯胺（12）合成最终产品（1）

接着讨论最终产品（**1**）合成过程中的保护基。药物化学合成路线借助多次保护基团切换，目的是为了保证底物能承受苛刻的发烟硝酸硝化反应，参看图式 8.1。研发团队推测特别缺电子的杂芳环——N-皮考啉酰基，质子化后进一步钝化；而另一个 N-乙酰基足够稳定，应该能承受苛刻的硝化反应。考虑到 N-皮考啉酰基和 N-乙酰基既是构建最终产品（**1**）结构的基本官能团，也可以起到保护基团的同等作用，因此，在硝化反应前先组装这两个酰基。这一策略有可能避免保护基团的切换操作。

为了验证上述假设，原位活化皮考啉酸合成了皮考啉酰胺（**22**），如图式 8.12所示。虽然皮考啉酰氯盐酸盐是市售试剂但价格昂贵，因此原位活化皮考啉酸。缩合反应并不是一步完成的，先把1.4eq.二氯亚砜加到1.4eq.皮考啉酸的乙腈溶液中，再加入三乙胺。按照上述操作能获得最佳结果。当三乙胺滴加完成后，必须迅速向混合体系中加入苯胺（**5**），因为活化的皮考啉酸在三乙胺存在时不稳定。

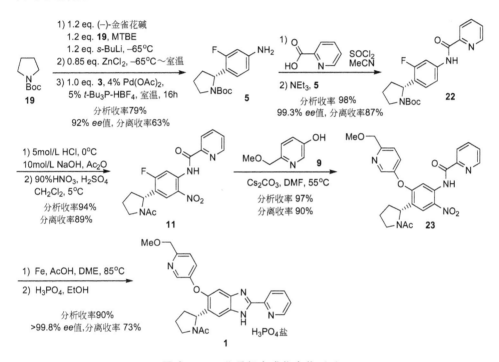

图式 8.12 公斤级合成化合物（1）

皮考啉酰胺（**22**）用异丙醇/水结晶，分离收率为87%，产物 ee 值从92%提升到99.3%。把皮考啉酰胺（**22**）溶解在5mol/L HCl 水溶液中，顺利脱去N-Boc 保护基。在同一个反应釜中，直接加入10mol/L NaOH 水溶液和醋酐即可按照 Schotten-Baumann 条件进行下一步 N-乙酰化反应。二氯甲烷萃取，浓缩有机相，无需进一步纯化，直接用于下一步硝化反应。

在无保护基工艺的策略中，研发团队推测硝化反应是最具挑战性的，但实验结果却带来了惊喜。以 90% HNO_3 和浓硫酸的混酸作为硝化试剂，生成了设想的硝基芳烃（**11**），分析收率达到94%。硝化反应液中检测到两个杂质。一个是硝基异构体（**24**），含量约4%。中间体（**11**）重结晶过程中可以除去部分异构体杂质（**24**）。另一个杂质是同位硝化反应[20]副产物（**25**），含量约1%，如图 8.3 所示。

成功引入硝基后，具备了继续下一步反应的条件，即可以进行羟基吡啶（**9**）的羟基与硝基中间体（**11**）的芳基氟化物之间的亲核芳香取代反应。在55℃的

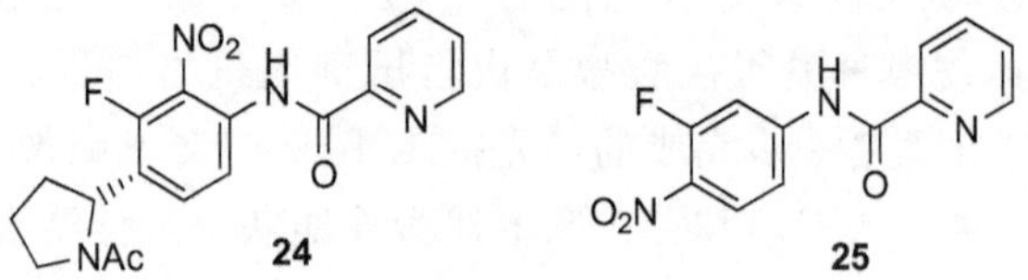

图 8.3　硝化反应的杂质

DMF 中，用等量的 Cs_2CO_3 作碱，反应进行顺利。重结晶后醚中间体（**23**）的分离收率为 90%。醚中间体（**23**）再经过硝基还原和环化两步反应就可以完成苯并咪唑环的合成，但过程中使用的还原剂 $SnCl_2$ 不仅有毒，而且含锡的杂质会造成过滤困难以及乳化等一系列问题。为了避免使用 $SnCl_2$，研发团队探索了几个替代的还原剂。从长远考虑，更倾向应用催化氢化方法继续醚中间体（**23**）的硝基还原，但是这一方法也存在问题，主要是催化剂中毒导致反应不完全。因为项目时间紧迫，暂时采用 Fe 粉/AcOH-DME 还原体系。该条件下硝基还原不仅干净彻底，同时还实现了原位酸催化环化反应一步生成目标产物（**1**），分析收率为 90%。向产物（**1**）的游离碱溶液中缓慢加入 H_3PO_4，分离得到 1∶1 摩尔比的产物（**1**）的磷酸盐，分离收率为 73%，纯度为 99.4%，*ee* 值＞99.8%[16]。

8.1.2.4　工艺开发总结

1）成功开发了一条简洁实用的合成路线制备葡激酶活化剂（**1**）。应用活化的芳基氟化物（**11**）与羟基吡啶（**9**）之间的 $S_N Ar$ 偶联反应，实现了汇聚式合成策略的新工艺。

2）新工艺获得成功的关键在于开发了手性合成 α-芳基四氢吡咯的全新方法。在新开发的方法中，（—）-金雀花碱诱导 N-Boc-四氢吡咯（**19**）的手性锂化，然后原位转金属化成有机锌试剂，最后与芳基溴化物（**3**）之间进行钯催化偶联反应，制备得到了手性 2-芳基四氢吡咯，分离收率为 63%，*ee* 值为 92%。值得指出的是，在偶联反应条件下，苯胺的酸性 NH_2 基团没有影响。

3）在整个合成流程中，应用 N-皮考啉酰基和 N-乙酰基的策略最低程度减少了保护基团的操作。更重要的是，N-皮考啉酰基和 N-乙酰基不仅调控了中间体的反应活性，同时也是目标产物（**1**）的基本结构组成部分。

4）总之，经过六步反应，制备了 1.4kg 纯度极好（*ee* 值＞99%）的目标产物（**1**），总收率为 31%。

8.2　化学研究

8.2.1　开发 N-Boc-四氢吡咯的手性 α-芳基化新工艺

以溴苯作为芳基化试剂、N-Boc-四氢吡咯（**19**）为模型底物，进行新型的

手性 α-芳基化反应的初步优化。参考 Beak 报道的例子[11a]，尝试了（—)-金雀花碱诱导的 N-Boc-四氢吡咯（**19**）的手性锂化反应，再用 1eq. ZnCl$_2$ 与生成的碳负离子作用。把假设已生成的有机锌试剂（**21**）溶液升至室温，形成了均相体系，然后迅速分成若干份用于筛选溴苯芳基化反应的钯催化剂，结果总结在表 8.1 中[16]。一般来说，PdCl$_2$(dppf) 是 Negishi 偶联反应的首选催化剂[14]，但该催化剂在此反应中未能成功（序号 1），Buchwald 的 Ru-phos[21]、Hartwig 的 Q-phos[22] 以及 Fu 的 t-Bu$_3$P-HBF$_4$[18] 衍生的钯催化剂都能获得较高收率的芳基化反应产物（**26a**），在去质子化过程都有很高的对映选择性（序号 5~7，ee 值由手性 HPLC 测定，手性柱为 Chiralcel AD-H）。脱去产物（**26a**）的 Boc 保护基得到 2-苯基四氢吡咯，然后比较文献报道的旋光值，确定了产物（**26a**）的绝对构型，也由此确认转金属化/Negishi 偶联反应中构型保留。从价格、货源及实用性等几方面考虑，最终选择 t-Bu$_3$P-HBF$_4$ 作为配体进行进一步优化。

表 8.1 优化 N-Boc-四氢吡咯的手性 α-芳基化反应

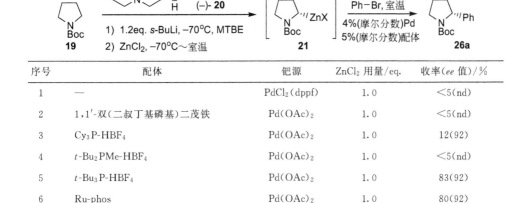

序号	配体	钯源	ZnCl$_2$ 用量/eq.	收率(ee 值)/%
1	—	PdCl$_2$(dppf)	1.0	<5(nd)
2	1,1′-双(二叔丁基膦基)二茂铁	Pd(OAc)$_2$	1.0	<5(nd)
3	Cy$_3$P-HBF$_4$	Pd(OAc)$_2$	1.0	12(92)
4	t-Bu$_2$PMe-HBF$_4$	Pd(OAc)$_2$	1.0	<5(nd)
5	t-Bu$_3$P-HBF$_4$	Pd(OAc)$_2$	1.0	83(92)
6	Ru-phos	Pd(OAc)$_2$	1.0	80(92)
7	Q-phos	Pd(OAc)$_2$	1.0	80(92)
8	t-Bu$_3$P-HBF$_4$	Pd$_2$(dba)$_3$	1.0	82(91)
9	t-Bu$_3$P-HBF$_4$	PdCl$_2$	1.0	70(92)
10	—	Pd(Pt-Bu$_3$)$_2$	1.0	70(92)
11	—	[PdBr(Pt-Bu$_3$)]$_2$	1.0	78(92)
12	t-Bu$_3$P-HBF$_4$	Pd(OAc)$_2$	0.1	<5(nd)
13	t-Bu$_3$P-HBF$_4$	Pd(OAc)$_2$	0.3	79(92)
14	t-Bu$_3$P-HBF$_4$	Pd(OAc)$_2$	0.6	80(92)

研究发现，钯源对偶联反应的速度有显著影响。Pd(OAc)$_2$ 的反应速度明显比其他钯源更快[17]。有意思的是，在偶联反应中，不论 1:1 还是 2:1 比例的

配体和钯预制的催化剂与原位生成的催化剂表现相当；然而，当预先制备的 Pd(Pt-Bu$_3$)$_2$[23]催化反应进行到80%转化率的时候，用［PdBr(Pt-Bu$_3$)］$_2$[24]催化的反应几乎转化完全。这些现象说明醋酸根阴离子在催化体系中起了重要作用。

因为可能形成 RZnCl、R$_2$Zn 或者 R$_3$ZnLi 等几种不同的有机锌物种，研发团队进一步研究了 ZnCl$_2$ 的化学计量与反应收率、选择性的关系（序号12～14）。有意思的是，在溴苯作芳基化试剂的情况下，用 0.33eq. ZnCl$_2$［对应 N-Boc-四氢吡咯（**19**）］对反应收率和产物 ee 值没有明显影响。

8.2.2 N-Boc-四氢吡咯的手性 α-芳基化反应的适用范围

2-芳基四氢吡咯是一类具有生理活性的化合物，也是不对称合成中控制手性的有效结构片段[25]。这类独特结构的合成方法文献报道很少，已有方法都存在一些问题，比如反应步骤长、收率低、通用性差或者 ee 值中等等[5,26]。令人高兴的是，手性去质子化/转金属化/Negishi 偶联是合成手性 2-芳基四氢吡咯衍生物的通用方法，反应收率高，ee 值都达到 92%，参看表 8.2。不仅芳基溴化物可以作为反应底物，初步结果显示一些芳基氯化物也适用于这一偶联反应（序号 2，60℃）。在标准实验条件下，苯基三氟甲磺酸酯与苯基对甲苯磺酸酯不反应。

表 8.2 *N*-Boc-四氢吡咯的手性芳基化反应的底物适用范围

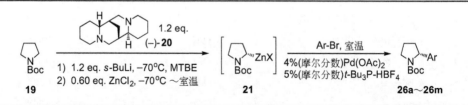

序号	Ar		产物	收率(ee 值)/%
1		X＝Br	**26a**	72(92)
2		Cl	**26a**	48(92)
3		OTf	**26a**	＜5%
4		OTs	**26a**	＜5%
5		R＝F	**26b**	75(92)
6		NMe$_2$	**26c**	78(92)
7		CO$_2$Me	**26d**	81(92)
8		SO$_2$Me	**26e**	87(91)
9		CN	**26f**	80(92)
10		NH$_2$	**26g**	70(92)

续表

序号	Ar		产物	收率(ee 值)/%
11	R=Me		**26h**	71(92)
12	OMe		**26i**	72(92)
13			**26j**	78(92)
14			**26k**	81(92)
15			**26l**	77(92)
16			**26m**	60(92)

　　尽管溴苯作为反应底物的偶联反应中，0.33eq. ZnCl$_2$ 就能获得较高收率，但是当底物中带有酸性官能团时，这一投料量不能满足反应要求，推测是由于质子转移引起的。这种情况下，只要简单增加 ZnCl$_2$ 的投料量即可提高反应收率。例如，以对溴苯胺作为反应底物时，0.33eq. ZnCl$_2$ 只生成了 18% 的产物，而 0.6eq. ZnCl$_2$ 可以获得 70% 的芳基化产物（**26g**，序号 10）。即使未保护的吲哚也适用于偶联反应，生成了较高收率的偶联产物（**26l**，序号 15）。

　　从表 8.2 中还可以看到，几乎所有产物的 ee 值都是 92%。这一结果说明不对称去质子化的对映选择性、ZnCl$_2$ 的转金属化、钯催化偶联反应都保持构型不变。实际上，在 60℃下 3-溴吡啶的 Negishi 偶联（序号 16）也得到了 92% ee 值的产物（**26m**），该中间体可以用于 R-尼古丁的全合成[27]。

　　最近，Coldham 和 O′Brien 将此方法学拓展到了 N-Boc-哌啶的芳基化反应[28]。

　　成功展示了 2-芳基四氢吡咯的不对称合成方法之后，研发团队想把这一高选择性的、实用可靠的方法拓展到 C2-对称的 2,5-二苯基四氢吡咯（**27**）的合成，为光学纯的手性助剂和/或手性配体骨架提供了一种快速高效的合成方法[29]。基于上述设想，按照标准的芳基化反应条件，底物（**26a**）生成了 2,5-二苯基-N-Boc-四氢吡咯（**27**），dr 值为 96：4，分离收率为 57%，如图式 8.13 所示。如果用 s-BuLi/TMEDA 锂化，双芳基四氢吡咯（**27**）的 dr 值只有 66：34，收率为 42%。

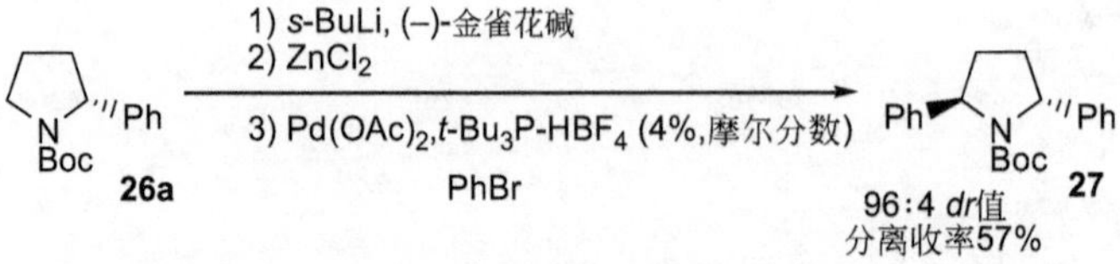

图式 8.13　合成 C2-对称的 2,5-二苯基四氢吡咯

后来，这个由默克公司开发的合成方法学在学术研究领域得到了成功应用。Jacobsen 以同样的 α-芳基化方法合成了手性硫脲催化剂，应用到氧代卡宾离子的不对称加成反应，参看图 8.4[30]。

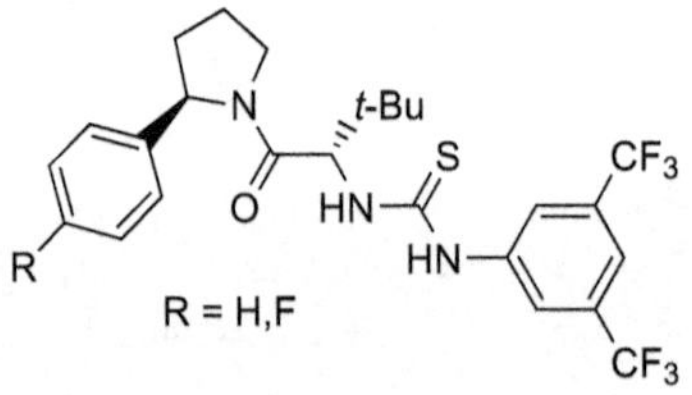

图 8.4　Jacobsen 的应用实例

研发团队和 O'Brien 课题组合作，开发了不对称催化偶联反应的版本[31]。O'Brien 以化合物（**26a**）出发进一步合成了 CCK 拮抗剂（＋）-RP 66803 的关键中间体，如图 8.5 所示[32]。

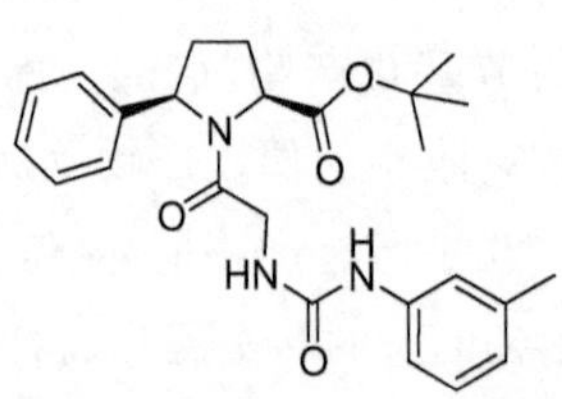

图 8.5　CCK 拮抗剂（＋）-RP 66803

8.2.3　偶联反应细节考察

重结晶能完全除去 N-Boc-四氢吡咯与芳基溴（**3**）偶联反应生成的所有杂质，因而这些杂质并不影响产物（**5**）的产品质量。但是为了更好理解偶联反应，研发团队仍决定分离并确认所有杂质。如图式 8.14 所示，在粗产物中检测到含量很低的脱溴副产物（**28**，＜1%）；β-H 消除产生的烯酰胺杂质（**29**，3%～

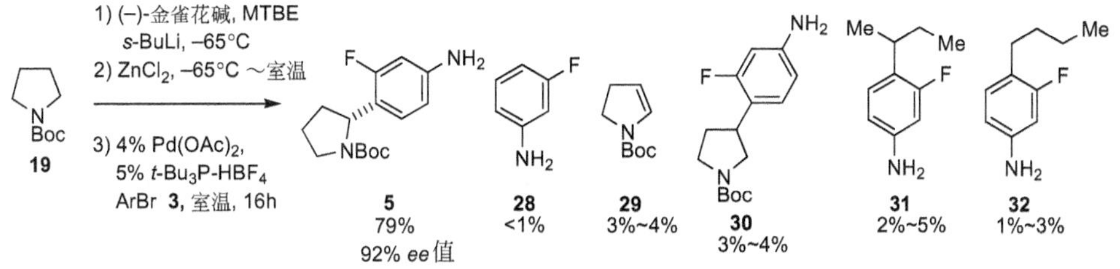

图式 8.14 **N-Boc-四氢吡咯与芳基溴（3）偶联反应的杂质组成**

4%）；可能由烯酰胺（**29**）与芳基溴（**3**）发生还原 Heck 反应产生的不寻常杂质（**30**，3%～4%）；还有一些与 s-Bu 偶联的副产物（**31**，2%～5%），因为锂化反应中使用了略过量的 s-BuLi。

　　特别意外的是，除了上述杂质外还分离到一个 n-Bu 杂质（**32**，1%～3%）。这个杂质促使研发团队进一步研究 s-BuLi 与芳基溴（**3**）的偶联反应的细节，如图式 8.15 所示。在制备偶联产物（**5**）的同样条件下开展了研究。s-BuLi 的芳基化反应效率远不如 N-Boc-四氢吡咯（**19**）金属化后的偶联反应，这意味着 N-Boc 官能团在钯催化偶联反应中起到重要作用。更进一步，反应产物中观察到较高比例的 n-Bu/s-Bu 偶联混合物，说明反应过程中存在深度的 β-H 消除/氢钯化[33]，但是在金属化的 N-Boc-四氢吡咯（**19**）反应中并未观察到同样的现象。在 s-BuLi 的偶联反应体系中，如果不加（—）-金雀花碱，会观察到更高含量的 n-Bu 副产物（**32**），同时钯催化剂迅速分解。这些现象说明在钯催化的偶联反应中金雀花碱与底物中的 N-Boc 官能团发挥了有利的作用。

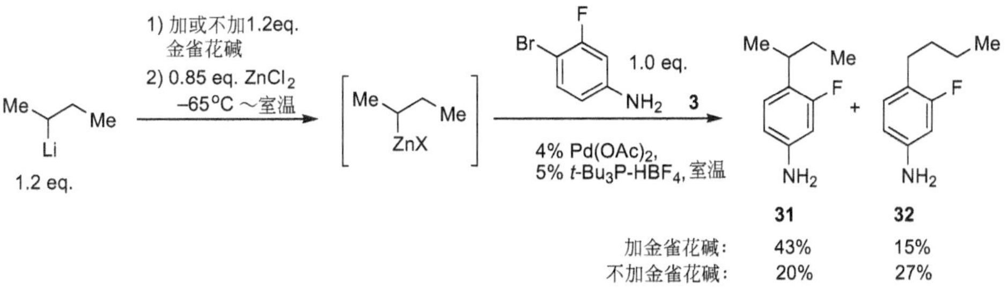

图式 8.15 **s-BuLi 的芳基化反应**

8.3　结论

　　应用活化的芳基氟化物（**11**）与羟基吡啶（**9**）的 S_NAr 缩合反应的汇聚

式合成策略，展示了制备公斤级葡激酶活化剂（**1**）的简洁实用的合成方法。成功的关键在于开发了 N-Boc-四氢吡咯的不对称芳基化反应新工艺，该反应未见文献报道。（－)-金雀花碱诱导的不对称去质子化/ZnCl₂ 转金属化和与芳基溴化物进行钯催化 Negishi 偶联是不对称芳基化的核心。总之，葡激酶活化剂（**1**）的合成工艺再一次证明，问题与困难是开发新合成方法学的驱动力。

不对称芳基化的新方法适用于一大批芳基卤化物，反应都可以获得高收率的 2-芳基四氢吡咯衍生物。几乎所有产物的 *ee* 值都是 92%，与芳基溴化物的结构关系不大。与已有方法相比较，新方法优势明显，是制备手性 2-芳基四氢吡咯、2,5-二芳基四氢吡咯衍生物的方便实用的合成方法。

致谢

感谢 Kevin Campos、Jacob Waldman、Daniel Zewge、Peter Dormer 以及陈诚义，感谢他们对项目作出的重要贡献以及对文章提供的帮助。

参 考 文 献

[1] Matschinsky, F. (2009) *Nat. Rev. Drug Discov.*, **8**, 399.

[2] Nonoshita, K., Ogino, Y., Ishikawa, M., Sakai, F., Nakashima, H., Nagae, Y., Tsukahara, D., Arakawa, K., Nishimura, T., and Eiki, J. (2005) Patent Application WO 2005063738.

[3] (a) Takeda, Y., Uoto, K., Chiba, J., Horiuchi, T., Iwahana, M., Atsumi, R., Ono, C., Terasawa, H., and Soga, T. (2003) *Bioorg. Med. Chem.*, **11**, 4431, (b) Akita, H., Takano, Y., Nedu, K., and Kato, K. (2006) *Tetrahedron Asym.*, **17**, 1705.

[4] Koenig, T. (1966) *J. Am. Chem. Soc.*, **88**, 4045.

[5] Brinner, K. M., and Ellman, J. A. (2005) *Org. Biomol. Chem.*, **3**, 2109 and references therein.

[6] (a) Verdaguer, X., Lange, U. E. W., Reding, M. T., and Buchwald, S. L. (1996) *J. Am. Chem. Soc.*, **118**, 6784, (b) Willoughby, C. A., and Buchwald, S. L. (1992) *J. Am. Chem. Soc.*, **114**, 7562.

[7] (a) Brunner, H., Kuerzinger, A., Mahboobi, S., and Wiegriebe, W. (1988) *Arch. Pharm.*, **321**, 73, (b) Kuwano, R., Karube, D., and Ito, Y. (1999) *Tetrahedron Lett.*, **40**, 9045.

[8] Sorgi, K. L., Maryanoff, C. A., McComsey, D. F., and Maryanoff, B. E. (1998) *Org. Synth.*, **75**, 215.

[9] Kuwano, R., Kashiwabara, M., Ohsumi, M., and Kusano, H. (2008) *J. Am. Chem. Soc.*, **130**, 808.

[10]　Campos,K. R. (2007)*Chem. Soc. Rev.*, **36**,1069.

[11]　(a)Kerrick,S. T.,and Beak,P. (1991)*J. Am. Chem. Soc.*, **113**,9708,(b)O'Brien,P.,and McGrath,M. J. (2005) *J. Am. Chem. Soc.*, **127**, 16378, (c) Coldham, I., Dufour, S., Haxell, T. F. N., Patel, J. J., and Sanchez-Jimenez, G. (2006) *J. Am. Chem. Soc.*, **128**, 10943, for an alternative approach to the undesired enantiomer of 2-aryl-*N*-Boc-pyrrolidines involving asymmetric deprotonation/intramolecular alkylation of *N*-(arylm-ethyl)-*N*-(3-chloropropyl)-*N*-Boc-amines, see: (d) Wu, S., Lee, S., and Beak, P. (1996) *J. Am. Chem. Soc.*, **118**,715.

[12]　Dieter,R. K.,and Li,S. (1997)*J. Org. Chem.*, **62**,7726.

[13]　Boudier,A.,Flachsmann,F.,and Knochel,P. (1998)*Synlett*, 1438.

[14]　Hayashi,T.,Konishi,M.,Kobori,Y.,Kumada,M.,Higuchi,T.,and Hirotsu,K. (1984)*J. Am. Chem. Soc.*,**106**,158.

[15]　Papillon,J. P. N.,and Taylor,J. K. (2002)*Org. Lett.*, **4**,119.

[16]　Campos, K. R., Klapars, A., Waldman, J. H., Dormer, P. G., and Chen,C. -y. (2006)*J. Am. Chem. Soc.*, **128**,3538.

[17]　Wu,L.,and Hartwig,J. F. (2005)*J. Am. Chem. Soc.*, **127**,15824.

[18]　Netherton,M. R.,and Fu,G. C. (2001)*Org. Lett.*, **3**,4292.

[19]　Klapars, A., Campos, K. R., Waldman, J. H., Zewge, D., Dormer, P. G., and Chen,C. -y. (2008)*J. Org. Chem.*, **73**,4986.

[20]　For precedents of ipso-nitration, see: (a) Moodie, R. B., and Schofield, K. (1976)*Acc. Chem. Res.*, **9**, 287, (b) Malecki, N., Carato, P., Houssin, P. C., and Hénichart, J. -P. (2005)*Monatsh. Chem.*, **136**,1601.

[21]　Milne,J.,and Buchwald,S. L. (2004)*J. Am. Chem. Soc.*, **126**,13028.

[22]　Hama, T., Liu, X., Culkin, D. A., and Hartwig, J. F. (2003) *J. Am. Chem. Soc.*, **125**,11176.

[23]　Dai,C.,and Fu,G. C. (2001)*J. Am. Chem. Soc.*, **123**,2719.

[24]　Stambuli,J. P.,Kuwano,R.,and Hartwig,J. F. (2002)*Angew. Chem. Int. Ed.*, **41**,4746.

[25]　(a)Lewis,J. R. (2001)*Nat. Prod. Rep.*, **18**,95,(b)Elliot,R. L.,Kopeka,H.,Lin,N. -H., He,Y.,and Garvey,D. S. (1995)*Synthesis*, 772,(c)Lin,N. -H., Carrera,G. M.,Jr.,and Anderson,D. J.(1994)*J. Med. Chem.*, **37**,3542,(d)Higashiyama,K.,Inoue,H.,and Taka-hashi,H. (1994)*Tetrahedron*, **50**,1083 and references cited therein.

[26]　Wu,S.,Lee,S.,and Beak,P. (1996)*J. Am. Chem. Soc.*, **118**,715 and references cited therein.

[27]　Girard,S.,Robins,R. J.,Villiéras,J.,and Lebreton,J. (2000)*Tetrahedron Lett.*, **41**,9245.

[28]　(a)Coldham, I.,and Leonori, D. (2008)*Org. Lett.*, **10**,3923. (b) Stead, D., Carbone, G., O'Brien,P., Campos, K. R., Coldham, I., and Sanderson, A. (2010) *J. Am. Chem. Soc.*,

132,7260.

[29] (a) Kozmin, S. A., and Rawal, V. H. (1997) *J. Am. Chem. Soc.*, **119**, 7165, (b) He, S., Kozmin, S. A., and Rawal, V. H. (2000) *J. Am. Chem. Soc.*, **122**, 190, (c) Choi, Y. H., Choi, J. Y., Yang, H. Y., and Yong, H. (2002) *Tetrahedron Asym.*, **13**, 801.

[30] Reisman, S. E., Doyle, A. G., and Jacobsen, E. N. (2008) *J. Am. Chem. Soc.*, **130**, 7198.

[31] McGrath, M. J., and O'Brien, P. (2005) *J. Am. Chem. Soc.*, **127**, 16378.

[32] Stead, D., O'Brien, P., and Sanderson, A. (2008) *Org. Lett.*, **10**, 1409.

[33] Luo, X., Zhang, H., Duan, H., Liu, Q., Zhu, L., Zhang, T., and Lei, A. (2007) *Org. Lett.*, **9**, 4571.

第九章

CB1R 反向激动剂——泰伦那班

Debra Wallace

过去 20 年里，久坐不动的生活方式、伸手可及的高能量食物，导致发达国家肥胖人群迅猛增加。目前美国超过 65％ 的成年人超重，其中 30％ 肥胖[1]。肥胖会导致一系列并发症，包括糖尿病、高血压、心血管疾病、癌症以及关节炎等等。考虑到大麻素受体参与了调控摄食行为[2]，选择性大麻素-1 受体（CB1R）反向激动剂有可能有效抑制食物摄入量从而达到降低体重的效果。图 9.1 所示的结构，是默克公司的药物化学家们发现的一个潜在的选择性 CB1R 反向激动剂——泰伦那班（1）[3]。临床研究的初步结果表明，泰伦那班（1）可用于治疗肥胖症。因此，有必要开发该化合物的合成工艺，并给临床前和临床研究提供试验所需的候选药物。

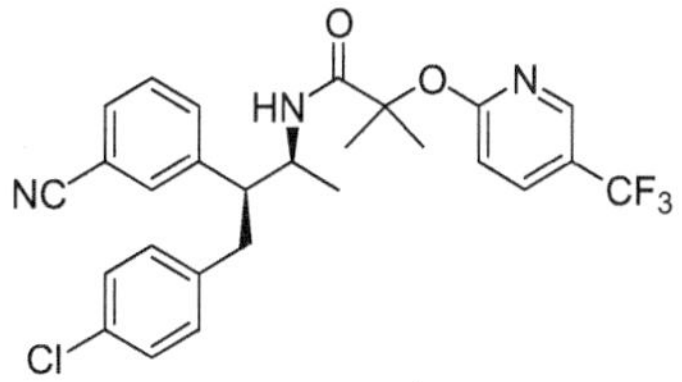

图 9.1　泰伦那班（1）的结构

本章将介绍泰伦那班的合成工艺开发。9.1 节，着重评价和优化药物化学合成路线，开发不对称版本的合成路线。9.2 节，讨论不对称合成新路线的发现过程和实施过程，新发现的化学方法学的拓展应用研究。最后，评估工业化生产泰伦那班合成路线的影响因素。

9.1　项目发展状况

9.1.1　引言

任何一种长远的合成路线都必须解决泰伦那班的绝对构型以及相关的立体化

学问题。泰伦那班（**1**）是一个手性的大位阻二级酰胺，结构中含有两个相邻的立体中心。化合物结构中还有几个酸碱性条件下不太稳定的官能团，比如芳香腈、酰胺键以及吡啶环 2 位的活泼位点。除此之外，在催化氢化或化学还原条件下，还有一些可能参与反应的活泼官能团，包括芳香腈的氰基、芳基的 C—Cl 键等。综合上述因素，对于研发团队来说，开发一条适合规模生产泰伦那班（**1**）的工艺路线是严峻的挑战。

9.1.2 药物化学的合成路线

如图式 9.1 所示，制备泰伦那班（**1**）的最后阶段中，药物化学合成路线以六氟磷酸（苯并三唑-1-氧基）-三（四氢吡咯）鏻盐（Py-Bop）促进消旋胺（rac-**2**）与吡啶羧酸（**3**）缩合形成酰胺键，再用手性 HPLC 分离得到单一对映体产物。

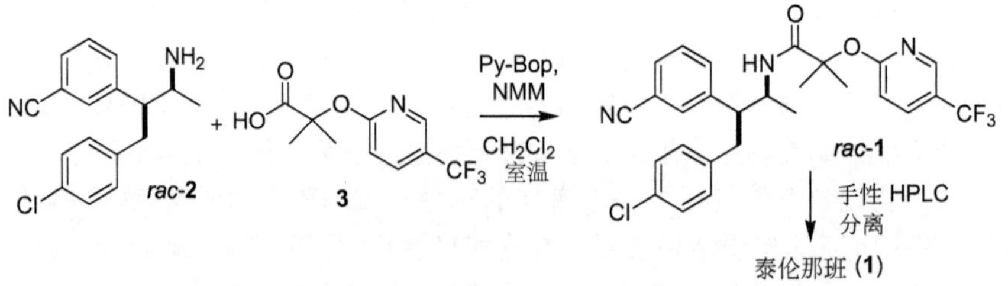

图式 9.1 药物化学合成路线中制备泰伦那班（**1**）的最后步骤

消旋胺（rac-**2**）的合成如图式 9.2 所示[4]。锡试剂促进的钯催化间溴苯腈与醋酸异丙烯酯缩合反应得到相应的苯丙酮（**4**）。在相转移反应条件下，对氯苄氯作为烷基化试剂与苯丙酮（**4**）反应生成了消旋的烷基化中间体（rac-**5**），反应不完全，但生成了一定量的双烷基化副产物。用三仲丁基硼氢化锂还原烷基化

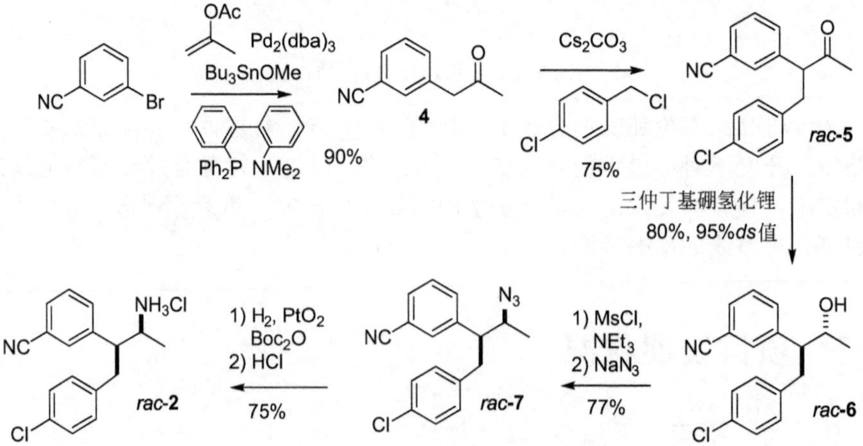

图式 9.2 消旋胺（rac-**2**）的合成

中间体（*rac*-**5**）的羰基，碱/过氧化氢进行标准的氧化后处理，得到的主要非对映异构体为设想的反式醇（*rac*-**6**），选择性约为 95%。接着，醇羟基转化成甲磺酸酯，活化的反应底物与 NaN₃ 进行 S$_N$2 取代生成了消旋的 *syn*-叠氮化物（*rac*-**7**）。PtO₂ 催化氢化还原叠氮官能团，同时用二碳酸二叔丁酯（Boc₂O）原位捕获生成的胺中间体得到了 Boc 保护的胺。最后酸性条件下脱去保护基形成倒数第二步的消旋胺（*rac*-**2**）。

　　吡啶羧酸（**3**）的合成如图式 9.3 所示。过量 NaH 作用下，2-氯-5-三氟甲基吡啶与羟基丁酸缩合生成吡啶羧酸（**3**），必要的纯化后收率约为 35%。

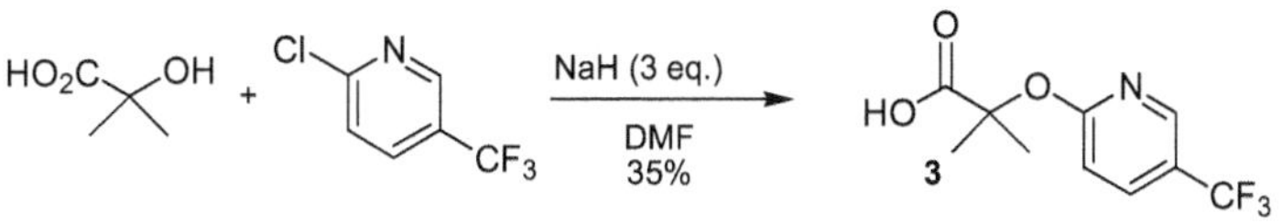

图式 9.3　药物化学合成路线制备吡啶羧酸（**3**）

9.1.3　初始策略——最后一步形成酰胺键

　　前面叙述的药物化学合成路线适合制备克级的泰伦那班（**1**）。这个量级完全满足初步的药理研究，而药理研究翔实的数据说明泰伦那班（**1**）是一个值得开发的化合物。工艺研发团队通过反合成分析，认为最佳的切断方式是最后一步反应形成酰胺键，该策略使合成路线成为一个汇聚式的过程。而且，工艺化学家认为药物化学合成路线制备羧酸（**3**）的过程简洁直观，但应该避免使用危险的 NaH。当然，羧酸（**3**）的工艺优化看起来并不是主要问题，从长远的观点看，需要解决的是胺中间体（**2**）的合成策略以及最后几步反应中存在的诸多问题。仔细评估药物化学的合成路线之后，研发团队在表 9.1 中注明了所有短期的和长期的问题。

表 9.1　药物化学合成路线制备泰伦那班（**1**）存在的问题

存在的问题	影响
采用体积效率极差的手性制备色谱技术获得单一对映体	在最终 API 分离时，需要处理合成过程中大量过量的原料才能获得所需的量
使用化学计量的锡试剂制备苯丙酮(**4**)	锡化合物有毒，锡试剂分子量大，操作效率低，需要层析除去残余的锡化合物
每个中间体都需要层析分离,大多数中间体是油状物	其他纯化技术的选择余地小
化合物(**5**)的羰基还原需要超低温条件(−78℃)、昂贵的试剂(三仲丁基硼氢化锂),才能获得高选择性	超低温能耗大、费用高
碱性条件下,三仲丁基硼氢化锂还原反应的双氧水后处理,氰基的兼容性	明显出现部分氰基水解产生伯酰胺副反应;放热,同时造成产物损失

存在的问题	影响
使用 NaN₃ 引入 N 原子	NaN₃ 和 HN₃ 的安全问题
叠氮官能团的氢化还原过程中需要原位 Boc 保护，防止体系碱性增强	在碱性条件下，芳基氯会发生竞争性的脱氯反应
制备吡啶羧酸（3）的反应中，在 DMF 中使用 NaH	NaH 存在安全隐患；吡啶羧酸（3）的收率太低
酰胺成键反应使用昂贵的偶联试剂	长远的成本影响

刚开展工艺开发时，研发团队意识到，时间上不允许同时解决表 9.1 中罗列的所有问题。初步策略重点关注两个问题，一是去掉锡试剂，二是改进或替代手性色谱分离。进一步优化或更大规模的工艺改进将取决于化合物的药物开发进展。

9.1.3.1 酰胺成键作为最后一步反应——经典拆分方法

(1) 原料的选择

研发团队综合考虑了适合制备泰伦那班（1）的原料问题，首先评估了一些间位取代苯腈的市场供应情况。除了之前药物化学合成路线采用的间溴苯腈外，其他可以替代的化合物不仅更昂贵，也没有批量供应，如图 9.2 所示。

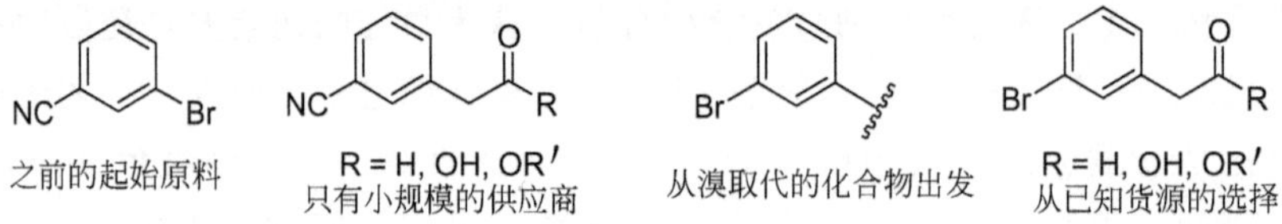

图 9.2 潜在的合成中间体胺（2）的化合物

相反，许多间位取代的溴苯衍生物能大量获得。如果在合成流程的后续步骤再把溴化物转化成芳香腈，也许会带来一些优势。实际上，药物化学家曾经尝试过以间溴苯乙酸甲酯（8）为原料的合成策略，但是在合成后期，中间体胺（9）的溴苯转化成苯腈的过程遇到了困难，与设想的策略有偏差，如图式 9.4 所示。研发团队转而推测间溴苯乙酸（10）可能是一个合适的起始原料，如果转化成取代羧酸（11），就可能成为经典拆分的底物。除此之外，还有一些中间体能转化成芳香腈，相信可以克服那些与反应重现性有关的问题。

(2) 羧酸（11）的合成与拆分

在 THF 中，LiHMDS 锂化间溴苯乙酸（10）得到双负离子，再用对氯苄氯烷基化生成取代羧酸（11）以及相当量的双烷基化副反应杂质。把反应温度降到 −20℃ 能大幅度降低双烷基化杂质的含量，单烷基化羧酸（11）的分析收率为88%。接着研发团队探索了手性胺拆分羧酸（11）的可行性，确认与 S-α-苯乙胺成盐可获得最好的结果。乙醇中成盐生成了 96∶4 的非对映异构体盐（12），

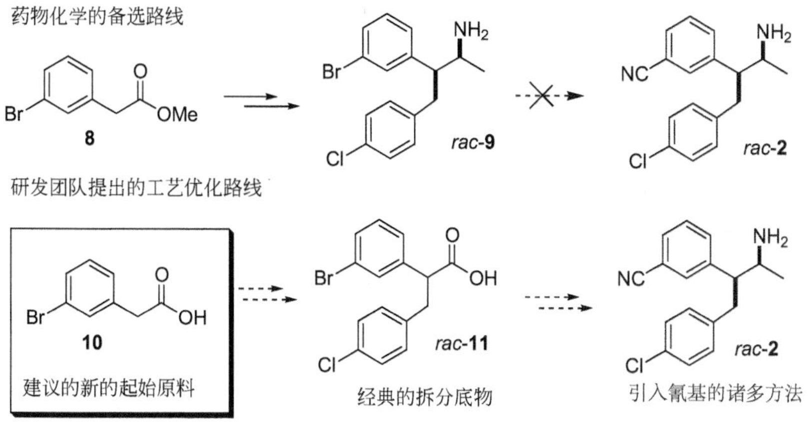

药物化学的备选路线

研发团队提出的工艺优化路线

建议的新的起始原料

经典的拆分底物

引入氰基的诸多方法

图式 9.4　以间溴苯乙酸为原料合成胺（2）的路线

但物料损失惨重。进一步评估后，甲醇作溶剂有利于非对映异构体盐的回收率，但是降低了选择性，需要再次重结晶。经过甲醇二次重结晶后得到精制盐（**12**），*ds* 值为 97%，折合 94% *ee* 值的羧酸（**11**），分离收率为 30%，如图式 9.5 所示。

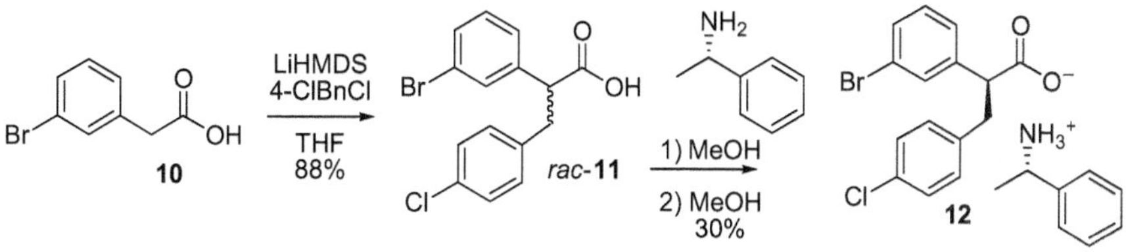

图式 9.5　羧酸（11）的合成与拆分

（3）引入氰基

　　如图 9.3 所示，筛选了一些可能转化成芳香腈的芳基溴化物中间体。酮（**13**）的转化率很高，但是，氰化反应通常在碱性条件下进行，导致产物的 *ee* 值降低。以甲磺酸酯（**14**）作底物进行氰化反应，在碱性条件下会发生消除的竞争性副反应，收率一般。为了避免处理叠氮中间体，未考虑叠氮化物（**15**）的氰化反应。而药物化学合成路线已经证明，胺（**9**）的氰化反应很艰难。最后，以溴-

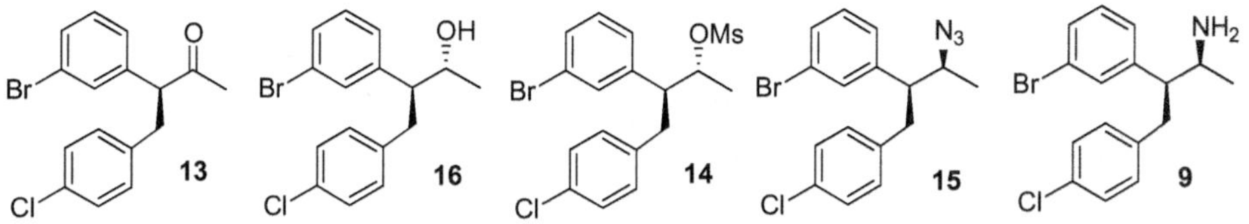

图 9.3　引入氰基的潜在底物

醇中间体（**16**）为原料较为顺利地转化成相应的氰基-醇（**6**）。

拆分的精制盐（**12**）游离后得到了手性羧酸（**11**），经过 Weinreb 酰胺中间体几乎定量地转化成甲基酮（**13**）。甲基酮（**13**）是一油状物但不需要进一步纯化，如图式 9.6 所示。按照药物化学的还原方法，三仲丁基硼氢化锂还原甲基酮（**13**）的羰基生成仲醇（**16**），分析收率为 97%。还原反应在 -50℃下进行，得到了 >98:2 的高选择性。因为结构中不含活泼的氰基，还原反应的氧化后处理过程中不存在问题。油状的中间体仲醇（**16**）不需要层析纯化可直接用于后续反应。按照文献条件，在 115℃的 DMF 中，用 $Pd_2(dba)_3$/dppf 作为催化剂体系进行仲醇（**16**）与氰化锌的氰化反应[5]。但是，氰化反应出现了重现性问题。更糟糕的是，在后续工艺中只有层析才能除去 dppf 配体，因此需要探索合适的反应条件。研究结果表明，在 DMF 中用 Et_2Zn 原位还原 $Pd(OAc)_2$ 和 $P(o\text{-}tol)_3$ 混合物生成了 $Pd[P(o\text{-}tol)_3]_4$，成为上述氰化反应的最佳催化剂[6]。使用该催化剂的氰化反应条件更温和，而且在后续反应中容易除去残余的膦配体。在 55℃下进行的放大反应，通常 12h 内完成，生成了油状的氰基-醇（**6**），收率为 92%。氰基-醇（**6**）不需要色谱纯化，粗产物能满足后续反应的要求。

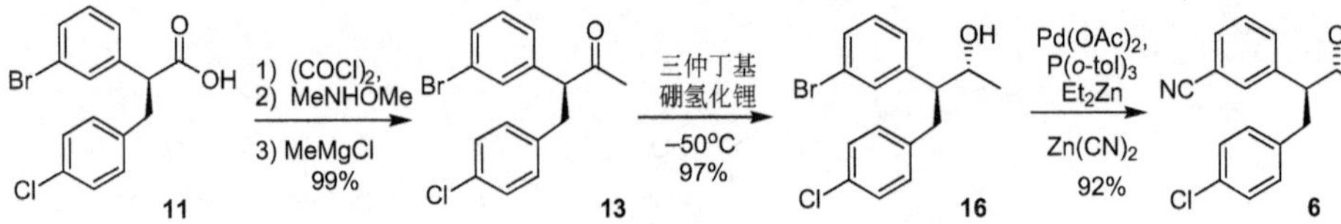

图式 9.6 从手性羧酸（11）合成氰基-醇（6）

（4）合成胺（2）

药物化学合成路线中，氰基-醇是一个消旋中间体。图式 9.7 图解了光学纯的氰基-醇（**6**）转化成胺（**2**）的优化过程，尤其对叠氮取代反应步骤进行了安全性评价。在三乙胺作用下，氰基-醇（**6**）与甲磺酰氯反应生成油状的甲磺酸酯，收率为 95%。在 DMF 中，NaN_3 取代甲磺酸酯得到叠氮化物（**7**），分析收率约为 85%。主要副产物是消除产生的烯烃（**17**），反应体系中还产生了危险的 HN_3！为了评估工艺放大过程中潜在的安全隐患，用在线 FTIR 技术监测反应体系空腔中是否存在 HN_3。结果证实反应过程中确实产生了 HN_3[7]。还注意到，如果往反应体系中加入二异丙基乙胺等有机碱，几乎完全抑制了体系空腔的

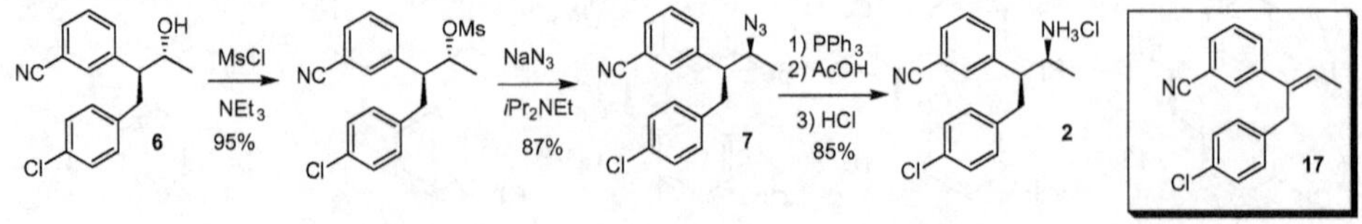

图式 9.7 叠氮取代与还原反应的优化

HN_3；而 K_2CO_3 等无机碱，效果却并不理想。基于上述观察结果，在甲磺酸酯的取代反应中，加入与 NaN_3 等量的二异丙基乙胺，反应平稳进行，生成了叠氮化物（**7**），分析收率为 87%，同时仍产生含量约 11% 的消除副产物烯烃（**17**）。

优化了叠氮取代反应后，接着探索叠氮化物（**7**）转化成胺（**2**）的反应条件。药物化学合成路线以 PtO_2 为催化剂在 EtOAc 中进行催化氢化反应，生成的产物胺使体系呈现碱性，导致出现脱氯的竞争副反应。因此须在反应体系中加入 Boc_2O 原位把产物胺（**2**）转化成 Boc 保护的胺中间体。然而，下一步偶联反应之前又脱去 Boc 保护基。保护基的操作导致合成效率低。减少甚至避免中间体的保护基操作才能提高工艺效率。基于这一想法，筛选了还原叠氮化物（**7**）到胺（**2**）的反应条件，包括催化氢化或转移氢化等方法。实验结果显示，在各种尝试的条件下，每个批次的反应都不一样。有的反应会出现各种杂质，有的反应重现性很差。造成不同批次结果不同的原因很可能是叠氮化物的纯度不同。因为经过多步反应合成的叠氮化物中间体，都是未纯化的油状物，除了层析之外没有更好的纯化方法，而工艺放大肯定不希望层析分离。最后按照 Staudinger 条件进行的反应获得了成功[8]。在甲苯/水中用 1.1eq. PPh_3 与叠氮化物（**7**）反应完全转化成胺（**2**），把试剂分批加入到反应体系中能有效控制放热反应的热量。随着反应规模的放大，研发团队又设计了一个去除三苯基氧膦的高效方法。常规方法在有机相直接成盐，但析出的胺盐都会包夹三苯基氧膦。然而，用 10% AcOH 溶液能高效地从有机相中把产物胺萃取到水相。萃取后，三苯基氧膦以及上一步取代反应带来的消除副产物烯烃（**17**）留在有机相中，从而完成分离纯化。而稀 HCl、柠檬酸和磷酸进行同样的萃取，却都使产物胺变成油状物而不进入水相。AcOH 水溶液中和后再萃取，胺转入有机相，然后转化成胺（**2**）的盐酸盐，分离收率为 85%。分离过程进一步纯化和提升了非对映异构体的纯度。

对本小节做一简要总结。研发团队开发了一条制备单一手性异构体胺（**2**）盐酸盐的高效合成路线。该路线避免了使用锡试剂，还原后处理过程不涉及氰基水解，叠氮化物还原反应不需要原位保护措施。在羧酸盐（**12**）的合成过程中，尽管所有中间体都是油状物，但优化后的工艺不需要层析纯化就能提供足够纯度的中间体。最后在形成胺盐酸盐的过程中进一步提升了产品纯度，为最后的偶联反应做好了准备。

（5）合成羧酸（3）

尽管药物化学家从易得原料开发了一步反应制备羧酸（**3**）的合成路线，但是反应收率较低。另外，在大规模制备时使用 NaH 存在很大的安全隐患。经过实验考察，用 1eq. KHMDS 作碱，羟基酯与氯代吡啶生成了干净的缩合产物，水解后直接得到高纯度的羧酸（**3**），分离收率为 88%，产物是结晶性固体，如图式 9.8 所示。

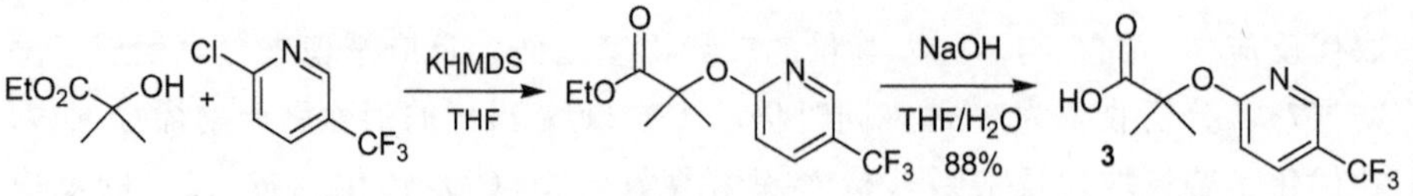

图式 9.8 羧酸（3）合成工艺的改进

（6）最后一步缩合反应和 API 交付

如前所述，药物化学合成路线用 Py-Bop 促进胺（**2**）盐酸盐与羧酸（**3**）缩合反应制备泰伦那班（**1**）。为了避免使用昂贵的 Py-Bop 缩合试剂，探索了一些替代试剂。把羧酸（**3**）转化成酰氯再与胺缩合，得到了产物，也产生了一些杂质。杂质的含量和组成都能接受，但是粗产物中深颜色杂质用活性炭或树脂处理难以去除。以 EDC-吡啶组合作为缩合试剂，能顺利得到颜色较浅的粗产物，但是成本和操作原因使得这一组合对长远应用缺乏吸引力。优化后的缩合反应，乙腈中以 *N*-甲基吗啉作碱以及价廉易得的三聚氯氰作为活化试剂，如图式 9.9 所示。

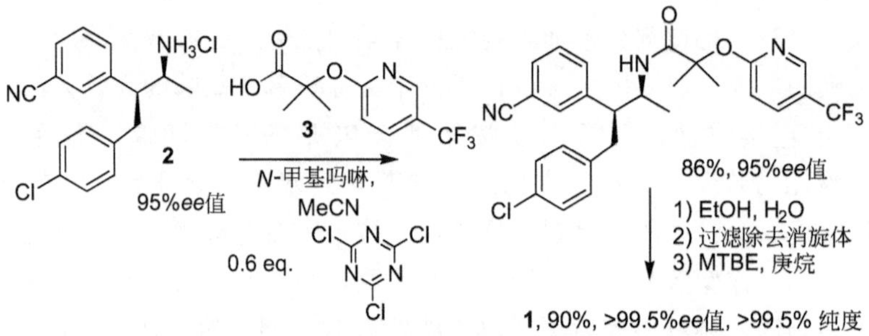

图式 9.9 合成泰伦那班的最后一步缩合与纯化

实验发现不需要 1eq. 三聚氯氰（0.6eq.）就能完成反应，得到了白色固体产物，分离收率为 86%，*ee* 值为 95%。重结晶不能提高产物的 *ee* 值，且重结晶的溶剂量越大，析出产物的 *ee* 值越差，但母液中产物的 *ee* 值反而升高。研发团队推测也许可以先析出消旋体再提升产物的 *ee* 值，于是又探索了一系列溶剂组合，确认 2∶1 的乙醇-水体系中产物 *ee* 值将近 99%。简单过滤除去低 *ee* 值的固体，通常这部分固体约占粗产物总量的 5%，*ee* 值约为 30%。滤液切换溶剂再结晶，得到纯度极好的目标产物（**1**），回收率为 90%。

对照初始目标，评估上述优化后的泰伦那班的合成路线，认为初步的工艺改进很成功。不仅实现了革除锡试剂以及去掉手性色谱分离的设想，还进行了其他工艺改进，如表 9.2 所示。特别需要指出的是，改进后的工艺中，三个结晶性的中间体以及产物是纯化的关键。第一个是经典拆分方法得到的苯乙胺盐（**12**），第二个是可以提升非对映异构体纯度的胺（**2**）盐酸盐，最后一个固体粗产物，先

表 9.2 泰伦那班合成工艺的初步改进

开发中存在的问题	解决方案
手性制备色谱技术获得单一对映体,体积效率极差	早期实施羧酸(11)的传统拆分
用化学计量的锡试剂制备苯丙酮(4)	用其他原料代替锡试剂
大多数中间体是油状物,都需要层析分离	从盐(12)到胺(2)盐酸盐的每步反应都是高收率,固体中间体(12、2)和产物(1)可以进行结晶纯化
超低温条件(−78℃),用昂贵试剂三仲丁基硼氢化锂还原化合物(5)的羰基才能获得高选择性	仍使用三仲丁基硼氢化锂作为还原试剂,但是在−50℃下就能获得好的选择性
碱性条件下过氧化氢氧化三仲丁基硼氢化锂还原反应产物,后处理涉及氰基的兼容性	还原反应之后引入氰基,并优化了反应条件
使用 NaN₃ 引入 N 原子	仍保留 NaN₃ 作为引入 N 原子的试剂,但是通过安全性评价确定了安全的操作条件
叠氮基的氢化还原过程中需要原位 Boc 保护,防止体系碱性太强造成部分脱氯现象	采用 Staudinger 反应条件略去了原位保护基的操作
DMF 中使用 NaH 制备吡啶羧酸(3)	开发了 KHMDS 高收率工艺
酰胺成键反应使用昂贵的 Py-Bop 偶联试剂	有许多可用的替代试剂,最终选择三聚氯氰

结晶除去消旋体提升了 API 的 *ee* 值。

基于上述优化的合成路线适合生产公斤级 API,为项目能够快速进入早期的毒理试验和临床研究节省了时间和人力成本。

9.1.3.2 最后一步形成酰胺键——动态动力学拆分

经过初步的工艺改进,顺利获得了用于药物研究的泰伦那班 API。但是如果把上述改进工艺放大到制备公斤级泰伦那班,只有约 30% 收率的拆分盐(12)(97%ds 值),并且多次结晶明显制约了工艺效率。因此研发团队决定在上述合成路线基础上开发一个不对称版本。

还原中间体甲基酮(13)能得到高非对映选择性,而甲基酮(13)的 α-手性中心相对容易发生差向异构。利用上述特点,设计一条不对称合成手性醇(16)的路线有很大的可能性。按照这个思路,如果消旋甲基酮的两个手性异构体(*R*-13 和 *S*-13)与手性还原剂的反应速度差异大,并能实现原料的差向异构,就有可能在相同反应条件下实现动态动力学拆分(DKR)[9,10]。以消旋甲基酮(*rac*-13)为底物经过一步反应构建两个手性中心,既解决了拆分路线收率低的关键短板,又不需要对已有化学工艺进行重大调整,这一高效率合成的想法很有吸引力,如图式 9.10 所示。

研发团队首先评价了甲基酮(13)的消旋化速度。研究发现,在 THF 中用 20%(摩尔分数)的 *t*-BuOK 处理甲基酮(13),在一定温度范围内能快速完成差向异构。含有手性催化剂的实际反应中,预计这个转化会受到一定影响。基于

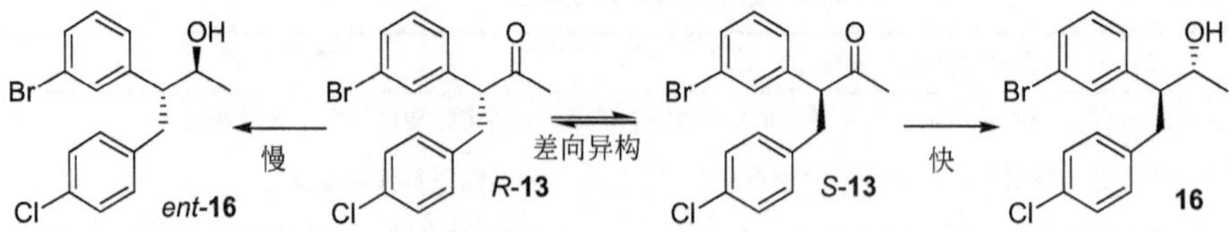

图式 9.10　动态动力学拆分甲基酮（*rac*-13）的构想

公司研发部门在 DKR 反应的研究积累，研究人员用手性钌催化剂研究了氢化反应还原 DKR。室温及碱性条件下，(xyl-BINAP)(DAIPEN)RuCl$_2$ 作催化剂进行甲基酮（*rac*-13）的氢化，顺利得到了设想的非对映异构体（**16**），*ee* 值为 89%，*ds* 值为 83%。该结果验证了之前的假设，为进一步优化提供了强劲的动力。对 *ee* 值和 *ds* 值进行了多回合筛选和优化，最终确认含水量＜500ppm（KF法测定）的异丙醇是最合适的溶剂，最佳反应温度为 0℃。20%（摩尔分数）的碱量足以维持底物甲基酮（**13**）消旋化的速度。同时发现 15～90psi 的氢气压力会影响反应速度但不影响选择性。除非出现消旋化速度极慢的异常情况，在较高氢气压力下才会生成很低 *ee* 值的产物。在上述优化条件下，反应顺利进行，收率几乎定量，主产物非对映异构体的 *ee* 值为 94%，非对映选择性为 88%，如图式 9.11 所示。

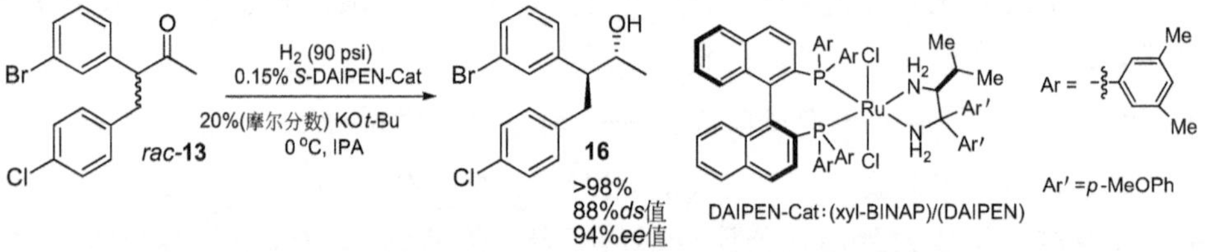

图式 9.11　甲基酮（*rac*-13）的动态动力学拆分

这一反应结果也改变了合成路线。在合成过程中，以中性化合物的形式分离消旋羧酸（**11**），不再需要拆分成盐的过程。研发团队迅速开发了消旋羧酸（**11**）的结晶分离工艺，然后按与之前路线相同的方法，把消旋羧酸转化成消旋的甲基酮（*rac*-13）。消旋的甲基酮（**13**）为油状物，并不需要特别纯化，因为不对称氢化反应的重现性很好。氢化反应结束后，水相后处理，分离得到的手性醇（**16**）也不需要进一步纯化。按照之前的方法完成剩下的几步反应，得到的胺（**2**）盐酸盐以同样的方式提升非对映异构体的纯度。最后，除去消旋体顺利获得了光学纯的 API，如图式 9.12 所示。

以 DKR 反应作为枢纽，通过一步催化氢化反应建立了两个立体中心，完成了泰伦那班的不对称合成。从甲基酮（*rac*-13）开始，经过六步反应的合成路线，总收率为 40%。该合成路线稳健可靠，在实验室以及中试工厂生产了多批次 API，总量超过 70kg，保障了项目的长期毒理研究以及临床研究需要[11]。

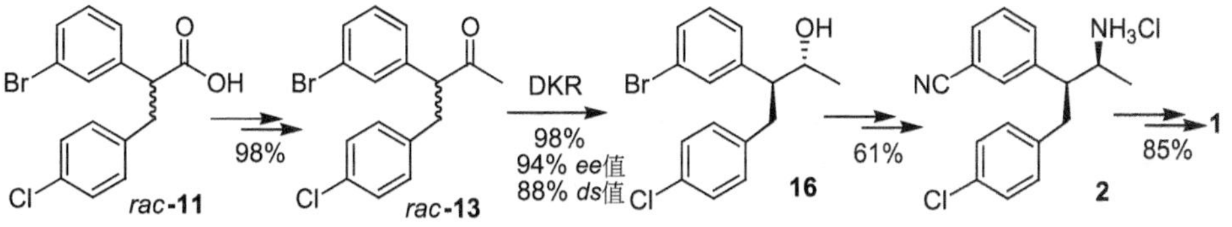

图式 9.12 DKR 方法完成手性胺（2）的合成

❖ **宝盒 9.1** 钌催化的动态动力学拆分的应用

　　上述 DKR 反应把消旋化合物转化成单一非对映异构体，因而是一个非常有实用价值的转化过程。文献中也有一些 DKR 成功实施的案例。两个最近发表的例子，都是采用钌催化的氢化反应。第一个例子也来自默克公司，参看图式 9.13。消旋酮（**18**）转化成手性醇（**19**），*de* 值和 *ee* 值俱佳，重结晶后可以进一步提升。除了配体用 xyl-SEGPHOS 代替 xyl-BINAP，优化后的催化剂体系和反应条件都与甲基酮（**13**）的 DKR 反应类似[12]。第二个例子如图式 9.14 所示，从消旋 β-酮酯（**21**）制备手性羟基酯（**20**）等的反式-β-羟基-α-氨基酸[13]。在此反应中，钌催化剂不需要 DIAPEN 配体，酮-酯手性中心的酸性很强，不需要额外的碱就足以驱动消旋化。

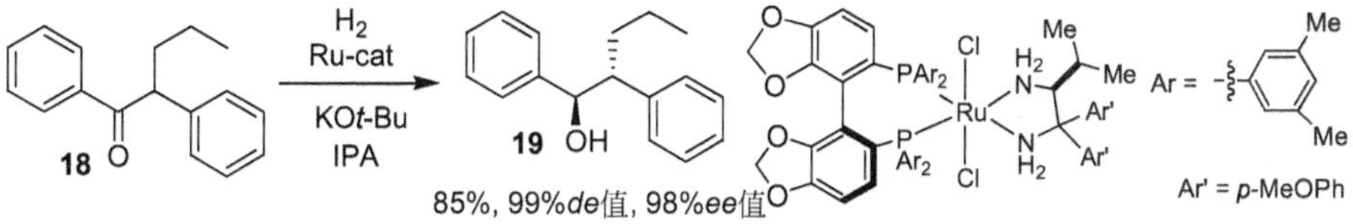

图式 9.13 α-芳基酮（**18**）的 DKR 反应

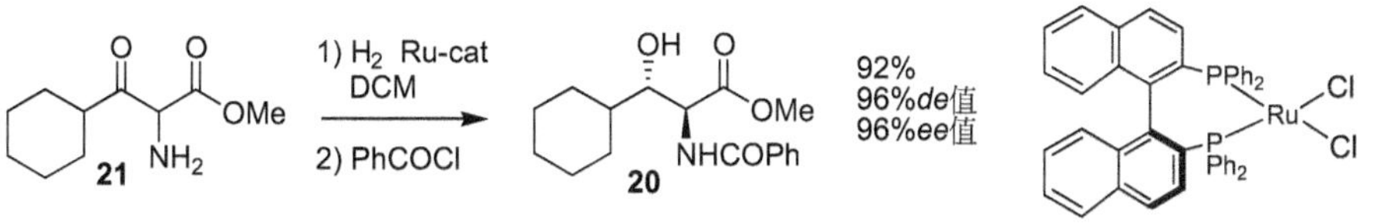

图式 9.14 α-氨基-β-酮酯（**21**）的 DKR 反应

9.2 项目进一步开发

9.2.1 引言

　　随着项目持续推进，工艺开发团队再次评估了泰伦那班（**1**）的工艺路线，目的是为实施百公斤级甚至规模生产做准备。尽管上一节讨论的优化后的合成路线总结了一些明显的优点，然而，对 DKR 为主导的合成路线进行详细分析，仍能指出一些需要解决的问题和不足之处，参看表 9.3。

表 9.3　长线开发需要解决的问题

长线开发存在的问题	影响因素
使用 NaN₃ 引入 N 原子	尽管进行了安全评估，在规模生产中仍存在安全隐患
DKR 反应中，催化剂昂贵且供应量不足	长远的价格、供应问题
整个合成工艺流程中，除了酸（**11**）和胺（**2**）盐酸盐，其他中间体都不是固体	缺乏有效的纯化方法，中间体外包的可行性
提升 API 的 *ee* 值涉及三次结晶，过程繁琐	规模生产时，额外处理意味着成本增加

上述问题中，虽然有人认为合成路线中的 DKR 反应催化剂似乎可以找到替代品，但期望通过持续优化 DKR 路线解决表 9.3 列出的所有问题并不切实际，比如用其他亲核试剂代替 NaN₃。综合考虑上述评估结果，研究团队认为应重新设计一条合成路线制备泰伦那班（**1**）。新路线最好不用醇中间体构建手性中心。

9.2.2　新的合成路线

目标明确后，新路线的竞争力应该体现在以下方面：不对称还原立体结构明确的烯酰胺化合物（**22**），一步实现从一个非手性中间体构建目标分子的两个立体中心，如图式 9.15 所示。这显然是一个雄心勃勃的构想，需要大量资源以及艰苦的开发工作。还有一点很重要，在药物开发后期改变合成路线将面对如何确保新工艺的 API 纯度以及杂质谱与已有工艺的一致性等问题。需要指出的是，任何新产生的杂质都必须控制在非常低的水平（ICH 指南建议的）或者在临床研究前通过毒理的补充研究。然而，解决已有工艺的不足坚定了实施新构想的动力。

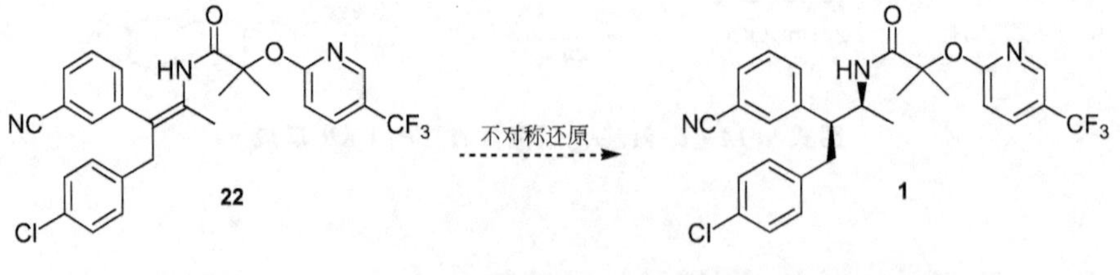

图式 9.15　不对称还原烯酰胺合成泰伦那班（**1**）的新工艺

文献报道中，学术界有一些研究团队在不对称氢化烯酰胺还原反应方面取得了优异成果[14]。在烯酰胺分子同面顺式引入氢原子确保氢化产物的构型满足相关立体化学的要求，同时，有许多类型的手性催化剂可以控制绝对的立体化学。然而，文献调研结果表明，几乎没有成功的案例支持不对称氢化四取代烯酰胺[15]合成泰伦那班的构想。一方面，四取代烯酰胺类底物的不对称氢化是极具挑战性的课题，另一方面，合成带有四个不同官能团的四取代烯酰胺底物缺乏可靠的方法[16]。

近年来，过渡金属催化的交叉偶联方法学逐渐成为合成烯酰胺的有效手段。实际上，有文献报道，采用钯或铜催化，乙烯基卤化物能实现立体定向的酰胺化反应[17]。例如，Buchwald 及其合作者最近报道了一个铜催化的乙烯基溴化物或碘化物的交叉偶联反应，产物保持了底物的立体化学，如图式 9.16 所示。尽管只有一个四取代乙烯卤化物（**23**），并且该例子中的乙烯基卤化物也未涉及立体化学[18]，但仍可以这一案例作参考，通过酰胺（**24**）与乙烯基卤化物（**25**）之间进行立体定向的交叉偶联获得设想的烯酰胺（**22**）。

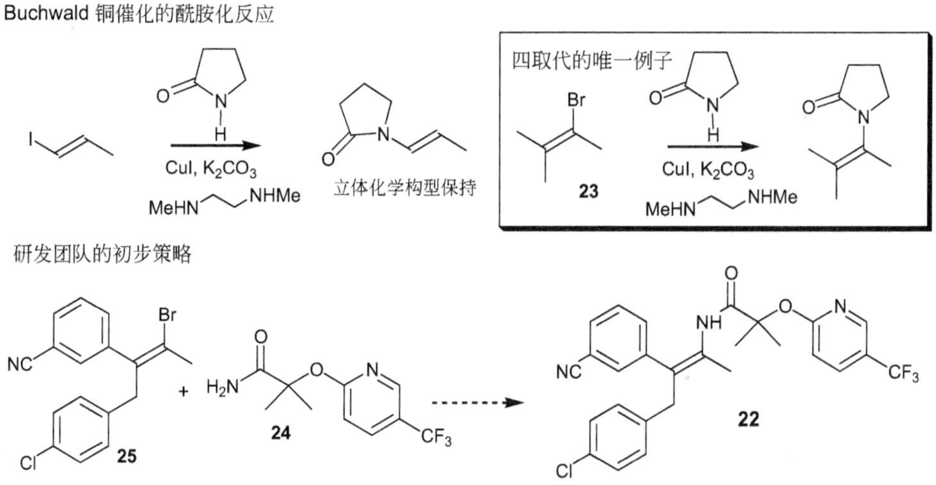

Buchwald 铜催化的酰胺化反应

图式 9.16　铜催化乙烯基卤化物的酰胺化反应

遗憾的是，研发团队很快发现这一想法存在明显缺陷，因为没有简洁的、选择性的方法制备设想的乙烯基卤化物（**25**）[19]。研发团队推测从相应的酮经过烯醇化选择性合成烯醇三氟甲磺酸酯（**26a**）或许是一个合理的想法，因为这一类烯醇磺酸酯也同样可作为钯催化偶联反应的底物，如图式 9.17 所示。按照这个思路，很容易从之前的合成路线中找到通用中间体——消旋甲基酮（*rac*-**13**）或氰基-酮（*rac*-**5**）。它们都可用作制备烯醇磺酸酯。

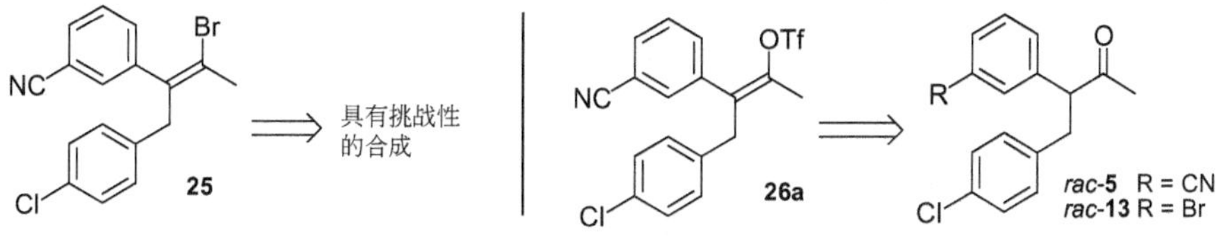

图式 9.17　烯醇磺酸酯的制备和偶联

9.2.2.1 合成烯醇三氟甲磺酸酯

烯醇三氟甲磺酸酯作底物参与了多种钯催化的偶联反应。制备烯醇三氟甲磺酸酯相当方便，反应活性也已经进行了充分研究[20]。事实上，在本项目启动工艺优化时，这一偶联反应未见文献报道。因此，必须先考虑钯催化烯醇三氟甲磺酸酯酰胺化反应的可行性。看起来溴代或者氰基取代的甲基酮衍生物（**5** 和 **13**）都可以作为反应的底物，但是在 Pd 催化中为避免芳基溴化物的潜在竞争反应，选择氰基-酮（*rac*-**5**）开展进一步研究。按照 9.1 节的氰化反应条件，把原料从甲基酮（*rac*-**13**）更换为氰基-酮（*rac*-**5**），收率为 95%，不用担心反应是否消旋，如图式 9.18 所示。消旋氰基-酮（*rac*-**5**）是一个结晶性固体，提供了除去前几步反应杂质的关键时机，这也正是之前路线所欠缺的。

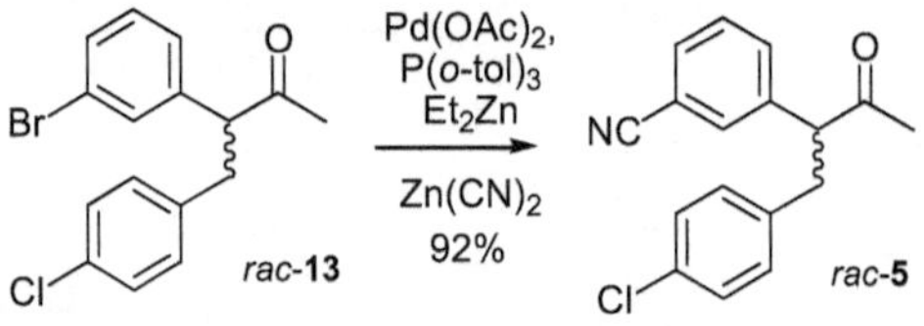

图式 9.18 甲基酮的氰化

在 THF 中氰基-酮（*rac*-**5**）用 NaH 进行烯醇化，然后 N-苯基-双-(三氟甲基磺酰胺)（PhNTf$_2$）捕获烯醇得到了约 1:1 的烯醇三氟甲磺酸酯（*E*-**26a** 和 *Z*-**26b**）的混合物，反应收率较高。反应体系中加入 DMPU 能大幅度提高烯醇三氟甲磺酸酯 *E*-异构体（**26a**）的选择性。提高 DMPU 对溶剂的比例，也提高了异构体（**26a**:**26b**）的比例，优化后的最好结果达到 90:10，参看表 9.4。推测 DMPU 改变了烯醇钠盐在溶液中的团聚行为。按照这一推测，研发团队探索了一系列模拟 DMPU 作用的廉价溶剂。酰胺类溶剂 NMP、DMAc 和 DMF 都对生成异构体（**26a**）有利，取得了相当的结果，而乙腈和乙酸乙酯等溶剂则没有类似的效果。

由于 NaH 在大规模工艺中存在安全隐患，考虑用其他碱进行烯醇化反应。实验结果表明，叔丁氧基碱可以顺利进行烯醇化及随后的三氟甲磺酸酯化反应。有意思的是，叔丁氧基碱的抗衡阳离子从锂到钾，观察到 *E* 与 *Z* 异构体的比例也在升高，如表 9.5 所示。几个间位取代的同系物在这一反应中保持同一趋势，甚至出现选择性完全反转（X=CO$_2$Me，H）。研发团队尚不清楚抗衡阳离子与选择性趋势的确切关系，推测与不同金属的碱使烯醇化后的键长和/或者碱性发生变化有关。值得注意的是，使用溴-甲基酮（**13**）作为底物的反应，产物中设想的 *E*-异构体选择性明显偏低。因此，以氰基-酮（**5**）作反应底物代替溴-甲基酮（**13**）的想法更加坚定。尽管 *t*-BuOK 的烯醇化反应获得了最高的 *E*:*Z* 选择性，然而低溶解度的烯醇钾盐导致反应的体积效率很差。而 DMAc/*t*-BuONa 组合看

表 9.4　溶剂对烯醇化反应选择性的影响

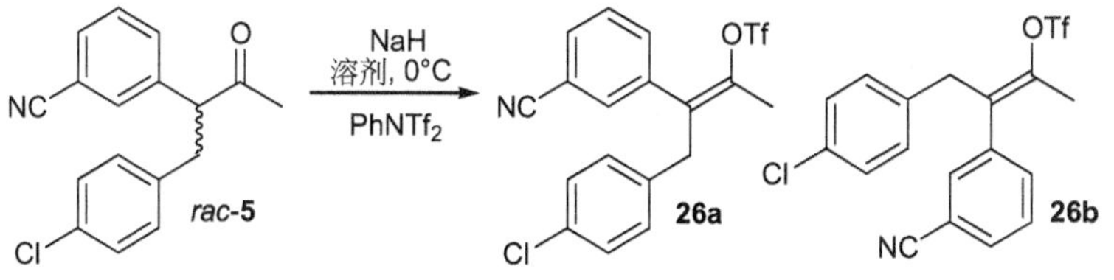

序号	溶剂	转化率/%	26a∶26b
1	THF	95	40∶60[❶]
2	THF/DMPU(80/20)	95	83∶17
3	THF/DMPU(20/80)	94	90∶10
4	MTBE/DMPU(80/20)	95	82∶18
5	DME/DMPU(80/20)	95	74∶26
6	MeCN	90	53∶47
7	EtOAc	87	44∶56
8	DMF	91	89∶11
9	NMP	94	90∶10
10	DMAc	98	90∶10

表 9.5　抗衡离子和取代基对烯醇化反应选择性的影响

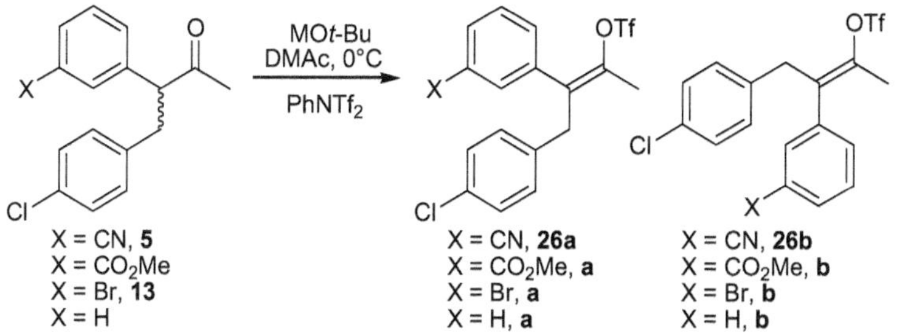

M	X=CN(26a∶26b)	X=CO_2Me(a∶b)	X=Br(a∶b)	X=H(a∶b)
Li	84∶16	37∶63	61∶39	30∶70
Na	90∶10	65∶35	80∶20	57∶42
K	95∶5	75∶25	85∶15	80∶20

❶ 原文中 40∶90 有误,按照上下文修改,译者注。

起来更适合，获得了 90（**26a**）：10 的异构体比例。柱层析分离异构体，得到 85％收率的异构体（**26a**）。

9.2.2.2 合成模型烯酰胺

完成烯醇三氟甲磺酸酯异构体（**26a**）纯化分离后，研发团队迅速着手探索酰胺化反应的可行性。第一个模型反应研究，以乙酰胺尝试偶联反应以及随后的氢化反应，同时迫切希望知道上述反应条件能否用来制备设想的关键中间体胺（**2**）。如图式 9.19 所示，采用 Buchwald 发展的芳基卤化物酰胺化反应条件[21]：Pd(OAc)$_2$、Xantphos、Cs$_2$CO$_3$、1,4-二氧六环、80℃，进行烯醇三氟甲磺酸酯（**26a**）与乙酰胺的偶联反应。反应 8h 后，烯醇三氟甲磺酸酯完全转化，同时生成了比例为 60：40 的两个新产物。经层析分离，分别是烯酰胺（**27a** 和 **27b**）的两个异构体。这一结果说明偶联反应合成烯酰胺完全可行。同时，该结果说明反应过程中烯醇三氟甲磺酸酯或者产物会发生异构化。实际上，将纯化后的任意一个烯酰胺产物重新投入到反应体系中，仍得到 60：40 的 E：Z 异构体混合物。反应体系温度降低到 40～50℃，异构化速度也变慢；进一步降到室温，烯酰胺在反应条件下相对稳定。因此，为了保证酰胺化反应产物不发生异构化，必须在较低温度下反应。条件筛选结果表明，30℃下反应只能获得中等转化率但可以抑制异构化。改用 Pd$_2$(dba)$_3$ 作钯源，反应 8h 后得到了 95：5 的烯酰胺异构体并且反应转化率也较高。即使在 30℃的温度条件下，延长反应时间仍存在产物异构化的平衡现象。因此，必须在转化率和异构体比例之间取舍才能得到一个最佳的反应结果。烯酰胺（**27a**）是结晶性固体，结晶可以方便地除去次要异构体（**27b**），分离收率为 80％。

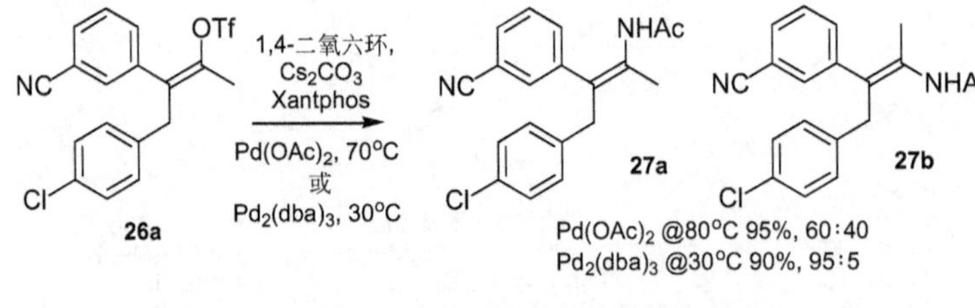

图式 9.19　烯醇三氟甲磺酸酯与乙酰胺的酰胺化反应

❖ **宝盒 9.2** 烯醇三氟甲磺酸酯酰胺化反应的应用评价

开展本项目时，钯催化烯醇三氟甲磺酸酯的酰胺化反应未见文献报道。因此，用一系列烯醇三氟甲磺酸酯与酰胺分别评价了反应底物的适用性（图式 9.20）[22,23]。从实验结果中总结出几个要点。其中一些要点对项目进一步开发非常重要。

1）在不发生异构化的情况下，能获得最高的反应收率。因为没有异构化问题，可以促使反应进行完全，式 1、式 2。

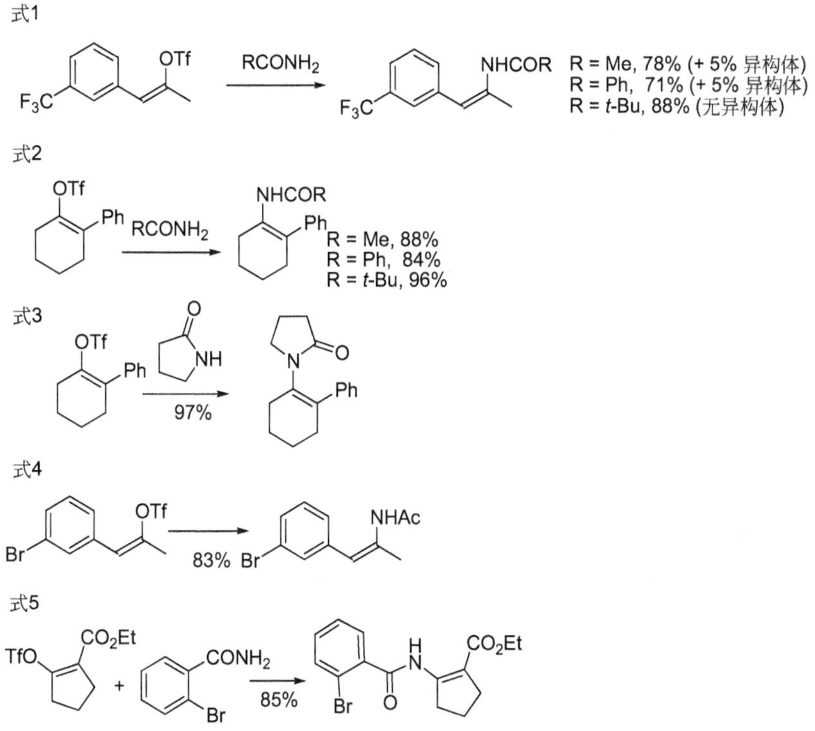

式1

R = Me, 78% (+ 5% 异构体)
R = Ph, 71% (+ 5% 异构体)
R = t-Bu, 88% (无异构体)

式2

R = Me, 88%
R = Ph, 84%
R = t-Bu, 96%

式3

97%

式4

83%

式5

85%

图式 9.20　烯醇三氟甲磺酸酯酰胺化反应

2）从叔丁基酰胺偶联衍生得到的大位阻的烯酰胺，能获得高收率，但不确认在目前的反应条件下是否会异构化，式1。

3）除了环酰胺，其他二级酰胺不能进行酰胺化反应，式3。

4）结构中同时含有芳基溴的底物，只有烯醇三氟甲磺酸酯进行酰胺化反应，式4和式5。

5）氨基甲酸酯和磺酰胺也可作为偶联酰胺化反应的底物，未提供例子。

9.2.2.3　氢化反应初步研究

完成烯酰胺（**27a**）的优化后，进行了氢化反应的条件筛选。在＜100mg 底物以及＞20％（摩尔分数）催化剂用量的小规模反应中，以阳离子铑催化剂以及双膦配体（**28**）等一系列条件，迅速确认不对称氢化反应是可行的。和预期的一样，氢化反应产物保留了烯酰胺的立体化学构型，得到了中等转化率和 ee 值的 syn-异构体产物，如图式 9.21 所示。氢化产物酰胺（**29**）用 HCl/二氧六环水解，在 100℃下反应 48h，生成了倒数第二步产物胺（**2**），收率为 65％。在剧烈反应条件下，酰胺（**29**）的氰基也部分水解成芳香酰胺以及羧酸等副产物，从而降低了反应收率。特别重要的是，产物胺（**2**）的 ee 值和 de 值都保持不变，这意味着水解过程未发生差向异构。总之，立体选择性合成四取代烯酰胺以及不对

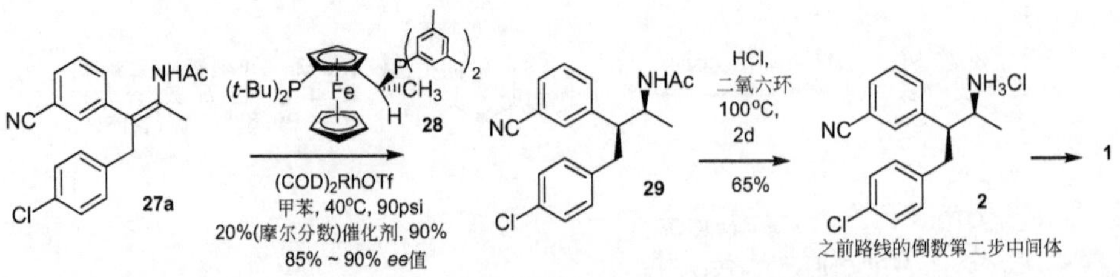

图式 9.21　烯酰胺（**27a**）的不对称氢化反应

称氢化的设想得到了验证，优化后的合成路线可以制备形成泰伦那班（**1**）酰胺键的关键中间体胺（**2**）。

概念验证后，接着把反应放大到克级规模或者降低催化剂用量。遗憾的是，反应的转化率和产物的 ee 值都降低了。无奈之下，研发团队制备了一些其他烯酰胺并筛选了相应的氢化条件。实验发现有些烯酰胺底物的氢化反应比较顺利，综合比较后，发现底物和氢化反应存在相关性。只要烯酰胺底物的芳环带有氰基，不论什么性质的氮"保护基"，反应结果都很差，参看图式 9.22 中的 R 基团。在相同的反应条件下，可以看到不带氰基的烯酰胺（**30**）获得了相当好的结果，而与烯酰胺（**27a**）类似的底物，氢化反应结果都很差。

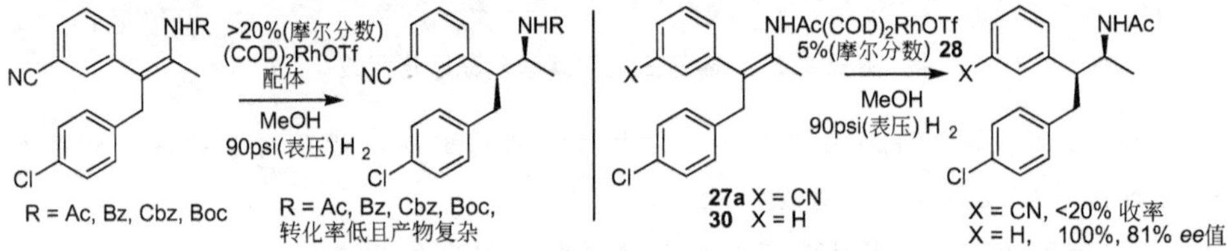

图式 9.22　其他烯酰胺底物的不对称氢化反应

从上述结果中，推测芳环的氰基抑制了氢化反应。实际上，NMR 研究显示，底物中氰基先与催化剂的中心金属配位，而不是烯酰胺官能团。比如，在膦配体和（COD)$_2$RhBF$_4$ 的溶液中，不论加入烯酰胺（**27a**）还是简单的间甲基苯腈（**31**），^{31}P NMR 谱图中只生成一个新物种。这意味着烯酰胺（**27a**）和简单苯腈（**31**）提供了相同的配位基团，如图式 9.23 所示。之前还原 α,β-不饱和腈的不对称氢化反应中，已经发现氰基抑制了阳离子铑催化剂，由此可以说明烯酰

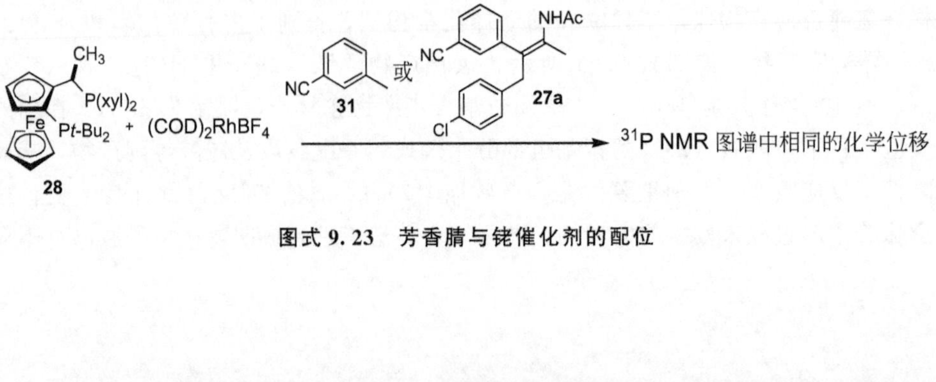

图式 9.23　芳香腈与铑催化剂的配位

胺（**27a**）不对称氢化新工艺的挑战性[24]。尽管难度很大，但已证明不对称氢化反应可以作为合成泰伦那班倒数第二步中间体胺（**2**）的新方法，也为更复杂的烯酰胺（**22**）的不对称氢化直接合成泰伦那班（**1**）提供了可行性。如果能克服不对称氢化底物与催化剂之间的局限性，那么新路线仍然具有极大的优势。因此，关键是如何找到可靠的替代方法，参看表 9.6。

表 9.6　评估烯酰胺氢化路线的开发目标

问题	建议
使用 PhNTf₂ 制备烯醇三氟甲磺酸酯，该试剂价格昂贵，大规模生产时供应受限	重新评价价廉易得的烯醇对甲苯磺酸酯
水解酰胺（**29**）的乙酰基的反应条件苛刻	用官能化酰胺进行酰胺化反应合成底物，略去脱保护基操作
氢化反应收率低，催化剂用量大	评估不含芳香氰基底物的偶联反应，进一步筛选反应条件

9.2.2.4　制备烯醇对甲苯磺酸酯

在制备烯醇三氟甲磺酸酯（**26a**）的优化条件下，氰基-酮（*rac*-**5**）先烯醇化，然后与对甲苯磺酸酐反应得到 90：10 的烯醇对甲苯磺酸酯的两个异构体，收率为 90%。烯醇对甲苯磺酸酯与烯醇三氟甲磺酸酯相比较，突出的优点是容易分离，因为烯醇对甲苯磺酸酯（**32**）是结晶性固体。不需要层析，简单分离就得到 85% 收率的单一异构体（**32**），如图式 9.24 所示。如果用对甲苯磺酰氯代替酸酐，几乎没有产物烯醇对甲苯磺酸酯，只生成较低收率的 α-氯代酮（**33**）。

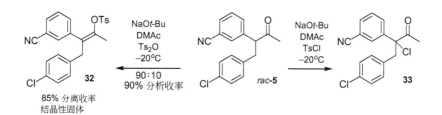

图式 9.24　制备烯醇对甲苯磺酸酯（**32**）

9.2.2.5　烯醇对甲苯磺酸酯的酰胺化反应

优化了合成、分离与纯化烯醇对甲苯磺酸酯单一异构体（**32**）的高效制备方法后，如何建立与伯酰胺侧链（**24**）的高效偶联反应就成为下一阶段的开发重点。不难想象，这一设想的偶联反应比之前的烯醇三氟甲磺酸酯与乙酰胺的偶联反应要难得多，因为烯醇对甲苯磺酸酯的反应活性比烯醇三氟甲磺酸酯的活性低，而酰胺侧链（**24**）的位阻比乙酰胺要大得多。而且，在项目研发时，酰胺与烯醇对甲苯磺酸酯的偶联反应未见文献报道[25]。为了获得位阻酰胺反应活性的指导性信息，首先尝试了烯醇三氟甲磺酸酯（**26a**）与伯酰胺侧链（**24**）的偶联酰胺化反应。以 $Pd_2(dba)_3$/4,5-双（二苯基膦）-9,9-二甲基氧杂蒽为催化剂的反应条件下，该偶联反应顺利进行，生成了设想的烯酰胺（**22**）。与之前乙酰胺的反应相比较，在更高的温度下，这一位阻酰胺的酰胺化反应才能转化完全，如图式 9.25 所示。可喜的是，与乙酰胺的烯酰胺（**27a**）不同，在反应条件下或更高的温度下，烯酰胺（**22**）不发生双键异构化，表明大位阻烯酰胺的稳定性好。之前用叔丁酰胺代替乙酰胺进行酰胺化反应时也观察到类似现象，参看图式 9.21的式 1。

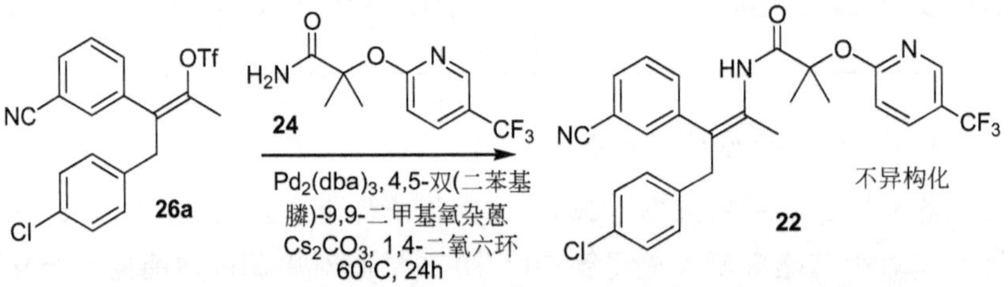

图式 9.25　烯醇三氟甲磺酸酯（26a）与酰胺（24）的酰胺化反应

按照上述条件，尝试了烯醇对甲苯磺酸酯（**32**）与伯酰胺侧链（**24**）的偶联反应，也能得到产物烯酰胺（**22**），但是收率较低。这一结果推动了深度筛选不同结构的膦配体、溶剂以及钯源，期望找到合适的反应条件。研发团队很快发现了一些有效的反应条件，其中，螯合的双膦配体明显优于单膦配体，参看表 9.7。价廉易得的 1,4-双（二苯基膦基）丁烷（dppb）效果最好，生成了 92%分析收率的烯酰胺（**22**）。有意思的是，dppb 碳链延长或缩短的双膦配体同系物的反应效率都明显降低。推测在催化反应中，dppb 的配位角最合适。

表 9.7　钯催化烯醇对甲苯磺酸酯（32）的酰胺化反应

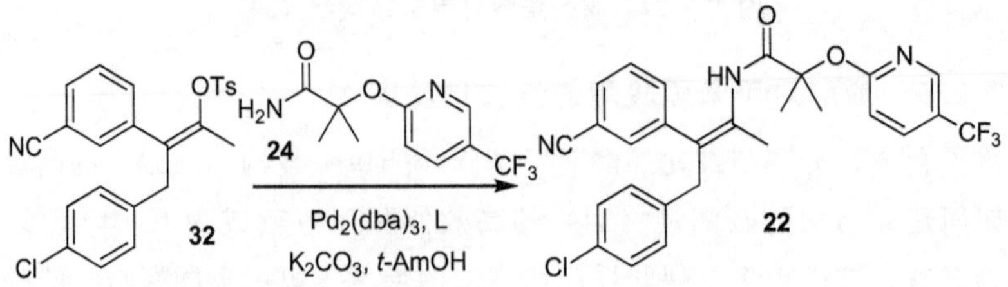

续表

配体 L	分析收率	配体 L	分析收率
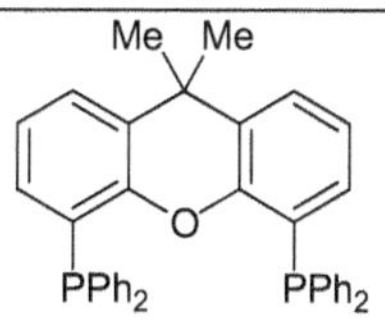 (Me Me xanthene PPh2)	<0.1%	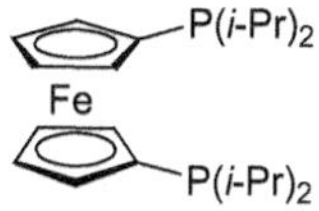 (Fe ferrocene P(i-Pr)2) **33**	93%
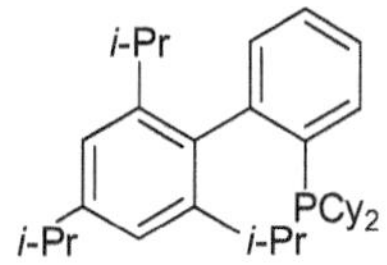 (i-Pr biphenyl PCy2)	6%	 Ph2P⌒PPh2	<1%
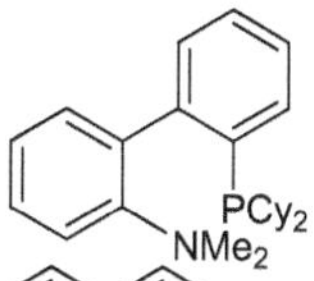 (biphenyl PCy2 NMe2)	28%	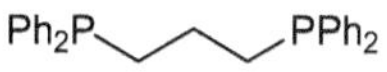 Ph2P⌒⌒PPh2	37%
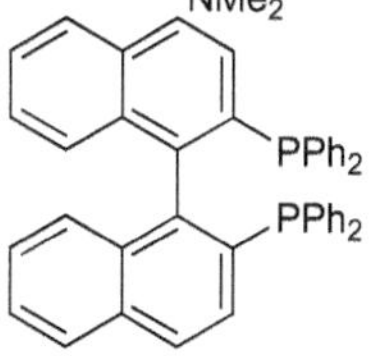 (binaphthyl PPh2 PPh2)	48%	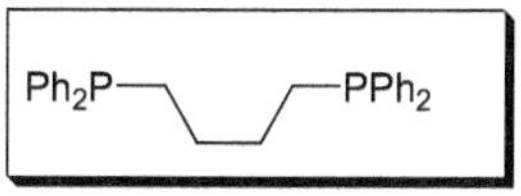 Ph2P⌒⌒⌒PPh2	92%
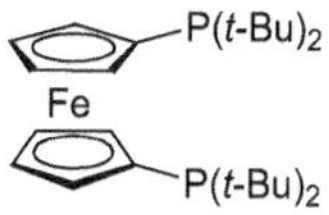 (Fe ferrocene P(t-Bu)2)	6%	 Ph2P⌒⌒⌒⌒PPh2	37%
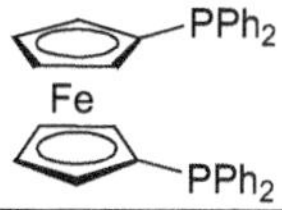 (Fe ferrocene PPh2)	70%	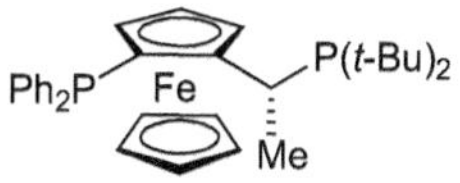 (Ph2P Fe P(t-Bu)2 Me)	90%

注：所有反应都以特戊醇为溶剂，使用 2.5%（摩尔分数）Pd₂(dba)₃、10%（摩尔分数）配体、2eq. K₂CO₃ 以及 1.05eq. 酰胺（**24**），100℃，反应 20h。

经过进一步优化，以 5%（摩尔分数）Pd₂(dba)₃/dppb 体系为催化剂，在 100℃的甲苯/特戊醇混合溶剂中，烯醇对甲苯磺酸酯（**32**）与稍过量的酰胺（**24**）（1.05eq.）反应顺利生成了干净的酰胺化产物。即使在相对苛刻的反应条件下（100℃，20h）才能驱使烯醇对甲苯磺酸酯（**32**）转化完全，但也未检测到 E/Z 异构化现象。这一结果进一步说明位阻酰胺有利于烯酰胺异构体的稳定性。反应结束后，向反应液中加入活性炭（Darco KB-B），过滤后结晶得到产物烯酰胺（**22**），分离收率为 92%。

❖ **宝盒 9.3** 烯醇对甲苯磺酸酯酰胺化反应的应用评价

烯醇对甲苯磺酸酯与烯醇三氟甲磺酸酯比较具有以下优点：制备底物的试剂廉价易得、形成结晶性中间体等。基于上述优点，探索了酰胺化反应的底物适用性，如图式 9.26 所示[25,26]。

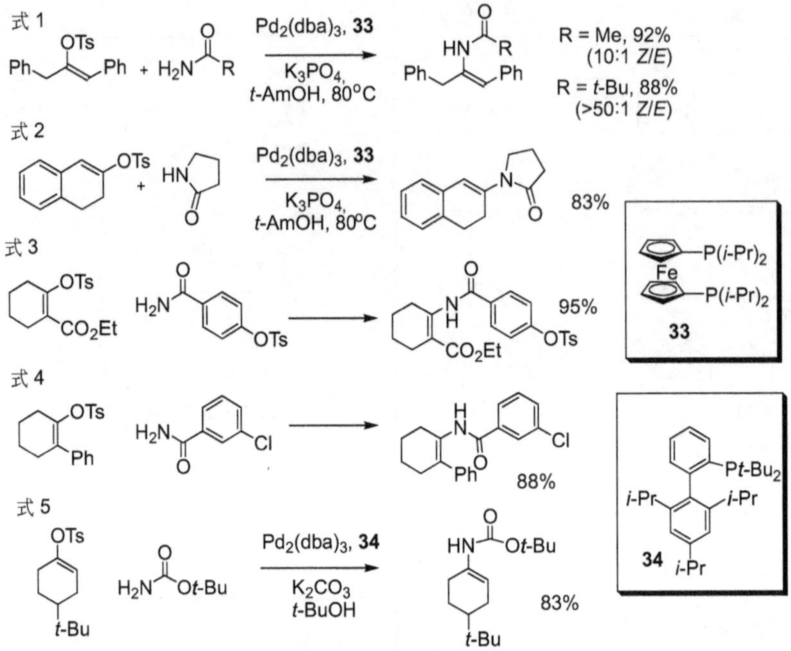

图式 9.26　烯醇对甲苯磺酸酯的酰胺化反应

9.2.2.6　不对称氢化烯酰胺（22）

获得了制备烯酰胺的高效方法后，研发重心转到关键的不对称氢化反应。尽管之前的氢化反应中，含有芳香氰基的乙酰基烯酰胺底物只得到中等结果，催化剂用量也很大，但研发团队仍希望用其直接进行烯酰胺（**22**）的不对称氢化。一系列氢化反应条件下的初步研究结果再次证实烯酰胺（**22**）的氰基钝化了烯酰胺官能团。反应除了回收原料之外，生成了醛（**35**）、伯胺（**36**）以及还原胺化杂质（**37**）等副产物，如图式 9.27 所示。所有副产物都会毒化氢化反应的催化剂。除此之外，在其他铑催化的烯酰胺氢化反应中，原料烯酰胺（**22**）和目标产物（**1**）都会使催化剂失活。

不对称氢化的难度已经非常清楚，首先需要确定还原烯酰胺的反应条件。要考虑底物浓度、催化剂的合理用量，同时还要避免底物中氰基对催化剂的毒化作用。为了实现这些想法，研发团队通过高通量技术深度筛选了溶剂、配体以及添加剂。小规模实验发现，一些 Lewis 酸添加剂能促进不对称氢化反应的进程并提高化学选择性。以 TMBTP（**38**）作为配体，氢化反应得到了目标产物，收率和 *ee* 值中等，参看表 9.8。上述结果是在底物浓度很稀的情况下获得的，实验证明既不能降低催化剂用量也不能提高底物浓度，因而仍需要寻找更高活性的催化剂体系。

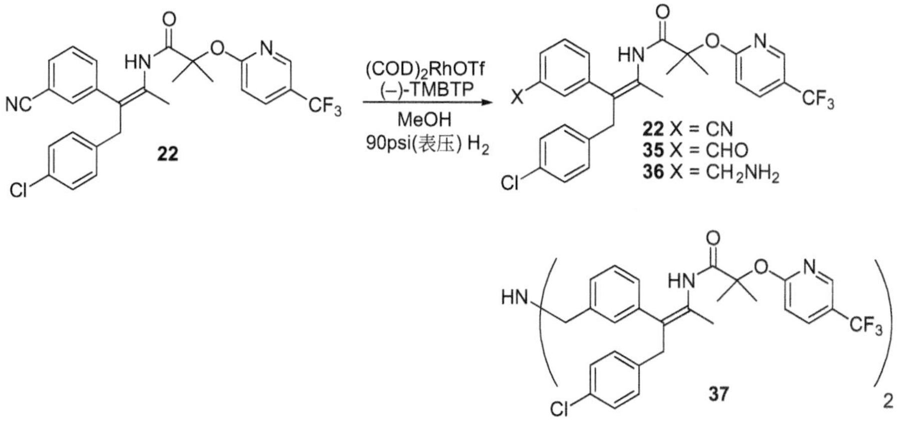

图式 9.27　芳香氰基的烯酰胺底物的直接氢化反应

表 9.8　初步筛选烯酰胺（22）的不对称氢化反应

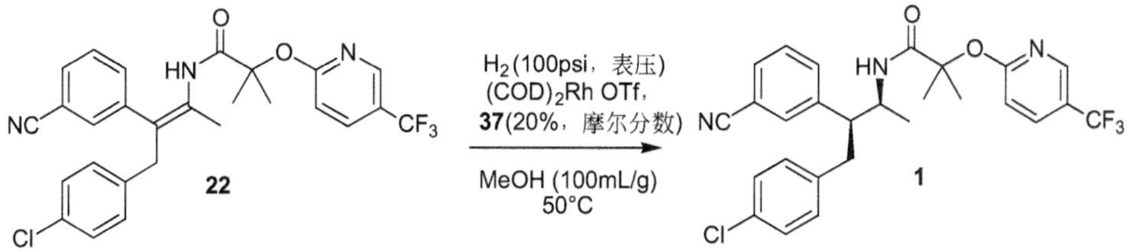

添加剂	转化率	CN 还原
无	5%	20%
BF₃-MeOH	72%	<1%
In(OTf)₃	76%	<1%
Sc(OTf)₃	86%	1%
TFA	57%	<1%

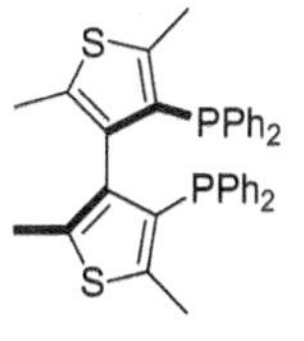

38 (−)-TMBTP

　　进一步筛选的重点是双齿膦配体。经过大量实验，终于确认了一组独特的反应条件。在该条件下，较低催化剂用量和较高反应浓度可实现烯酰胺的不对称还原。在二氯乙烷中，由（COD）₂RhBF₄ 与配体（28）组成的催化剂能完成烯酰胺的还原，且氰基几乎没有影响。优化条件下，以二氯乙烷作溶剂、2.5%（摩尔分数）催化剂、500psi 氢气压力、0.16mol/L 底物浓度，烯酰胺（22）直接还原到产物（1），ee 值为 85%，收率为 90%，如图式 9.28 所示。尽管只有中等ee 值的产物，但是通过结晶先除去溶解度差的消旋体可以提升产物的 ee 值。按照这个方法，反应液加活性炭处理降低了铑残余量，然后通过分级结晶除去产物（1）的消旋体，最后分离得到结晶性的目标产物（1）固体。从烯酰胺（22）计收率为 72%，ee 值为 98.5%。

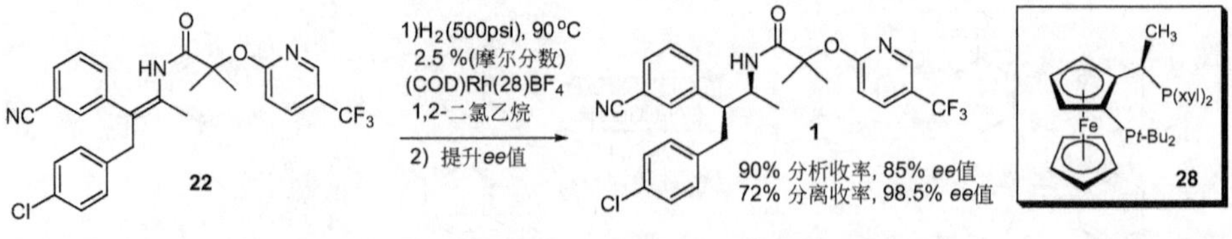

图式 9.28 不对称氢化烯酰胺 (22) 的成功案例

虽然上述烯酰胺不对称氢化方法制备泰伦那班 (1) 是迄今为止的最简短的合成路线，但是如果将这一路线直接应用到规模生产，深思之后还存在一些问题需要解决。

1) 铑催化剂用量较高，将直接影响成本。

2) 高压氢化反应以及有限的高压设备，与成本相关。

3) 转化率和 ee 值偏低；纯化分离 API 过程中，除去残留原料以及相当量的消旋的产物，造成收率损失，也直接影响成本。

4) 最后一步不对称氢化反应使用 1,2-二氯乙烷作溶剂，卤代烃溶剂存在环境问题和法规问题。

5) 最后一步不对称氢化反应涉及重金属催化。为了降低 API 中重金属残余量，需要严格的活性炭/树脂处理过程。

因此，在展开烯酰胺直接不对称氢化研究的同时，研发团队探索了不含氰基的烯酰胺的还原反应。主要考察两种可能的方式，一是以溴-烯酰胺作底物，二是在不对称氢化反应前暂时保护氰基。

9.2.2.7 溴-烯酰胺的不对称氢化

设想以溴-烯酰胺 (39) 作为不对称氢化底物，然后最后一步化学转换引入氰基，初步研究似乎可行，如图式 9.29 所示。

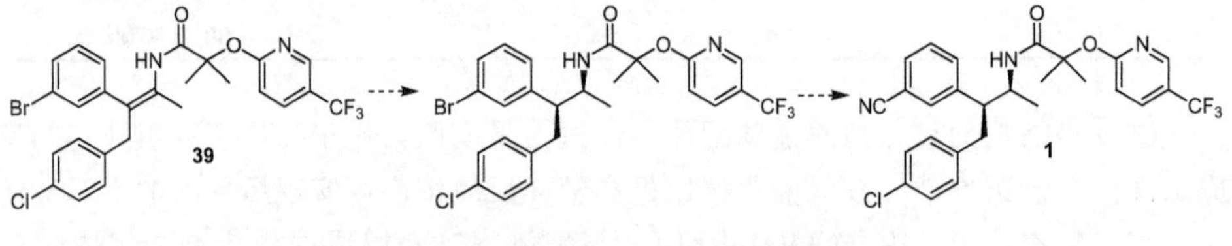

图式 9.29 溴-烯酰胺 (39) 的不对称氢化反应

在与氰基-酮 (5) 烯醇化以及对甲苯磺酸酐捕获烯醇合成烯醇对甲苯磺酸酯反应相同的条件下，从溴-甲基酮 (rac-13) 顺利制备了溴-烯醇对甲苯磺酸酯 (40)。然而，评估后认为这一设想在大规模使用时缺乏吸引力。主要有两个原因，第一，溴-甲基酮 (13) 的烯醇化选择性比相应的氰基-酮 (5) 低，参看表 9.5；第二，溴-烯醇对甲苯磺酸酯 (40) 的结晶性不如氰基-烯醇对甲苯磺酸酯 (32)，柱层析才能分离立体异构体。更意外的是，在氰基-烯醇对甲苯磺酸酯

（**32**）的优化条件或一系列其他条件下，溴-烯醇对甲苯磺酸酯（**40**）不能进行相应的钯催化酰胺化反应，如图式 9.30 所示。虽然并不能简单确定芳基溴化物本身参与了酰胺化的竞争反应，但芳基溴官能团确实对反应有抑制作用，芳基溴可能优先进行氧化加成。于是，研发团队制备了活性更高的溴-烯醇三氟甲磺酸酯（**41**）进行对照实验。结果表明，其与位阻酰胺的酰胺化反应结果也很差。而之前研究中，小位阻的乙酰胺与烯醇三氟甲磺酸酯的酰胺化反应，芳基溴几乎不影响反应，参看图式 9.20。当前例子中，偶联反应活性低的原因可能是溴代苯环的吸电子能力不如氰基苯环。考虑到溴-烯醇三氟甲磺酸酯（**41**）或溴-烯醇对甲苯磺酸酯（**40**）都不是酰胺化反应的合适底物，因此不再进行溴-烯酰胺的氢化反应的后续研究。

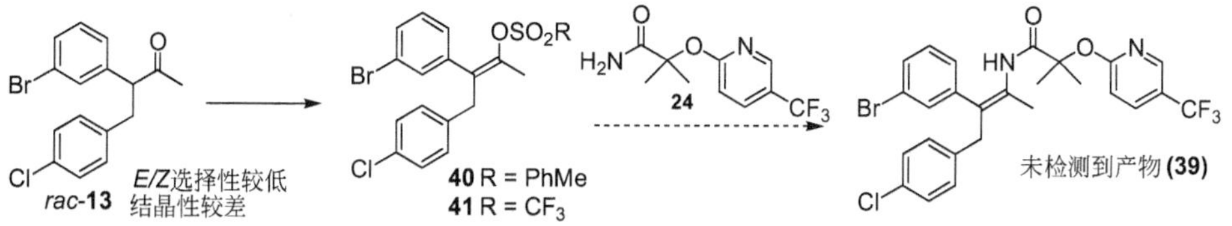

图式 9.30　合成溴-烯酰胺（**39**）的复杂性

9.2.2.8　"保护的氰基"烯酰胺的策略

由于溴-烯酰胺不是有效的中间体，开发思路转到氢化反应前保护氰基或者说给氰基上一个"防护罩"。如果把烯酰胺（**22**）的氰基暂时转化为伯酰胺，有可能在环境友好的溶剂中实现氢化反应并降低催化剂用量，从而克服烯酰胺（**22**）直接不对称氢化反应中存在的问题，参看图式 9.28。然而，这一思路会增加两步反应，对任何工艺都不是理想的做法。但是考虑到不对称氢化反应以及 API 的分离纯化需要进行多次结晶，增加两步反应仍可接受。顺利实现这两步关键反应需要高品质的中间体，API 对重金属残余量有严格限定。由于氰基与伯酰胺之间的官能团相互转化相对容易实现，因此研究了这一思路的可行性，如图式 9.31所示。在碱性 DMSO 中，过氧化氢把氰基-烯酰胺（**22**）的氰基水解成高度结晶性的酰胺-烯酰胺（**42**），收率为 95%。研究初期，以产物（**1**）水合制备了一些相当于氢化后的伯酰胺-酰胺（**43**），然后用氰尿酰氯把酰胺（**43**）的伯酰胺脱水重新得到高纯度的 API，收率为 93%。值得指出的是，在反应条件下，只有伯酰胺进行了选择性脱水，而位阻的仲酰胺则完全不受影响。而且，在研究倒数第二步中间体伯酰胺-酰胺（**43**）的物性时，分离过程直接提升了对映体纯度，从而可以减少之前纯化 API 先分离除去消旋产物的繁琐操作。

随着所有合成片段一一就位，开发重心转到拼图的最后一片——酰胺-烯酰胺（**42**）的不对称氢化。通过筛选氢化反应条件，迅速确认了可以在低催化剂用量以及非卤代烃溶剂中实现设想的氢化反应，如表 9.9 所示。

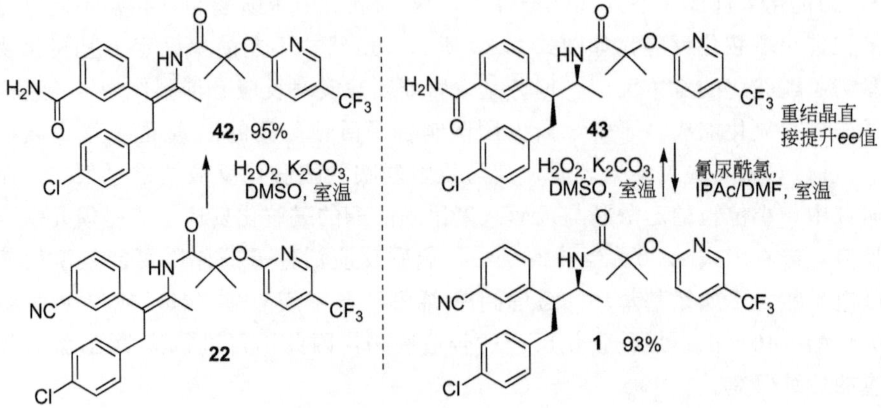

图式 9.31　伯酰胺和氰基的官能团相互转化

表 9.9　筛选酰胺-烯酰胺（42）的氢化反应条件

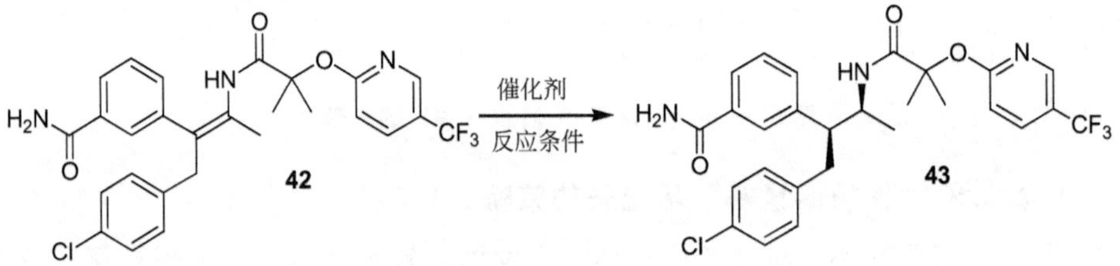

配体	催化剂（摩尔分数）/%	Lewis 酸	溶剂	H₂ 压力/psi	T/℃	ee 值/%	转化率/%
38	1	无	MeOH	90	50	89	45
38	0.5	40%BF₃·OMe₂❶	MeOH	90	50	88	99
38	0.5	8%BF₃·OMe₂	IPA	150	40	92	100
38	0.2	12%BF₃·OMe₂	IPA	1000	45	87	100
44	0.5	无	MeOH	150	40	92	58
44	0.5	8%BF₃·OMe₂	MeOH	150	40	91	78
38	1	无	TFE	150	40	44	84
44	0.2	无	TFE	75	50	96	100
44	0.05	无	TFE	150	60	95	100

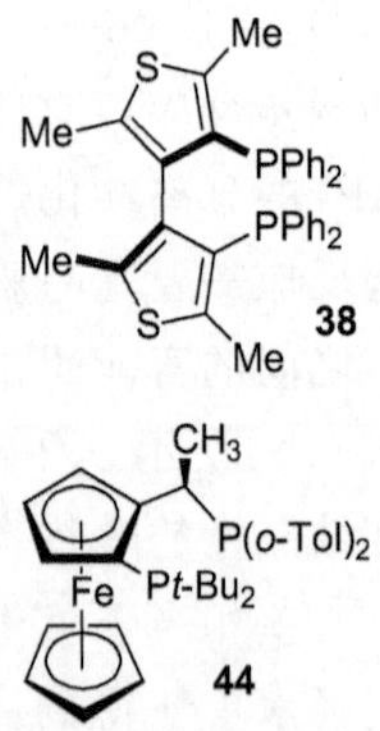

　　从表 9.9 可以看出一个明显的趋势，最佳的氢化反应条件与 Lewis 酸添加剂（BF₃·OMe₂）或者三氟乙醇（TFE）等强极性溶剂有关。而 TFE 的实际效果还取决于所用的配体[27]。但是，添加了 BF₃·OMe₂ 的反应，有少量伯酰胺转

---

❶ 下文中为 BF₃·OMe₂，译者注。

化成相应的甲酯，增加了一个难以除去的杂质。因此，条件优化重点放在 TFE 为溶剂/配体（**44**）的组合。

优化后的反应条件如下：以 TFE 为溶剂、氢气压力为 150psi、使用 0.05%（摩尔分数）由（NBD）$_2$RhBF$_4$ 和配体（**44**）组成的催化剂。在上述优化条件下，伯酰胺-烯酰胺（**42**）定量转化成单一非对映异构体的伯酰胺-酰胺（**43**），ee 值为 96%。如前面指出的，一次结晶就提升了对映体纯度，得到结晶性的固体产物（**43**），分离收率为 90%，ee 值＞99.5%。最后一步反应是伯酰胺-酰胺（**43**）的伯酰胺官能团脱水直接合成泰伦那班（**1**）。从氰基-烯酰胺（**22**）计，三步反应的总收率为 79%，如图式 9.32 所示。采用暂时"保护的氰基"的替代路线方法，增加了两步化学合成反应。但与烯酰胺（**22**）直接氢化的方法相比较，"保护的氰基"新方法制备泰伦那班（**1**）具有诸多优点：收率高、纯度好、催化剂用量少、氢气压力低以及溶剂环境友好等。此外，在提升 API 的 ee 值方面，新方法通过简单结晶纯化伯酰胺-酰胺（**43**）提升了 ee 值；而烯酰胺（**22**）直接氢化方法，多次结晶操作耗时费力，并且消耗了大量溶剂[28]。

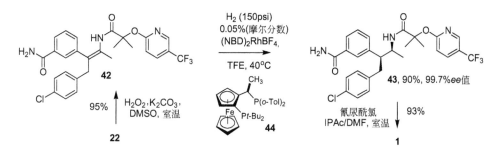

图式 9.32　伯酰胺-烯酰胺（42）的氢化反应与 API 的合成

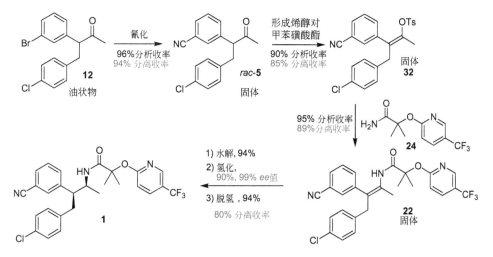

图式 9.33　烯酰胺不对称氢化制备泰伦那班（1）合成路线的最终版

"保护的氰基"方案成功地实现了烯酰胺的氢化反应，从而完成了不对称合成泰伦那班。新路线全流程合成应用选择性烯醇化、对甲苯磺酸酐捕获烯醇制备了烯醇对甲苯磺酸酯（**32**），接着与大位阻伯酰胺（**24**）进行钯催化偶联生成烯酰胺（**22**）。烯酰胺（**22**）结构中包含了产物泰伦那班（**1**）的所有官能团。为了避免底物中氰基官能团对氢化反应催化剂的抑制作用，采用"保护的氰基"方案，把氰基-烯酰胺（**22**）转化成伯酰胺-烯酰胺（**42**），并顺利实施了铑催化不对称氢化引入手性得到倒数第二步中间体伯酰胺-酰胺（**43**），随后转化为 API，如图式 9.33 所示。全流程合成路线解决了之前方法的一些缺点：使用 NaH 问题、催化剂用量问题。工艺改进后，氰基-酮（**5**）以及后续每个中间体都是结晶性固体，为纯化分离带来了极大的便利。

❖ **宝盒 9.4** 四取代烯酰胺的不对称氢化反应

有机合成化学中，四取代烯酰胺的不对称氢化仍然是一个挑战，尤其是带有四个不同取代基的开链烯酰胺的还原，比如烯酰胺（**22** 和 **42**）。本书成文的时候，还没有见到其他研究团队的文献报道。这一小节中，简要阐述四取代烯酰胺的不对称氢化反应。

铑[15e]和钌[15b,d]催化剂体系都可以顺利地催化氢化四取代环烯酰胺，如图式 9.34 所示。

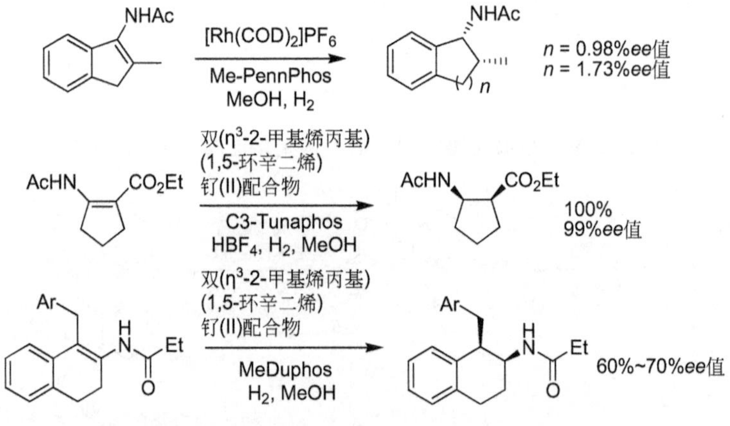

图式 9.34 四取代环烯酰胺的不对称氢化反应

铑催化剂同样适用结构相对简单的开链四取代烯酰胺的还原[15c]，如图式 9.35 所示。

默克公司另外一项研究工作[15a]展示了不对称氢化带有四个不同取代基的四取代开链烯磺酰胺（*E*-**45**）的反应，获得了高 *ee* 值和 *dr* 值的还原产物，如图式 9.36 所示。相应的 *Z*-异构体（*Z*-**45**）会发生双键异构化，很高的氢气压力才能保证还原速度同时抑制异构化。

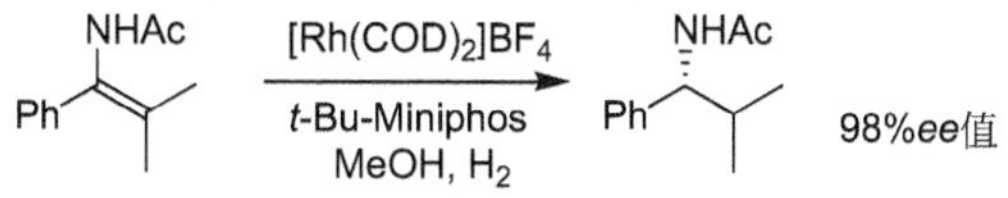

图式 9.35　开链四取代烯酰胺的还原

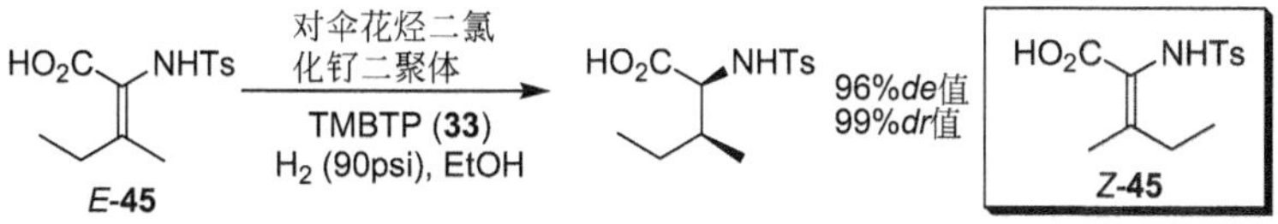

图式 9.36　四取代烯磺酰胺的不对称氢化反应

9.2.3　评估和路线选择

到目前为止，研发团队已经成功开发了两条不对称路线合成泰伦那班（**1**），即 DKR 路线与烯酰胺不对称氢化路线。值得指出的是，两条路线共用同一个消旋的甲基酮（*rac*-**13**）中间体作原料，都通过不对称氢化同时构建两个立体中心，如图式 9.37 所示。公司中试车间和外协企业分别对两条路线进行了工艺验证，结果显示，在 60kg 规模下两条路线都非常稳健可靠。

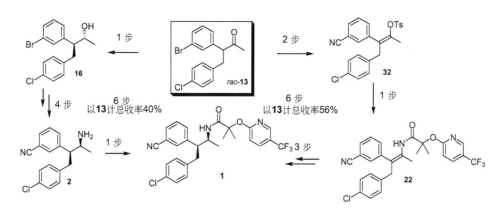

图式 9.37　两条制备泰伦那班（**1**）的合成路线比较

随着泰伦那班（**1**）进入药物三期临床研究，工艺研发团队又对两条路线的利弊进行了仔细评估，从而确定将实施长远生产的工艺路线，如表 9.10 所示。

综合上述考虑，研发团队认为烯酰胺氢化路线基本克服了 DKR 路线存在的主要缺点：缺乏固态中间体、使用危险试剂以及催化剂来源等问题。另外，烯酰胺路线总收率高、简洁的纯化步骤对成本更有利。因此，泰伦那班（**1**）的长远生产路线选择不对称氢化烯酰胺工艺。

表 9.10　两条泰伦那班（1）合成路线的比较

合成特征	DKR 路线	烯酰胺氢化路线
化学反应步数	6	6
从甲基酮(*rac*-13)计总收率	40%	56%
额外的线性步数	两步，提升 *ds* 值和 *ee* 值	没有
固态中间体	胺(**2**)之前都是油状物	所有中间体都是固体
原材料供应问题	大规模采购 xyl-BINAP、DIAPEN 配体存在问题	没有问题
安全问题	使用 NaN_3	没有问题

9.3　结论

　　研发团队成功开发了泰伦那班的合成工艺。首先优化改进了药物化学的拆分路线，然后开发了第一代不对称动态动力学拆分路线，最终实现了烯酰胺的不对称氢化路线。在项目持续推进的同时，既优化改进了合成工艺也保障了药理研究的大量药物需求。在工艺开发过程中，发展了一种全新的合成方法。新方法通过烯醇三氟甲磺酸酯以及烯醇对甲苯磺酸酯的催化酰胺化反应直接合成了工艺所需的四取代烯酰胺。在项目启动时，这一反应未见文献报道。最后，阐述了两种高收率的不对称氢化四取代烯酰胺的反应路线。迄今为止，四取代烯酰胺的不对称氢化反应仍然是文献中最复杂的反应之一。

致谢

　　感谢所有参与本项目研究的同事，他们的名字都在参考文献中。

参　考　文　献

［1］　Olshansky, S. J., Passaro, D. J., Hershow, R. C., Layden, J., Carnes, B. A., Brody, J., Hayflick, L., Butler, R. N., Allison, D. B., and Ludwig, D. S. (2005) *N. Engl. J. Med.*, **352**, 1138.

［2］　Pertwee, R. G. (2000) *Expert Opin. Invest. Drugs*, **9**, 1553.

［3］　Lin, L. S., Lanza, T. J., Jewell, J. J. P., Liu, P., Shah, S. K., Qi, H., Tong, X., Wang, J., Xu, S. S., Fong, T. M., Shen, C.-P., Lao, J., Xiao, J. C., Shearman, L. P., Stribling, D. S., Rosko, K., Strack, A., Marsh, D. J., Feng, Y., Kumar, S., Samuel, K., Yin, W., der Ploeg, L. V., Mills, S. G., MacCoss, M., Goulet, M. T., and Hagmann, W. K. (2006) *J. Med. Chem.*, **49**, 7584.

[4] Liu,P.,Lanza,T. J.,Jewell,J. P.,Jones,C. P.,Hagmann,W. K.,and Lin,L. S. (2003) *Tetra-hedron Lett.*, **44**,8869.

[5] Maligres,P. E.,Waters,M. S.,Fleitz,F.,and Askin,D. (1999) *Tetrahedron Lett.*,**40**,8193.

[6] (a)Tschaen,D. M.,Desmond,R.,King,A. O.,Fortin,M. C.,Pipik,B.,King,S.,and Verhoeven, T. R. (1994) *Synth. Commun.*, **24**,887;(b)Marcantonio,K.,Frey,L. F.,Liu,Y.,Chen,Y., Strine,J.,Phenix,B.,Wallace,D. J.,and Chen,C. -y. (2004) *Org. Lett*, **6**,3723.

[7] Wiss,J.,Fleury,C.,and Onken,U. (2006) *Org. Process Res. Dev.*, **10**,349.

[8] (a)Staudinger, H., and Meyer, J. (1919) *Helv. Chim. Acta*, **2**,635;(b)Mungall, W. S., Greene,G. L.,Heavner, G. A., and Letsinger, R. L. (1975) *J. Org. Chem.*, **40**,1659;(c) Scriven,E. F. V.,and Turnbull,K. (1988) *Chem. Rev.*, **88** (2),297.

[9] Noyori,R.,Ikeda,T.,Ohkuma,T.,Wdhalm,M.,Kitamura,M.,Takaya,H.,Akutagawa,S., Sayo, N., Saito, T., Taketomi, T., and Kumobasyashi, H. (1989) *J. Am. Chem. Soc.*, **111**,9134.

[10] For recent reviews of DKR reactions see:(a)Perllissier,H. (2003) *Tetrahedron*, **59**,8291; (b)Huerta,F. H.,Minidis,A. B. E.,and Bäckvall,J. E. (2001) *Chem. Soc. Rev.*,**30**,321.

[11] Chen,C. -y.,Frey,L. F.,Shultz,S.,Wallace,D. J.,Marcantonio,K.,Payack,J. F.,Vazquez, E.,Springfield, S. A.,Zhou, G., Liu, P., Kieczykowski, G. R., Chen, A. M., Phenix, B. D., Singh,U.,Strine,J.,Izzo,B.,and Krska,S. (2007) *Org. Process Res. Dev.*, **11**,616.

[12] Chung,J. Y. L.,Mancheno,D.,Dormer,P. G.,Variankaval,N.,Ball,R. G.,and Tsou,N. N. (2008) *Org. Lett*, **10**,3037.

[13] Makina,K.,Goto,T.,Hiroki,Y.,and Hamada,Y. (2006) *Tetrahedron Asym.*,**19**,2816.

[14] (a)Blaser, H. -U., Malan, C., Pugin, B., Spindler, F., Steiner, H., and Studer, M. (2003) *Adv. Synth. Catal.*, **345**,103;(b)Gridnev, I. D., Yamanoi, Y., Higashi, N., Tsuruta, H., Yasutake,M.,and Imamoto,T. (2001) *Adv. Synth. Catal.*, **343**, 118; (c) Burk, M. J., Gross,M. F.,and Martinez,J. P. (1995) *J. Am. Chem. Soc.*, **117**,9375. (d)Sawamura,M., Kuwano,R.,and Ito,Y. (1995) *J. Am. Chem. Soc.*, **117**,9602.

[15] For some examples of hydrogenations of tetrasubstituted enamides see:(a)Shultz,C. S., Dreher, S. D., Ikemoto, N., Williams, J. M., Grabowski, E. J. J. Krska, S. W. Sun, Y., Dormer,P. G.,and DiMichele,L. (2005) *Org. Lett.*, **7**,3405;(b) Tang, W., Wu, S., and Zhang,X. (2003) *J. Am. Chem. Soc.*, **125**,9570;(c)Gridnev,I. D.,Yasutake,M.,Higashi, N.,and Imamoto,T. (2001) *J. Am. Chem. Soc.*, **123**,5268;(d)Dupau,P.,Bruneau,C.,and Dixneuf,P. H. (2001) *Adv. Synth. Catal.*, **343**, 331; (e) Zhang, Z., Zhu, G., Jiang, Q., Xiao,D.,and Zhang,X. (1999) *J. Org. Chem.*, **64**,1774.

[16] (a) Burke, M. J., Casy, G., and Johnson, N. B. (1998) *J. Org. Chem.*, **63**, 6086; (b) Neugnot,B.,Cintrat,J. -C.,and Rousseau ,B. (2004) *Tetrahedron*, **60**,3575;(c) Brice, J. L.,Meerdink, J. E., and Stahl, S. S. (2004) *Org. Lett.*, **6**, 1845; (d) Harrison, P., and Meek,G. (2004) *Tetrahedron Lett.*,**45**,9277;(e) Zhao,H.,Vandenbossche,C. P.,Koenig, S. G.,Singh,S. P.,and Bakale,R. P. (2008) *Org. Lett.*, **10**,505.

[17] (a)Ogawa,Y.,Kiji,T.,Hayami,K.,and Suzuki,H. (1991) *Chem. Lett.*, 1443;(b) Shen,

R., and Porco, J. A. (2000) *Org. Lett.*, **2**, 1333; (c) Coleman, R. S., and Liu, P. -H. (2004) *Org. Lett.*, **6**, 577; (d) Xianhau, P., Cai, Q., and Ma, D. (2004) *Org. Lett.*, **6**, 1809; (e) Cesati, R. R., III, Dwyer, G., Jones, R. C., Hayes, M. P., Yalamanchili, P., and Casebier, D. S. (2007) *Org. Lett.*, **9**, 561.

[18] Jiang, L., Job, G. E., Klapars, A., and Buchwald, S. L. (2003) *Org. Lett.*, **5**, 3667.

[19] For non-selective conversions of ketones to a mixture of vinyl halides see: (a) Spaggiari, A., Vaccari, D., Davoil, P., Torre, G., and Prati, F. (2007) *J. Org. Chem.*, **76**, 2216; (b) Furrow, M. E., and Myers, A. G. (2004) *J. Am. Chem. Soc.*, **126**, 5436.

[20] (a) Stille, J. K. (1986) *Angew. Chem. Int. Ed. Engl*, **25**, 508; (b) Scott, W. J., and McMurray, J. E. (1988) *Acc. Chem. Res.*, **21**, 47.

[21] Yin, J., and Buchwald, S. L. (2000) *Org. Lett.*, **2**, 1101.

[22] Wallace, D. J., Klauber, D. J., Chen, C. -y., and Volante, R. P. (2003) *Org. Lett.*, **5**, 4749.

[23] For other groups' work see: (a) Willis, M. C., and Brace, G. N. (2002) *Tetrahedron Lett.*, **43**, 9085; (b) Movassahi, M., and Oundrus, A. E. (2005) *J. Org. Chem.*, **70**, 8638; (c) Willis, M. C., Brace, G. N., and Holmes, I. P. (2005) *Angew. Chem.*, **117**, 407, *Angew. Chem. Int. Ed.*, 2005, **44**, 403.

[24] Burk, M. J., de Koning, P. D., Grote, T. M., Hoekstra, M. S., Hoge, G., Jennings, R. A., Kissel, W. S., Le, T. V., Lennon, I. C., Mulhern, T. A., Ramsden, J. A., and Wade, R. A. (2003) *J. Org. Chem.*, **68**, 5731.

[25] For subsequent work see: Willis, M. C., Brace, G. N., and Holmes, I. P. (2005) *Synthesis*, 3229.

[26] Klapars, A., Campos, K. R., Chen, C. -y., and Volante, R. P. (2005) *Org. Lett.*, **7**, 1185.

[27] For a review on the use of fluorinated alcohols in homogeneous catalysis see: Shuklov, I. A., Dubrovina, N. V., and Borner, A. (2007) *Synthesis*, 2925.

[28] Wallace, D. J., Campos, K. R., Shultz, C. S., Klapars, A., Zewge, D., Crump, B. R., Phenix, B. D., McWilliams, J. C., Krska, S., Sun, Y., Chen, C. -y., and Spindler, F. (2009) *Org. Process Res. Dev*, **13**, 84.

索　引